国家示范性高等职业教育电子信息大类“十二五”规划教材

Dreamweaver CS6 网页设计实用教程

主　编　杨　烨

副主编　张新华　何水艳　林植浩　郑士基

参　编　綦志勇　丁　沂　韩凤英

华中科技大学出版社

中国·武汉

内 容 简 介

本书通过基础知识与实例相结合，为网页设计的初、中级读者，系统地讲解 Dreamweaver CS6 网页设计与制作的方法及经验。

本书的内容包括网页设计基础、Dreamweaver CS6 的操作环境、文字应用、图像应用、表格应用、超链接应用、多媒体应用、CSS 样式表、框架和 AP 元素、行为和 JavaScript 应用、Div＋CSS 网页布局基础、Spry 框架、模板和库、表单、网站开发与发布。另外，本书在附录中针对 Dreamweaver CS6 中文版的“CSS 规则定义”相关参数都是英文的情况，采用中英文对照的方式，详细介绍 CSS 规则定义相关参数，以方便读者学习。

为了方便教学，本书还配有教学课件等教学资源包，任课教师和学生可以登录“我们爱读书”网（www.ibook4us.com）免费注册下载，或者发邮件至 hustpeiit@163.com 免费索取。

本书图文并茂、内容翔实，集操作性、实用性和针对性于一体，主要面向学习网页设计与制作的初、中级读者，适合大中专院校计算机应用、电子商务、网络技术等专业以及计算机培训机构的教学需求，也可作为广大网站设计者的参考用书。

图书在版编目(CIP)数据

Dreamweaver CS6 网页设计实用教程/杨烨主编. —武汉：华中科技大学出版社，2013.9
ISBN 978-7-5609-9170-2

Ⅰ. ①D…　Ⅱ. ①杨…　Ⅲ. ①网页制作工具-高等职业教育-教材　Ⅳ. ①TP393.092

中国版本图书馆 CIP 数据核字(2013)第 132175 号

Dreamweaver CS6 网页设计实用教程　　　杨　烨　主　编

策划编辑：康　序
责任编辑：张　琼
封面设计：李　嫚
责任校对：周　娟
责任监印：张正林
出版发行：华中科技大学出版社(中国·武汉)　　电话：(027)81321913
　　　　　武汉市东湖新技术开发区华工科技园　　邮编：430223
录　　排：武汉正风天下文化发展有限公司
印　　刷：武汉市籍缘印刷厂
开　　本：787mm×1092mm　1/16
印　　张：20.25
字　　数：493 千字
版　　次：2018 年 1 月第 1 版第 3 次印刷
定　　价：39.00 元

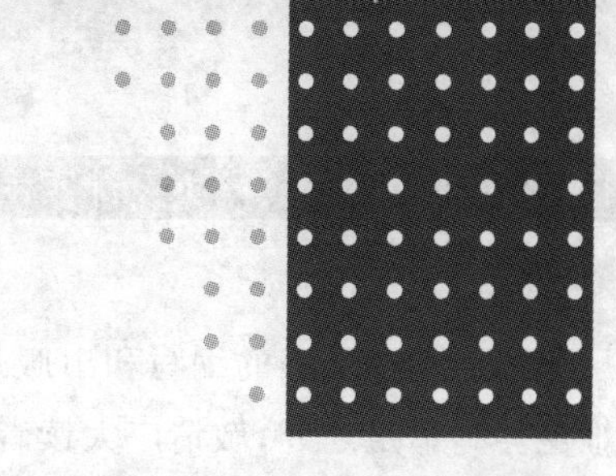

FOREWORD
前言

Dreamweaver CS6 是美国 Adobe 公司推出的新一代网页设计软件，可以轻松制作适用于不同浏览器平台的充满动感的网页。它具有操作界面友好、可扩展性强以及强大的网页编辑和站点管理等特点，逐渐成为网页设计领域的主流软件。

本书从实用的角度出发，遵循由浅入深、循序渐进的教学原则，根据 Dreamweaver CS6 初学者的特点与需求，在介绍网页设计基础知识的基础上，强调上机动手操作能力的培养。通过实例循序渐进地讲解如何使用 Dreamweaver CS6 进行网页设计的基本步骤和方法。书中详细地介绍了初学者必须掌握的基本知识和操作步骤，并对初学者在学习网页制作过程中经常会遇到的问题进行了详细的指导，以免初学者在起步的过程中走弯路，帮助读者在最短的时间内掌握 Dreamweaver CS6 网页设计的技能。

本书共 15 章，分别讲述了网页设计基础、Dreamweaver CS6 的操作环境、文字应用、图像应用、表格的应用、超链接应用、多媒体应用、CSS 样式表基础、框架和 AP 元素、行为和 Javascript 的应用、Div＋CSS 网页布局基础、Spry 框架、模板和库、表单和网站开发与发布。

本书由武汉软件工程职业学院杨烨担任主编，武汉软件工程职业学院张新华、何水艳及广东省粤东高级技工学校林植浩、江门职业技术学院郑士基担任副主编，武汉软件工程职业学院綦志勇、丁沂以及长沙航空职业技术学院韩凤英担任参编。其中，第 1 章、第 8 章、第 11 章、第 12 章、第 15 章、附录 A、附录 B 由杨烨、綦志勇编写，第 2 章、第 5 章、第 7 章由张新华编写，第 3 章、第 4 章、第 6 章、第 9 章由何水艳、丁沂编写，第 14 章由林植浩编写，第 10 章、第 13 章由郑士基编写第，韩凤英为本书的编写提供了大量的素材。

本书提供了相应的教学资源包，读者利用资源包中的素材可以轻松地完成每个操作实例，同时教学资源包中还包含有每一个实例操作完成的文件，能方便地对照制作的效果。本书相关素材或最新信息可通过如下方式获取。

登录“我们爱读书”网(www.ibook4us.com)免费注册并浏览。发送邮件到 hustpeiit@163.com 免费索取。

非常感谢在本书的编写和出版过程中提供了帮助的朋友们。由于时间及学识有限，书中难免会有不足之处，敬请广大读者批评指正。

编者

2017年12月

CONTENTS

目录

第1章　网页设计基础

学习目标

本章主要学习网页设计相关基本概念，包括 IP 地址、域名、HTTP、HTML、XHTML、URL、浏览器、网页、主页、静态网页、动态网页等概念，以及 HTML 基本结构、常用 HTML 标签和网页的构成元素。

本章重点

● 域名；HTML；● XHTML；● URL；● HTML 基本结构；● 常用 HTML 标签；● 网页的构成元素。

1.1　网页设计基础知识

1.1.1　网页设计基本概念

1. Internet

Internet（因特网，又称为国际互联网）是由使用公用语言互相通信的计算机连接而成的全球网络。

从广义上讲，Internet 是遍布全球的联络各个计算机平台的总网络，是成千上万信息资源的总称。

从本质上讲，Internet 是一个使世界上不同类型的计算机能交换各类数据的通信媒介。

一旦计算机连接到 Internet 的任何一个节点上，就意味着其已经连入 Internet。Internet 目前的用户已经遍及全球，全球已有 40％的人口在使用 Internet，并且它的用户数还在不断地上升。

2. WWW

WWW（World Wide Web，万维网）是 Internet 上基于客户/服务器体系结构的分布式多平台的超文本超媒体信息服务系统，它是一个基于超文本方式的信息检索服务工具，允许用户在一台计算机上通过 Internet 存取另一台计算机上的信息。

WWW 获得成功的秘诀在于它制定了一套标准的、易于人们掌握的超文本开发语言 HTML、信息资源的统一定位格式 URL 和超文本传输通信协议 HTTP，用户掌握后可以很容易地建立自己的网站。

万维网常被当成因特网的同义词，但万维网与因特网有着本质的差别。因特网指的是一个硬件的网络，全球的所有计算机通过网络连接后便形成了因特网。而万维网更倾向于一种浏览网页的功能。

WWW 系统已在教育、科学技术、商业广告、公共关系、大众媒体和娱乐等多方面起着越来越重要的作用。

3. IP 地址

IP 地址就是给连接在 Internet 上的每台主机分配的一个唯一的标识码。IP 协议(Internet Protocol)就是使用这个唯一的标识码在主机之间传递信息，这是 Internet 能够运行的基础。

按照 TCP/IP 协议规定，每个 IP 地址用 32 位二进制数来表示，为了方便使用，IP 地址经常被写成十进制的形式，中间使用符号"."分开为四个字节。如武汉软件工程职业学院的主机 IP 地址：59.172.218.131。IP 地址的这种表示法称为"点分十进制表示法"。

4. 域名

域名(Domain Name)是由一串用点分隔的名字组成的 Internet 上某一台计算机或计算机组的名称，用于在数据传输时标识计算机的电子方位(有时也指地理位置)，域名实际上就是一个 IP 地址的别名。

例如，武汉软件工程职业学院的主机域名：www.whvcse.com。要访问武汉软件工程职业学院的主机，既可以用 IP 地址，也可以用域名，显然域名比 IP 地址要容易记忆。

5. HTTP

HTTP(Hyper Text Transfer Protocol，超文本传输协议)，是 Internet 中最常见的协议之一。它是用于从 WWW 服务器传输超文本到本地浏览器的传输协议。

HTTP 可以使浏览器更加高效地工作，减少网页传输的时间。它不仅保证计算机正确快速地传输超文本文档，还确定优先传输文档中的哪一部分。例如，文本优先于图形等。

6. URL

URL (Uniform Resource Locator，统一资源定位器) 用于描述 Internet 上资源的位置和访问方式。URL 可以用一种统一的格式来描述各种信息资源，包括文件、服务器的地址和目录等。URL 基本格式如下。

协议名://主机域名(或 IP 地址)：端口号/目录/文件名

URL 的格式由下列三部分组成：

- 第一部分是协议名(或称为服务方式)；
- 第二部分是存有资源的主机域名或者 IP 地址(也包括端口号)；
- 第三部分是主机资源的具体地址，如目录和文件名等。

第一部分和第二部分之间用"://"符号隔开，第二部分和第三部分用"/"符号隔开。第一部分和第二部分是必不可缺少的，第三部分有时可以省略。

例如：http://www.whbaiduyy.com/wecan/index.html 表示采用 HTTP 协议访问位于 www.whbaiduyy.com 主机中 wecan 目录下的一个网页文件 index.html。

7. 浏览器

浏览器是一种基于 Internet 的并且位于客户端计算机上的软件，它能把 Internet 上搜索到的超文本文档翻译成网页，用于显示网页中的文本、图像、视频和声音等网页元素。

浏览器产品有很多，它们都可以浏览 WWW 上的内容。目前，最普及的浏览器是微软（Microsoft）公司的 Internet Explorer，简称 IE，它是 Windows 系统自带的，不需要另外安装。其他的一些浏览器包括 Netscape（网景）公司的 Navigator 浏览器、Mozilla Firefox（火狐）等，这些浏览器在 Windows 系统中要另外安装。

8. HTML

HTML（Hypertext Markup Language，超文本标记语言）是构成 Web 页面的主要工具。

用 HTML 编写的超文本文档称为 HTML 文档，它是由很多标签组成的一种文本文件，HTML 标签可以说明文字、图像、动画、声音、表格、链接等。

使用 HTML 语言描述的文件，能独立于各种操作系统平台（如 UNIX、Windows 等），访问它只需要一个 WWW 浏览器，我们浏览的网页，就是浏览器对 HTML 文件进行解释的结果。

HTML 的出现无疑是 Internet 技术和 Web 技术的一次突破，它第一次使人们能够在 Web 上浏览和实现多种格式的数据，为推动 Internet 和 Web 技术的发展发挥了巨大的作用。

9. XHTML

XHTML（eXtensible Hypertext Markup Language，可扩展超文本标记语言）表现方式与超文本标记语言（HTML）类似，它是在 HTML 4.0 基础上优化和改进的语言，目的是基于 XML（eXtensible Hypertext Markup Language，可扩展标记语言）的应用，不过在语法上比 HTML 更加严格。

XHTML 和 HTML 的主要区别如下。

- XHTML 元素必须被正确地嵌套。
- XHTML 元素必须被关闭。
- XHTML 标签名必须用小写字母。
- XHTML 所有的属性的值必须用半角双引号括起来。
- XHTML 文档必须拥有根元素，即所有的 XHTML 元素必须被嵌套于<html></html>根元素中。

10. XML

XML（eXtensible Markup Language，可扩展标记语言）用于标记电子文件使其具有结构性的标记语言，可以用来标记数据、定义数据类型，是一种允许用户对自己的标记进行定义的语言。

随着 Internet 上的 Web 信息越来越多，内容越来越复杂，数据格式也越来越多，传统的 HTML 的有限标记功能已经无法满足表达日益丰富的数据形式的需要。在这种背景下，

XML 技术应运而生。

XML 已经逐渐成为整个 Web 的基本结构和未来各种发展的基础，由于 XML 能针对特定的应用定义自己的标记语言，这一特征使得 XML 可以为电子商务、政府文档、报表、司法、出版、联合、CAD/CAM、保险机构、厂商提供各具特色的独立解决方案。XML 被认为是继 HTML 和 Java 编程语言之后的又一个里程碑式的 Internet 技术。

11. 网站

网站(Web Site)是一个存放在网络服务器上的完整信息的集合体。它包含一个或多个网页，这些网页以一定的方式链接在一起，成为一个整体，用来描述一组完整的信息或达到某种期望的宣传效果。有的网站内容众多，如新浪、搜狐等门户网站；有的网站内容较少，如个人网站。

12. 网址

网址，通常指因特网上网页的地址。一个具体的网址需要用 URL 来表示。

1.1.2 网页

1. 网页

网页(Web Page)实际上是一个文件，网页经由网址(URL)来识别与存取。当浏览者输入一个网址或单击某个链接，在浏览器中显示出来的就是一个网页。

网页是网站的组成部分，设计者可以将需要公布的信息按照一定的方式分类，放在网页上，网页里可以有文字、图像、声音、动画及视频信息等。

2. 主页

主页(Home Page)，它是一个单独的网页，和一般网页一样，可以存放各种信息，同时又是一个特殊的网页，它作为整个网站的起始点和汇总点。

首页和主页的具体区别如下。

● 通常网站为方便浏览者查找和分类浏览网站的信息，会将信息分类，并建立一个网页以放置网站信息的目录，即网站的主页。

● 浏览者在浏览器的地址栏中输入某个网站的域名，并按回车键后，出现的第一个页面，即是首页。

● 通常首页也是主页，但并非所有的网站都将主页设置为首页，有的网站喜欢在首页放置一段进入动画，并将主页的链接放置在首页上，浏览者通过单击首页的链接进入主页。

3. 网页的表现形式

按网页的表现形式，网页可分为静态网页和动态网页两种。

1) 静态网页

静态网页是指客户端与服务器端不发生交互的网页。Internet 最早出现时，站点内容都是以 HTML 静态页面形式存放在服务器上的，访问者浏览到的页面都直接从服务器上读取到客户端，不需要服务器进行预先处理。静态网页文件通常是以.htm、.html、.shtml、.xml

等为后缀。

静态网页没有数据库的支持，交互性较差，在功能方面有较大的限制。

2）动态网页

动态网页是指客户端与服务器端要发生交互的网页。它包括服务器端运行的程序、网页、组件等。它会根据不同客户、不同时间和不同要求，返回不同的网页内容。常用的动态网页技术有 ASP、ASP. net、PHP、JSP 等。

提示

在 HTML 格式的网页上，也可以出现各种动态的效果，如 GIF 格式的动画、FLASH 动画、滚动字幕等，这些“动态效果”只是视觉上的，并没与服务器发生交互，不能称之为动态网页。

1.1.3 网页的构成元素

Internet 中的网页由于涉及的内容不同和制作的差别而千变万化，但网页的基本构成要素大体相同，主要有文本、图像、多媒体、超链接、表单、程序等。网页设计就是要将这些构成要素有机整合，表达出美与和谐。

1. 网站 LOGO

网站 LOGO 是指作为网站或公司形象的图形标志，是网站特色和内涵的集中体现。一个制作精美的 LOGO 不仅可以很好地树立网站或公司形象，还可以传达丰富的产品信息。它用于传递网站的定位和经营理念，同时便于人们识别。

通常网站为体现其特色与内涵，制作一个 LOGO 图像放置在网站的左上角或其他醒目的位置。

企业网站常常使用企业的标志或者注册商标作为网站 LOGO。如图 1-1 和图 1-2 所示。

图 1-1 新浪网站 LOGO

图 1-2 人民网站 LOGO

2. 导航条

导航条是网页的重要组成部分。设计的目的是将站点内的信息分类处理，然后放在网页中以帮助浏览者快速查找站内信息。

导航条（见图 1-3）的形式多种多样，包括文本导航条、图像导航条以及动画导航条等。有些使用特殊技术（例如 Flash、JavaScript、CSS）制作的导航条还具有下拉菜单的功能。

网站首页 | 公司简介 | 产品展示 | 客户案例 | 设备展示 | 新闻中心 | 留言板 | 联系我们

图 1-3 网站导航条示例

3. Banner

Banner 的中文意思是横幅，Banner 的内容通常为网页中的广告。

在网页布局中，大部分网页将 Banner 放置在与导航条相邻处，或者其他醒目的位置以吸引浏览者浏览，如图 1-4 所示。

图 1-4　网站 Banner 示例

4. 图像

用户在网页中使用的图像格式主要包括 GIF、JPEG 和 PNG 等，其中使用最广泛的是 GIF 和 JPEG 两种格式。

5. 文本

网页中的信息以文本为主。与图像相比，文字虽然不如图像那样能够很快引起浏览者的注意，但却能准确地表达信息的内容和含义。在网页中可以通过字体、大小、颜色、底纹等选项来设置文本的属性。

6. 超链接

超链接是指从一个网页指向一个目标的连接关系，这个目标可以是另一个网页，也可以是相同网页上的不同位置。例如，它可以指向一个图像、一个电子邮件地址、一个文件，甚至是一个应用程序，如图 1-5 所示，图中带有下画线的文本就具有超链接。

html教程_百度文库
共有34800000篇和html 教程相关的文档。
类别：html语言教程　html css教程　html实例教程　html代码教程

图 1-5　超链接示例

7. 动画

在网页中为了更有效地吸引浏览者的注意，许多网站都加入了动画。

网页中的动画主要有 GIF 动画和 Flash 动画两种。其中 GIF 动画只有 256 种颜色，主要用于简单动画和图标；而 Flash 动画则比较复杂。

8. 多媒体

声音和视频是多媒体网页的一个重要组成部分。

9. 表单

网页中的表单主要用来接受用户在客户端（浏览器）的输入，然后将这些信息发送到服务器端处理。表单一般用来收集联系信息、接受用户要求、获得反馈意见、设置来宾签名簿、让浏览者注册为会员并以会员的身份登录站点等，如图 1-6 所示。

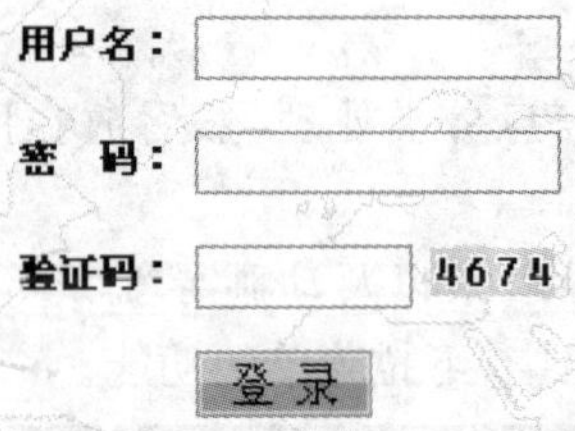

用户名：
密　码：
验证码：　4674
登 录

图 1-6　登录表单示例

1.2 HTML 基础

我们经常上网浏览一些网页，这些网页是由超文本标记语言构成的。本节将主要介绍HTML 语言常用的标签，使读者对 HTML 有一个初步认识。

1.2.1 HTML 概述

HTML 是一种用来制作超文本文档的标记语言。它能独立于各种操作系统平台，可以使浏览器更加高效地工作，减少网页传输的时间。自 1990 年以来 HTML 就一直被用作WWW 的信息表示语言，使用 HTML 语言描述的文件，需要通过 Web 浏览器的解释而显示出效果。超文本传输协议规定了浏览器运行 HTML 文档时所必须遵循的规则和进行的操作。HTTP 协议的制定使浏览器运行超文本时有了统一的规则和标准。

早期的网页只是简单的文本页面，比较单调，功能也很有限；而超文本使网页丰富多彩。

所谓超文本，是因为它可以加入图像、声音、动画、影视等内容，事实上每一个 HTML 文档都是一种静态的网页文件，这个文件里面包含了 HTML 指令代码，这些指令代码并不是一种程序语言，它只是一种排版网页中资料显示位置的标记结构语言，易学易懂，非常简单。用户只要单击鼠标就能从一个主题跳转到另一个主题，从一个页面跳转到另一个页面，浏览世界各地主机上的文件。

1.2.2 操作实例——用 HTML 编写第一个网页

HTML 是简单标记语言。所谓“标记”，是指它不是程序语言，而是由文字和标签组合而成的。HTML 文件是纯文本文件，可以由任意文本编辑器编写，文件的扩展名为“.htm”或者“.html”。既然是简单的标记语言，下面介绍用文本编辑器“记事本”来编写一个网页。

(1) 步骤 1　在 D 盘新建一个文件夹“myweb”，双击“myweb”打开文件夹，在空白处右击，选择“新建”→“文本文档”命令，建立一个文本文件“新建 文本文档.txt”，如图 1-7 所示。

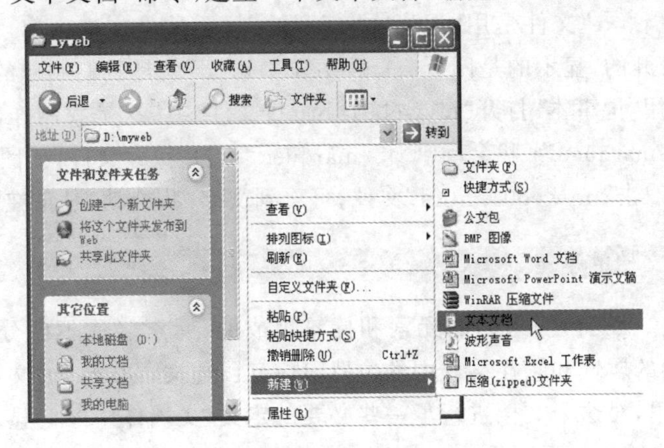

图 1-7　新建文本文档

(2) 步骤 2　双击“新建 文本文档. txt”,打开该文件,并输入以下内容。

```
<HTML>
<HEAD>
</HEAD>

<BODY>
这是我制作的第一个网页
</BODY>
</HTML>
```

(3) 步骤 3　选择“文件”→“保存”命令。

(4) 步骤 4　再选择“文件”→“另存为”命令,在弹出的“另存为”对话框的“文件名”文本框中输入“myweb01. html”,并单击“保存”按钮,如图 1-8 所示。

此时,myweb 文件夹里有两个文件。这两个文件的内容是完全相同的,但显示的图标不同,如图 1-9 所示。

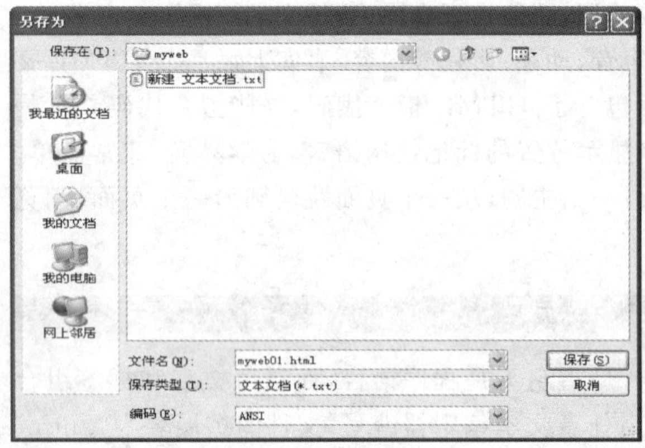

图 1-8　“另存为”对话框

图 1-9　myweb 文件夹里的两个文件

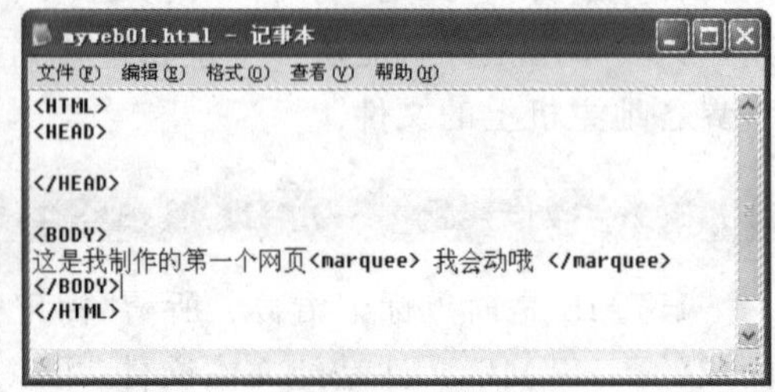

图 1-10　网页代码

(5) 步骤 5　分别双击这两个文件,看看有什么不同。

“新建文本文档. txt”文件是用“记事本”打开的,显示的是文本内容,“myweb01. html”文件是用浏览器打开的,显示的是网页。“myweb01. html”就是我们制作的网页。

(6) 步骤 6　用“记事本”打开“myweb01. html”文件,在“这是我制作的第一个网页”的后面加上文本:“＜marquee＞ 我会动哦 ＜/marquee＞”,并保存文件,如图 1-10 所示。

(7) 步骤 7　双击“myweb01. html”文件,可看到文字“我会动哦”正在滚动。

1.2.3　HTML 文档的基本结构

一个 HTML 文档是由一系列的元素和标签组成的,元素名称不区分大小写。HTML 用标签来规定元素的属性和它在文件中的位置,HTML 超文本文档分“文档头”和“文档体”两部分,在文档头里,对这个文档进行了一些必要的定义,文档体中才会显示各种文档信息。HTML 文档的基本结构如下所示。

<HTML>
<HEAD>
(头部信息,如网页标题)
</HEAD>
<BODY>
(在页面上的内容放在这里)
</BODY>
</HTML>

其中,<HTML></HTML>在文档的最外层,文档中的所有文本和 HTML 标签都包含在其中,它表示该文档是以超文本标记语言(HTML)编写的。

<HEAD></HEAD>是 HTML 文档的头部标签,在浏览器窗口中,头部信息是不被显示在正文中的,在此标签中可以插入其他标记,用以说明文件的标题和整个文件的一些公共属性。若不需要头部信息则可省略此标记,良好的习惯是不省略。

<BODY></BODY>之间的文本是正文,是浏览器要显示的页面内容,该标记一般不省略。

上面的这几对标记在文档中都是唯一的,HEAD 和 BODY 是嵌套在 HTML 中的。

1.2.4 常用 HTML 标签

在 HTML 文档中,用“<”和 “>”括起来的部分,称为标签,用来分割和标记网页元素,以形成不同的布局、文字的格式及五彩缤纷的页面。

一般的 HTML 由标签(Tags)、代码(Codes)、注释(Comments)组成。HTML 标签的基本格式如下。

<标签> 内容 </标签>

HTML 的标签分为成对标签和单标签两种。

1. 成对标签

成对标签是由首标签“<标签名>”和尾标签“</标签名>”组成的,成对标签的作用域只作用于这对标签中的对象。如“<marquee> 我会动哦 </marquee>”,只对首尾标签之间的内容“我会动哦”起作用。

2. 单标签

单标签的格式<标签名/>,单标签在相应的位置插入元素就可以了。例如
,表示插入一个回车换行符。

大多数标签都有自己的一些属性及属性值,属性要写在首标签内,属性用于进一步改变显示的效果,各属性之间无先后次序,属性是可选的,属性也可以省略而采用默认值,格式如下。

<标签名称　属性=“属性值”> 内容 </标签名称>

3. 常用 HTML 标签

表 1-1 列举了部分常用 HTML 标签及功能。

表 1-1　部分常用 HTML 标签及功能

标　签	功　能
<html>	创建一个 HTML 文档
<head>	设置文档标题和其他在网页中不显示的信息
<title>	设置文档的标题
<h1>～<h6>	标题 1 至标题 6
<pre>	预先格式化文本
<font>	设置字体大小、颜色
<p>	创建一个段落
 	插入一个回车换行符
<div >	块,用于创建包含内容的方框
<! ---->	注释,在 HTML 代码中添加注释
<a>	锚记,创建超链接
<marquee>	滚动字幕
<img>	图像
<form>	HTML 表单
<ol>	创建一个编号列表
<ul>	创建一个项目列表
<li>	列表项
<hr/>	水平线

1.2.5　操作实例——HTML 标签应用举例

1. 标题<title></title>

示例:

```
<title> 设置网页的标题</title>
```

2. 水平线<hr>

以下为<hr>常用属性。

(1) size:设置水平线长度。

(2) width:设定水平线宽度。

(3) color:设定水平线颜色。

示例:

```
<hr size= '10'  width= '80%'  color= 'ff0000'
```

3. 滚动字幕<marquee></marquee>

以下为<marquee>常用属性。

(1) behavior:设置滚动方式,取值有 scroll、alternate、slide。

- scroll:默认滚动效果。
- alternate:来回滚动效果。
- slide:滑动效果。

(2) direction:滚动方向,取值有 up、down、right、left。

- up:向上滚动。
- down:向下滚动。
- right:向右滚动。
- left:向左滚动。

(3) loop:滚动次数。

(4) width:设定宽度。

(5) height:设定高度。

(6) bgcolor:设定滚动部分的背景颜色。

(7) scrollamount:设定滚动速度。

(8) onmouseover:鼠标经过滚动部分时发生的事件。

(9) onmouseout:鼠标离开滚动部分时发生的事件。

示例 1:

```
<marquee Behavior=alternate bgcolor="00ff00" scrollamount=30 onmouseover="
this.stop()" onmouseout="this.start()">滚动字幕</marquee>
<!--这是注释部分,onmouseover="this.stop()":鼠标经过滚动部分时,滚动停止。
onmouseout= "this.start()":鼠标离开滚动部分时,开始滚动。-->
```

示例 2:

```
<marquee direction=up height=300 width=200 bgcolor="00ff00" scrollamount=10
onmouseover="this.stop()" onmouseout="this.start()">滚动字幕</marquee>
```

4. 超链接<a></a>

以下为<a>常用属性。

Href:链接地址,可以是本地文件,也可以是网址。

示例:

```
<a href='http://www.whbaiduyy.com'>超链接测试</a>
```

5. 图像<img>

以下为<img>常用属性。

(1) src: 图像地址。

(2) width:设定图像宽度。

(3) height:设定图像高度。

(4) alt:指定替代文本,用于当图像无法显示或者用户禁用图像显示时,代替图像显示在浏览器中的内容。

(5) title：设定图像提示文字。在浏览器中，当鼠标移到图像上时，在鼠标旁边出现提示文字。

示例1：

```
<img width=300 height=300 src='C:\WINDOWS\Web\WALLPAPER\Stonehenge.jpg'
title='WINDOWS 自带的图像'>
```

提示

"Stonehenge.jpg"是 Windows 自带的图像，如果不能显示，请换成"WALLPAPER"文件夹下的其他图像。

示例2：

```
<img width=300 height=300 src='Stonehenge.jpg'  alt='WINDOWS 自带的图像'>
```

6. 背景音乐设定<bgsound>

以下为<bgsound>常用属性。

(1) src：音频文件地址。

(2) loop：播放次数

示例：

```
<bgsound src="C:\WINDOWS\Media\Windows XP 启动.wav" loop=3>
```

提示

"Windows XP 启动.wav"是 Windws 自带的音频文件，如果不能播放，请换成"Media"文件夹下的其他音频文件。

本章小结

本章主要介绍了网页设计相关基本概念，包括 IP 地址、域名、HTTP、HTML、XHTML、XML、URL、浏览器、网页、网址、主页、静态网页、动态网页等概念，以及 HTML 基本结构、常用 HTML 标签和网页的构成元素，并体验了制作网页的简单方法。

习题1

一、选择题

1. 目前在 Internet 上应用最为广泛的服务是(　　)。

A. FTP 服务　　　　B. WWW 服务

C. Telnet 服务　　　　D. Gopher 服务

2. 为了标识一个 HTML 文件应该使用的 HTML 标记是(　　)。

A. <p> </p>　　　　B. <boby> </body>

C. <html> </html>　　D. <table> </table>

3. 在 HTML 中，标记<pre>的作用是(　　)。

A. 标题标记　　B. 预排版标记　　C. 转行标记　　D. 文字效果标记

4. 强迫文字换行的标记是(　　)。

A. <ENTER>　　B. <BF>　　C.
　　D. <R>

5. 下列关于 IP 地址与域名的说法正确的是(　　)。

A. IP 地址只能用十进制数字表示

B. IP 地址仅供自己使用

C. 域名是某个 IP 地址的一个别名

D. 域名只有三个层次

6. 关于标记<title>的说法正确的是(　　)。

A. <title>是标题标记，它只能出现在文件体中，即<body></body>之间

B. <title>是标题标记，格式为<title>文件标题</title>

C. <title>和<TITLE>是不一样的，HTML 区分大小写

D. <title>和<TITLE>是不一样的，<TITLE>根本不存在

7. URL 是________的简写，中文译作________。在横线上填写相应内容，正确的是(　　)。

A. Uniform　Real　Locator；全球定位

B. Unin　Resource　Locator；全球资源定位

C. Uniform　Real　Locator；全球资源定位

D. Uniform　Resource　Locator；全球资源定位

8. IP 地址是一个(　　)位的二进制数。

A. 16　　B. 32　　C. 64　　D. 128

9. 在域名系统中，域名采用(　　)。

A. 树形命名机制　　B. 星形命名机制

C. 层次型命名机制　　D. 网状型命名机制

10. Internet 上使用的最重要的两个协议是(　　)。

A. TCP 和 Telnet　　B. TCP 和 IP

C. TCP 和 SMTP　　D. IP 和 Telnet

二、填空题

1. WWW 是________的缩写，其含义是________，很多人又形象地称其为“万维网”。

2. 网页基本可以分为________和________两大类网页。

3. 对于网站，我们通常又称其为________。

4. HTML 源代码包括________和________两大部分。

5. ________和________是 Web 页的第一个和最后一个标记符，Web 页的其他所有内容都位于这两个标记符之间。

三、实践题

用记事本编写一个简单的网页，包含一些常用的标签。

第2章　Dreamweaver CS6的操作环境

学习目标

本章主要学习 Dreamweaver CS6 的工作环境，通过创建简单的网页，熟悉网页制作的过程。学习站点的创建方法及站点的管理，以及在“代码”视图中编辑 HTML 的方法。

本章重点

● Dreamweaver CS6 工作环境；● 建立站点；● 在“代码”视图中创建 HTML。

2.1　初识 Dreamweaver CS6

掌握 Dreamweaver CS6 的工作环境是学习网页制作的基础，而软件的安装与卸载、启动，Dreamweaver 的工作界面以及帮助是学习软件的首要任务。

2.1.1　Dreamweaver CS6 的安装与卸载

1. Dreamweaver CS6 的安装

安装 Dreamweaver CS6，具体的操作步骤如下。

（1）步骤 1　双击 Dreamweaver CS6 的安装文件，程序会自动开始解压缩，单击“确定”按钮，弹出如图 2-1 所示的界面。

（2）步骤 2　选择文件解压缩的路径，单击“下一步”按钮，依次弹出如图 2-2 至图 2-4 所示的界面。

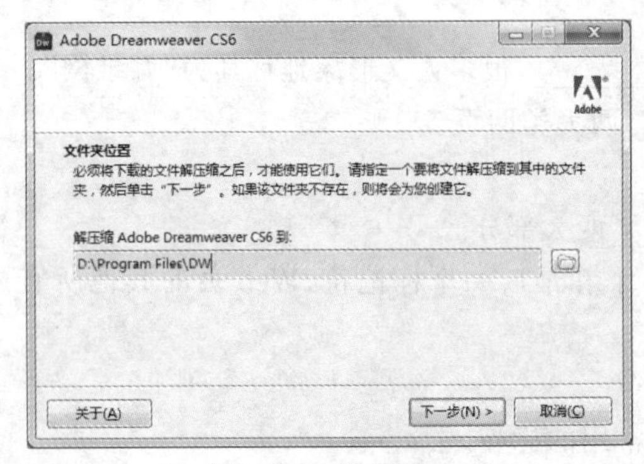

图 2-1　安装界面一

图 2-2　安装界面二

（3）步骤 3　在图 2-4 所示的界面单击“接受”按钮，弹出如图 2-5 所示窗口，单击“安装”按钮即可成功安装 Dreamweaver CS6，弹出如图 2-6 所示的界面。

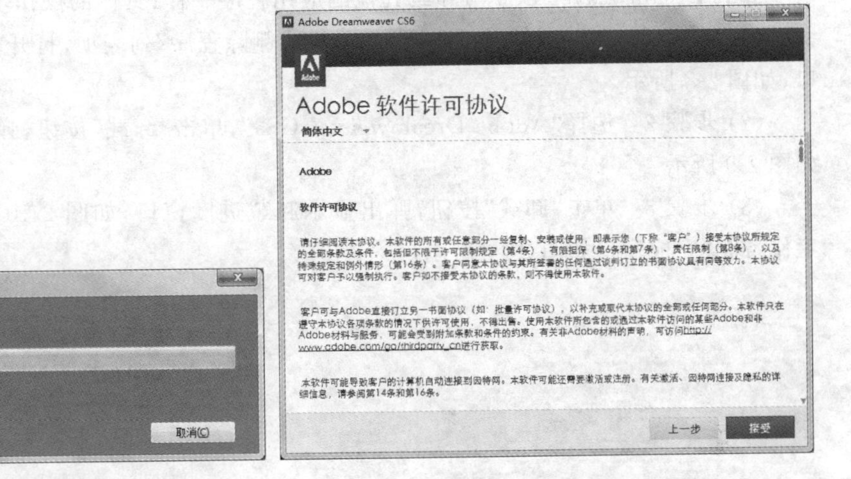

图 2-3　安装界面三　　　　图 2-4　安装界面四

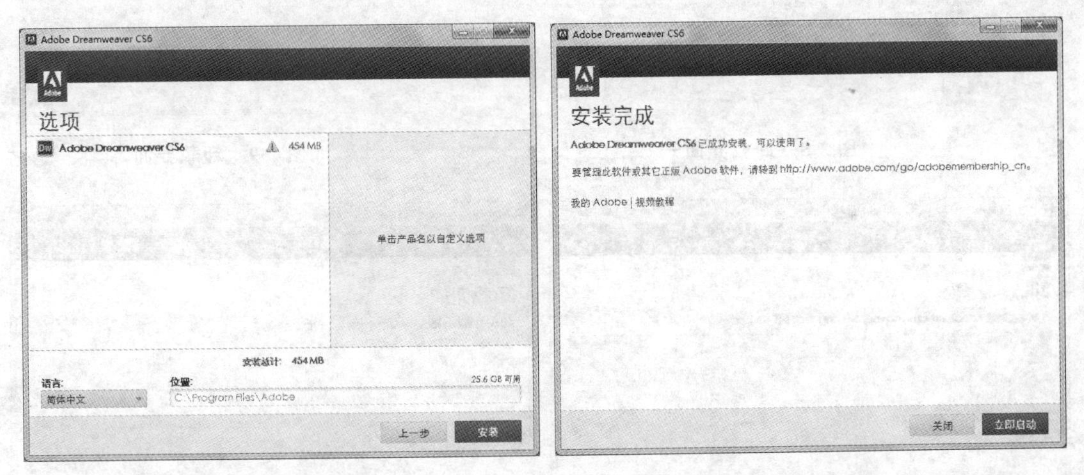

图 2-5　安装界面五　　　　图 2-6 安装界面六

（4）步骤 4　选择“立即启动”，弹出如图 2-7 所示的“默认编辑器”对话框，单击“确定”按钮，即可进入软件界面。

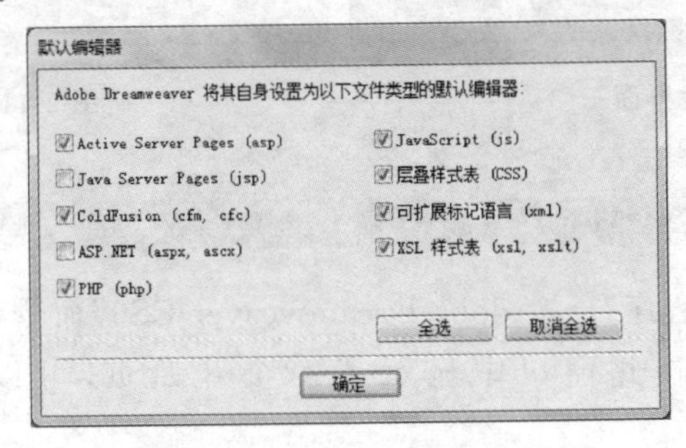

图 2-7　“默认编辑器”对话框

2. Dreamweaver CS6 的卸载

卸载 Dreamweaver CS6 与卸载其他的应用程序一样，具体的操作步骤如下。

(1) 步骤 1　在"控制面板"中选中"添加或删除程序"列表项，打开"添加或删除程序"窗口，如图 2-8 所示。

(2) 步骤 2　选择"Adobe Dreamweaver CS6"，单击"卸载"按钮，弹出"卸载选项"窗口，如图 2-9 所示。

(3) 步骤 3　单击"卸载"按钮，弹出显示卸载进度窗口，如图 2-10 所示，即可完成卸载工作，卸载完成窗口如图 2-11 所示。

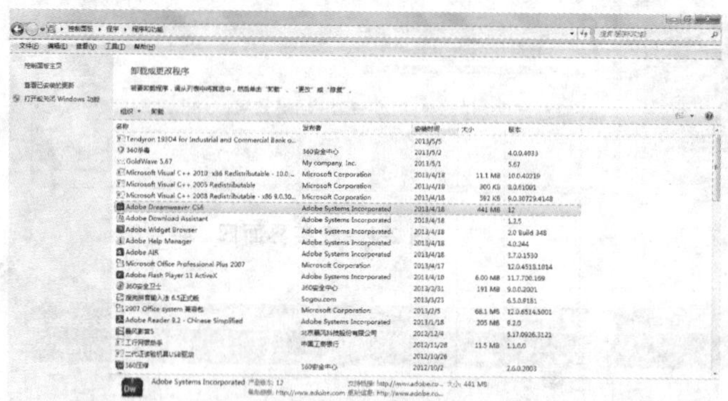

图 2-8　卸载界面一

图 2-9　卸载界面二

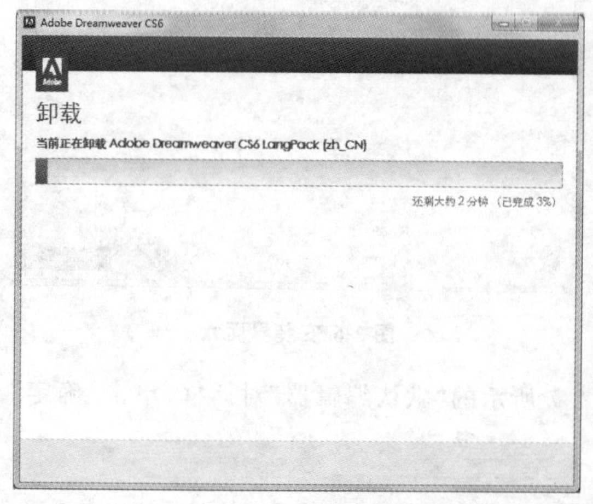

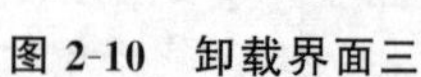

图 2-10　卸载界面三

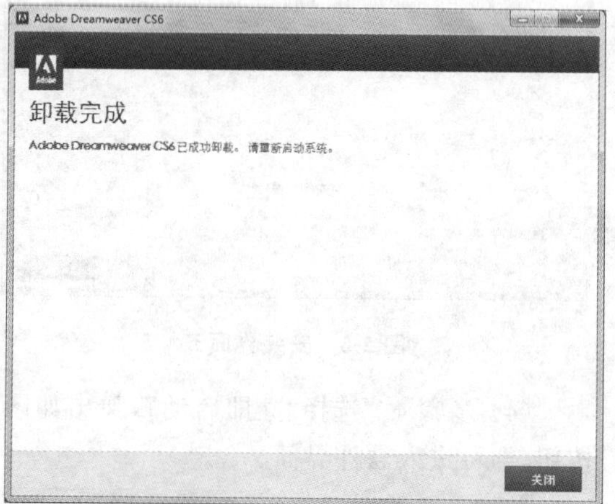

图 2-11　卸载界面四

2.1.2　Dreamweaver CS6 的启动

选择"程序"→"所有程序"→"Adobe Dreamweaver CS6"命令，可以启动程序，弹出 DW 窗口，如图 2-12 所示。在此窗口中显示了一个开始页，可以选择以哪种方式使用 Dreamweaver。

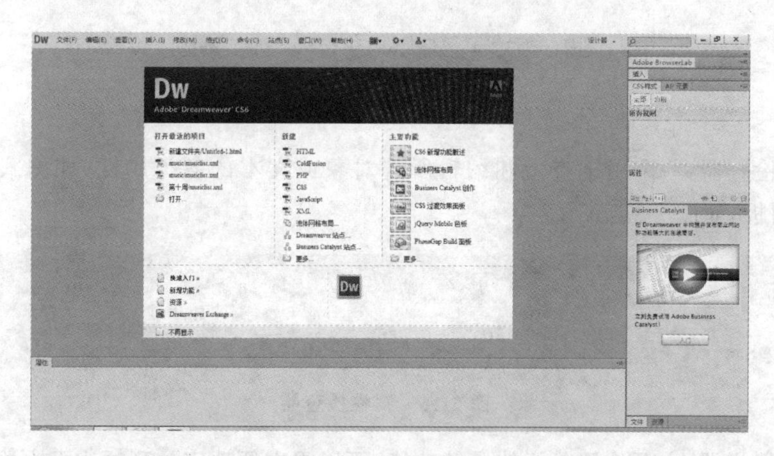

图 2-12　DW 窗口

2.1.3　Dreamweaver CS6 工作界面

在 Dreamweaver CS6 开始页中，选择“新建”列表中的“HTML”选项，启动 Dreamweaver CS6 的工作窗口，如图 2-13 所示。Dreamweaver CS6 所提供的工作区环境，将全部功能面板集成到了一个应用程序窗口中，使用者可以自己选择布局模式进行开发，如图 2-14 所示。

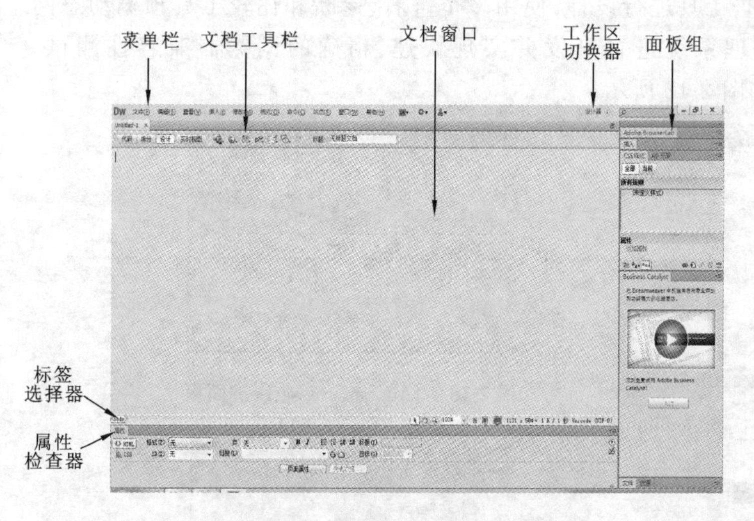

图 2-13　Dreamweaver CS6 的工作窗口

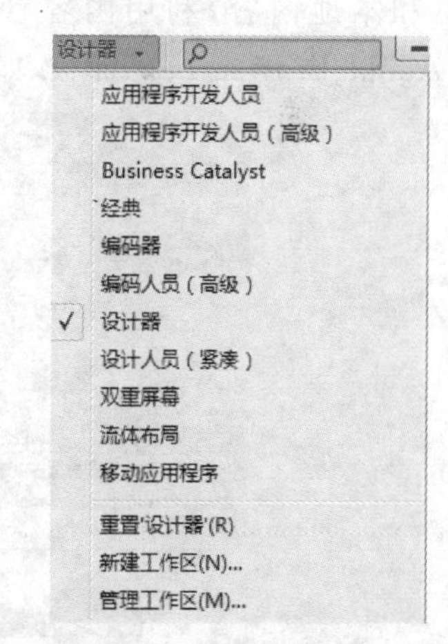

图 2-14　“工作区切换器”下拉菜单

Dreamweaver CS6 的工作窗口包含菜单栏、文档工具栏、文档窗口、属性检查器、标签选择器、面板组。

- 文档窗口：用来显示当前创建和编辑的文档内容，是网站设计和开发的主要工作区。
- 文档工具栏：包含一系列的操作按钮，使用这些按钮可以在编辑文档的不同视图间快速切换，例如“代码”视图、“设计”视图、同时显示代码视图和设计视图的“拆分”视图。工具栏中还包括查看文档、传输文档相关的常用命令，如图 2-15 所示。

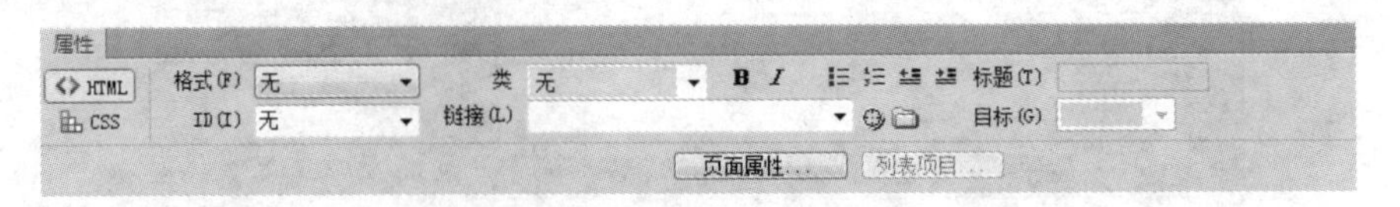

图 2-15　文档工具栏

● 属性检查器:一个用于查看和编辑所选对象或文本的各类属性(如格式、样式、字体等)的功能面板,如图 2-16 所示。

图 2-16　属性检查器

● 标签选择器:主要作用是标签导航功能,可以很方便地定位到插入至页面中的任意标签。选中要编辑的插入对象,对其进行相关的属性设置。

● 面板组:针对具体功能模块,Dreamweaver CS6 把一些相关面板进行分组并集成在一起。单击面板组名称,就能展开相对应的面板组,如图 2-17 所示。另外,也可以通过"窗口"菜单打开所需要的面板。

默认的面板组有以下面板。

1. "Adobe BrowserLab"面板

该面板可以使用 CSS 检查工具进行设计,使用多个查看、诊断和比较工具预览动态网页和本地内容,利用内容管理系统进行开发并实现快速、精确的浏览器兼容性测试。"Adobe BrowserLab"面板,如图 2-18 所示。

图 2-17　面板组

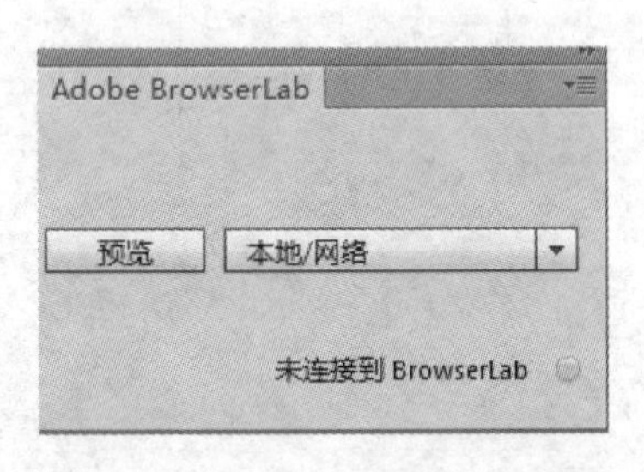

图 2-18　"Adobe BrowserLab"面板

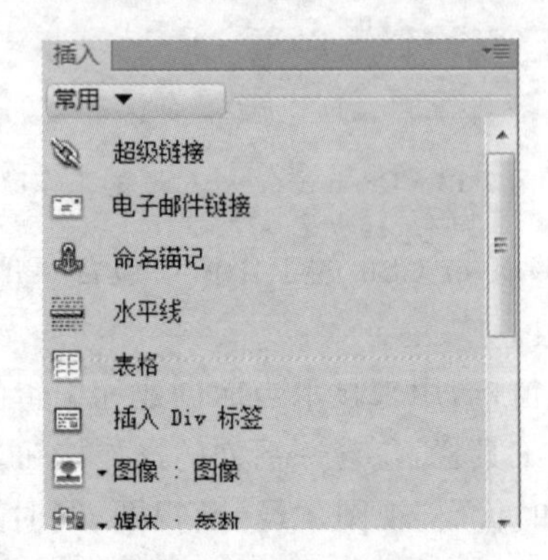

图 2-19　"插入"面板

2. “插入”面板

“插入”面板包含用于创建和插入对象(例如表格、图像和链接)的按钮,这些按钮按类别进行组织,可以通过“类别”弹出菜单,选择所对应的类别来进行切换。当前文档包含服务器代码时(例如 ASP 或 CFML 文档),还会显示其他类别。图 2-19 即为“插入”面板,图 2-20 为“插入”面板在菜单栏下方的显示效果,每个按钮都对应一段 HTML 代码,允许在插入时设置不同的属性。

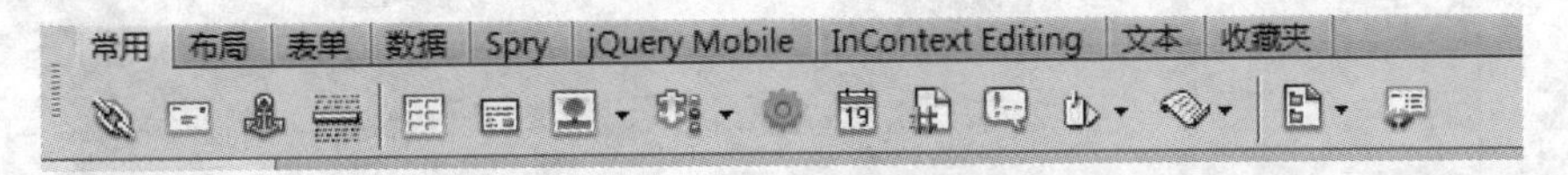

图 2-20　在“插入”面板菜单栏下方的显示效果

3. “CSS 样式”面板

使用“CSS 样式”面板可以跟踪影响当前所选页面元素的 CSS 规则和属性,或影响整个文档的规则和属性。使用“CSS 样式”面板顶部的切换按钮可以在两种模式之间切换,即可以在“全部”和“当前”模式下修改 CSS 属性“CSS 样式”面板如图 2-21 所示。

在“当前”模式下,“CSS 样式”面板将显示三个窗格:①“所选内容的摘要”窗格,用于显示文档中当前所选内容的 CSS 属性;②“规则”窗格,用于显示所选属性的位置;③“属性”窗格,允许编辑定义所选内容的规则的 CSS 属性。在“全部”模式下,“CSS 样式”面板显示两个窗格:“所有规则”窗格(顶部)和“属性”窗格(底部)。“所有规则”窗格显示当前文档中定义的规则以及附加到当前文档的样式表中定义的所有规则的列表;使用“属性”窗格可以编辑“所有规则”窗格中任何所选规则的 CSS 属性。对“属性”窗格所做的任何更改都将立即应用,这就可以在操作的同时预览效果。

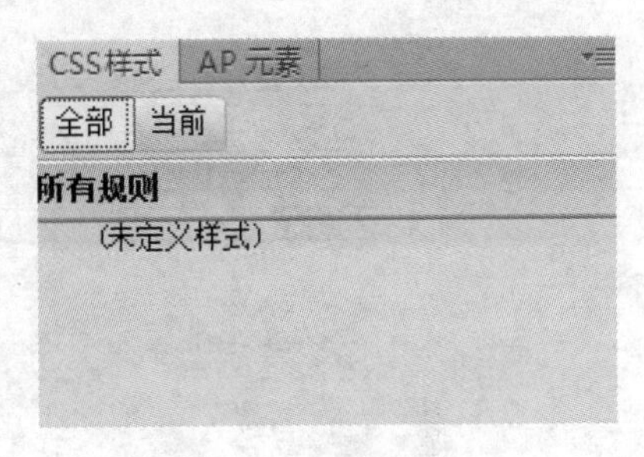

图 2-21　“CSS 样式”面板

4. “AP 元素”面板

AP 元素是分配有绝对位置的 HTML 页面元素,可以包含文本、图像或其他任何可放置到 HTML 文档正文中的内容。Dreamweaver 中的 AP 元素都显示在该面板中,在该面板中可以执行选择、命名和删除等操作,如图 2-22 所示。

5. “Business Catalyst”面板

使用 Dreamweaver 中集成的“Business Catalyst”面板连接并编辑利用 Adobe Business Catalyst(需另外购买)建立的网站,利用托管解决方案建立电子商务网站,“Business Catalyst”面板如图 2-23 所示。

6. “文件”面板

“文件”面板是用户管理文件和文件夹的功能面板,通过这个面板可以访问本地磁盘上的全部文件,或是服务器整个站点中的所有文件。操作模式类似于 Windows 的资源管理器,如图 2-24 所示。

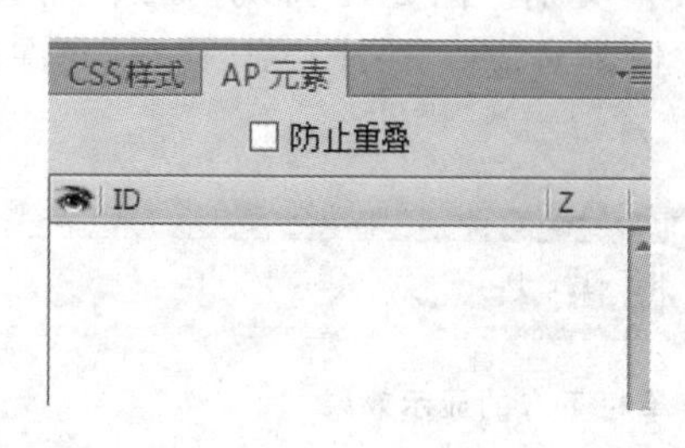

图 2-22 “AP 元素”面板

图 2-23 “Business Catalyst”面板

7. “资源”面板

“资源”面板主要用于显示站点或收藏中的资源信息,这些资源可以按类别显示,如图2-25 所示。

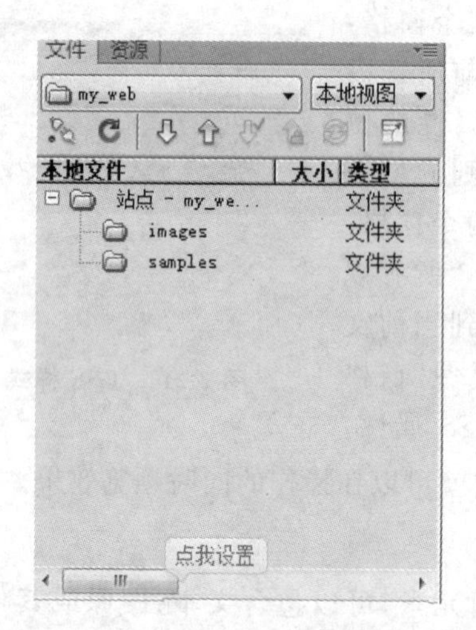

图 2-24 “文件”面板

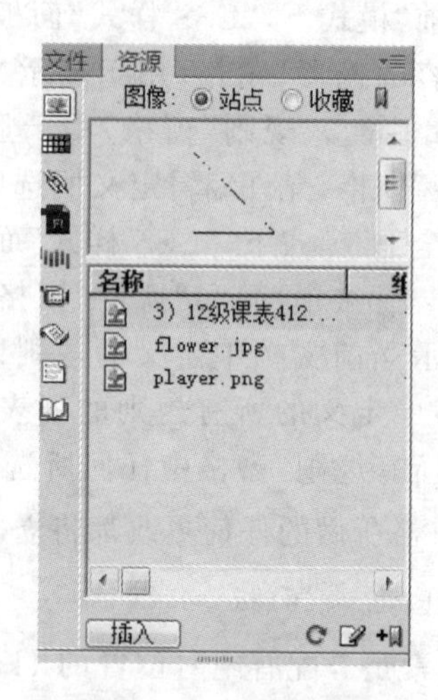

图 2-25 “资源”面板

2.1.4 Dreamweaver CS6 的帮助

“帮助”菜单中的联机帮助系统提供了有关使用 Dreamweaver CS6 可执行任务的详细信息。初学者可以在帮助文件中执行全文搜索,找到相关主题的帮助信息,具体步骤如下。

(1) 步骤 1 选择“帮助”→“Dreamweaver 帮助”命令,打开“Dreamweaver 帮助/帮助和教程”窗口,如图 2-26 所示。

(2) 步骤 2 单击标签,查看该标签的相关信息,也可以通过窗口左侧的搜索命令搜索相关信息,以获得帮助信息。

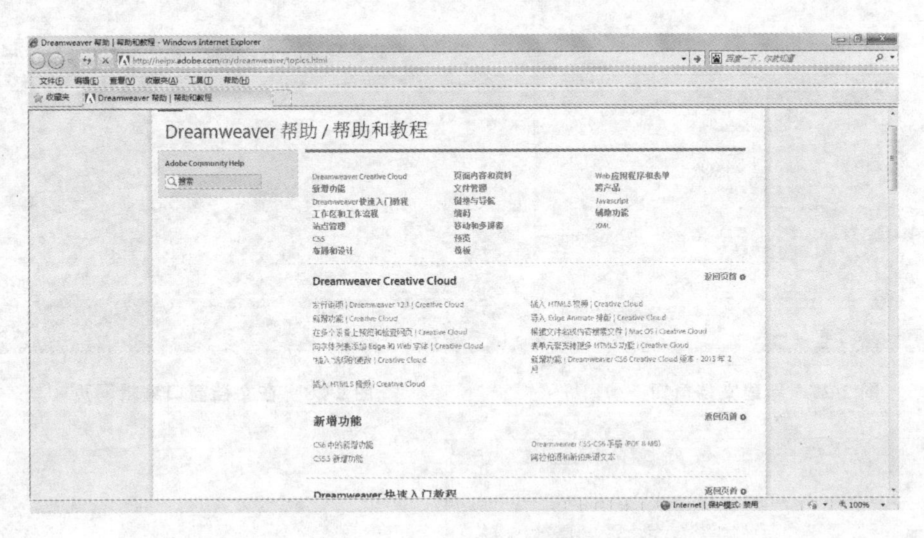

图 2-26 “Dreamweaver 帮助/帮助和教程”窗口

2.2 操作实例——用 Dreamweaver 制作一个简单的网页

Dreamweaver 提供了强大的网页制作功能，通过该软件可以很方便地制作网页，下面通过制作一个简单的网页，了解 Dreamweaver 制作网页的基本流程。

2.2.1 新建网页

新建网页的具体操作步骤如下。

(1) 步骤 1 选择“程序”→“所有程序”→“Adobe Dreamweaver CS6”命令，启动 Dreamweaver CS6。

(2) 步骤 2 在 Dreamweaver CS6 的开始页中，选择“新建”列表下的“HTML”选项，就启动了 Dreamweaver CS6 的工作窗口并新建了一个网页文档；或者在启动 Dreamweaver CS6 后，选择“文件”→“新建”命令，弹出如图 2-27 所示的“新建文档”窗口，选择“HTML”选项，单击“创建”按钮，新文档在文档窗口打开。

2.2.2 保存网页

(1) 步骤 1 在文档编辑区中单击，输入文字“欢迎访问我的网站!”，如图 2-28 所示。

(2) 步骤 2 选择“文件”→“保存”命令，在弹出的“另存为”对话框中选择要保存的路径(这里保存在 samples\part 2 目录下)，并将文件名改为“2-1. html”，如图 2-29 所示，然后单击“保存”按钮，保存文件。

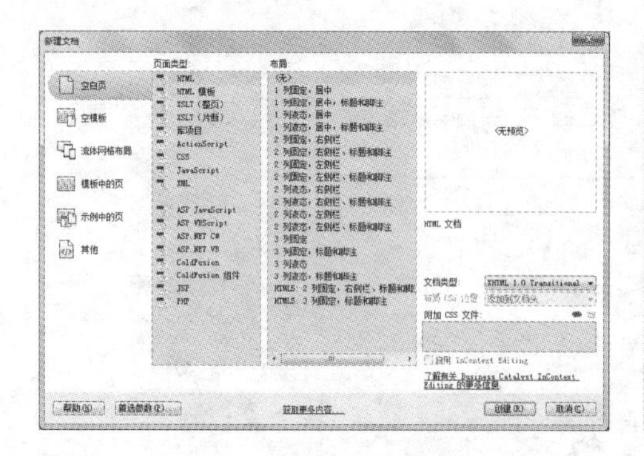

图 2-27　新建文档窗口

图 2-28　在文档窗口编辑网页

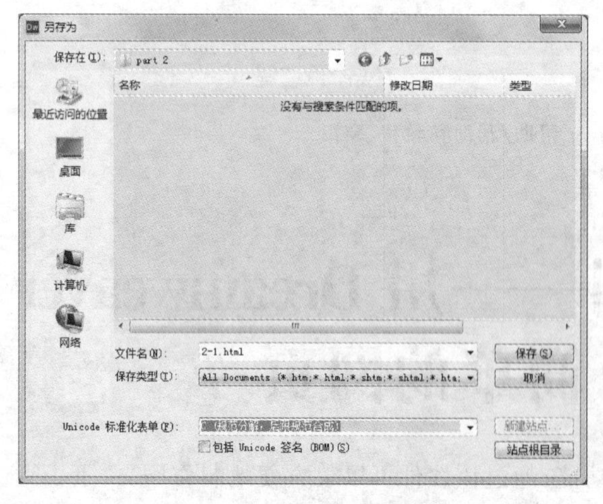

图 2-29　“另存为”对话框

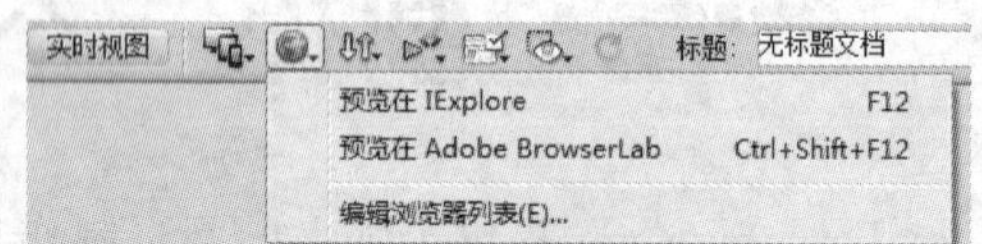

图 2-30　菜单命令

2.2.3　预览网页

保存网页后，单击文档工具栏中的“在浏览器中预览/调试”按钮，在弹出的下拉菜单中选择“预览在 IExplore”命令，预览制作的网页，菜单命令如图 2-30 所示。另外，也可以按 F12 键或者通过选择“文件”→“在浏览器中预览”→“IExplore”命令来预览网页。

2.3　“代码”视图

在 Dreamweaver“代码”视图中，利用标签选择器、代码提示工具和编码工具栏可以快速创建专业 HTML 文档。

2.3.1　操作实例——使用标签选择器

利用标签选择器，Dreamweaver 可以方便地编辑 HTML 代码。

(1) 步骤 1　打开 Dreamweaver，选择“文件”→“新建”命令，创建新的 HTML 文件。

(2) 步骤 2　单击“拆分”按钮进入“拆分”视图，将光标定位在<body>标签后面，如图 2-31 所示。

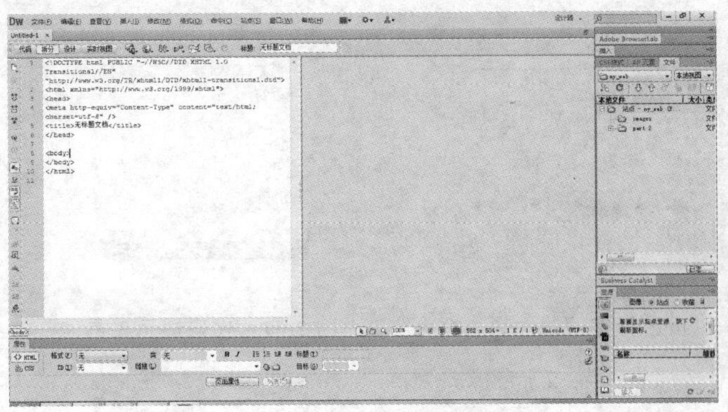

图 2-31　光标定位

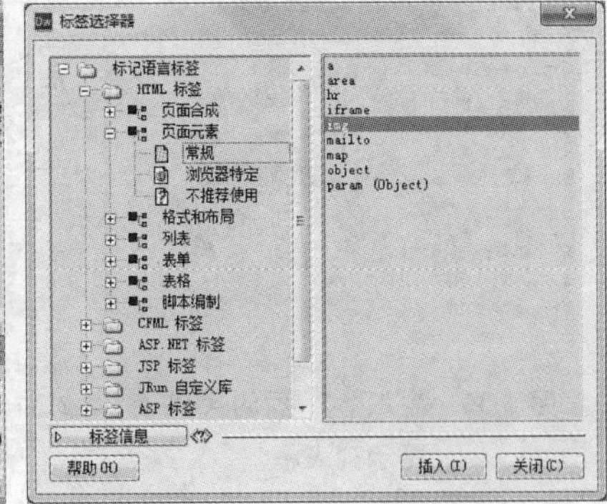

图 2-32　“标签选择器”对话框

(3) 步骤 3　选择“插入”→“标签”命令，弹出“标签选择器”对话框，如图 2-32 所示，展开文件“HTML 标签”→“页面元素”→“常规”，选择“img”项。

(4) 步骤 4　单击“插入”按钮，弹出如图 2-33 所示的“标签编辑器-img”对话框。

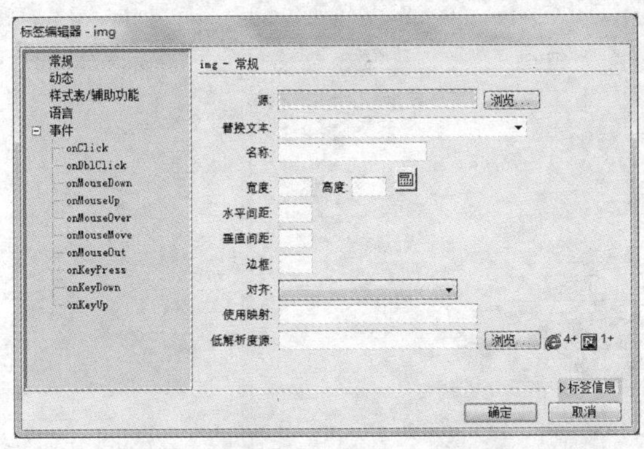

图 2-33　“标签编辑器-img”对话框

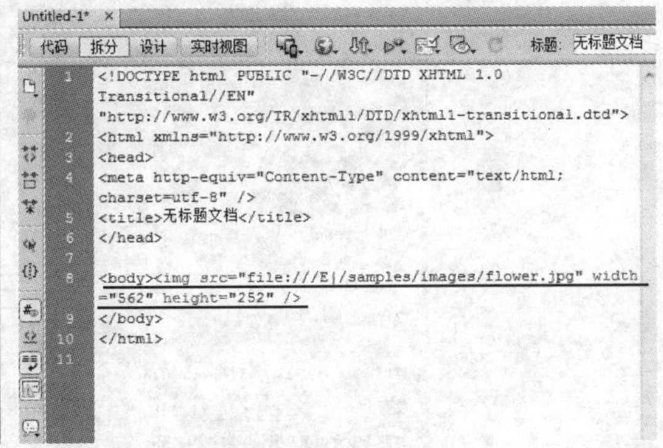

图 2-34　插入标签

(5) 步骤 5　在“常规”选项卡中的“源”中选择“images\flower.jpg”，单击“确定”按钮。可以看到，<img>标签已经被插入到 HTML 代码中，如图 2-34 所示。

(6) 步骤 6　可以在“标签选择器”中继续选择要插入的标签。

2.3.2　操作实例——代码提示工具

Dreamweaver 提供的代码提示工具，方便用户对 HTML 源代码进行编辑。在“代码”视图中，这种提示工具会根据上下文的环境自动弹出来，从弹出的列表中选择需要输入的内容，双击或者按“Enter”键即可插入代码。Dreamweaver 的代码提示工具主要包括 URL 浏览器、颜色选择器和字体列表等。

(1) 步骤 1　在一个 HTML 网页文件中，切换到“代码”视图中，输入“<i”，弹出如图

2-35 所示的代码提示列表框。

(2) 步骤 2　在输入完“<img”后按空格键，弹出如图 2-36 所示的“img”标签的属性列表框。

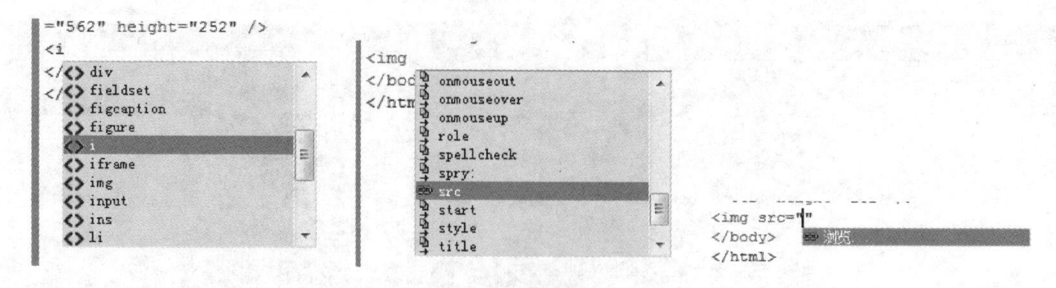

图 2-35　输入“<i”后的代码提示列表框　　图 2-36　“img”标签的属性列表框　　图 2-37　代码提示工具

(3) 步骤 3　选择“src”，弹出如图 2-37 所示的代码提示工具。

(4) 步骤 4　选择“浏览”，弹出“选择文件”对话框，如图 2-38 所示，可以选择所需要的图像文件。

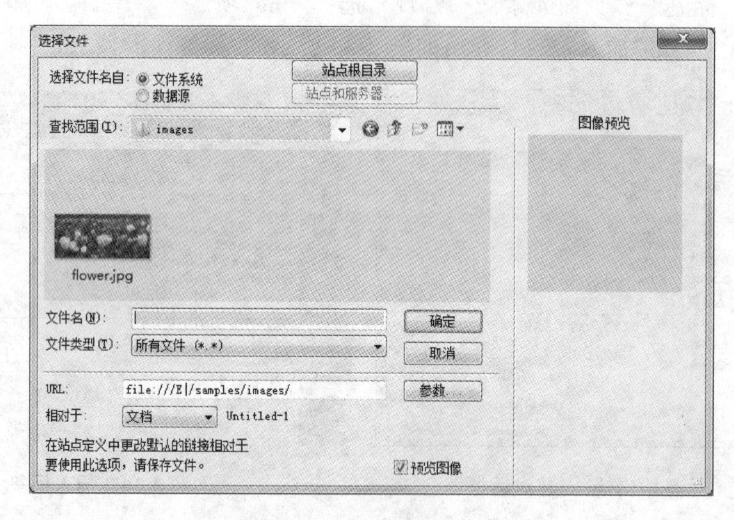

图 2-38　“选择文件”对话框

2.3.3　操作实例——编码工具栏

Dreamweaver 提供的“编码”工具栏方便了代码的编辑工作，“编码”工具栏只有在“代码”视图中才能使用，通常，以纵栏形式显示在“代码”视图左侧。

1. 编码折叠和展开

(1) 步骤 1　打开文件“2-3-1. html”，切换到“代码”视图。

(2) 步骤 2　在“代码”视图中，选择一段代码，然后单击“编码”工具栏中的“折叠所选”按钮，如图 2-39 所示。

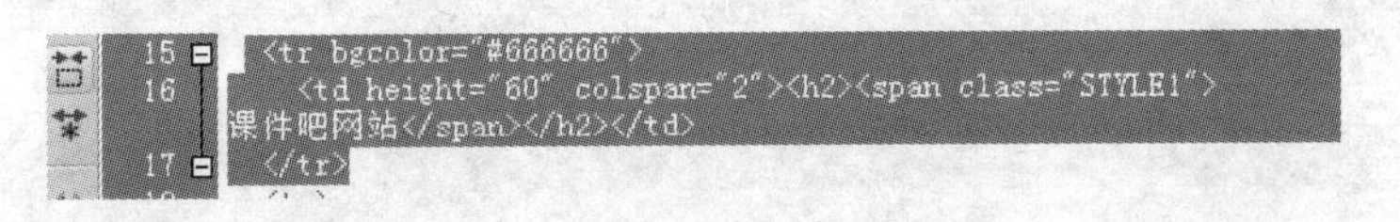

图 2-39　需要折叠的代码

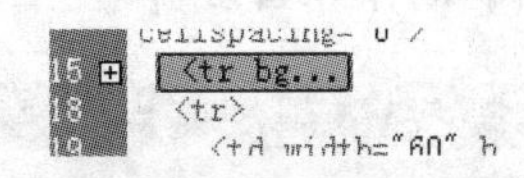

图 2-40　折叠后的代码

(3) 步骤 3　折叠后的代码以标签的缩略图形式显示，末尾有省略号，其效果如图 2-40 所示。

(4) 步骤 4　如果需要展开代码，可单击折叠前的“+”，或者单击“编码”工具栏的“扩展全部”按钮。

2. 添加和删除代码注释

(1) 步骤 1　在“代码”视图中，选择表格内部的一段代码，单击“编码”工具栏中的“应用注释”按钮，在弹出的菜单中选择“应用 HTML 注释”，如图 2-41 所示。

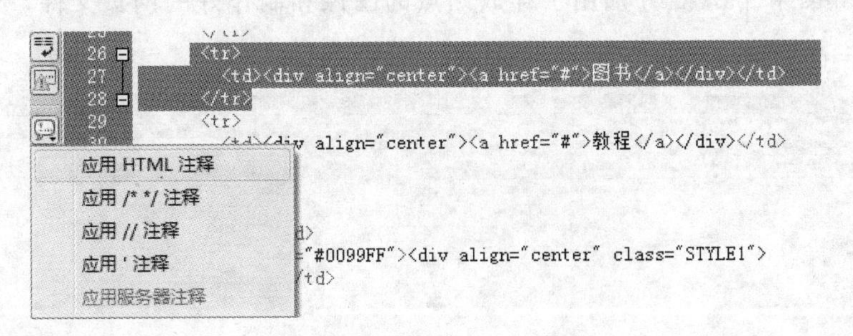

图 2-41　应用 HTML 注释

(2) 步骤 2　被注释的代码前后有一对“＜！--”和“--＞”标记，并且代码为灰色，其效果如图 2-42 所示，也可以选择其他的注释方式。

图 2-42　被注释的代码效果

(3) 步骤 3　如果要删除注释，在选中被注释的代码后，单击“编码”工具栏中的“删除注释”按钮即可。

2.4 站点的建立

制作网页之前，必须先建立本地站点，这对于网站的创建和维护是至关重要的。本地站点就是在自己的计算机上建立一个目录，将所有与网页相关的文件存放在该目录下，以便网页的制作和管理。

2.4.1 规划站点

站点目录结构的好坏，直接影响站点的上传和维护、内容的更新和移动，因此，在建立站点目录的过程中，需注意以下几点。

- 不要将所有的文件都存放在根目录下，否则容易混淆，而且不易于文件的管理和上传。
- 按照文件的类型建立不同的子目录。
- 目录的层次不能太多。
- 目录名要得当，不要使用中文或者过程的目录名。

根据以上原则，在本地计算机上新建目录 E:\samples，用于存放所有站点文件，然后建立子目录 images 和 part 2 分别用于存放站点的图像和制作好的网页文件，站点目录如图 2-43 所示。

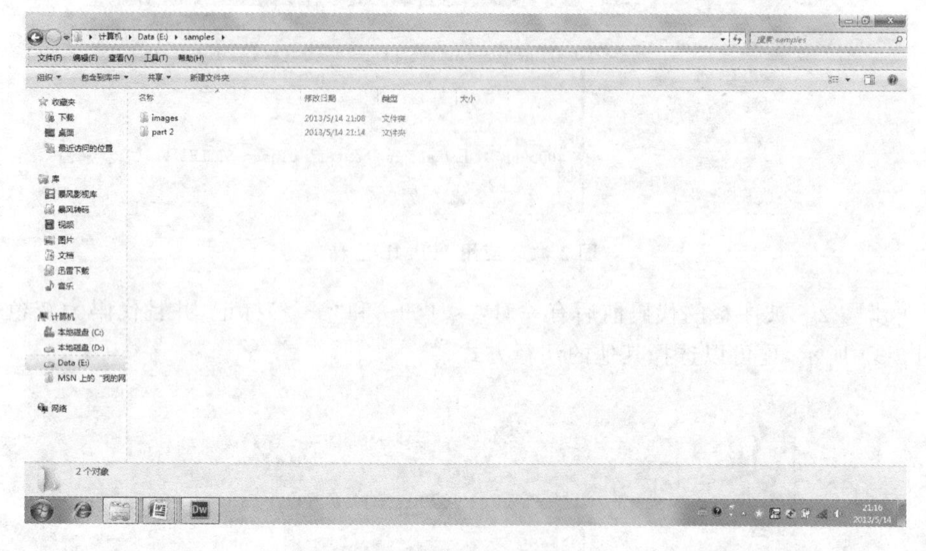

图 2-43 站点目录

2.4.2 操作实例——建立一个站点

站点是管理网站所有相关文件的工具，通过站点能够管理网站的相关页面及各类素材文件，另外，还可以将文件上传到 Web 服务器并测试站点。下面将在 Dreamweaver CS6 中建立站点。

(1) 步骤 1 打开软件 Dreamweaver CS6，选择“站点”→“新建站点”命令，弹出如图 2-44 所示“站点设置对象 未命名站点 2”对话框，在“站点名称”文本框中输入站点的名称“my_web”，为“本地站点文件夹”选择路径“E:\samples”。此时对话框名称自动更改为“站点设置对象 my_web”。

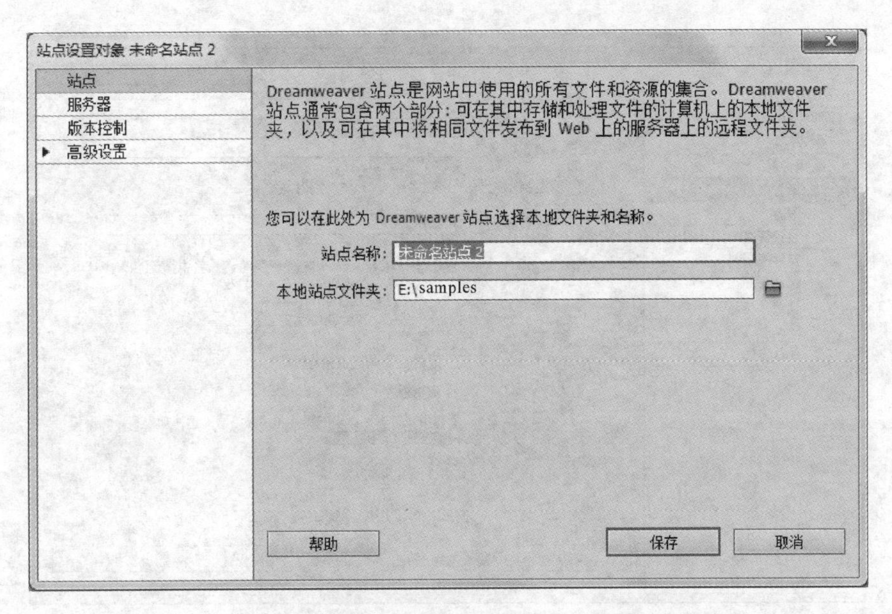

图 2-44 “站点设置对象 未命名站点 2”对话框

（2）步骤 2　在“站点设置对象 my_web”对话框中，单击左侧窗格中的“服务器”选项卡，可以进行远程服务器的设置，如图 2-45 所示。

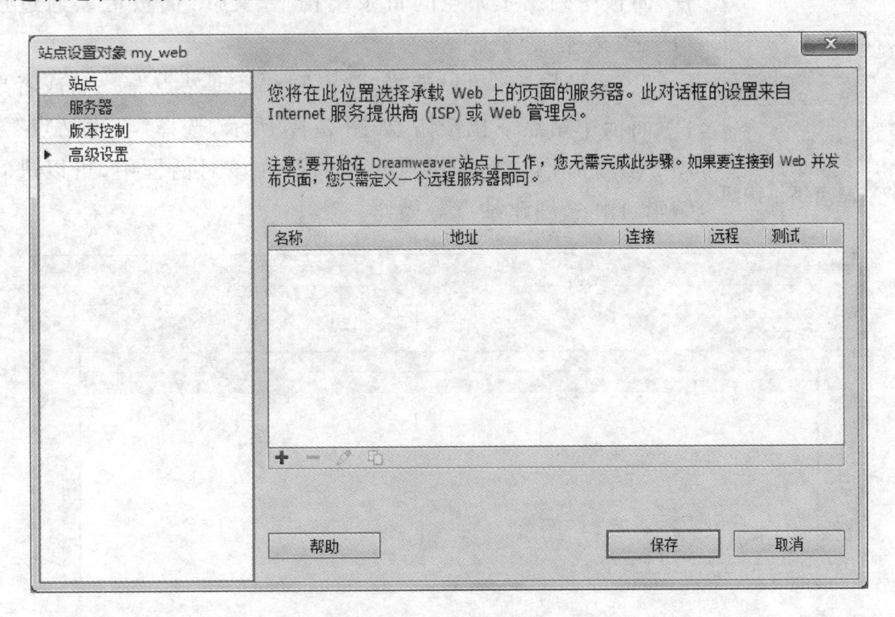

图 2-45 远程服务器的设置

（3）步骤 3　在“站点设置对象 my_web”对话框中，单击左侧窗格中的“高级设置”前的三角形按钮，可以展开其下级列表，单击“本地信息”选项，如图 2-46 所示，为“默认图像文件夹”选择路径“E:\samples\images”。通过设置后，该站点下网页文件中的图像会自动保存在默认图像文件夹中。

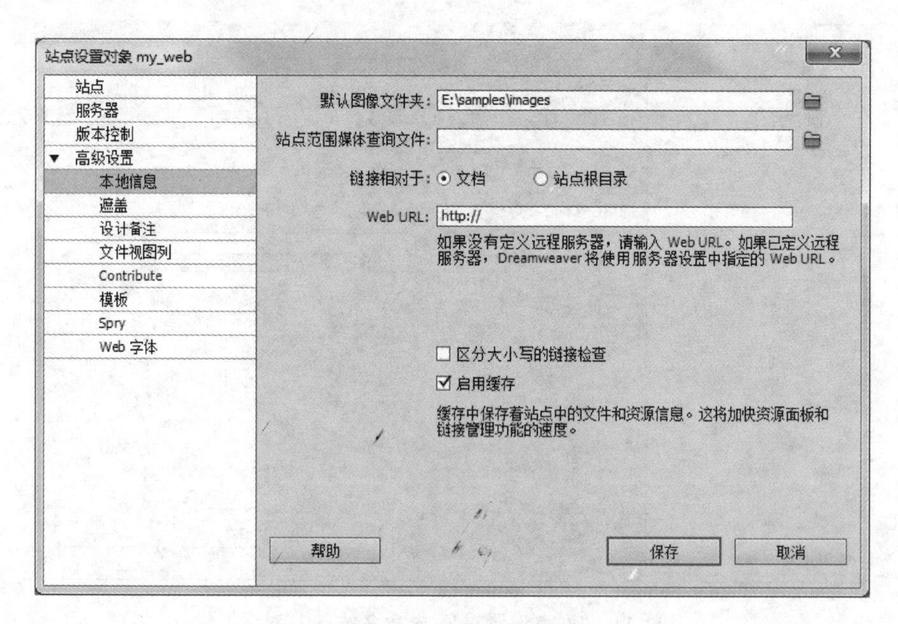

图 2-46 “本地信息”选项

图 2-47 站点下拉按钮

（4）步骤 4 单击“保存”按钮，完成站点的定义，可以看到“文件”面板中列出了站点的目录结构。“文件”面板可以通过选择“窗口”→“文件”命令显示。

（5）步骤 5 可以选择“站点”→“管理站点”命令，或者单击“文件”面板中站点下拉按钮，如图 2-47 所示，选择“管理站点”，弹出如图 2-48 所示的“管理站点”对话框，在该对话框中，可以进行复制、编辑、删除、创建站点等操作。

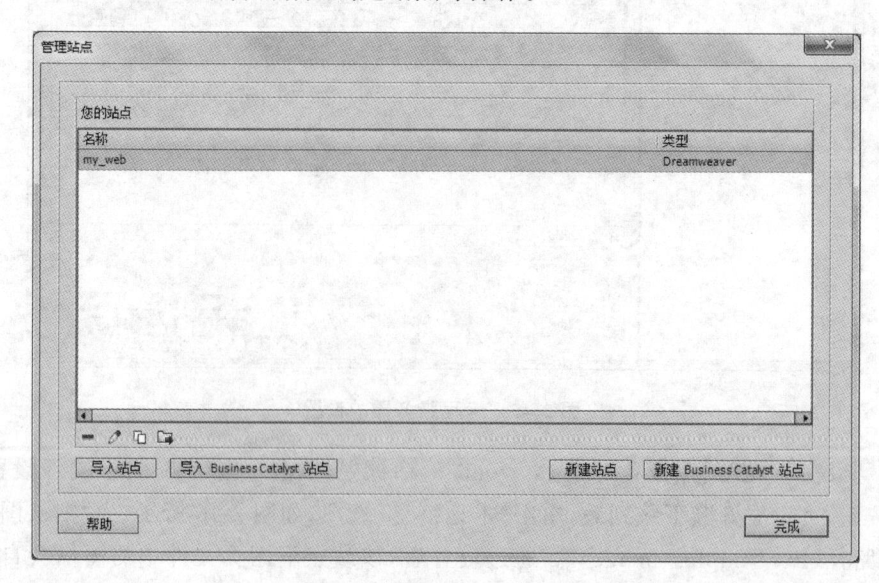

图 2-48 “管理站点”对话框

本章小结

通过本章的学习，熟悉了 Dreamweaver CS6 的工作环境，体验了网页制作的流程，初步掌握了站点的创建及管理。另外，介绍了在 Dreamweaver“代码”视图编辑 HTML 代码的方法和技巧。

习题 2

一、选择题

1. 在 Dreamweaver 中，快速打开“历史”面板的快捷键是（　　）。

A. Shift＋F10　　B. Shift＋F8　　C. Alt＋F8　　D. Alt＋F10

2. （　　）是 Dreamweaver 生成的网页文件的扩展名。

A. . dwt　　B. . shtm　　C. . html　　D. . txt

3. 制作网站时，下面是 Dreamweaver 的工作范畴的是（　　）。

A. 内容信息的搜集整理　　B. 美工图像的制作

C. 把所有有用的东西组合成网页　　D. 网页的美工设计

4. 关于 Dreamweaver 工作区的描述，正确的是（　　）。

A. 属性工具栏不能被隐藏　　B. 多个窗口不能层叠放置

C. 可以根据自己的喜好来定制　　D. 不能调节工作区的大小

5. 若要编辑 Dreamweaver 的站点，可以采用的方法有（　　）。

A. 选择“站点”→“管理站点”命令，选择一个站点，单击“编辑”

B. 在“站点”面板中，切换到要编辑的站点窗口，双击站点名称

C. 选择“站点”→“打开站点”命令，然后选择一个站点

D. 在“属性”检查器中进行站点的编辑

二、填空题

1. 新建站点的命令是：____________________。

2. 标签选择器是 Dreamweaver 的一个重要功能，利用它可以方便地编辑 HTML 代码，选择________，将弹出“标签选择器”对话框。

3. Dreamweaver 提供的代码提示工具，主要包括________、________和________。

三、操作题

1. 在 Dreamweaver 中制作一个简单的网页，包括文字和图像。

2. 在 Dreamweaver 中建立一个文件夹，并在该文件夹下规划站点目录。

第3章 文字应用

学习目标

本章主要学习插入文字和特殊字符的方法；设置段落格式，如分段和换行、段落对齐方式、使用列表（包括无序列表和有序列表）；设置页面属性，如文字格式、背景颜色、背景图片、页面边距及页面标题的设置。

本章重点

● 设置段落格式；● 无序列表；● 有序列表；● 页面属性的设置。

3.1 网页中的文字

静态网页中的绝大部分内容由四类属性的物质组成：文本、图像、视频音频等多媒体文件和超链接。从某种意义上说，文字是网页存在的基础，是不可替代的，因此学好文字添加和编辑的方法非常重要。

3.1.1 插入文字

在网页中应用文字有三种方法：直接通过键盘输入、从其他文档中复制文本、导入 Word 文档。

1. 直接通过键盘输入

直接输入文本的方法较简单，只需将光标插入点定位在需添加文本的位置，打开所需的输入法直接输入文本即可。如图 3-1 所示为直接输入的文字。

2. 从其他文档中复制文本

运用从其他文档中复制文本的方法可以节省输入文本的时间，从而提高制作网页的速度。先选择要复制的文本，选择“编辑”→“复制”命令或按 Ctrl＋C 键复制，然后切换到 Dreamweaver CS6 中，将光标定位在需添加文本的位置，再按 Ctrl＋V 键进行粘贴。

3. 导入 Word 文档

使用 Dreamweaver CS6 可以导入 XML 模板、表格式数据、Word 及 Excel 等格式的文档，其导入方法相同。下面是导入 Word 文档的方法。

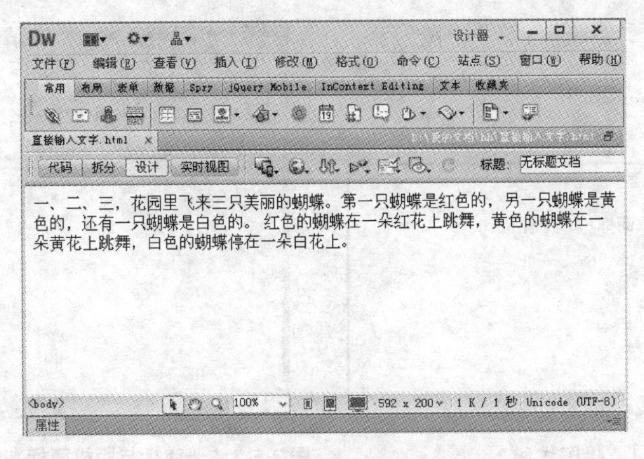

图 3-1　直接输入文字

(1) 用 Word 程序制作文档，或者利用已有的 Word 文档。

(2) 新建一个 HTML 文件，选择“文件”→“导入”→“Word 文档”命令，如图 3-2 所示，打开如图 3-3 所示的“导入 Word 文档”。

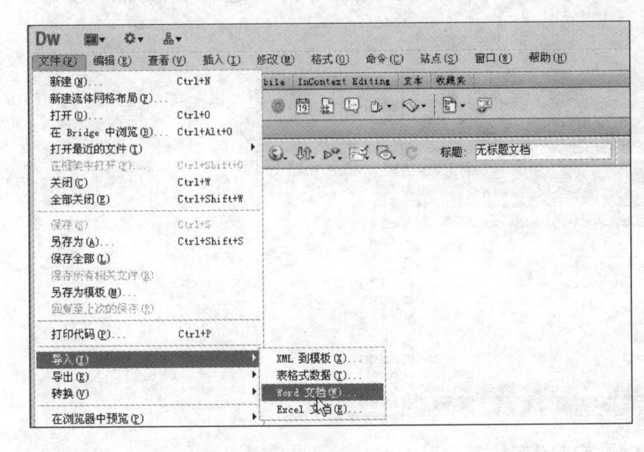

图 3-2　导入 Word 文档

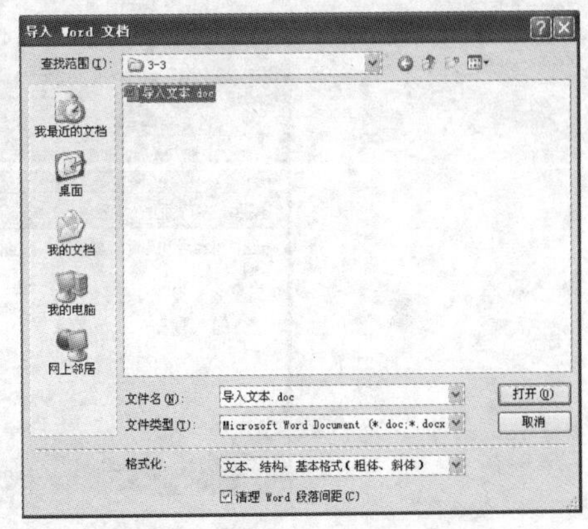

图 3-3　“导入 Word 文档”对话框

(3) 单击“打开”按钮即可将文本导入到网页中。

对于 Dreamweaver 文档中的文字可以像 Word 中的文字一样进行编辑，例如，复制、移动、删除、查找和替换等。

3.1.2　插入特殊字符

制作网页时经常会应用一些特殊字符，而这些特殊字符无法通过键盘直接输入，如一些数学公式、化学方程式等。一般情况下，它们不经常使用，所以大部分并不常见。但是有时候，设计者又不得不使用这些特殊符号。

特殊符号通常有它固定的格式，基本格式为“&...”。如两个重要的很有意思的特殊符号：注册商标符号“®”和版权商标符号“©”，程序代码如图 3-4 所示，已将这两个特殊符号放在了页面中。它们在浏览器中显示的效果如图 3-5 所示。

```
<html >
<head>
<title>注册商标和版权商标</title>
</head>
<body>
<p>注册商标&reg;</p>
<p>版权&copy;</p>
</body>
</html>
```

图 3-4　程序代码

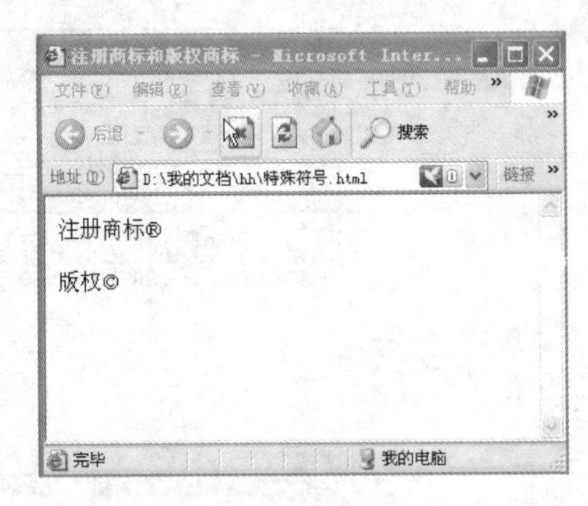

图 3-5　注册商标与版权商标在浏览器中显示的效果

也可以利用 Dreamweaver 提供的“文本”工具栏中的“字符”功能来输入。

(1) 在文档编辑区中，将光标定位到需要插入特殊字符的位置。

(2) 将“插入”工具栏切换到“文本”子工具栏。

(3) 单击“字符”右侧的黑色三角按钮，如图 3-6 所示，在下拉列表中选择需要插入的特殊字符。

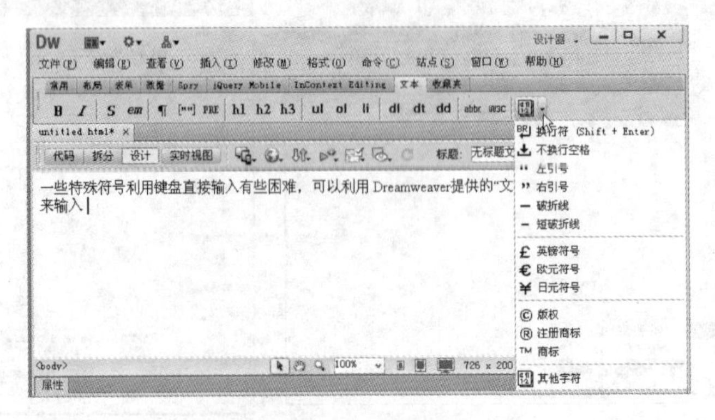

图 3-6　“字符”下拉列表

有兴趣的读者不妨自己动手编写一下，看看它们的效果。

提示

当使用 Dreamweaver 编辑文本时可能会发现——无论按多少次空格键都只出现一个空格，这是因为网页文件是以 HTML 语言编写的，而 HTML 文档会将连续的空格显示为一个空格。

要在文档中添加连续空格，可采用以下三种方法：

① 单击“文本”插入栏中的按钮，然后再连续按空格键；

② 按 Shift +Ctrl +空格键，为网页文本添加空格；

③ 在“代码”视图中，使用“ ”在页面文本中添加空格。

3.1.3 操作实例——设置段落格式

段落是构成文章的基本单位，具有换行另起的明显标志。通过段落使文章有行有止，在读者视觉上形成了更加醒目、明晰的印象，以便读者阅读、理解和回味，也有利于作者条理清楚地表达内容。

1. 设置文本标题

从结构来说，通常一篇文档最基本的结构是由若干不同级别的标题和正文组成的，在HTML中，设定了六个标题标记，分别用于显示不同级别的标题。典型的形式是<h1></h1>，用来表示1级标题，<h2></h2>表示2级标题，以此类推，一直到<h6></h6>表示6级标题，数字越小，级别越高，文字也相应越大。使用标题标签源代码如图3-7所示。

在浏览器中显示的效果如图3-8所示。

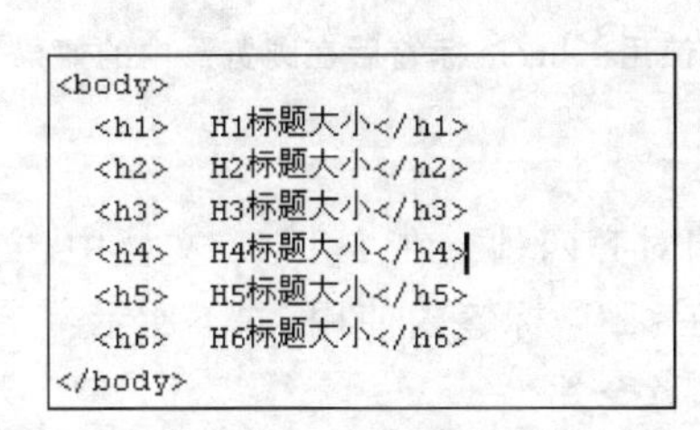

```
<body>
  <h1>  H1标题大小</h1>
  <h2>  H2标题大小</h2>
  <h3>  H3标题大小</h3>
  <h4>  H4标题大小</h4>
  <h5>  H5标题大小</h5>
  <h6>  H6标题大小</h6>
</body>
```

图3-7 使用标题标签源代码

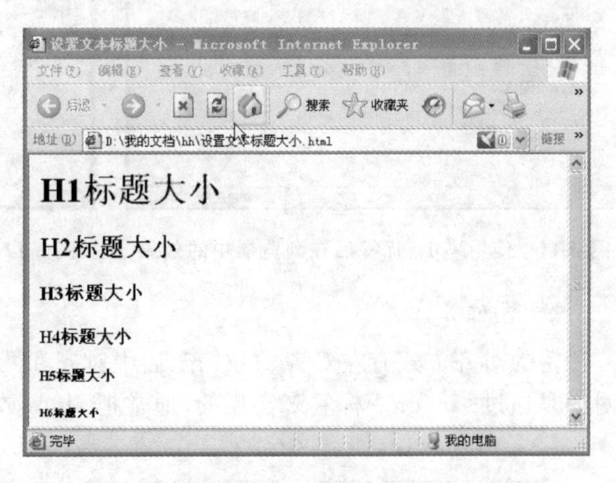

图3-8 标题标签在浏览器中显示的效果

2. 分段与换行

浏览器完全按照HTML标记来解释HTML代码，忽略多余的空格和换行。在HTML文件里，不管输入多少空格（按空格键）都将被视为一个空格，换行（按Enter键）也是无效的。如果需要换行，就必须要用一个标记来告诉浏览器，这样浏览器才会执行换行的操作。在HTML文档中，可以使用<p>标签和
标签使文本换行。它们的写法如下。

```
<p> ……</p>
<br/>
```

<p>标签对文本的定义是<p>...</p>内的文本是一个段落，一个段落内换行时是单倍行距。<p>标签在HTML中的使用方法如图3-9源代码所示。

```
<body>
在炎热的夏天，蚂蚁们仍是辛勤的工作着，每天一大早便起床，紧接着一个劲儿的工作。 <p>蝈
蝈呢？天天~叽哩叽哩，叽叽、叽叽~的唱着歌，游手好闲，养尊处优地过日子。<p> 每一个地
方都有吃的东西，满山遍野正是花朵盛开的时候，真是个快乐的夏天啊！<p>
</body>
```

图3-9 <p>标签源代码

标签的作用是创建换行，换行时是0倍行距，在HTML中的使用方法如图3-10所示。

```
<body>
在炎热的夏天，蚂蚁们仍是辛勤的工作着，每天一大早便起床，紧接着一个劲儿的工作。 <br />蟋蟀呢？天天"叽哩
叽哩，叽叽、叽叽"的唱着歌，游手好闲，养尊处优地过日子。<br /> 每一个地方都有吃的东西，满山遍野正
是花朵盛开的时候，真是个快乐的夏天啊！<br />
</body>
```

图3-10　
标签源代码

浏览这两个页面，在浏览器中的效果如图3-11和图3-12所示。

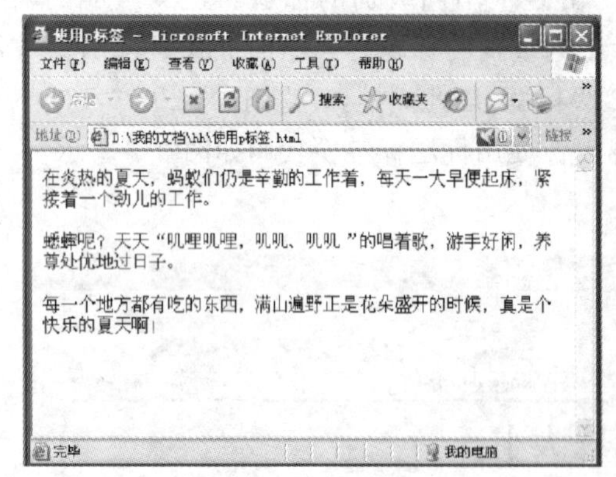

图3-11　使用<p>标签后在浏览器中的效果

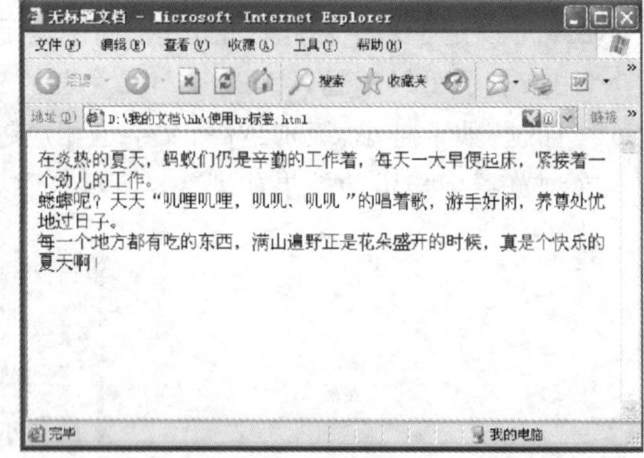

图3-12　使用
标签后在浏览器中的效果

3. 段落对齐方式

段落的对齐方式有左对齐、右对齐、居中对齐和两端对齐四种。在HTML文档中，文本的对齐是通过<align>标签来实现的，通常把align放在<p>标签内使用，如下所示：

```
<p align=left>...</p>            <!-- 左对齐 -->
<p align=center>...</p>          <!-- 居中对齐 -->
<p align=right>...</p>           <!-- 右对齐 -->
```

在HTML中使用对齐属性的示例如图3-13所示，其将不同文本采用不同的对齐方式放置在页面中。

浏览该页面，效果如图3-14所示。

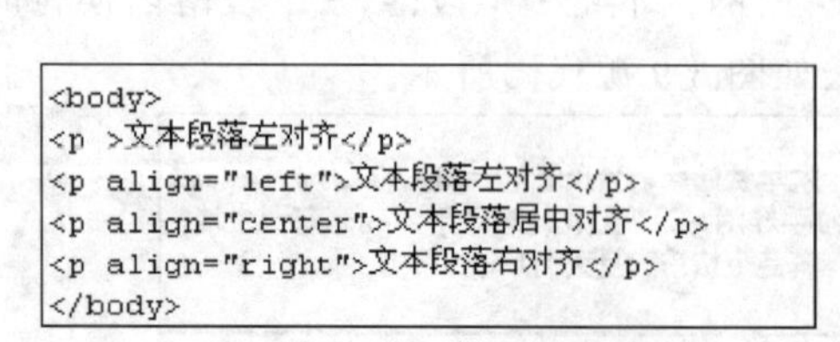

```
<body>
<p >文本段落左对齐</p>
<p align="left">文本段落左对齐</p>
<p align="center">文本段落居中对齐</p>
<p align="right">文本段落右对齐</p>
</body>
```

图3-13　使用对齐属性的示例

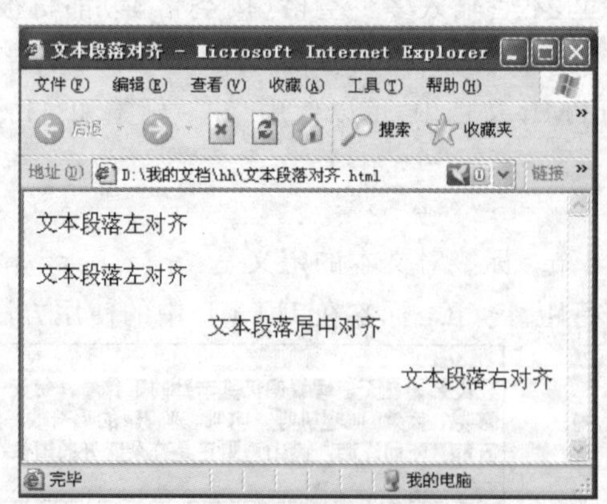

图3-14　段落对齐效果图

<p>标签在默认情况下相当于<p align=left>，所以在浏览器中查看的效果如图 3-14 所示，默认情况下的文本段落和窗口的左边对齐。

如果编辑文本时对所有的文本都要求按同一种方式对齐，那么在使用的过程中可以对文本进行全局定义，而并不需要对每段文本添加属性命令，如图 3-15 所示。

浏览该页面，效果如图 3-16 所示。

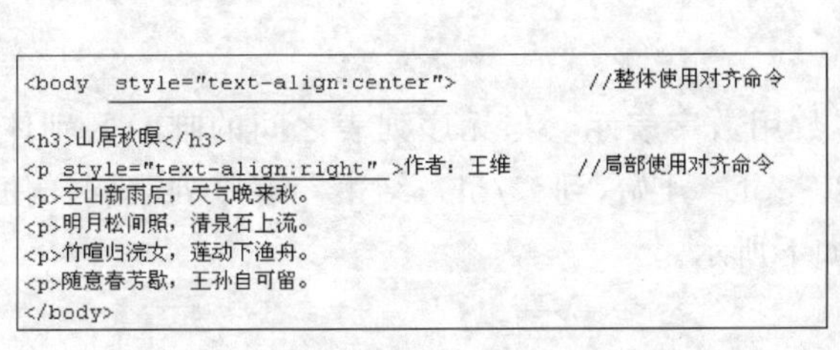

```
<body  style="text-align:center">              //整体使用对齐命令
<h3>山居秋暝</h3>
<p style="text-align:right" >作者：王维         //局部使用对齐命令
<p>空山新雨后，天气晚来秋。
<p>明月松间照，清泉石上流。
<p>竹喧归浣女，莲动下渔舟。
<p>随意春芳歇，王孙自可留。
</body>
```

图 3-15　对整体和局部文本使用对齐命令

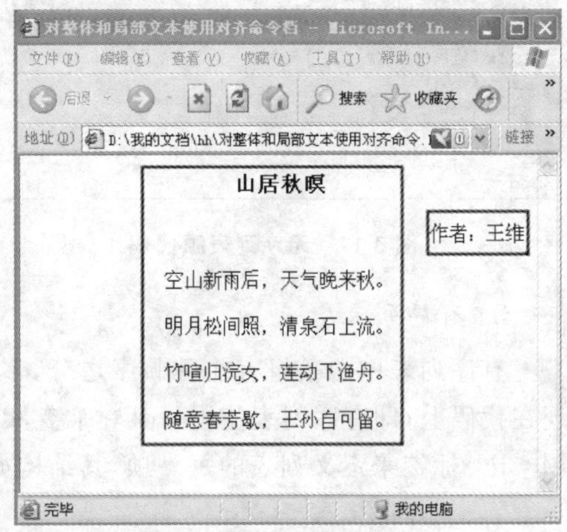

图 3-16　对整体和局部文本使用对齐命令效果图

3.1.4　使用列表

网页上的信息时常也需要用列表的形式表现出来，如一些目录列表、菜单列表、计划类条目、罗列并列关系的段落，使其结构化和条理化，以此来帮助浏览者更加快捷地获得相应信息。HTML 页面中，文字列表主要分为无序列表和有序列表两种，前者每个列表项有一个圆点符号，后者则对每个列表项依次编号。合理使用列表，不仅能传达页面的信息，有时还能起到美化网页的作用。

1. 无序列表

没有编号的列表称为无序列表，无序列表常见于项目说明，这是一种并列关系列表。如果结合 CSS 的修饰作用，它还可以表现为导航栏，在页面中的作用可以说相当重要。

无序列表使用的是一对<ul></ul>标签，在<ul>标签中，还需要使用<li>标签来定义列表的每一行，其结构如下所示。

```
<ul>
  <li> ……</li>
  <li> ……</li>
  <li> ……</li>
</ul>
```

使用这样的列表可以制作一些有趣的目录，程序代码如图 3-17 所示。

浏览该页面，效果如图 3-18 所示。

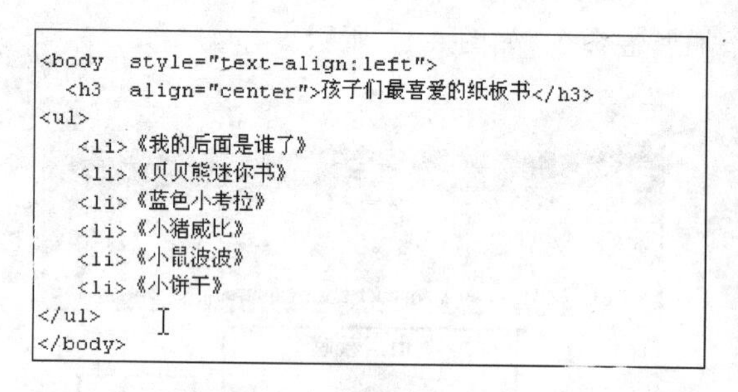

```
<body  style="text-align:left">
  <h3  align="center">孩子们最喜爱的纸板书</h3>
<ul>
   <li>《我的后面是谁了》
   <li>《贝贝熊迷你书》
   <li>《蓝色小考拉》
   <li>《小猪威比》
   <li>《小鼠波波》
   <li>《小饼干》
</ul>
</body>
```

图 3-17　无序列表源代码

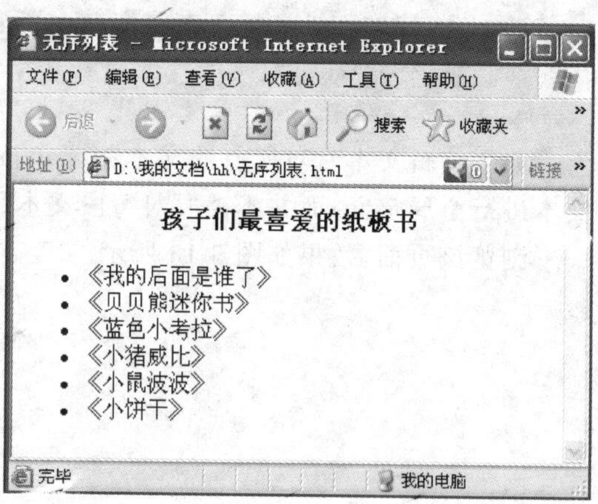

图 3-18　无序列表效果图

2. 有序列表

有序列表中的条目有前后顺序之分，多数用数字表示。与无序列表之间的唯一区别体现在代码上，即有序列表使用<ol>标签，以<ol>开始，到</ol>结束。有序列表同样使用<li>标签来定义列表的每一项，其结构如下所示。

```
<ol>
  <li> ……</li>
  <li> ……</li>
  <li> ……</li>
</ol>
```

只要在图 3-17 所示的代码中，做些小改动：将<ul></ul>标签替换成<ol> </ol>，标签原先的无序列表就变成有序列表的样式了，其源代码和浏览效果图如图 3-19 和图 3-20 所示。

```
<body  style="text-align:left">
  <h3  align="center">孩子们最喜爱的纸板书</h3>
<ol>
   <li>《我的后面是谁了》
   <li>《贝贝熊迷你书》
   <li>《蓝色小考拉》
   <li>《小猪威比》
   <li>《小鼠波波》
   <li>《小饼干》
</ol>
</body>
```

图 3-19　有序列表源代码

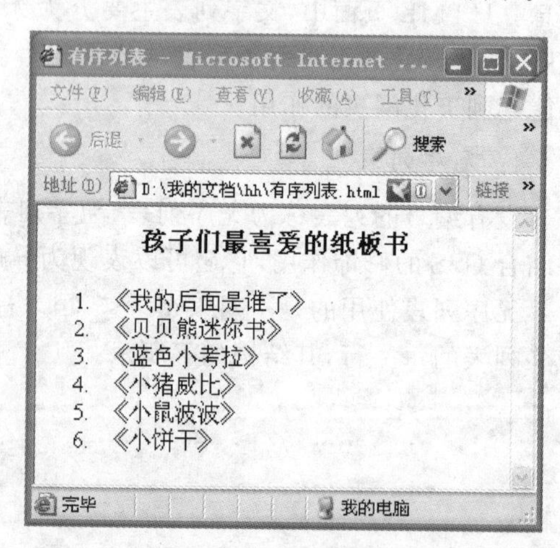

图 3-20　有序列表效果图

3.2 操作实例——设置页面属性

进行网页制作时，要在开始做具体页面之前就先对整个网站的页面属性进行设置，这样在制作过程中能够统一网站的风格，保证网页的协调性和整体性，给人以美的感觉。页面属性的设置主要用来控制页面的整体外观，可以指定页面的默认字体、字号大小、背景颜色、边距及页面设计的其他许多方面。同时也可以为创建的每个新页面指定新的页面属性，或者修改现有页面的属性。

3.2.1 设置页面文字格式

在 Dreamweaver CS6 中，使用"页面属性"对话框来完成页面属性的设置。下面介绍设置页面文字格式的方法。

(1) 步骤 1　新建一个 HTML 文件，输入事先准备好的文本，并保存文件，取名为"3.2.1.html"。

(2) 步骤 2　选择"修改"→"页面属性"命令，即可打开"页面属性"对话框，如图 3-21 所示。

提示

使用快捷键 Ctrl+J，也可以打开"页面属性"对话框。

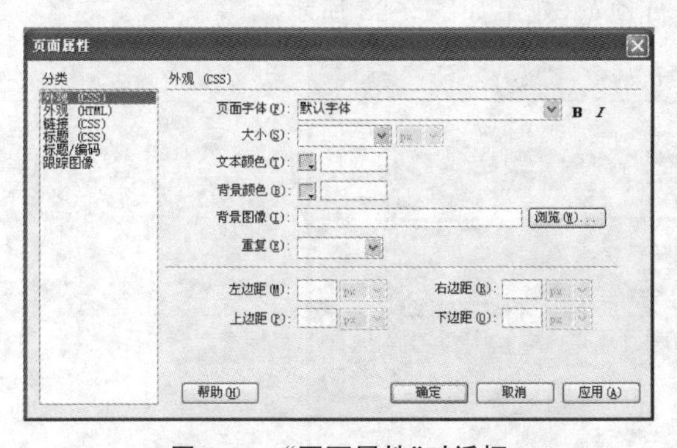

图 3-21 "页面属性"对话框

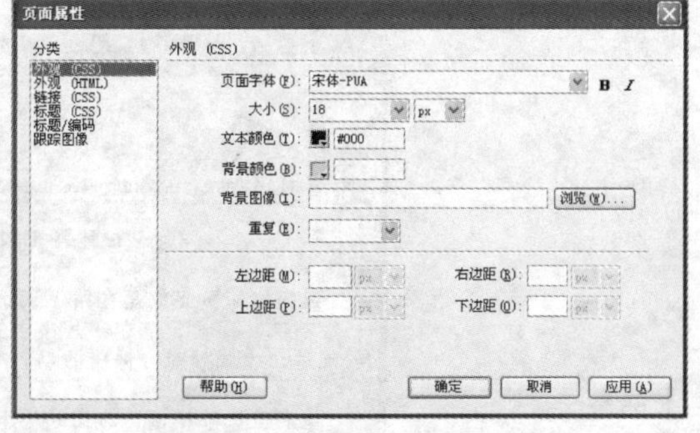

图 3-22 设置页面文字外观

(3) 步骤 3　在"页面字体"下拉菜单中选择字体(如宋体-PUA)，在"大小"下拉列表中选择 18，单位采用默认的 px，并设置"文本颜色"为黑色，如图 3-22 所示。

提示

选择的页面属性仅应用于当前文档。如果页面使用了外部 CSS 样式表，Dreamweaver 不会覆盖在该样式表中设置的标签，因为这将影响使用该样式表的其他所有页面。

3.2.2 设置背景颜色和背景图片

(1) 步骤1 设置页面背景颜色，在“页面属性”对话框中，单击“外观”选项卡中的“背景颜色”下拉按钮，选择#FFFF00，将背景颜色设置为土黄色，保存文件名为“3.2.1_result1.html”。浏览效果如图3-23所示。

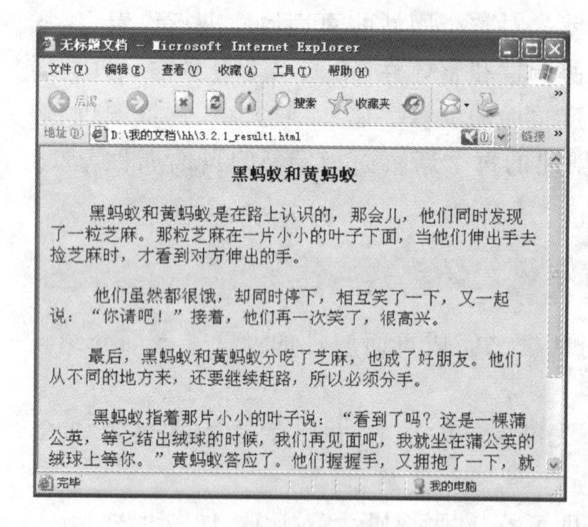

图3-23 设置背景颜色后的效果

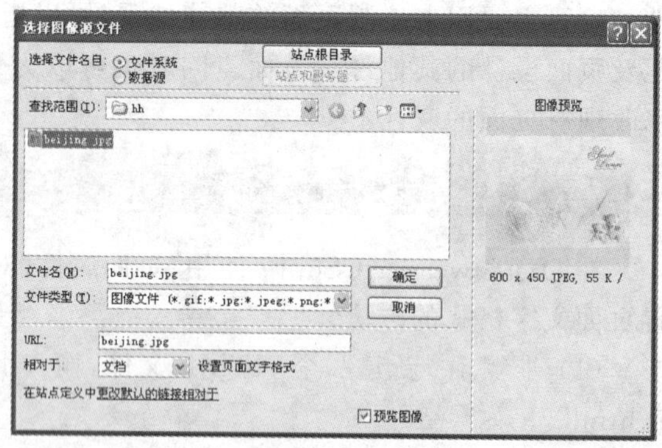

图3-24 “选择图像源文件”对话框

(2) 步骤2 同样，也可以设置背景图片，单击“背景图像”后面的“浏览”按钮，在弹出的“选择图像源文件”对话框中选择背景图片为“beijing.jpg”，如图3-24所示。

(3) 步骤3 单击“确定”按钮返回到“页面属性”对话框中，然后单击“确定”按钮，保存文件名为“3.2.1_result2.html”。按F12键进行预览，效果如图3-25所示。

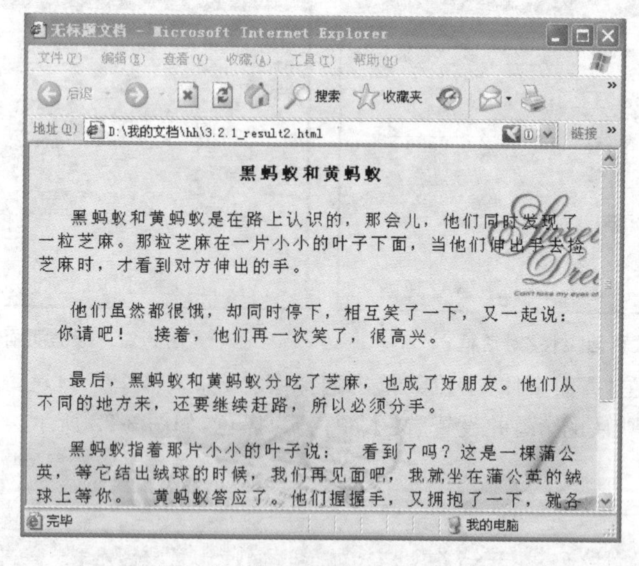

图3-25 设置背景图片后的效果

提示

在“页面属性”对话框的“重复”下拉列表中有 no-repeat、repeat、repeat-x、repeat-y 四个选项，请选择不同的选项观察页面效果。“重复”用于指定背景图像在页面上的显示方式。

- no-repeat：仅显示背景图像一次。
- repeat：横向和纵向重复或平铺图像。
- repeat-x：横向平铺图像。
- repeat-y：纵向平铺图像。

3.2.3 设置页面边距

（1）步骤 1　在“左边距”、“右边距”两个文本框中分别输入 20，单位为 px，则设置后页面的左、右边距均为 20 像素。

（2）步骤 2　在“上边距”、“下边距”两个文本框中分别输入 20，单位为 px，则设置后页面的上、下边距均为 20 像素。

（3）步骤 3　“页面属性”对话框中的设置如图 3-26 所示，单击“确定”按钮完成设置。

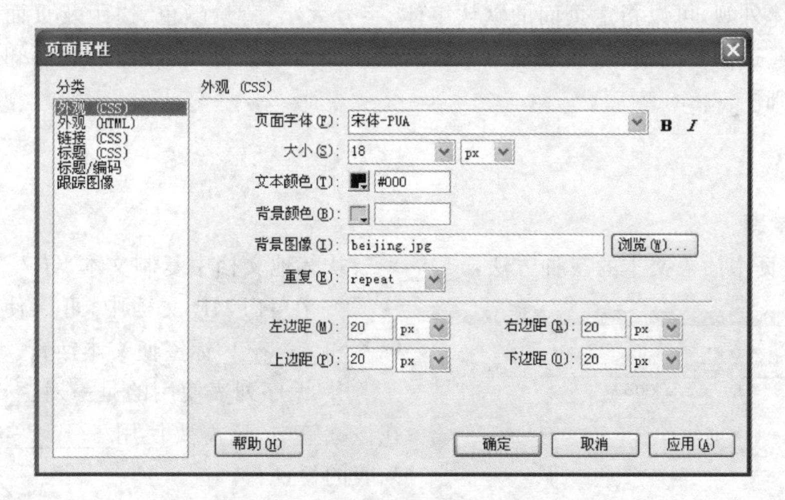

图 3-26　“页面属性”对话框中的设置

3.2.4 设置页面标题

（1）步骤 1　选择“页面属性”对话框的“标题/编码”选项卡，在“标题”文本框中输入标题“设置页面属性”，如图 3-27 所示。

（2）步骤 2　单击“确定”按钮，按 F12 键预览，在浏览器窗口的标题栏中显示页面标题，效果如图 3-28 所示。

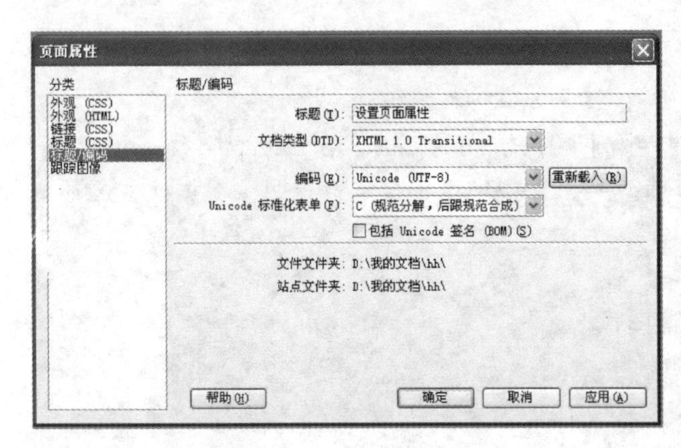

图 3-27　设置页面标题

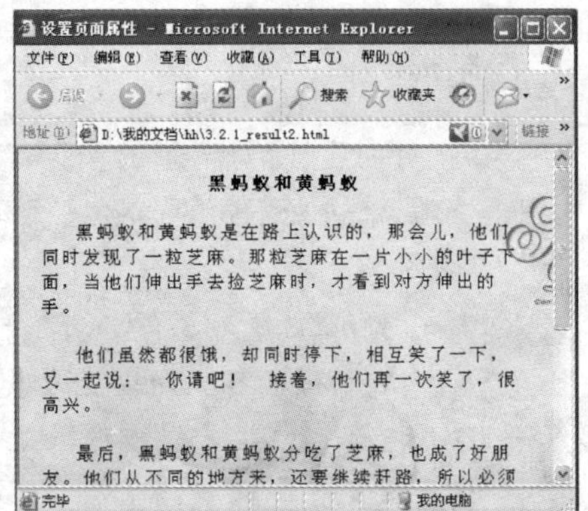

图 3-28　页面属性设置效果

本 章 小 结

本章讲述了在网页中应用文字的相关知识，首先介绍了在网页中应用文字的三种方法直接通过键盘输入、从其他文档中复制文本和导入 Word 文档。

接着叙述了特殊字符的输入方法，以及在 HTML 页面中，文字列表的使用，段落的设置等。

最后本章对页面属性的设置，通过实例操作进行了说明。页面属性的设置主要用来控制页面的整体外观，可以指定页面的默认字体、字号大小、背景颜色、边距及页面设计的其他许多方面。通过本章的学习，读者能够掌握网页中文本的编辑和排版，为后面知识的学习打下良好的基础。

习 题 3

一、填空题

1. 在网页中插入文本的三种方法：________、从其他文档中复制文本、导入 Word 文档。

2. 在 HTML 文档中，可以使用________标签和________标签使文本换行。

3. 无序列表使用的是一对________标签，在该标签中，还需要使用________标签来定义列表的每一行。

二、实践题

制作一则会议通知，效果图如图 3-29 所示。注意这里要应用“有序列表”、“无序列表”和“文字对齐”方式。

图 3-29　网页效果

第4章 图像应用

学习目标

本章主要学习了网页中的图像的格式，插入图像的方法等；以及编辑图像的方法，如设置图像的尺寸和边框、设置图文混排、优化和裁剪图像等。

本章重点

● 常见的图像格式；● 插入图像；● 编辑图像；● 图文混排；● 图像的优化；● 图像的裁剪。

4.1 网页中的图像

图像是网页中不可缺少的元素，也是使用非常频繁的页面元素。巧妙地在网页中使用图像可以为网页增色不少。本节介绍网页中常见的几种图像格式及插入图像的方法。

4.1.1 网页中常见的图像格式

在页面中放入图像不难，使用 HTML 标签很容易就可以做到，但是应了解页面中应放入什么格式的图像、如何去修改图像、如何在网页中应用图像，这些都基于对图像知识有清晰的认识的基础上。

了解网页中常见的图像格式对网页制作是很重要的。在页面中，常用的三种位图图像格式分别是 JPEG 格式的图像、PNG 格式的图像和 GIF 格式的图像。

1. JPEG 格式的图像

JPEG 格式是目前最常用的一种图像文件格式，文件后缀名为".jpg"或".jpeg"，支持多达 16M 颜色，能展现十分生动的图像，还可以压缩。压缩的图像可以保持为 8 位、24 位、32 位深度的图像，压缩比率可以高达 100∶1。但压缩方式是以损失图像质量为代价的，压缩比率越高，图像质量损失越大，图像文件也就越小。JPEG 不适用于所含颜色很少、具有大块颜色相近的区域或亮度差异十分明显的较简单的图像，如 LOGO、banner 等。

2. PNG 格式的图像

PNG 格式的图像因其高保真性、透明性及文件较小等特性，被广泛应用于网页设计中，文件后缀名为“.png”。它能够提供长度比GIF小30%的无损压缩图像文件，同时也提供24位和48位真彩色图像支持以及其他诸多技术性支持。PNG格式图像另外还有一个非常好的特点就是背景透明，即图像可以浮现在其他页面文件或页面图像之上。通常，大部分页面设计者在页面中加入的LOGO或者一些具有点缀作用的小图像，都选用的是PNG格式的。

3. GIF格式的图像

GIF格式是网站上使用最早、应用最广泛的图像格式，后缀是.gif。它的特点是压缩比高，磁盘空间占用较少，可以制作动画。图像制作者可以利用图像处理软件将静态的GIF图像设置为单帧画面，然后把这些单帧画面连在一起，设置好上一幅画面到下一幅画面的间隔时间，最后保存为GIF格式。这就是简单的逐帧动画，这种格式的动画在互联网上广为流行。但是GIF格式只能保存最大8位色深的数码图像，所以它最多只能用256色来表现物体，对于色彩复杂的物体它就力不从心了。

总体来说，上述三种图像各有千秋，JPEG格式可以压缩图像的容量，PNG格式的质量较好，GIF格式可以做动画，所以，当处理色调复杂、绚丽的图像时，如照片、图画等，适合选择JPEG格式；而处理一些LOGO、banner、简单线条构图时，适合使用PNG格式；而GIF格式通常可以用来表达动画效果。

4.1.2 插入图像

图像也是网页元素的重要组成部分，在网页中插入图像可以使网页更好地表现网站的主题思想，使版面更加丰富多彩，从而吸引更多的浏览者。下面就来看看如何在网页中插入图像。选择“插入”→“图像”命令，选择图像即可。源代码如图4-1所示，即利用＜img＞标签实现。

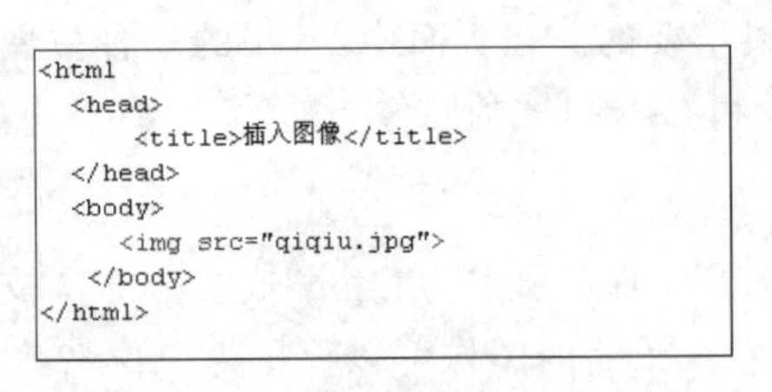

```
<html
  <head>
      <title>插入图像</title>
  </head>
  <body>
     <img src="qiqiu.jpg">
   </body>
</html>
```

图4-1 代码视图

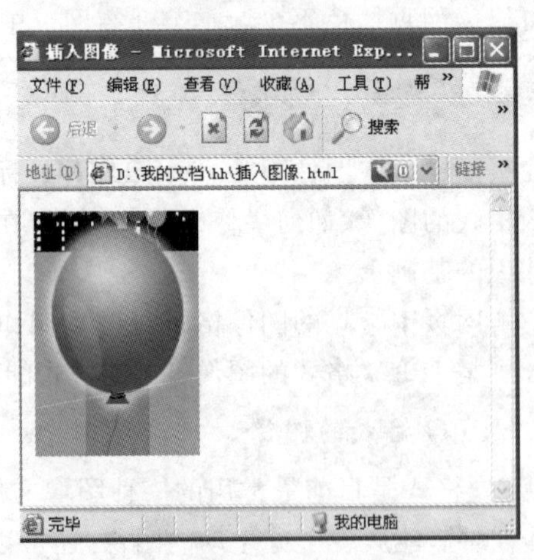

图4-2 图像预览效果

源代码中：

- ＜img＞标签表示在网页中插入图像。
- 属性src指定导入图像的保存位置和名称。

在浏览器中打开这个网页，其效果如图4-2所示。

提示

这里插入的图像与 HTML 文件是处于同一目录下的，如果不处于同一目录下，就必须采用路径的方式来指定图像文件的位置。为了防止指定错误的图像路径，应该先将网页文档保存到站点文件夹然后再进行操作。

4.2 编辑图像

在网页中插入了图像以后，经常需要对图像做进一步的编辑和排版，以达到满意的网页效果。

4.2.1 操作实例——设置图像的尺寸和边框

下面学习设置图像尺寸和边框的方法。

(1) 步骤 1　新建一个 HTML 文件，按照前面介绍的方法，插入图像“qiqiu. jpg”，并保存文件，取名为“4. 2. 1. html”。

(2) 步骤 2　在“设计”视图中选中图像，图像被选中后周围会出现黑色边框，右边框、底边框及右下角将会出现缩放控制点。如图 4-3 所示，将鼠标指针放在这些缩放控制点上单击，然后拖动，可以对图像进行缩放。

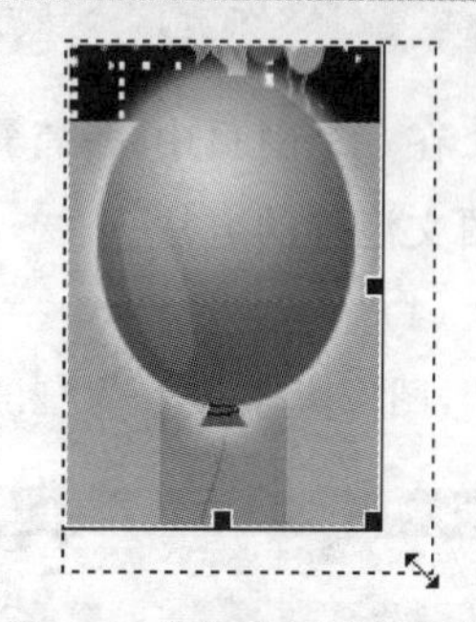

图 4-3　鼠标拖动缩放图像

提示

如果要锁定长宽比，也就是等比例缩放图像，则需在拖动鼠标的同时按住 Shift 键。

(3) 步骤 3　如果对鼠标拖放调整后的图像大小不满意，可以保持图像选中状态，进入“属性”面板，在“宽”和“高”文本框中分别输入数值来控制图像的大小，如图 4-4 所示，输入的数值将会显示为黑色字体。

图 4-4　在“属性”面板中输入“宽”和“高”的数值

(4) 步骤 4　在＜img＞标签中，加入属性“border”值为 2，代码如图 4-5 所示，表示图像将有宽度为 2 像素的边框。文件另存为“4. 2. 1_result. htm”。

（5）步骤 5　按 F12 键进行预览，效果如图 4-6 所示。

```
<body>
<img  border=2 src="qiqiu.jpg" width="200" height="200" >
</body>
```

图 4-5　设置图像边框

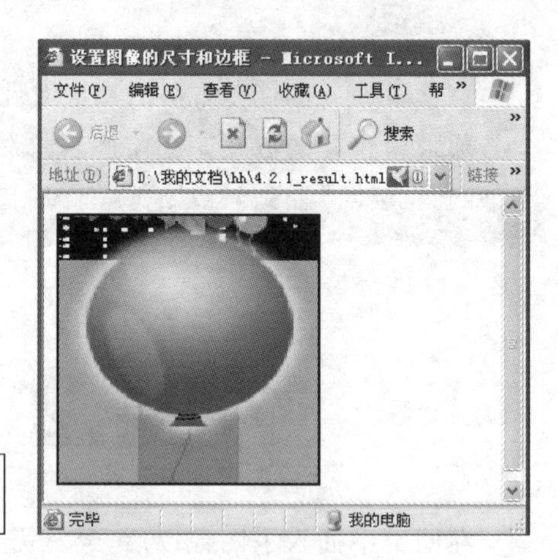

图 4-6　设置图像的尺寸和边框

4.2.2　操作实例——设置图文混排

在一个网页中，常常需要同时插入文字和图像，这时图文混排就显得十分重要。下面介绍图文混排的方法。

（1）步骤 1　新建一个 HTML 文件，输入已准备好的文本，并插入图像“chengbao.jpg”，图像大小设置为“236 * 126”px，并保存文件，取名为“4.2.2.html”，效果如图 4-7 所示。

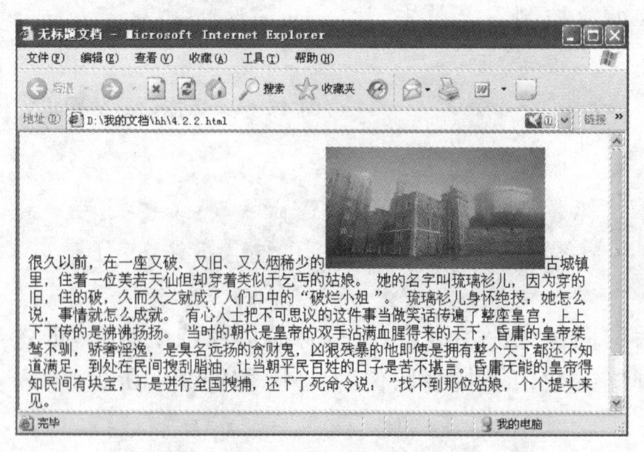

图 4-7　插入图像

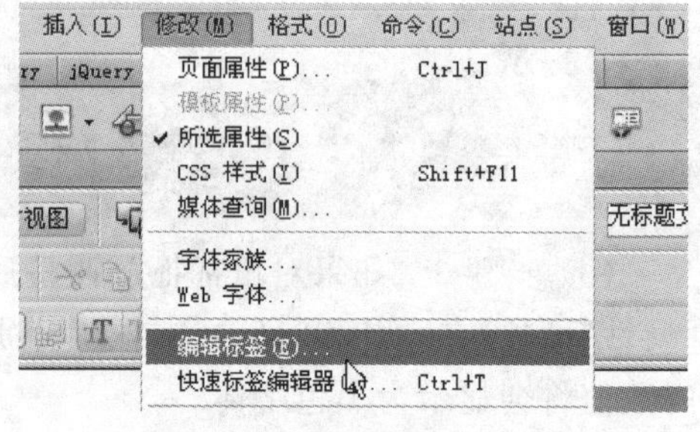

图 4-8　“编辑标签”命令

（2）步骤 2　如图 4-7 所示，没有设置图文混排，页面效果很差。选中该图像，选择“修改”→“编辑标签”命令，如图 4-8 所示。

（3）步骤 3　进入“标签编辑器”对话框进行设置。如图 4-9 所示：图像设置为左对齐；水平间距和垂直间距大小分别设置为 10。然后保存文件。

（4）步骤 4　按 F12 键进行预览，图文混排效果如图 4-10 所示。

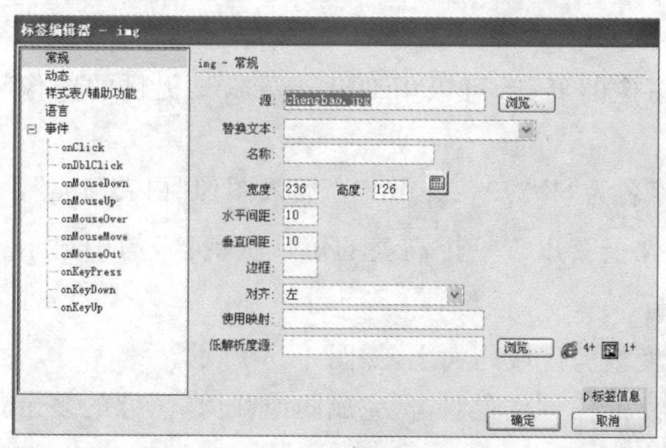

图 4-9 “标签编辑器”对话框

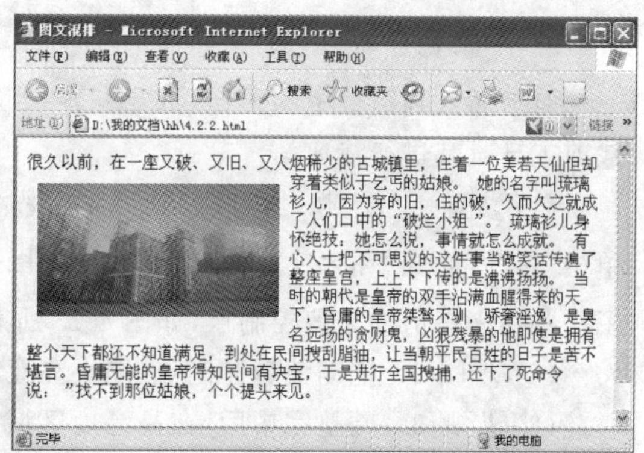

图 4-10 图文混排效果

4.2.3 操作实例——图像的优化和裁剪

Dreamweaver 提供了基本的图像编辑功能，无须使用外部图像编辑应用程序如 Fireworks 或 Photoshop，即可修改图像。Dreamweaver 自带的图像编辑功能虽然不是很强大，但是比较实用，比如对图像进行裁剪，优化图像的等。

1. 图像优化

如图 4-11 所示的页面中有一幅图像（图像格式为 JPG），因为图像有一个灰色背景，所以它和网页背景显得不是很协调。下面介绍 Dreamweaver 提供的图像优化功能将图像处理成透明背景，使图像融入到网页背景中。

(1) 步骤 1　单击选中文档编辑区中的图像，展开“属性”面板，然后单击其中的“编辑图像设置”按钮，弹出“图像优化”对话框。

(2) 步骤 2　在“格式”下拉列表中选择 PNG 8，然后在“透明效果类型”下拉列表中选择“索引色透明”选项，接着单击选中“选择透明色”按钮，当鼠标指针变为吸管状时，在图像的灰色背景下单击一下，这样图像的背景就变成了透明色。

(3) 步骤 3　单击“确定”按钮，弹出“保存 Web 图像”对话框，在其中选择图像的保存位置，然后单击“保存”按钮。这时，文档编辑区中的图像变成了透明背景，如图 4-12 所示。

图 4-11 优化之前的网页效果

图 4-12 优化之后的网页效果

2. 图像裁剪

对于插入到网页中的图像，如果只想要图像的局部，可以用 Dreamweaver 提供的图像裁剪工具对其进行裁剪。

(1) 步骤 1　新建一个 HTML 文件，保存名为“4.2.3_2.html”。插入图像“白花.jpg”，单击“属性”面板中的“裁剪”按钮，选中图像上会出现一个高亮的矩形裁剪区，周围显示了一些用来裁剪的裁剪控制点，如图 4-13 所示。

(2) 步骤 2　拖动裁剪控制点，缩小高亮度裁剪区域的大小，如图 4-14 所示。

(3) 步骤 3　调整完毕后，在高亮度区域外的任意位置双击，完成图像裁剪，图像的多余部分就被裁剪掉了，保存文件。

提示

裁剪图像时，会更改原图像文件。因此，最好为原图像文件保留一个备用副本。

图 4-13　图像周围显示了裁剪控制点

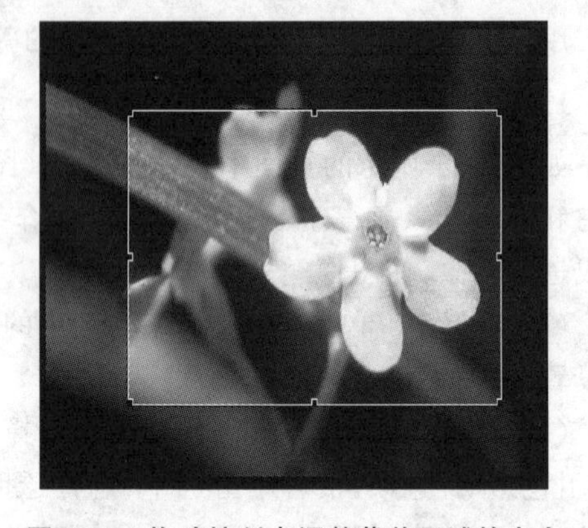

图 4-14　拖动控制点调整裁剪区域的大小

本章小结

图像是网页中不可缺少的元素，巧妙地在网页中使用图像可以为网页增色不少，其重要性仅次于文字。本章主要介绍了网页中常见的几种图像格式及插入图像的方法。

网页中有三种常用的位图图像格式，分别是 JPEG 格式、PNG 格式和 GIF 格式。这三种图像各有千秋，JPEG 格式可以压缩图像的容量，PNG 格式的质量较好，GIF 格式的可以做动画。

在网页中插入图像可以利用<img>标签实现。

插入图像以后，经常需要对图像做进一步的编辑和排版，以达到满意的网页效果。通过实例操作，设置了图像的尺寸和边框，以及图文混排。

Dreamweaver 提供了基本的图像编辑功能，无须使用外部图像编辑应用程序如 Fireworks 或 Photoshop 等，即可修改图像，来完成图像的优化和裁剪。

习 题 4

一、填空题

1. 网页中有三种常用的位图图像格式，分别是________、________和________。

2. 插入的图像与 HTML 文件是处于________，如果不处于________，就必须采用________来指定图像文件的位置。

二、操作题

制作一张网页，主题自定，要求包含有文字并在网页中插入适当数量的图像。在“属性”面板中设置“左对齐”和“右对齐”等，注意网页的美观，以达到图文并茂的网页效果。

第5章　表格的应用

学习目标

本章主要学习创建表格的方法及表格的编辑，学会导入外部数据以及表格数据排序等方法。掌握复杂表格的创建，进一步理解表格的相关操作。学会使用表格布局页面，并制作网页文件。

本章重点

● 在网页中应用表格；● 导入外部数据和表格数据排序；● 用表格布局网页。

表格作为网页中的重要元素，主要有两种功能，一种是以列表方式清晰地表达数据，方便浏览，另外一种是布局网页，本章主要介绍表格的操作及应用。

5.1　在网页中应用表格

表格是网页设计的一个重要组成部分，不仅可以用于显示表格数据，还可以用于网页排版。使用表格排版可以精确排版和定位。本节主要介绍插入表格的方法及表格的编辑。

5.1.1　认识网页中的表格

表格通常由行、列和单元格三部分组成。一个表格可以包括一行或多行，而每一行可以包括一个或者多个单元格，其中，在单元格中可以插入文字、图像、动画等网页元素。表格的基本 HTML 语法形式如图 5-1 所示。

在 HTML 文档中，一个表格通常由三种标签组成，<table></table>对应表格，<tr></tr>对应表格的行，<td></td>对应表格的单元格。

5.1.2　插入表格

在 Dreamweaver 中插入表格后，才能对表格中行、列和单元格进行操作。插入表格的操作步骤如下所示。

(1) 步骤 1　新建一个 HTML 文档,选择“插入”→“表格”命令,弹出如图 5-2 所示的“表格”对话框。

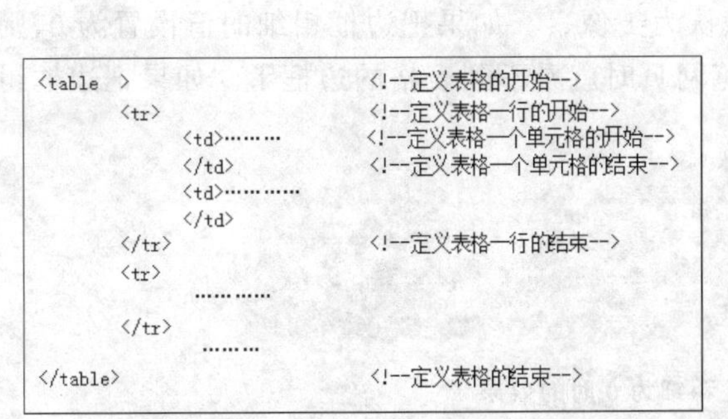

```
<table >                    <!--定义表格的开始-->
    <tr>                    <!--定义表格一行的开始-->
        <td>………            <!--定义表格一个单元格的开始-->
        </td>               <!--定义表格一个单元格的结束-->
        <td>…………
        </td>
    </tr>                   <!--定义表格一行的结束-->
    <tr>
        …………
    </tr>
        ………
</table>                    <!--定义表格的结束-->
```

图 5-1　表格的基本 HTML 语法形式

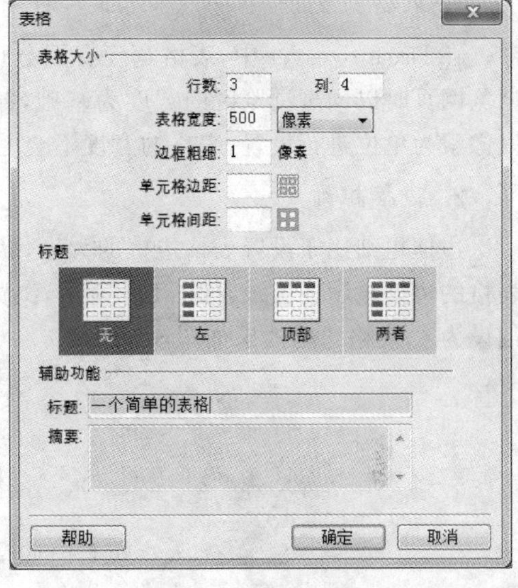

图 5-2　“表格”对话框

(2) 步骤 2　在“表格”对话框中,行数设为 3,列数设为 4,表格宽度设为 500 像素,边框粗细设为 1 像素,在“标题”文本框中输入“一个简单的表格”,单击“确定”按钮,弹出如图 5-3 所示的效果。另外,可以单击“插入”面板的“常用”子工具栏中的“表格”按钮,或者按快捷键 Ctrl+Alt+T 插入表格。

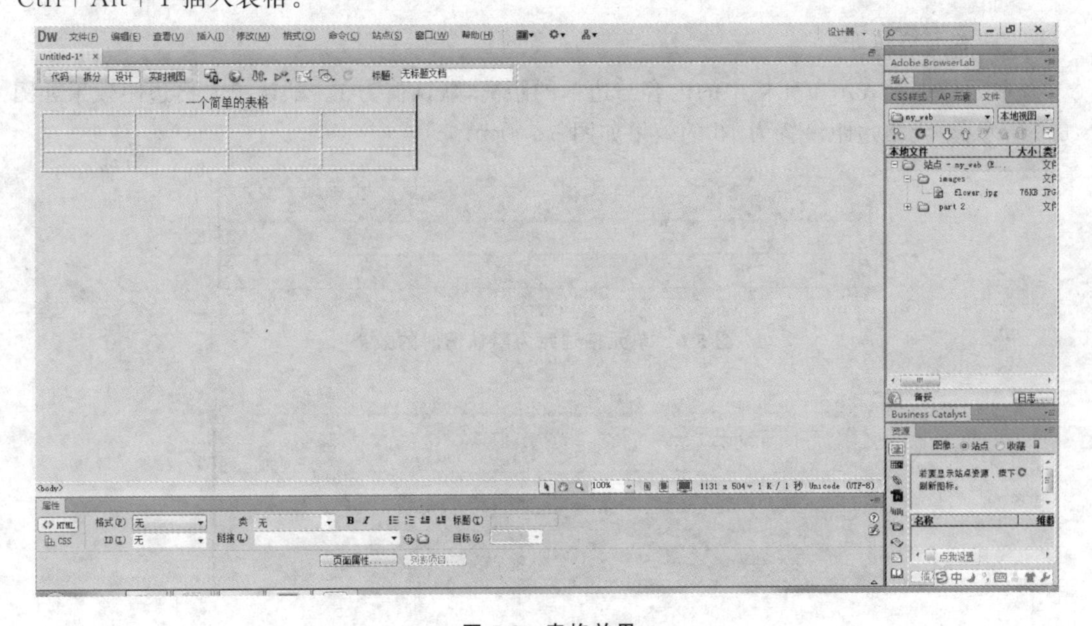

图 5-3　表格效果

插入表格时，可以对表格宽度、边框粗细、单元格边距和间距、页眉及表格标题等参数进行设置。表格的各项参数具体介绍如下。

1. 表格宽度

在 Dreamweaver 中，表格宽度有百分比和像素两种单位。以百分比为单位进行设置，浏览网页时以网页浏览区的宽度为基础，如果浏览器窗口变化，则表格的宽度也随之变化；以像素为单位进行设置，表格的宽度不会随着浏览器窗口的变化而发生改变。

2. 边框粗细

边框粗细用于设置表格边框的大小，默认为 1 像素。如果把边框粗细的值设置为 0，则表格的边框显示为虚线，如图 5-4 所示，浏览网页时就看不到表格的边框了。如果把边框粗细设为 4，表格边框效果如图 5-5 所示。

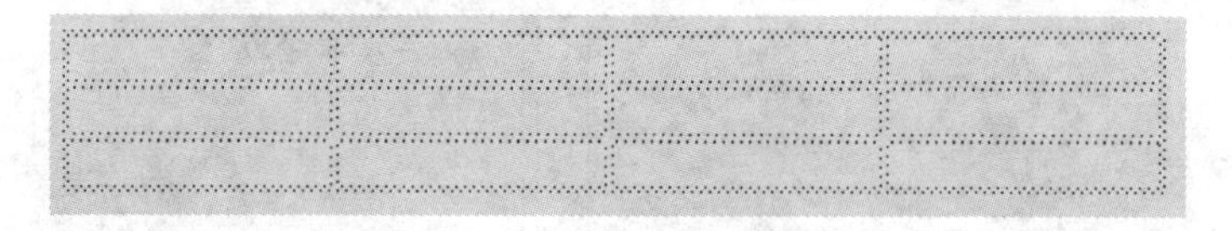

图 5-4　边框粗细为 0 时的效果

图 5-5　边框粗细为 4 时的效果

3. 单元格边距

单元格边距表示单元格中的内容与边框的距离，默认值为 1。默认单元格边距效果如图 5-6 所示，单元格边距设置为 10 的效果如图 5-7 所示。

网页设计		

图 5-6　单元格边距为默认值时的效果

网页设计		

图 5-7　单元格边距为 10 时的效果

4. 单元格间距

单元格间距是单元格与单元格、单元格与表格边框的距离，默认值为 2。默认单元格间距效果如图 5-8 所示，单元格间距设置为 10 的效果如图 5-9 所示。

图 5-8　单元格间距为默认值时的效果

图 5-9　单元格间距为 10 时的效果

5. 页眉设置

页眉设置就是为表格选择一个加粗文字的标题栏，其中的标题文字以粗体显示的表格，因此，省去了加粗效果的设置。可以将页眉设置为无、左部、顶部或者两者，页眉设置如图 5-10 所示，图 5-11 和图 5-12 分别为将页眉设置在左部、顶部的效果。

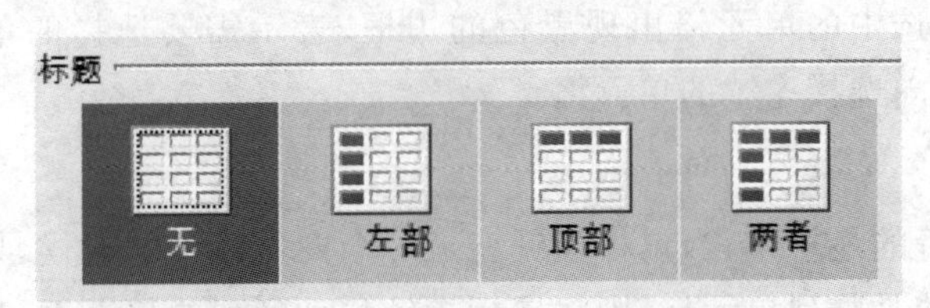

图 5-10　页眉设置

姓名	李勇	张亮
班级	1205	1206
成绩	86	90

图 5-11　页眉设置在左部

姓名	班级	成绩
李勇	1205	86
张亮	1206	90

图 5-12　页眉设置在顶部

6. 辅助功能

辅助功能主要是为表格和表格的内容提供一些简单的文本描述，在“表格”对话框的“标题”文本框中为表格设置标题，在“摘要”文本框中对所创建的表格进行简单描述。

5.1.3 表格的编辑和排版

页面中的表格创建好后，为了获得较好的页面效果，需要对表格进行编辑和排版。

1. 选择单元格

编辑表格或者单元格，首先需要选择对象。

1）选择单个单元格

单击需要选择的单元格，然后按住鼠标左键不放，同时向相邻的单元格方向拖动，单元格出现黑色边框，表示被选中，也可以按住 Ctrl 键单击将其选中，如图 5-13 所示。

图 5-13 选择单个单元格

2）选择多个连续的单元格

如果横向选择连续的单元格，单击第一个单元格，然后按住鼠标左键不放并向相邻的单元格拖动，直到需要选中的单元格出现黑色的边框，表示需要选择的单元格已经被全部选中。当然，也可以纵向选择连续的单元格。

3）选择整行

将鼠标移动到行的最左边，当鼠标指针变成一个向右箭头的时候，单击就可以选中整行单元格。如果选择的是整列单元格，则将鼠标指针移动到列的最上面，当鼠标指针变成一个向下箭头的时候，单击可以选中整列单元格。另外，单击表格中的任意单元格，表格下方会出现绿色下三角按钮，单击相应列下面的绿色下三角按钮，在弹出的下拉菜单中选择“选择列”命令，可以选中整列单元格，如图 5-14 所示。

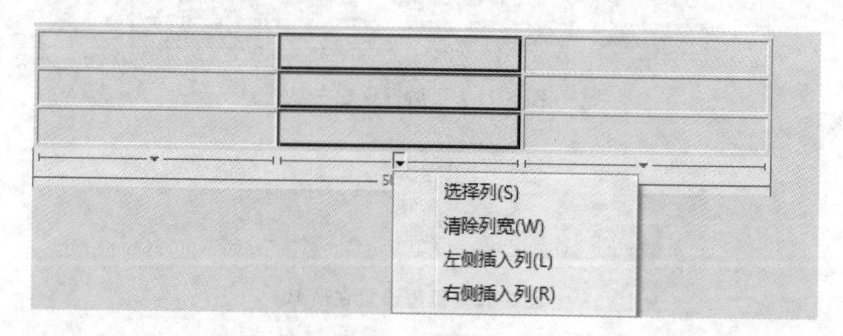

图 5-14 “选择列”命令

如果不想显示表格宽度，选择“查看”→“可视化助理”命令，在弹出的级联菜单中取消勾选“表格宽度”项，表格中将不会显示绿色的表示表格宽度的线和数值。

4）选择多个非连续单元格

选择多个非连续的单元格的方法是：按住 Ctrl 键，依次单击要选择的单元格，直到所需要的单元格被全部选中为止。

5）选择整个表格

单击表格的左上角、表格的顶边缘或底边缘的任何位置或者行或列的边框；单击表格的单元格，然后在文档窗口左下角的标签选择器中选择<table>标签；单击某个表格单元格，然后选择“修改”→“表格”→“选择表格”命令；单击某个表格单元格，单击表格标题菜单，然后选择“选择表格”命令；单击显示表格宽度数字旁边的绿色下拉按钮如图 5-15 所示，在下拉菜单中选择“选择表格”命令。取消选择整个表格，单击表格边框外的任意位置即可。

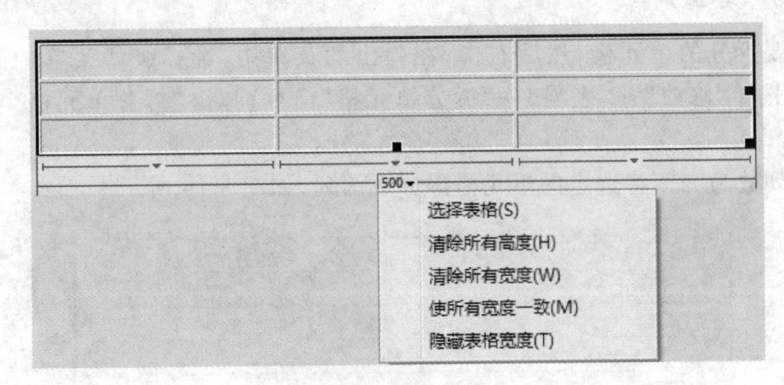

图 5-15　表格宽度数字旁的绿色下拉按钮菜单

2. 调整列的宽度、行的高度

(1) 要改变列的宽度，可以将鼠标移到表格的列边框上，当鼠标变成“十”字形状的时候，左右拖动，可以改变列的宽度。同理，可以调整行的高度。

(2) 如果按住 Shift 键并拖动，可以保留其他列的宽度。同理，可以调整行的高度。

3. 插入行和列

(1) 在已有的表格中插入行或列，将光标放置到需要插入行或列的单元格内，然后选择“修改”→“表格”→“插入行”(“插入列”)命令，或者“插入行或列”命令，弹出如图 5-16 所示的对话框，选择要插入的行或列，并确定位置即可。也可以直接在单元格中右击，在弹出的菜单中选择对应的命令，如图 5-17 所示。

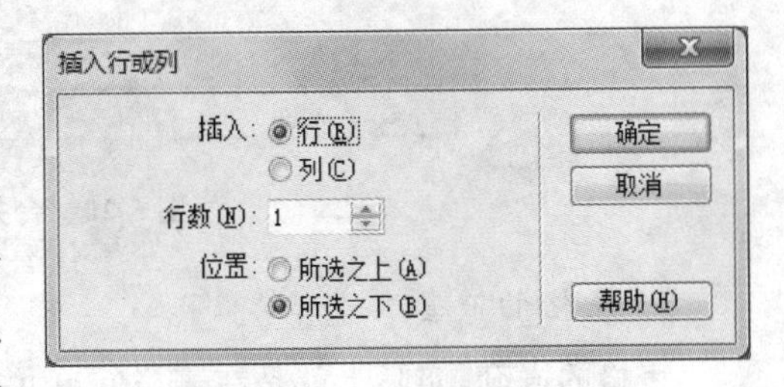

图 5-16　“插入行或列”对话框

(2) 若要删除行或列，选中要删除的行或列，然后选择“修改”→“表格”→“删除行”(“删除列”)命令。

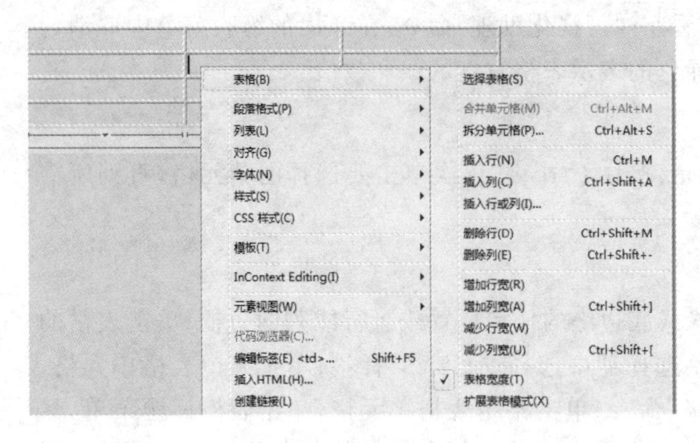

图 5-17　表格菜单

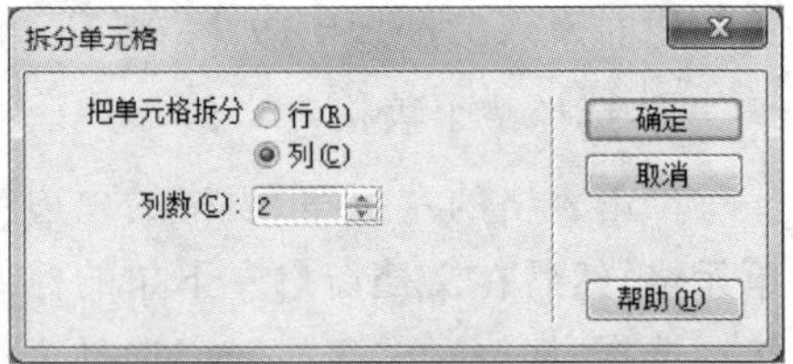

图 5-18　“拆分单元格”对话框

4. 拆分和合并单元格

(1) 选中要拆分的单元格，然后右击，在弹出的菜单中，选择级联菜单中的“拆分单元格”命令，或者选择“修改”→“表格”→“拆分单元格”命令，弹出“拆分单元格”对话框，如图5-18 所示。

(2) 设置列数为“2”，将选定的单元格拆分成两列，如图 5-19 所示。

图 5-19　拆分单元格后的效果

(3) 若要合并单元格，选择需要合并的单元格对象，右击，在弹出的菜单中选择“表格”→“合并单元格”命令，或者选择“修改”→“表格”→“合并单元格”命令，合并后的效果如图5-20 所示。

图 5-20　合并单元格后的效果

5. 表格的嵌套

表格的嵌套，实际上就是在表格的单元格中再插入一个表格。

(1) 在第二行第二列的单元格中插入一个表格，将光标放置到该单元格中，选择“插入”→“表格”命令，在弹出的“表格”对话框中设置表格的参数，如图 5-21 所示。

(2) 嵌套表格后，新的表格效果如图 5-22 所示，可以选中嵌套的表格，右击，在弹出的快捷菜单中选择对齐方式。

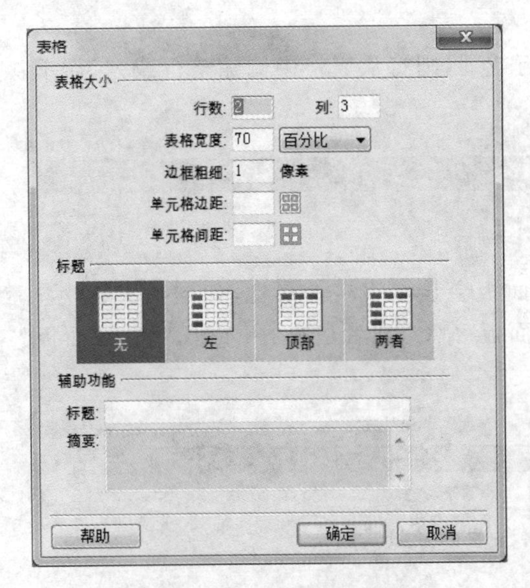

图 5-21　设置表格的参数

图 5-22　嵌套表格后的效果

6. 复制、粘贴和删除单元格

可以一次复制、粘贴或删除单个或多个单元格，并保留单元格的格式设置，还可以在插入点或替换现有表格中的所选部分粘贴单元格。若要粘贴多个单元格，剪贴板的内容必须和表格的结构或表格中将粘贴这些单元格的所选部分兼容。

1）剪切或复制单元格

(1) 选择连续行中形状为矩形的一个或多个单元格。

(2) 选择“编辑”→“剪切”或者“复制”命令。

2）粘贴单元格

(1) 选择要粘贴单元格的位置。

① 若要使用用户正在粘贴的单元格替换原有的单元格，则选择一组与剪贴板上的单元格具有相同布局的单元格。

② 若要在特定单元格上方粘贴一整行单元格，则单击该单元格。

③ 若要在特定单元格左侧粘贴一整列单元格，则单击该单元格。

④ 若要用粘贴的单元格创建一个新表格，则将插入点放置在表格之外。

(2) 选择“编辑”→“粘贴”命令。

如果用户将整个行或列粘贴到现有的表格中，则这些行或列将被添加到该表格中；如果用户粘贴单个单元格，则将替换所选单元格的内容；如果用户在表格外进行粘贴，则这些行、列或单元格用于定义一个新表格。

3）删除单元格内容

要删除单元格内容，并使单元格保持原样，可执行以下操作。

(1) 选择一个或多个单元格，其中，所选的部分不是完全由完整的行或列组成。

(2) 选择“编辑”→“清除”命令，或者按 Delete 键。

如果用户删除单元格内容时，选择了完整的行或列，则将从表格中删除整行或列，而不仅仅是它们的内容。

5.1.4 设置表格属性

1. 设置表格属性

当选取了整个表格时，编辑区下方的“属性”面板会显示表格的属性，如图 5-23 所示。如果“属性”面板不可见，可以选择“查看”→“显示面板”命令，或者是按下 F4 键，“属性”面板就会显示出来。

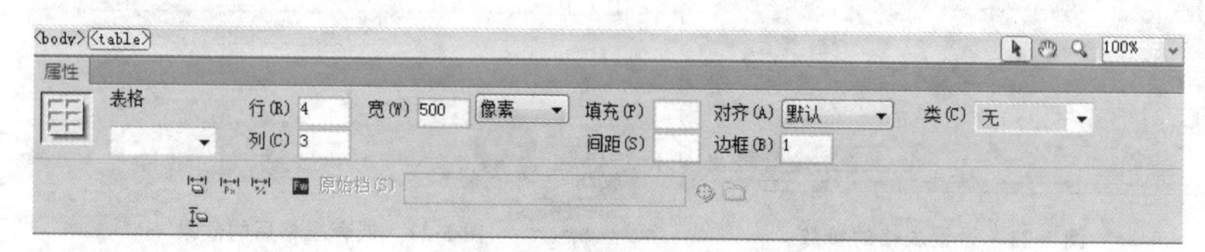

图 5-23 “属性”面板

表格“属性”面板主要参数如下。

(1) “表格”文字下方的下拉列表框：指定表格的 ID，可以在其中输入一个名称为表格命名。如果需要在页面中使用 JavaScript 语言来控制表格，就需要在该选项的文本框中为表格命名。

(2) 行和列：可以设置表格中行和列的数值。

(3) 宽：指以像素为单位或按占浏览器窗口宽度的百分比计算的表格宽度。

(4) 填充：单元格内容和单元格边框之间的像素数，如果没有明确指定单元格间距和单元格边距的值，则默认为按 1 像素显示。如果不想显示表格中的边距，则将其设置为 0。

(5) 间距：指相邻的表格单元格之间的像素数，如果没有明确指定单元格间距和单元格边距的值，则默认为按单元格间距为 2 像素来显示。如果不想显示表格中的间距，则将其设置为 0。

(6) 对齐：确定表格相对于同一段落中其他元素(例如文本或图像)的显示位置。

(7) 边框：指定表格边框的宽度(以像素为单位)。如果没有明确指定边框的值，则默认为按边框为 1 像素显示。若要确保显示的表格没有边框，则将其设置为 0。若要在边框设置为 0 时查看单元格和表格边框，则选择“查看”→“可视化助理”→“表格边框”命令。

(8) “清除列宽”按钮 和“清除行高”按钮 ：单击该按钮分别从表格中删除所有明确指定的行高、列宽。

(9) “将表格宽度转换成像素”按钮 和“将表格宽度转换成百分比”按钮 ：单击该按钮分别将表格中每列的宽度设置为以像素为单位的当前宽度，将表格的宽度设置为以按占文档窗口宽度百分比表示的当前宽度。

设置完属性值以后，移动鼠标，改变当前输入焦点，设置就会自动生效。

2. 设置列、行和单元格的属性

设置表格属性是对表格的整体进行设置,可以只对表格中一列、一行或者一个单元格进行设置。在表格中选取单元格,打开“属性”面板,如图 5-24 所示。

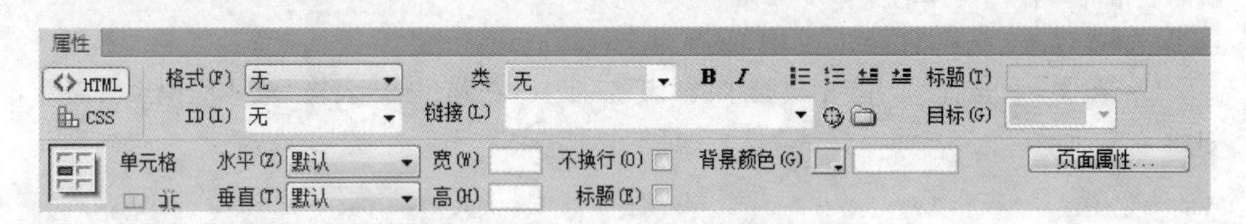

图 5-24 单元格属性面板

单元格“属性”面板参数说明如下。

(1) 格式:可以设置单元格内字体的样式。

(2) ID:设置单元格的 ID。

(3) 链接:对单元格的内容进行链接设置。

(4) 水平:指定单元格、行或列内容的水平对齐方式,可以将内容对齐到单元格的左侧、右侧或使之居中对齐,也可以指示浏览器使用其默认的对齐方式(通常常规单元格为左对齐,标题单元格为居中对齐)。

(5) 垂直:指定单元格、行或列内容的垂直对齐方式,可以将内容对齐到单元格的顶端、中间、底部或基线,或者指示浏览器使用其默认的对齐方式(通常是居中对齐)。

(6) 宽和高:以像素为单位或按占整个表格宽度或高度百分比计算所选单元格的宽度和高度。若要指定百分比,则在值后面使用百分比符号(%)。若要让浏览器根据单元格的内容以及其他列和行的宽度和高度确定适当的宽度或高度,则不填写该区域。默认情况下,浏览器选择一列的宽度来容纳列中最宽的图像或最长的行,并且选择一行的高度来容纳该行中的所有文本和图像。另外,可以按占表格总高度的百分比指定一个高度,但是浏览器中行可能不以指定的百分比高度显示。

(7) 不换行:可以防止换行,从而使给定单元格中的所有文本都在一行中。如果启用了“不换行”,则当键入数据或将数据粘贴到单元格时单元格会加宽以便容纳所有数据。

(8) 标题:可以将所选的单元格格式设置为表格标题单元格。默认情况下,表格标题单元格的内容为粗体并且居中。

(9) 背景颜色:使用颜色选择器选择单元格、列或行的背景颜色。

(10) 边框按钮:单元格的边框颜色。

(11) “合并所选单元格,使用跨度”按钮:可以将所选的单元格、行或列合并为一个单元格,只有当单元格形成矩形或直线的块时才可以合并这些单元格。

(12) “拆分单元格为行或列”按钮:单击该按钮,弹出“拆分单元格”对话框,可以将一个单元格分成若干单元格。一次只能拆分一个单元格,如果选择的单元格多于一个,则此按钮将禁用。

(13) “页面属性”按钮:可以设置页面的相关属性,“页面属性”对话框如图 5-25 所示。

5.1.5 操作实例——创建一个复杂表格

复杂表格的创建,主要包括调整单元格的宽和高、合并或者拆分单元格以及表格中嵌套新的表格等操作。具体的操作步骤如下。

(1) 步骤 1 新建 HTML 文档,保存为 5-1-1-result. html。

(2) 步骤 2 选择“常用”工具栏中的“表格”工具,在弹出的“表格”对话框中设置参数,如图 5-26 所示。

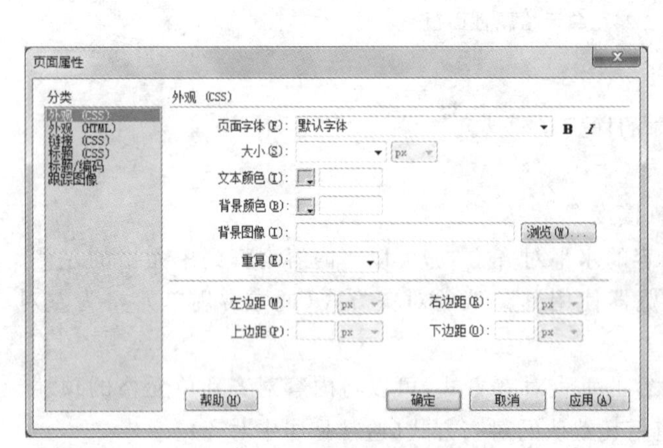

图 5-25 “页面属性”对话框

图 5-26 设置参数

(3) 步骤 3 选中表格,单击“属性”面板,设置居中对齐,创建的表格的初始效果如图 5-27 所示。

图 5-27 表格的初始效果

(4) 步骤 4 选中表格的第 1 行 3 列的单元格,单击“属性”面板中的“拆分单元格为行或列”按钮,在弹出的“拆分单元格”对话框中设置将单元格拆分为“列”,行数设置为“2”。

(5) 步骤 5 设置表格的宽度为 760,高度为 40,效果如图 5-28 所示。

(6) 步骤 6 选择表格的第 6 行第 2、3、4 列三个单元格,单击“属性”面板中的“合并所选单元格,使用跨度”按钮,完成合并操作。

(7) 步骤 7 选择第 2 行第 1 列的单元格,选择“常用”工具栏中的“表格”工具,在弹出的“表格”对话框中设置参数,如图 5-29 所示。

(8) 步骤 8 执行以上操作后,表格的效果图如图 5-30 所示。

复杂表格的创建

图 5-28 设置表格参数的效果

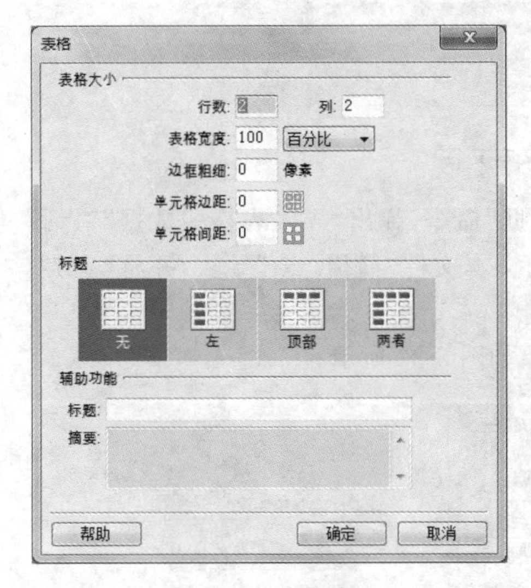

图 5-29 设置参数

图 5-30 表格的效果图

5.2 导入表格数据并排序

Dreamweaver 可以将制表符、逗号、分号、引号或者其他分隔符格式化的文本，导入到网页文档中形成表格，为向网页中放置大量格式化数据提供了方便。另外，软件还提供了表格排序功能，使得网页中数据信息的管理更加高效。

5.2.1 导入表格数据

将格式化的数据导入到 Dreamweaver 中，具体操作如下。

(1) 步骤 1 用记事本创建一个文本格式的文件“简历. txt”，用英文符号中的逗号作为分隔符，如图 5-31 所示。

(2) 步骤 2 新建 HTML 文件，命名为 5-2-1-result. html。

图 5-31 用记事本创建文本文件

(3) 步骤 3 选择“文件”→“导入”→“表格式数据”命令，弹出“导入表格式数据”对话框。单击“数据文件”后面的“浏览”按钮，将刚编辑的文本文件“简历.txt”导入，并将“定界符”选项设置为“逗点”，如图 5-32 所示。

(4) 步骤 4 单击“确定”按钮后，导入的表格效果如图 5-33 所示。

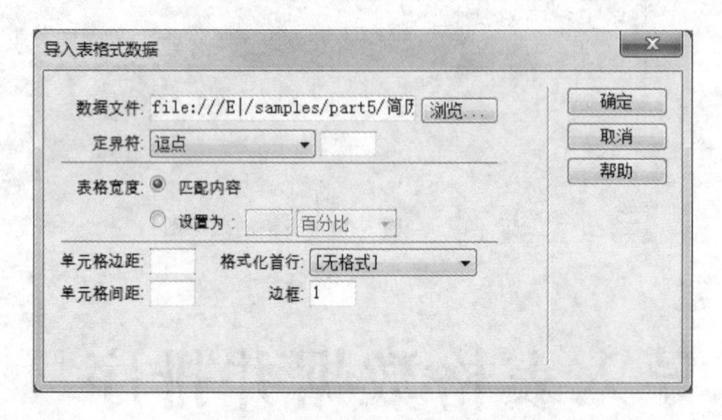

图 5-32 “导入表格式数据”对话框

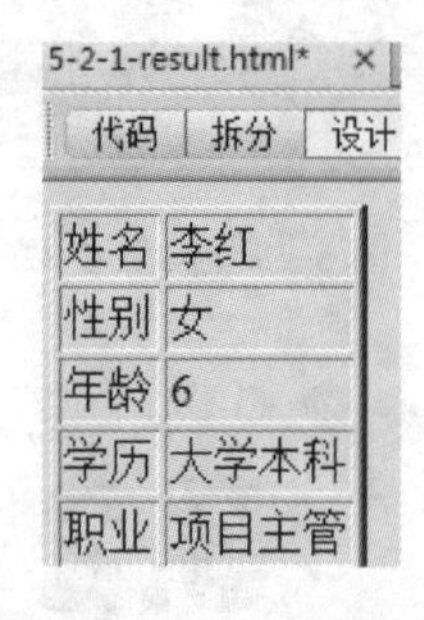

图 5-33 导入的表格效果

提示

Dreamweaver 不仅能导入自己编写的表格式数据文件，还能导入 Word、Excel 等文档，如果导入的是.txt 文件，要将文档的编码改为 UTF-8，否则导入的文件内容是乱码。

5.2.2 导出表格

Dreamweaver 能够将格式化好的数据导入成表格，也能将表格导出为文本文件，具体操作如下。

(1) 步骤1　打开文件5-2-2.html。

(2) 步骤2　选中要导出的表格,选择“文件”→“导出”→“表格”命令,弹出“导出表格”对话框,如图5-34所示,设置好定界符和换行符,然后,单击“导出”按钮。

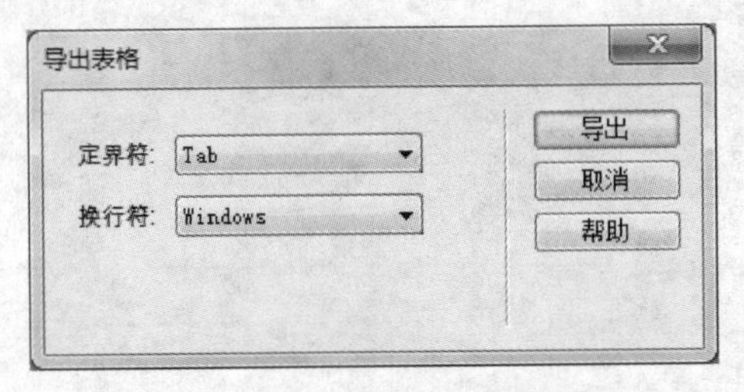

图 5-34　“导出表格”对话框

(3) 步骤3　在弹出的“表格导出为”对话框中,选择表格导出的路径,并取名为table.txt,如图5-35所示,然后单击“保存”按钮。

(4) 步骤4　导出的记事本效果图如图5-36所示。

图 5-35　“表格导出为”对话框

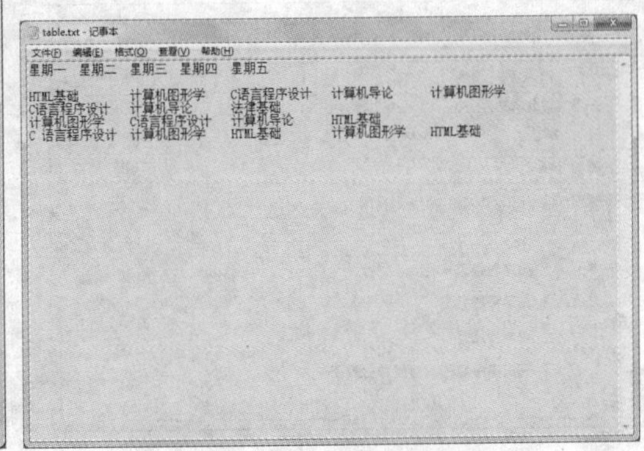

图 5-36　导出的记事本效果图

提示

导出表格时将导出整个表格,如果只需要表格中的某些数据,可以复制包含这些数据的单元格,将这些单元格粘贴到表格外,然后导出这个新表格。

5.2.3　排序表格

(1) 步骤1　打开“成绩表.xls”文件,选择“文件”→“导入”→“Excel文档”命令,如图5-37所示。

(2) 步骤2　选择表格,选择“命令”→“排序表格”命令,弹出“排序表格”对话框,如图5-38所示。在“排序按”下拉列表中选择“列3”,“顺序”下拉列表中选择“按数字顺序”、“降序”;“再按”下拉列表选择“列1”,“顺序”下拉列表选择“按字母顺序”、“升序”。

姓名	计算机基础	英语	数学	平面设计	程序设计
涂亚松	60	65	75	76	95
宋登兵	79	73	95	80	99
范金婉	95	84	93	83	93
熊锋	80	80	90	79	43
罗思卫	75	82	95	74	95
胡磊	84	77	90	72	83
童美辉	80	69	85	77	85
姚远	70	83	98	85	55
黄鹏	70	56	90	83	70
曾秀丽	60	74	90	69	78
张辉	85	68	74	70	78
张文杰	69	74	85	84	56
黄雁飞	90	76	90	89	78
杨梦玲	85	70	95	90	98
姚丽华	80	82	68	65	82
吴雨	96	83	90	78	97
游佩	60	80	80	87	95
孙丽霞	90	90	95	85	93

图 5-37　表格的原始效果

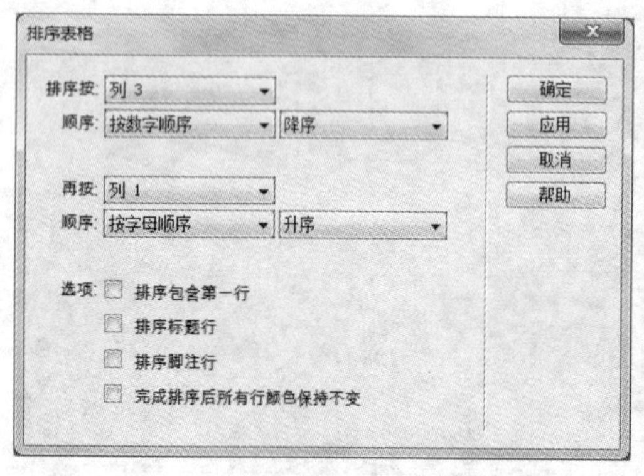

图 5-38　"排序表格"对话框

姓名	计算机基础	英语	数学	平面设计	程序设计
孙丽霞	90	90	95	85	93
范金婉	95	84	93	83	93
吴雨	96	83	90	78	97
姚远	70	83	98	85	55
罗思卫	75	82	95	74	95
姚丽华	80	82	68	65	82
熊锋	80	80	90	79	43
游佩	60	80	80	87	95
胡磊	84	77	90	72	83
黄雁飞	90	76	90	89	78
曾秀丽	60	74	90	69	78
张文杰	69	74	85	84	56
宋登兵	79	73	95	80	99
杨梦玲	85	70	95	90	98
童美辉	80	69	85	77	85
张辉	85	68	74	70	78
涂亚松	60	65	75	76	95
黄鹏	70	56	90	83	70

图 5-39　数据排序后的效果

(3) 步骤 3　设置完成后，单击"确定"按钮，表格中的数据排序后的效果如图 5-39 所示，文件保存为 5-2-3-result.html。

5.3　操作实例——用表格布局网页

5.3.1　插入表格

(1) 步骤 1　新建一个 HTML 文档，保存为 5-3-1-result.html。

(2) 步骤 2　选择"插入"→"表格"，插入一个 3 行 1 列的表格，在"表格"对话框中设置相应的参数，如图 5-40 所示。

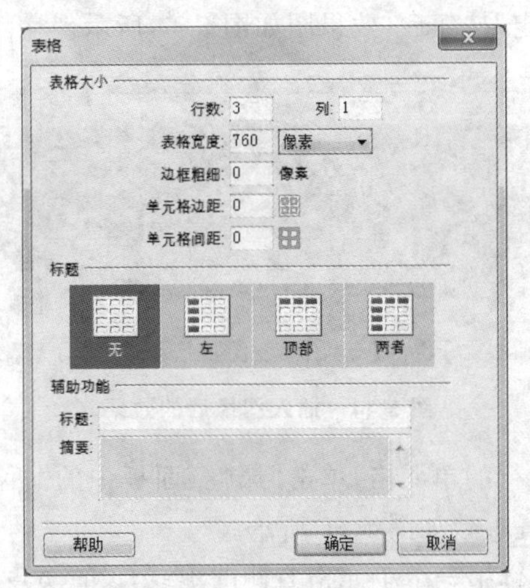

图 5-40　设置参数

(3) 步骤 3　选中表格，在“属性”面板中设置居中对齐，表格效果如图 5-41 所示。

图 5-41　表格效果

(4) 步骤 4　选中表格，选择“修改”→“页面属性”命令，在“属性”面板中，选择“页面属性”，选择“外观(HTML)”，设置文本颜色为“#000000”，设置左边距和上边距为 0，如图 5-42 所示。

5.3.2　布局 LOGO 和导航条

(1) 步骤 1　选中表格的第一个单元格，选择“插入”→“图像”命令，在弹出的“选择图像源文件”对话框中，选择 images 文件下的 banner.jpg，如图 5-43 所示。

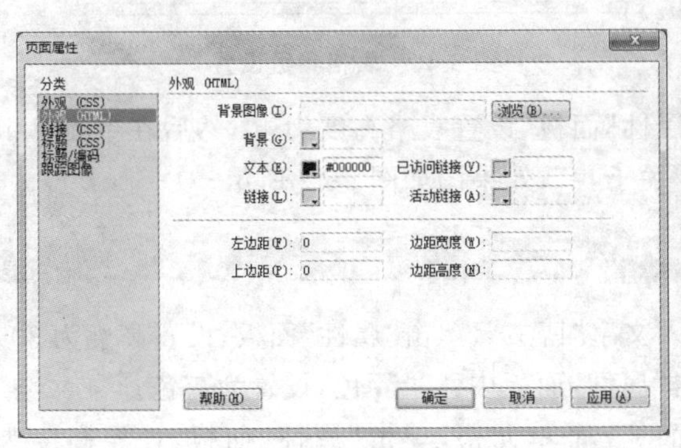

图 5-42　“页面属性”设置

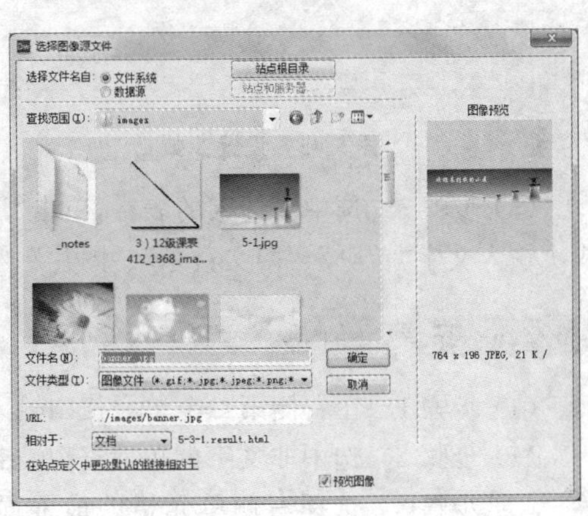

图 5-43　选择插入的图像文件

（2）步骤 2　单击“确定”按钮后，效果图如图 5-44 所示。

图 5-44　插入图像后的效果

（3）步骤 3　选择第二行的单元格，单击“属性”面板中的“拆分单元格”按钮，在弹出的“拆分单元格”对话框中设置参数如图 5-45 所示。

（4）步骤 4　拖动第二行第一个单元格右侧的虚线，设置宽度为 160；选中第二行第二个单元格，单击“属性”面板中的拆分单元格按钮，拆分为 5 行；选择拆分后的第一行单元格，设置该单元格的背景色为＃FFFF99，插入一个 1 行 4 列的表格，参数设置如图 5-46 所示。

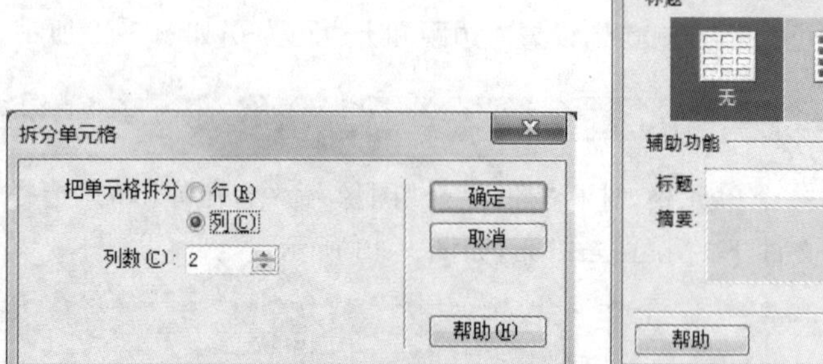

图 5-45　设置参数

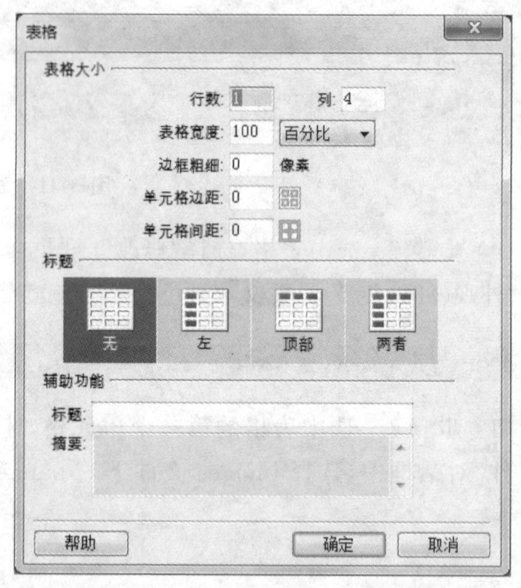

图 5-46　表格参数设置

（5）步骤 5　选中新插入的表格，单击“属性”面板，设置表格高度为 40，然后在单元格中依次输入文字“首页”、“博文目录”、“图片”、“关于我”，效果图如图 5-47 所示。

5.3.3　布局详细内容

（1）步骤 1　在右侧第二个单元格中输入文字“博文”，单击“属性”面板，设置高度为 30。

（2）步骤 2　选中非文字的单元格，单击“属性”面板中背景颜色，设置为灰色。

（3）步骤 3　选择右侧单元格的最下面的三个单元格，单击“属性”面板，设置高度为 120，并将“博文. doc”的内容复制到如图 5-48 所示位置。

图 5-47 拆分后的效果图

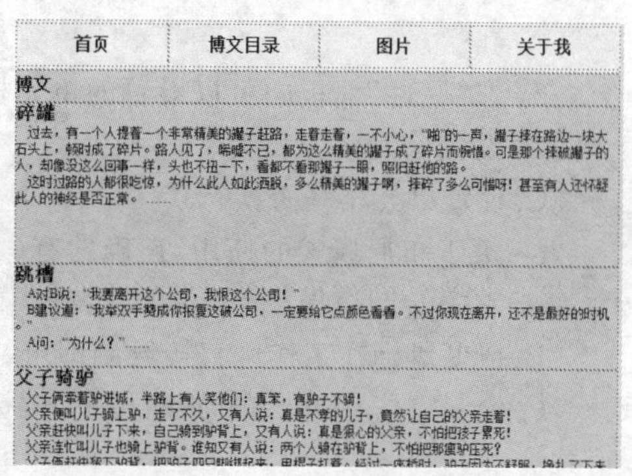

图 5-48 右侧单元格的效果图

(4) 步骤 4 选择第二行第一个单元格，单击“属性”面板中“拆分单元格”按钮，拆分为 2 行 1 列的单元格，在拆分后的第一个单元格中，输入文字“个人资料”、“星座：白羊”、“爱好：听歌、看书”。将鼠标定位在“个人资料”下方，选择“常用”工具栏中的“插入图片”，在弹出的“选择图像源文件”对话框中，选择 5-01.jpg，如图 5-49 所示。

(5) 步骤 5 选择“个人资料”下方的单元格，选择“常用”工具栏中的“表格”，插入 2 行 2 列的单元格，宽度为“100 百分比”，并用鼠标拖曳以改变单元格的大小，依次在单元格中输入文字“加好友”、“发纸条”、“留言”、“加关注”。

(6) 步骤 6 在最下面的单元格中输入文字“copyright@2013. 版权所有”。

(7) 步骤 7 保存文件，预览该文件，效果如图 5-50 所示。

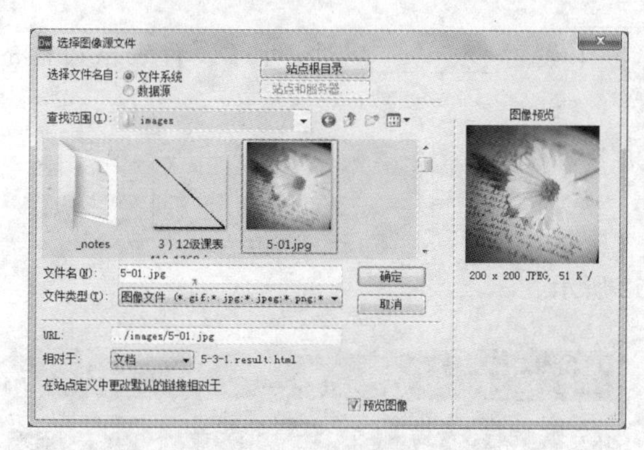

图 5-49 选择图片

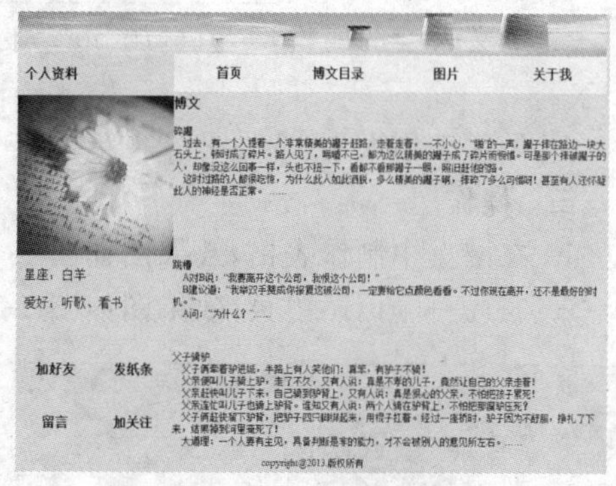

图 5-50 网页效果图

本章小结

本章主要介绍了表格的基本操作，包括创建表格、编辑表格、表格的嵌套、数据导入及排序。通过创建复杂的表格，演示了表格相关知识的操作方法。最后通过一个综合实例，使用表格布局页面，学会如何在网页中合理有效地利用表格的优势。

习题 5

一、选择题

1. 在网页制作过程中，LOGO 的标准尺寸为(　　)。

A. 468×60　　　B. 80×31　　　C. 88×31　　　D. 150×60

2. 在“属性”面板中可以设置的单元格的属性有(　　)。

A. 设置单元格为表头　　　B. 设置单元格内元素垂直对齐方式

C. 设置单元格是否换行　　　D. 设置单元格背景图

3. 关于布局模式的使用,正确的有(　　)。

A. 首先绘制布局表格,在布局表格中绘制布局单元格

B. 拖曳鼠标在工作区直接绘制即可,绘制完毕后还可以调整表格或单元格的大小

C. 绘制完毕后,在“布局”面板单击“标准视图”按钮,将绘制的布局表格转换成传统表格形式

D. 要注意转换完毕之后,便不能再回到布局模式对表格进行修改,因此一定要慎重操作

4. 可以通过(　　)文本框设置单元格内容和单元格边界之间的像素数。

A. 填充　　　B. 间距　　　C. 边框　　　D. 宽和高

5. 将鼠标指针移动到表格上面,当鼠标指针呈(　　)形状时,单击便可选中表格。

A. 网格图标　　　B. “十”字　　　C. 双箭头　　　D. 空心箭头

二、填空题

1. 在表格设计的 HTML 中,________标签之间的内容属于一个表格,________标签之间的内容属于一行,________标签之间的内容属于一个单元格。

2. 做好的表格可以使用 Dreamweaver 所提供的预设外观,一方面可以提高________,另一方面可以保持________的同一性。

3. 表格的嵌套是指________________。

4. 定义表格的属性时,在<table>标签中设置________属性,可以设置表格边框的颜色。

5. 设置表格大小,一种是________,一种是________。

三、操作题

1. 在网页中制作表格,效果图如图 5-51 所示。

2. 布局一个网站主页,效果图如图 5-52 所示。

中国邮政汇款取款通知单					
请携带本人有效证件于　　年　月　日前到　　局（所）取款				汇票号	
				收据号	
汇　款 金　额		汇　款 种　类		汇　款 日　期	
收款人 姓　名				填单 日戳	
收款人 地　址				经办员	
汇款人 地　址				兑付 日戳	
附　言					

图 5-51　表格效果图

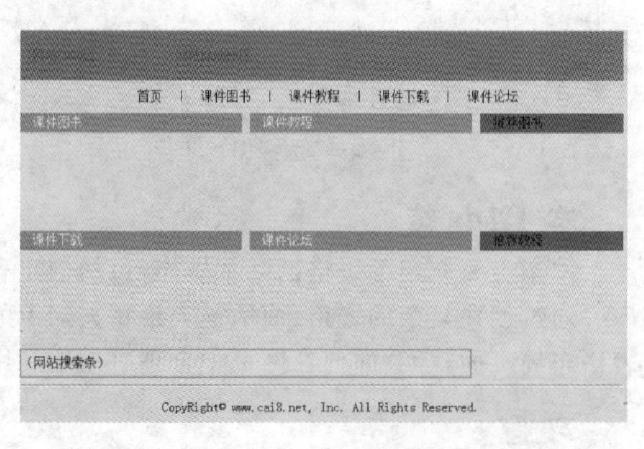

图 5-52　主页效果图

第6章 超链接应用

学习目标

本章主要学习超链接的类型和超链接的路径；创建超链接如文字超链接、图像超链接、文件下载超链接、电子邮件链接、锚点链接、图像热区链接和脚本链接等的方法；管理超链接，包括测试超链接，更新和删除超链接。

本章重点

● 创建文字超链接；● 创建图像超链接；● 创建文件下载超链接；● 创建电子邮件链接；● 创建锚点链接；● 创建图像热区链接；● 创建脚本链接。

6.1 超 链 接

一个普通的网站，就是将多个页面链接在一起，用户通过网站的主页面来访问网站中的其他页面。页面彼此之间的链接，称为页面的链接。制作网站时，需要建立站点与网页、网页与网页之间的链接关系。

6.1.1 超链接的类型

所谓超链接是指从一个网页指向一个目标的链接关系，这个目标可以是一个网页(同一个网站内部的网页或者其他网站的网页)，也可以是同一个网页的不同位置，还可以是一个电子邮件地址、一个文件等。

一般来说超链接由链接载体(源端点)和链接目标(目标端点)两部分组成。许多页面元素可以作为链接载体，如文本、图像、图像热区。而链接目标可以是任意网络资源，如页面、网站、E-mail、图像、声音、程序，甚至是页面中的某个位置书签。

根据链接载体的特点，一般把链接分为文本链接与图像链接两大类。

(1) 文本链接：链接载体是文本，简单实用。

(2) 图像链接：链接载体是图像。图像链接能使网页美观、生动活泼。它既可以指向单个的链接关系，也可以根据图像不同的区域建立多个链接。

如果按链接目标分类，可以将超链接分为以下几种类型。

(1) 内部链接:在同一网站文档之间的链接。

(2) 外部链接:不同网站文档之间的链接。

(3) 书签链接:同一网页或不同网页的指定位置的链接。

(4) E-mail 链接:打开填写电子邮件表格的链接。

 **提示**

网页中应该避免使用过多的超链接,在一个网页中设置过多的超链接会导致网页的观赏性不强,文件过大。如果避免不了过多的超链接,可以使用下拉列表框、动态链接方式等。

6.1.2 超链接的路径

每个网页都有唯一的地址,称为统一资源定位器(URL)。创建一个本地链接(链接文档与被链接文档处于相同的站点中)时,通常并不需要指定要链接到文档的整个 URL,而使用相对路径。一般情况下,路径有三种表示方法,即绝对路径、文档相对路径、根相对路径。

1. 绝对路径

绝对路径提供链接文档的完整 URL,包括使用的协议(对于网页通常是 http://)。例如"http://www.macromedia.com/support/dreamweaver/contents.html"就是一个绝对路径。必须使用绝对路径来链接其他服务器上的文档。

2. 文档相对路径

文档相对路径是用于本地链接的最合适的路径。当前文档与链接的文档在同一文件夹中时,文档相对路径显得尤其有用。文档相对路径省略对于当前文档和链接的文档都相同的绝对 URL 部分,而只提供不同的那部分路径,一般有以下三种情况。

(1) 要链接的文件与当前文档处在同一文件夹中,只需输入文件名。

(2) 要链接的文件位于当前文档所在文件夹的子文件夹中,提供子文件夹名,然后是一正斜线(/)和文件名。

(3) 要链接的文件位于当前文档所在文件夹的父文件夹中,文件名前加../(其中".."表示"文件夹分层结构中的上一级文件夹")。

3. 根相对路径

根相对路径提供从站点根文件夹到文档所经过的路径。如果文档工作于一个使用数台服务器的大型网站或者一台同时作为数个不同站点主机的服务器,那么可能需要使用根相对路径。不过,如果不是很熟悉这类路径,还是应该使用文档相对路径。根相对路径以正斜线开始,代表站点的根文件夹。例如,"/support/tips.html"是一个指向文件"tips.html"(该文件位于站点根文件夹的 support 子文件夹中)的根相对路径。

在“设计”视图中，以浏览方式创建链接可以得到正确的路径。

6.1.3 链接目标

链接目标是指当一个链接打开时，被链接文件打开的位置，比如链接的页面可以在当前窗口中打开，或者在新建窗口打开。

链接的 target 属性决定了链接在哪里打开，它的值通常为_blank、new、_parent、_self、_top，依次表示为当前窗口、新窗口、父窗口、同一窗口和顶层窗口，如图 6-1 所示。它们的功能分别如下所述。

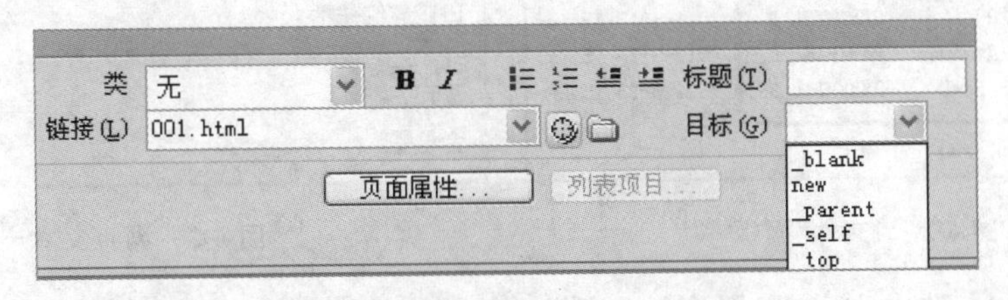

图 6-1 “目标”列表中的五个选项

- _blank：在新的浏览器窗口中打开链接的文档，同时保持当前窗口不变。
- new：将链接的文档载入到一个新的浏览器窗口。它和_blank 的不同之处在于，如果同一个页面中其他超链接的目标也设置成 new，那么只打开一个新的浏览器窗口。
- _parent：将链接的文档载入该链接所在框架的父框架或父窗口。如果包含链接的框架不是嵌套框架，则所链接的文档载入整个浏览器窗口。
- _self：将链接的文档载入链接所在的同一框架或窗口。此目标是默认的，所以通常不需要指定。
- _top：将链接的文档载入整个浏览器窗口，从而删除所有框架。

_parent、_self、_top 三个选项都和框架网页有关，有关框架网页的相关知识请参考第 9 章的内容。

6.2 创建超链接

6.2.1 操作实例——创建文字超链接

文字超链接是页面中最常见的链接形式。建立超链接所使用的 HTML 标记为<a>

</a>标记。超链接有两个要素，即设置为超链接的文本内容和超链接指向的目标地址。下面学习创建文字超链接的方法。

（1）步骤1　预先准备好四个HTML文档，并把它们保存在同一文件夹下，如图6-2所示，在“文件”面板中的文件结构。

（2）步骤2　打开“6.2.1.html”，页面中有已排版好的四行文字，如图6-3所示。下面分别给其中的三行文字加上超链接。

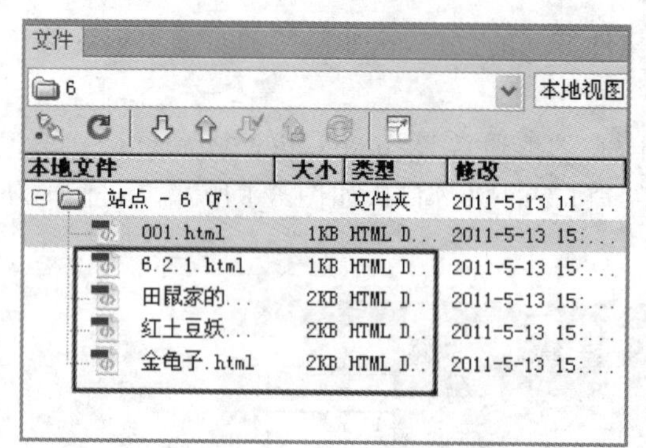

图6-2　“文件”面板

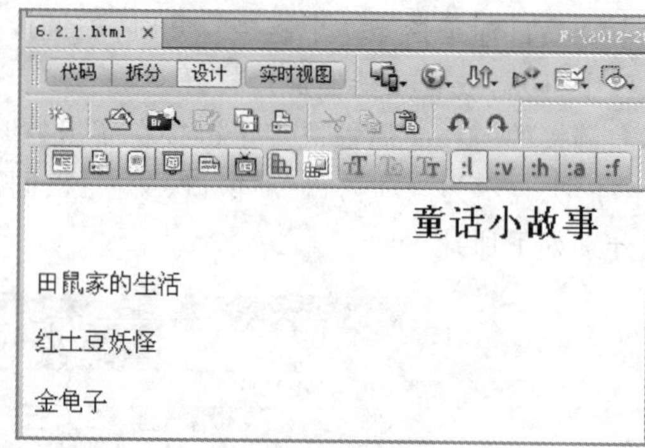

图6-3　网页文本

（3）步骤3　选中文字“田鼠家的生活”，打开“属性”面板，拖动“指向文件”按钮到右侧“文件”面板中的“田鼠家的生活.html”上，如图6-4所示，松开鼠标按键后一个超链接即完成。

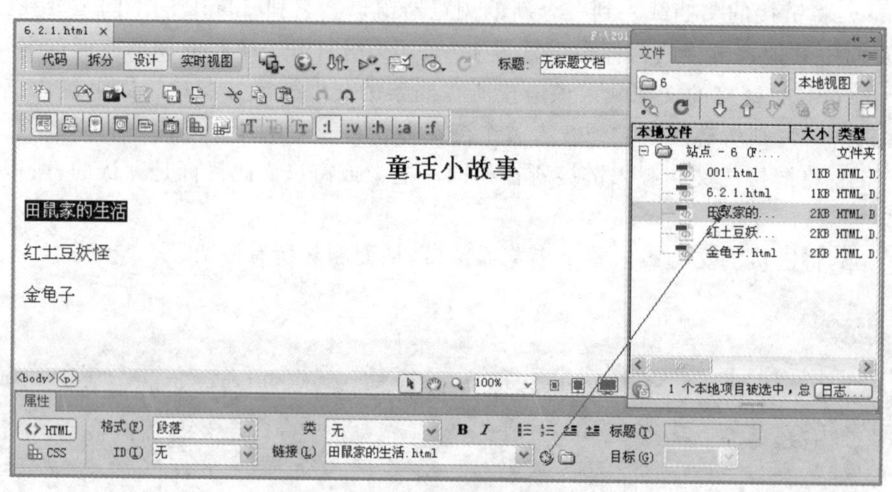

图6-4　建立超链接

（4）步骤4　可以看到，在“属性”面板的“链接”文本框中自动填写了“田鼠家的生活.html”。同时在编辑页上可以看到，添加了超链接的文字变成了蓝色，下面添加了一条下画线。如图6-5所示。

（5）步骤5　按照上面同样的方法，完成后面的两个超链接，保存文件，按F12键预览网页，效果如图6-6所示。

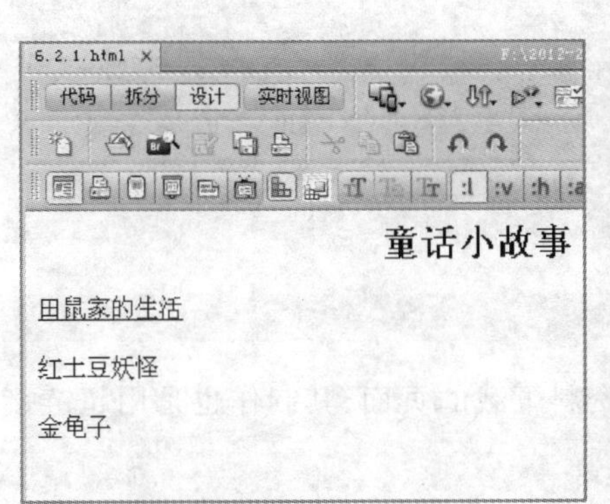

图 6-5 添加超链接后的效果

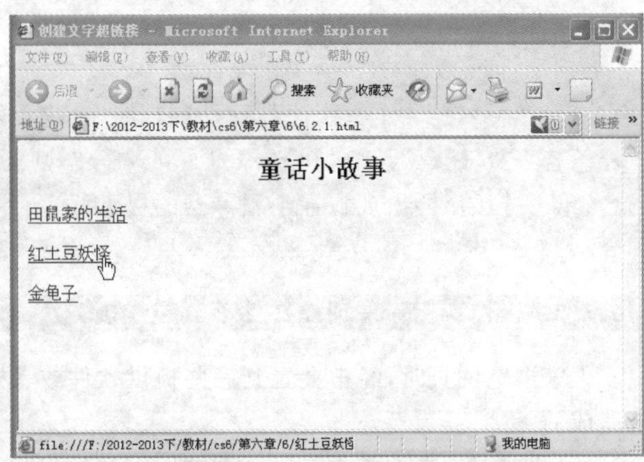

图 6-6 网页预览效果

6.2.2 操作实例——创建图像超链接

图像超链接的设置方法和设置文字超链接的方法相似。下面通过一个实例进行介绍。

(1) 步骤 1 新建一个网页 6.2.2.html，插入一张"小时钟.jpg"图像，如图 6-7 所示。

(2) 步骤 2 单击选中该图像，给图像添加一个内部(或外部)链接。进入"属性"面板，在"链接"文本框中输入"小时钟.html"，如图 6-8 所示。

(3) 步骤 3 保存文件，按 F12 键预览网页，效果如图 6-9 所示。

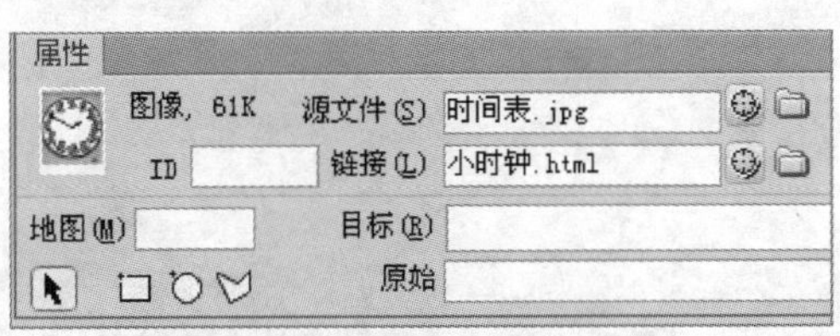

图 6-8 直接输入图像链接地址

图 6-7 插入图像

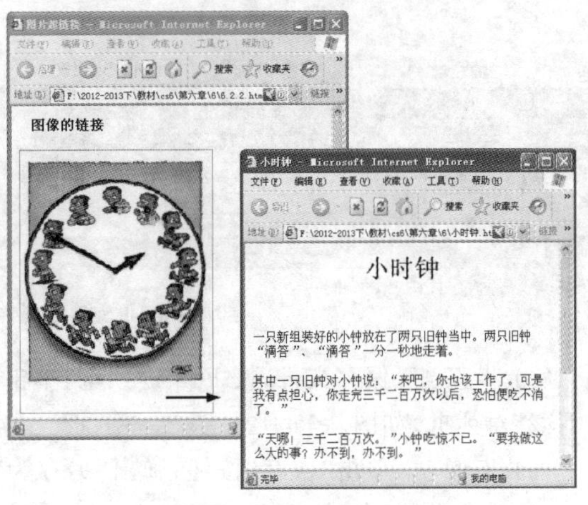

图 6-9 图像的链接效果

提示

当在“链接”文本框中添加一个网址时，一定要输入包含协议（如 http://）的绝对路径。若直接输入网址例如“www.baidu.com”，则 Dreamweaver 会把网址当成一个文件名，单击链接后会出现找不到服务器的提示。

6.2.3 操作实例——创建文件下载超链接

大家浏览网页时，经常会看到一些提供软件或者资料下载的页面，其制作也是用超链接来完成的。

（1）步骤 1　准备一个提供下载的压缩文件包“music.rar”，将其保存到站点相应的文件夹中。

（2）步骤 2　新建一个 HTML 文档，保存名为“6.2.3.html”，在页面输入文字“古典音乐下载”，然后在“属性”面板中设置其格式为“标题 2”。

（3）步骤 3　选中文字，在属性面板中用鼠标拖动“指向文件”按钮，将其拖到目标链接文件“music.rar”上，如图 6-10 所示。

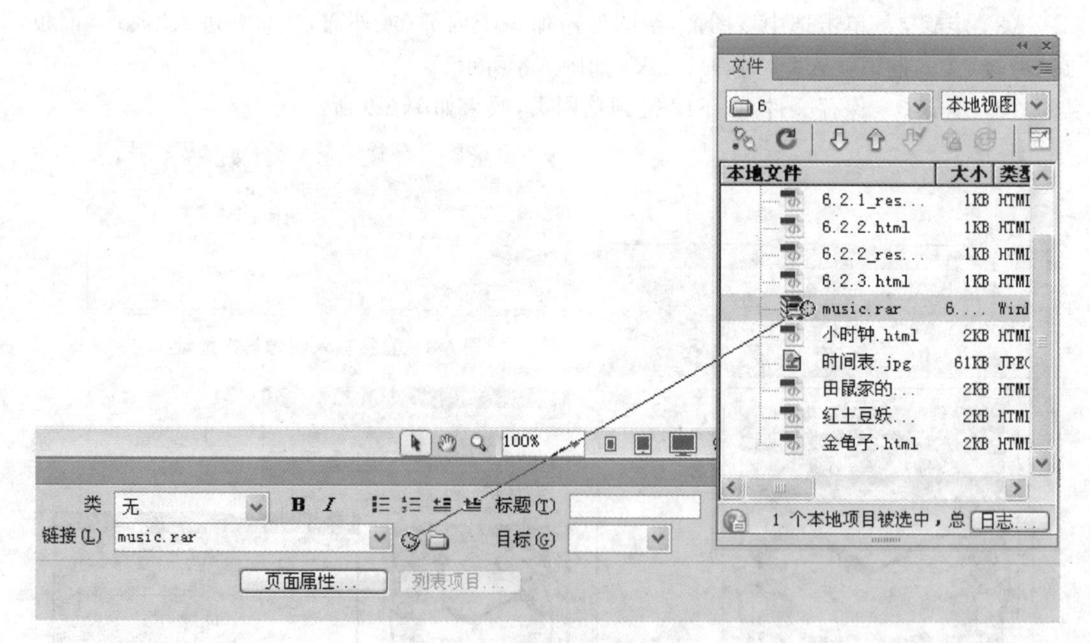

图 6-10　创建文件下载超链接

（4）步骤 4　保存文件，按 F12 键预览，单击超链接文本“古典音乐下载”后，会弹出“文件下载”对话框，如图 6-11 所示。

（5）步骤 5　单击“保存”按钮，弹出“另存为”对话框，如图 6-12 所示。选择合适的下载路径，然后单击“保存”按钮完成下载。

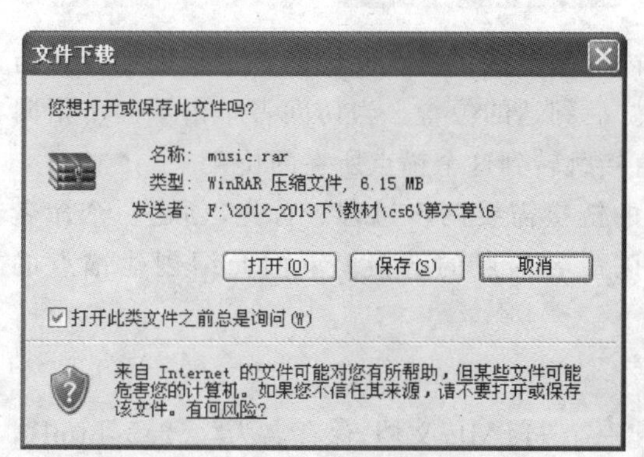

图 6-11 “文件下载”对话框

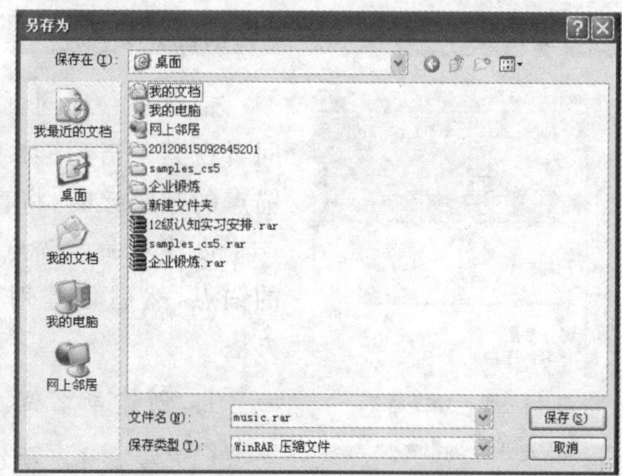

图 6-12 “另存为”对话框

6.2.4 操作实例——创建电子邮件链接

在某些网页中，当访问者点击某个链接以后，会自动打开电子邮件的客户端软件，如 Outlook 或 Foxmail 等，向某个特定的 E－mail 地址发送邮件，这个链接就是电子邮件链接。

(1) 步骤 1 新建一个 HTML 文档，保存名为“6.2.4.html”，在页面输入文字如“联系我”，并选中它，然后选择“常用”工具栏中的“电子邮件链接”，弹出“电子邮件链接”对话框，在“电子邮件”文本框中直接输入邮件地址，如 123456@qq.com，单击“确定”按钮完成设置，如图 6-13 所示。

图 6-13 “电子邮件链接”对话框

(2) 步骤 2 这时，“属性”面板的“链接”文本框中显示为 mailto:123456@qq.com。因此，说明电子邮件链接实际上以“mailto:”开头再加上电子邮件地址的一种特殊超链接，如图 6-14 所示。

图 6-14 邮件链接地址格式

6.2.5　操作实例——创建锚点链接

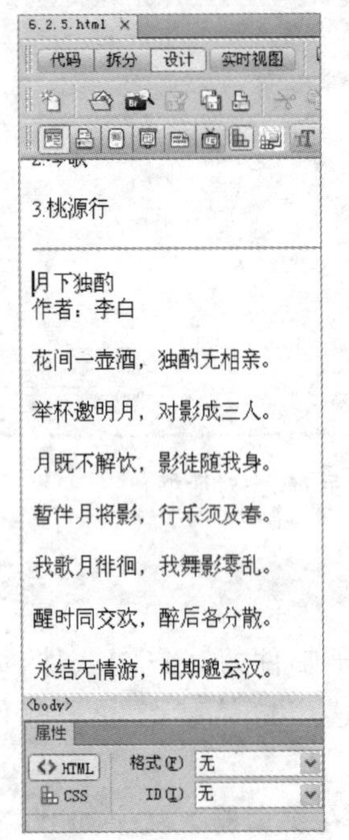

图 6-15　光标定位

锚点是一种网页内的超链接。锚点使你能够更精确地控制访问者在其单击超链接之后到达的位置。当访问者单击了一个指向锚点的超链接时，将直接跳转到这个锚点所在的位置。

创建对命名锚点的链接需要两步过程。首先，创建一个命名的锚点，然后创建对该命名锚点的链接。下面介绍创建锚点的方法。

1. 创建命名锚点

(1) 步骤 1　新建一个 HTML 文档，保存名为“6.2.5.html”，其中有事先准备好的几首诗词。

(2) 步骤 2　将光标插入点置于诗词的标题“月下独酌”之前，如图 6-15 所示。

(3) 步骤 3　选择“常用”子工具栏中的“命名锚记”。弹出“命名锚记”对话框，在“锚记名称”文本框中输入“yxdz”，如图 6-16 所示。

(4) 步骤 4　单击“确定”按钮，标题“月下独酌”前会出现一个锚记标记，如图 6-17 所示。

图 6-16　“命名锚记”对话框

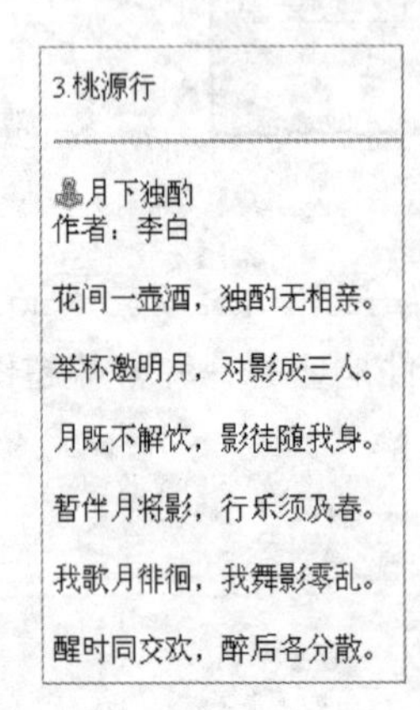

图 6-17　文本中出现锚记标记

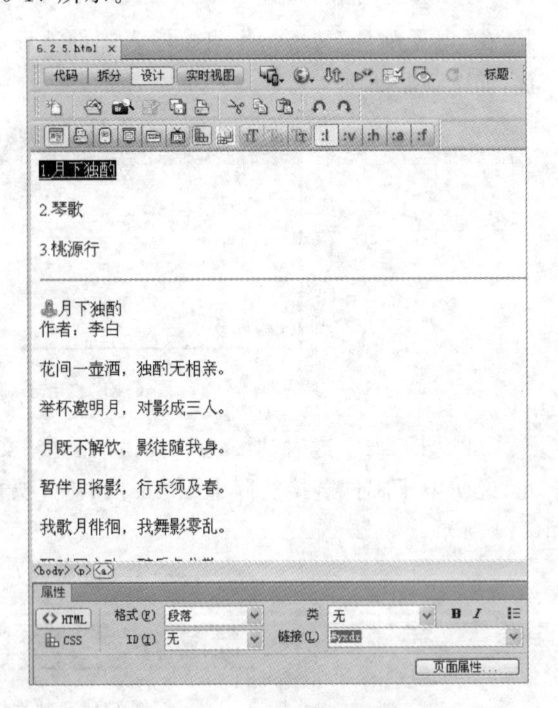

图 6-18　创建命名锚记的链接

2. 创建对该命名锚点的链接

(1) 步骤 1　选中目录部分的文字“1. 月下独酌”。

(2) 步骤 2　在“属性”面板的“链接”文本框中输入符号“#”和锚点名。例如,输入“#yxdz”,如图 6-18 所示。

(3) 步骤 3　按 F12 键预览网页。单击超链接文字“1. 月下独酌”,网页自动跳转到相应位置。

6.2.6 操作实例——创建图像热区链接

一般的图像链接,一张图像只能对应一个链接,能不能一张图像对应多个链接呢?答案是可以的。下面学习创建图像热区链接的方法。

(1) 步骤 1　新建一个 HTML 文档,插入一张图像“白花.jpg”,保存名为“6.2.6.html”。

(2) 步骤 2　在“设计”视图中单击选择图像(图像被选中后,其周围会出现边框),进入“属性”面板,在面板的“地图”下方显示了三种热点工具,分别是矩形热点工具、圆形热点工具和多边形热点工具,如图 6-19 所示。

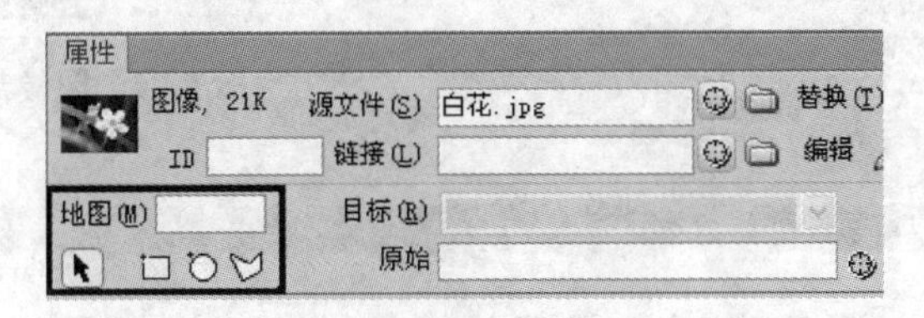

图 6-19　“属性”面板中设置地图的部分

- :创建矩形热区。
- :创建圆形热区。
- :创建多边形热区。

提示

可以通过选择不同的热区,并通过调整热区四个角的控制点调整热度的大小。通过热区,可以在一张图像的不同位置分别做链接,分别链接到不同的页面。

(3) 步骤 3　单击“属性”面板上的“圆形热点工具”按钮,然后按住鼠标左键在图像上拖动,即可勾勒出热区,在“属性”面板上的“地图”文本框中为热区命名,这里输入“huirui”,如图 6-20 所示。

(4) 步骤 4　选中热区后,在窗口下方可以看到热区的“属性”面板,如图 6-21 所示。设置热区对应的链接地址,具体操作步骤与其他元素的链接设置相同。这里在“链接”文本框中输入“小时钟. html”。

(5) 步骤 5　一个图像热区链接创建完成,单击“保存”按钮,按 F12 键预览网页。如图 6-22 所示,创建热区的地方可以单击链接,打开新的网页。

图 6-20　热点编辑下的显示效果

图 6-21　设置热区的超链接

图 6-22　图像热区链接

6.2.7　操作实例——创建脚本链接

链接不仅能够用来实现页面之间的跳转，还可以用来直接调用 JavaScript 语句，执行 JavaScript 语句的链接称为脚本链接。在"属性"面板的"链接"文本框中输入"javascript:"，然后输入一些简单的 JavaScript 代码或函数调用即可创建一个脚本链接。

(1) 步骤 1　新建一个 HTML 文档，在页面中输入文字"创建脚本链接"，保存名为"6.2.7.html"。

(2) 步骤 2　选中文本，在"属性"面板的"链接"栏中键入"javascript: alert('创建脚本链接')"，如图 6-23 所示。

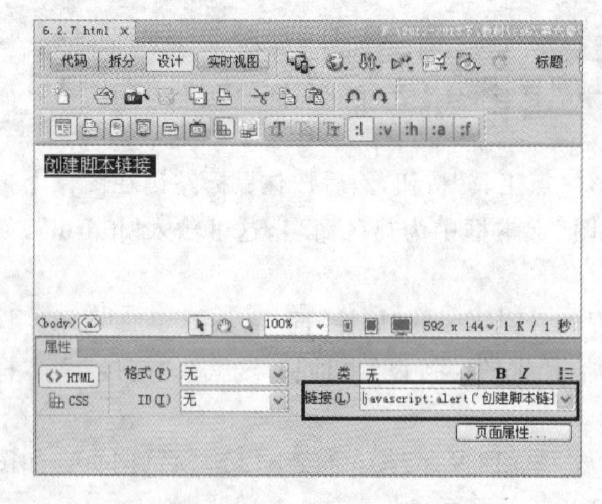

图 6-23　创建脚本链接

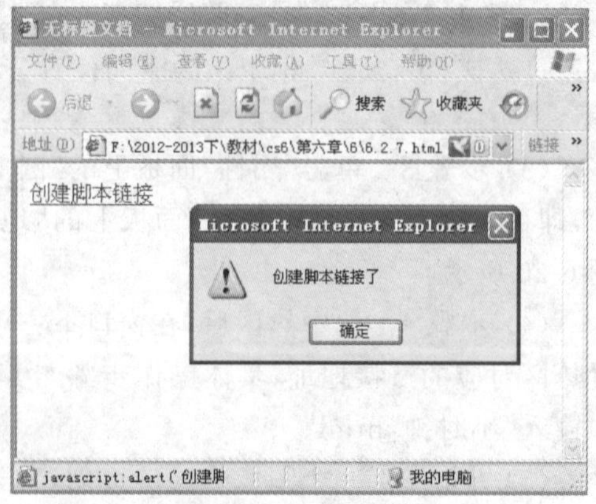

图 6-24　预览效果图

提示

在 HTML 中,JavaScript 代码放在了双引号中(作为 href 属性的值),所以在脚本代码中必须使用单引号。

(3) 步骤 3　保存文件,按 F12 键预览网页,单击链接后就会出现一个警告框,如图 6-24 所示。

6.3 管理超链接

6.3.1 测试超链接

前面介绍了创建超链接的各种属性和方法。通过建立超链接,单击了某些图像、有下画线或有明示链接的文字就会跳转到相应的网页中去。下面给出测试超链接的步骤。

(1) 步骤 1　在网页中选中要设置超链接的文字或者图像。

(2) 步骤 2　在"属性"面板中单击黄色文件夹图标,在弹出的对话框里选中相应的网页文件完成设置。创建好超链接后"属性"面板出现链接文件显示。

(3) 步骤 3　按 F12 键预览网页。在浏览器里鼠标指针移到超链接的地方就会变成手的形状。

提示

如果超链接指向的不是一个网页文件,而是其他文件,例如 zip、exe 文件等,单击链接的时候就会弹出下载文件对话框。

在网页中,一般文字上的超链接都是蓝色的(当然,用户也可以自己设置成其他颜色),文字下面有一条下画线。当移动鼠标指针到该超链接上时,鼠标指针就会变成一只手的形状,这时候单击,就可以直接跳到与这个超链接相连接的网页或 WWW 网站上去。如果用户已经浏览过某个超链接,这个超链接的文本颜色就会发生改变(默认为紫色),只有图像的超链接在访问后颜色不会发生变化。

6.3.2 更新和删除超链接

1. 更新超链接

当在本地站点中移动或重命名文档时,Dreamweaver 可以更新指向文档间的超链接。下面给出了 Dreamweaver 中的链接管理设置方法。

(1) 步骤 1　选择"编辑"→"首选参数"命令,然后在弹出的"首选参数"对话框中选中

“常规”选项卡。

(2) 步骤 2 从“移动文件时更新链接”下拉列表中选择“总是”或“提示”,并单击“确定”按钮。

提示

如果选择的是“总是”,移动或重命名选中的文档时,Dreamweaver 自动更新所有指向和来自选中文档的链接。如果选择“提示”,Dreamweaver 首先显示一个对话框列出所有被该变动影响的文件,用户单击“更新”则更新这些文件中的链接,单击不更新则保持这些文件不变。

2. 修改超链接

(1) 步骤 1 选中要修改链接的文本或图像。

(2) 步骤 2 使用“属性”面板的“链接”文本框重新设定;或右击,在快捷菜单中选择“修改链接”命令。

3. 删除超链接

(1) 步骤 1 选中要删除链接的文本或图像。

(2) 步骤 2 删除“属性”面板的“链接”文本框中的内容;或右击,在快捷菜单中选择“删除链接”命令。

4. 全站点改变链接

(1) 步骤 1 在站点窗口的本地文件夹窗格中选中一个文件。

(2) 步骤 2 选择“站点”→“改变站点范围的链接”命令。

(3) 步骤 3 在出现的对话框中,单击文件夹图标浏览并选取一个文件,也可以在新链接域中直接输入路径及文件名。

(4) 步骤 4 单击“确定”按钮。

Dreamweaver 更新所有链接到选中文件的文档,使它们指向新的文件。

本章小结

制作网站时,需要建立站点与网页、网页与网页之间的链接关系。

一般来说超链接由链接载体(源端点)和链接目标(目标端点)两部分组成。

根据链接载体的特点,一般把链接分为文本链接与图像链接两大类。如果按链接目标分类,可以将超链接分为内部链接、外部链接、书签链接和 E-mail 链接几种类型。

一般情况下,建立超链接,路径有绝对路径、文档相对路径、根相对路径三种表示方法。

链接的 target 属性决定了链接在哪边打开,它的值通常为:_blank、new、_parent、_self、_top,依次表示为当前窗口、新窗口、父窗口、同一窗口和顶层窗口。

接着用实例操作介绍了文字超链接、图像超链接、文件下载超链接、电子邮件链接、锚点链接、图像热区链接和脚本链接的创建。

最后介绍如何管理超链接，包括测试超链接、更新和删除超链接。

习 题 6

一、填空题

1. 一般来说超链接由两部分组成：________和________。

2. 一般情况下，路径有三种表示方法：________、________和________。

3. 链接的 target 属性决定了链接在哪边打开，它的值通常为以下五种：________、________、________、_self 和_top。

二、操作题

1. 在网页上建立一个信箱，创建给自己发送电子邮件的超链接。

2. 新建一个网页，创建以下各种超链接，选择目标在新窗口打开(_blank)：

(1) 链接至网站(Http://www.edu.cn)；

(2) 链接至当前站点网页文件；

(3) 链接至图像文件；

(4) 链接至 Word 文档。

第7章　多媒体应用

学习目标

本章主要学习常用的多媒体格式，以及在网页中插入视频文件和音频文件的方法和技巧。

本章重点

● 在网页中应用 Flash 动画；● 在网页中应用视频；● 在网页中应用音频。

在网页中添加一些恰当的多媒体对象，页面将具有动态效果，达到丰富页面的观赏性与表现力，网页中的多媒体主要包括音频、视频、Flash 动画、Java 小程序、Shockwave 电影和 ActiveX 控件等。

7.1 网页中应用 Flash 动画

Flash 动画小巧、富有动感和交互性，在网页中应用广泛，能提高网页的丰富度。

7.1.1 了解 Flash 动画

Flash 文件主要有两种类型。

1. Flash 源文件

Flash 源文件的扩展名为“. fla”，是在 Flash 程序中创建的 Flash 动画源文件，只能用 Flash 软件打开进行编辑。通常，需要在 Flash 中打开源文件，将其导出为 SWF 文件，然后再把导出的文件插入到网页中，以在浏览器中使用。

2. Flash 播放文件

Flash 播放文件的扩展名是“. swf”，是 Flash 源文件导出后的文件。它属于进行了压缩并优化处理后的文件，方便在 Web 上查看。此类文件可以在浏览器中播放，并且可以在 Dreamweaver 中预览，但不能在 Flash 软件中直接编辑。通常，在网页文档中插入的就是 Flash 的播放文件“. swf”。

7.1.2 操作实例——插入 Flash 动画

网页设计中使用 Flash 动画非常普遍，在 Dreamweaver 中插入 Flash 动画，其操作方法与插入图片类似。

1. 插入 SWF

(1) 步骤 1　新建一个 HTML 网页文档，在页面中输入“FLASH 动画欣赏”，然后将光标定位在文字下方，如图 7-1 所示。

(2) 步骤 2　保存文件 7-1-1-result. html。在“常用”子工具栏中选择“媒体”，从弹出的下拉菜单中选择 SWF，如图 7-2 所示。或者选择“插入”→“媒体”→“SWF”命令。

(3) 步骤 3　在弹出的“选择 SWF”对话框中，选择文件“running fox. swf”，然后单击“确定”按钮，如图 7-3 所示。

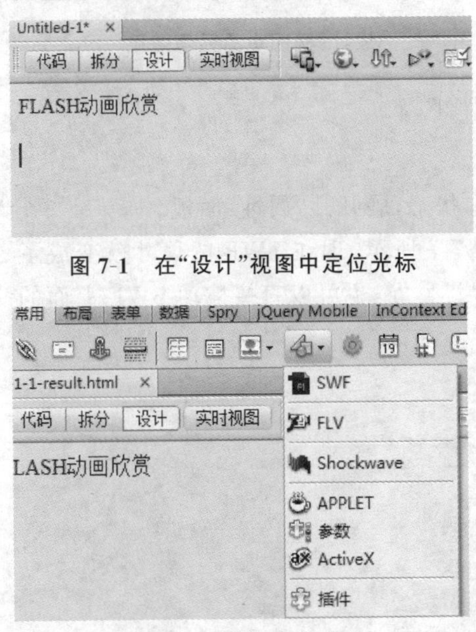

图 7-1　在“设计”视图中定位光标

图 7-2　“媒体”下拉菜单

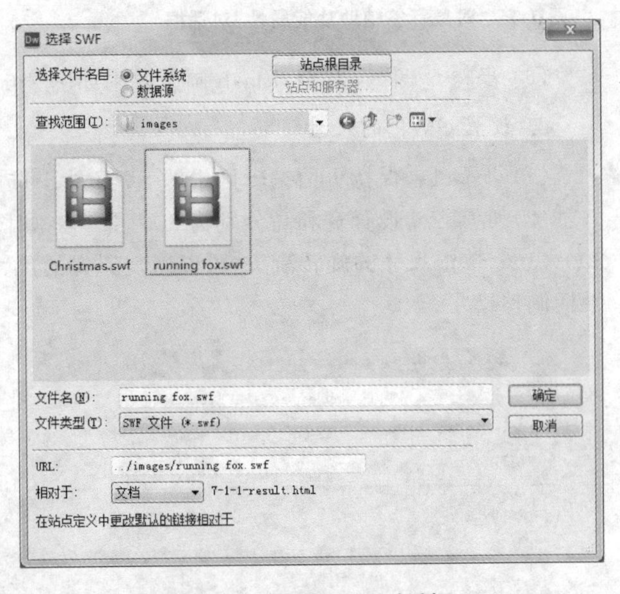

图 7-3　“选择 SWF”对话框

(4) 步骤 4　弹出图 7-4 所示的“对象标签辅助功能属性”对话框，可以设置插入对象的相关信息，也可以使用默认设置。其中，标题，指媒体对象的标题；访问键，指输入等效的键盘键(一个字母)，如输入字母 A 作为访问键，那么在浏览器中使用 Ctrl＋A 选择该对象；Tab 键索引，输入一个数字以指定该对象的 Tab 键顺序。

(5) 步骤 5　Flash 影片插入后，在“设计”视图中显示为灰色的 SWF 文件占位符，浏览网页时，Flash 影片将在该区域播放。在文档名称下方有一个“. js”的文件，这是系统自动生成的 JavaScript 文件，如图 7-5 所示。其中，蓝色外框选项卡指示资源的类型 SWF 文件和 SWF 文件的 ID，眼睛图标用于在 SWF 文件和用户在没有正确的 Flash Player 版本时看到的下载信息之间进行切换。

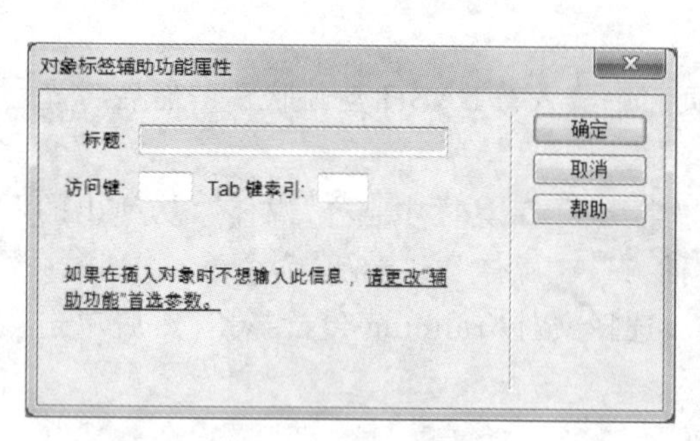

图 7-4 "对象标签辅助功能属性"对话框

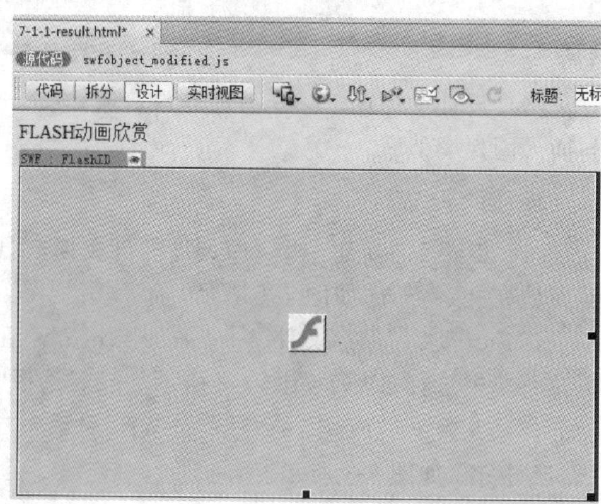

图 7-5 "设计"视图中的显示效果

(6) 步骤 6 保存文档,Flash 画面效果如图 7-6 所示。

2. 设置 SWF 的尺寸

(1) 步骤 1 保持页面编辑区中的 SWF 处于选中状态,展开其"属性"面板。

(2) 步骤 2 设置宽和高分别为 300 和 160,如图 7-7 所示,现在 SWF 的尺寸就变成了 300×160,单击尺寸的旋转箭头,可以恢复原先的尺寸。另外,也可以直接拖动 SWF 上面的手柄调整尺寸。

图 7-6 入 Flash 的画面效果

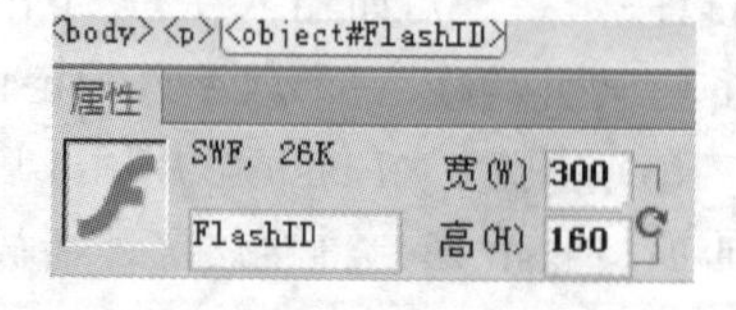

图 7-7 设置 SWF 的尺寸

3. 控制 SWF 的播放和停止

(1) 步骤 1 插入到页面的 SWF 文件不能显示效果并且播放,在"属性"面板中单击"播放”按钮，即可显示并播放动画。

（2）步骤2　单击“停止”按钮，可以停止播放 Flash 动画。

4. 在 Dreamweaver 中编辑 FLA 文件

Dreamweaver 提供了在编辑区中直接启动 Flash 软件的功能，因此，如果想要编辑 Flash 文件，可以启动软件对其进行处理。

（1）步骤1　选中编辑区中的 SWF 文件，在“属性”面板中单击“编辑”按钮，在弹出的对话框中查找相应的 FLA 文件，如图 7-8 所示。

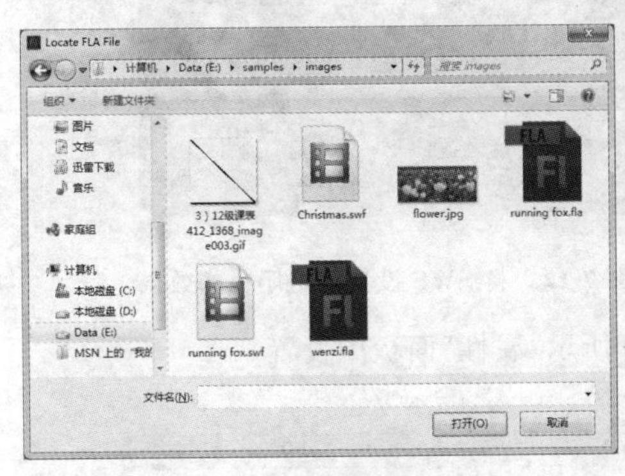

图 7-8　查找 FLA 文件

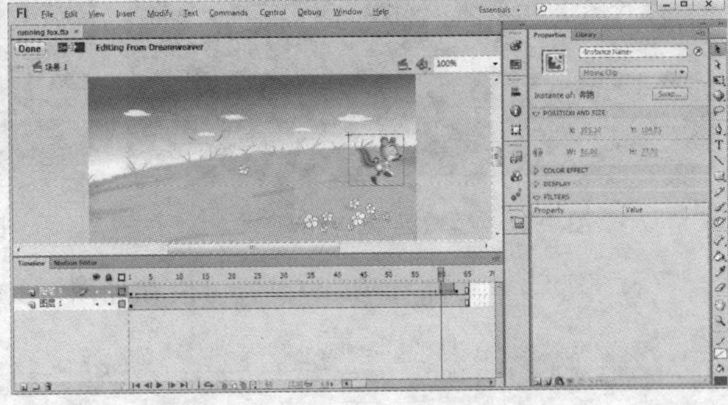

图 7-9　Flash CS6 窗口一

（2）步骤2　单击“打开”按钮，即可启动 Flash 软件(已安装 Flash)对 FLA 文件进行编辑，如图 7-9 所示。处理完成后，单击“Done”按钮，如图 7-10 所示。

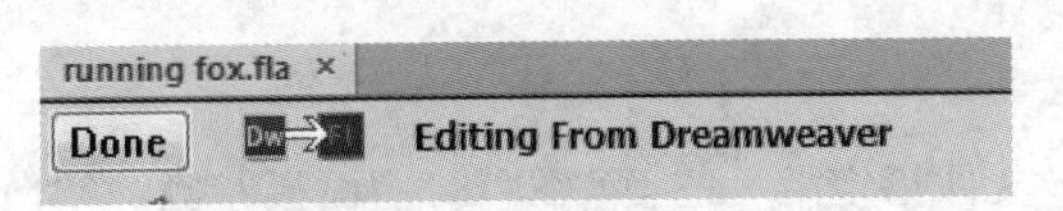

图 7-10　Flash CS6 窗口二

（3）步骤3　系统将 FLA 文件重新保存并生成 SWF 文件后，自动返回到 Dreamweaver 编辑区，此时，编辑区中的 SWF 已经被更改。

5. 设置 SWF 背景为透明

在页面中插入 SWF 时，会出现网页的背景色与 SWF 的背景色不协调的情况，这样就影响了网页的整体效果。遇见这种问题，可以通过 Dreamweaver 中为 SWF 设置透明背景来解决这个问题。

（1）步骤1　在文档编辑区中插入一个 1 行 1 列的表格，设置表格为 400×200，背景颜色为蓝色，保存为 7-1-2-result. html。

（2）步骤2　在该表格中插入 SWF 文件“文字. swf”，在“属性”面板中单击“播放”按钮，可以在编辑区中看到如图 7-11 所示的效果，可以发现两者的背景融合在一起效果不好。

（3）步骤3　单击“停止”按钮，在“Wmode”下拉菜单中选择“透明”选项。保存文件并预览，可以看到 SWF 的背景变成了透明色，如图 7-12 所示。

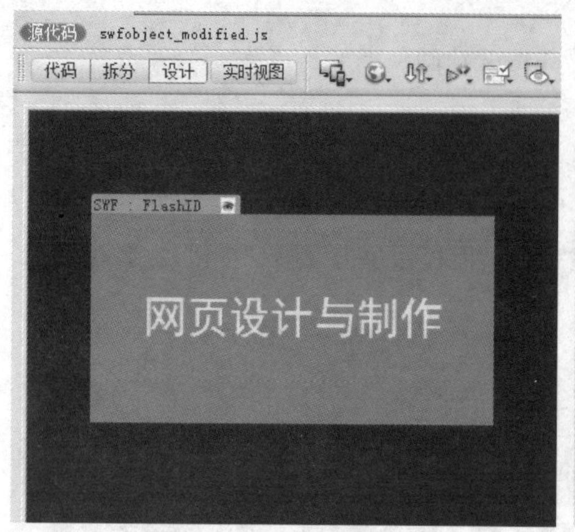

图 7-11　编辑区中的 SWF

图 7-12　将 SWF 设置成透明色的效果

(4) 步骤 4　文件 SWF 的设置可以在如图 7-13 所示"属性"面板中设置。

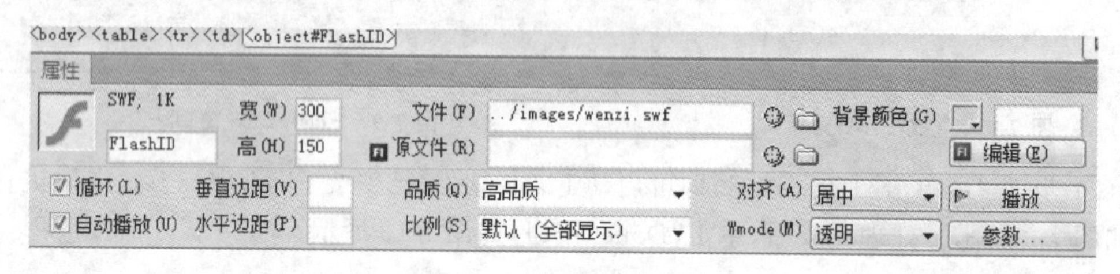

图 7-13　SWF"属性"面板

① FlashID:为 SWF 文件指定唯一的 ID,在"属性"面板左侧的空白文本框中输入 ID 即可。

② 宽和高:以像素为单位指定影片的宽度和高度。

③ 文件:指定 SWF 文件的路径,可以通过浏览方式获取,也可以直接输入。

④ 源文件:指定源文档的路径,若要编辑 SWF 文件,需要更新影片的源文档。

⑤ 背景颜色:指定影片区域的背景颜色,不播放影片时也显示此颜色。

⑥ 编辑:启动 Flash 以更新 FLA 文件,当计算机上没有安装 Flash 软件时,该图标是灰色的。

⑦ 类:用于对影片应用 CSS 类。

⑧ 循环:如果没有勾选此项,则影片只播放一次;如果已勾选,则连续播放。

⑨ 自动播放:勾选此项后,加载页面时自动播放影片。

⑩ 垂直边距和水平边距:指定影片上、下、左、右空白的像素数。

⑪ 品质:影片播放期间控制失真。高品质,可以改善影片的播放效果,但处理数据量大;低品质,首先考虑的是显示速度;自动低品质,会首先照顾到显示速度,但在允许的情况下会考虑外观;自动高品质,开始会同时照顾显示速度和外观,但在以后会根据实际情况牺牲外观以保证速度。

⑫ 比例:确定影片如何适合在"宽"和"高"文本框中设置的尺寸,默认为显示整个影片。

⑬ 对齐:设置影片在页面中的对齐方式。

⑭ Wmode:为 SWF 设置 Wmode 参数,避免与 DHTML 冲突,默认是"不透明"。

⑮ 播放:在文档窗口播放影片。

⑯ 参数:打开对话框,可在其中输入传递给影片的附加参数。

7.2 在网页中应用视频

随着视频在网站中的应用,视频类网站已变成 Internet 中重要的网站类型。

7.2.1 常用的视频格式

视频格式主要有 RMVB、Windows Media、AVI、MPEG 等文件格式。

1. RMVB

RMVB 的前身为 RM 格式,它们是 Real Networks 公司所制定的音频视频压缩规范,根据不同的网络传输速率,而制定出不同的压缩比率,从而实现在低速率的网络上进行影像数据实时传送和播放,具有体积小,画质也还不错的优点。

RMVB 的诞生,打破了原先 RM 格式平均压缩采样的方式,在保证平均压缩比的基础上,采用浮动比特率编码的方式,将较高的比特率用于复杂的动态画面(如歌舞、飞车、战争等),而在静态画面中则灵活地转为较低的采样率,从而合理地利用了比特率资源,使 RMVB 最大限度地压缩了影片的大小,最终拥有了近乎完美的接近于 DVD 品质的视听效果。

2. MPEG/MPG/DAT

MPEG(运动图像专家组)是 Motion Picture Experts Group 的缩写,这类格式包括了 MPEG-1、MPEG-2 和 MPEG-4 在内的多种视频格式。MPEG-1 被广泛地应用在 VCD 的制作和一些视频片段下载的网络应用上面,大部分的 VCD 都是用 MPEG-1 格式压缩的(刻录软件自动将 MPEG-1 转换为 DAT 格式)。MPEG-2 则应用于 DVD 的制作,同时在一些 HDTV(高清电视广播)和一些高要求视频编辑、处理上面也有相当多的应用。其中 MPEG-1 和 MPEG-2 是采用以相同原理为基础的预测编码、变换编码、熵编码及运动补偿等第一代数据压缩编码技术;MPEG-4(ISO/IEC 14496)则是基于第二代数据压缩编码技术制定的国际标准,它以视听媒体对象为基本单元,采用基于内容的压缩编码,以实现数字视音频、图形合成应用及交互式多媒体的集成。MPEG 系列标准对 VCD、DVD 等视听消费电子及数字电视和高清晰度电视(DTV&HDTV)、多媒体通信等信息产业的发展产生了巨大而深远的影响。

3. AVI

AVI,音频视频交错(Audio Video Interleaved)的英文缩写。AVI 格式调用方便、图像质量好,压缩标准可任意选择,是应用较广泛、应用时间较长的格式之一。

4. ASF

ASF(Advanced Streaming format,高级流格式),是 Microsoft 为了和 Real Player 竞争而发

展出来的一种可以直接在网上观看视频节目的文件压缩格式。ASF 使用了 MPEG-4 的压缩算法,压缩率和图像的质量都很不错。因为 ASF 是以一个可以在网上即时观赏的视频“流”格式存在的,所以它的图像质量比 VCD 差一点,但比同是视频“流”格式的 RAM 格式要好。

5. FLV

FLV 是 Flash Video 的简称,FLV 流媒体格式是一种新的视频格式。由于它形成的文件极小、加载速度极快,使得网络观看视频文件成为可能。它的出现有效地解决了视频文件导入 Flash 后,使导出的 SWF 文件体积庞大,不能在网络上很好地使用等问题。

6. F4V

作为一种更小、更清晰、更利于在网络传播的格式,F4V 已经逐渐取代了传统 FLV,也已经被大多数主流播放器兼容播放,而不需要通过转换等复杂的方式。F4V 是 Adobe 公司为了迎接高清时代而继 FLV 格式后推出的支持 H. 264 的 F4V 流媒体格式。它和 FLV 主要的区别在于,FLV 格式采用的是 H263 编码,而 F4V 则支持 H. 264 编码的高清晰视频,码率最高可达 50 Mb/s。也就是说 F4V 和 FLV 在同等体积的前提下,能够实现更高的分辨率,并支持更高比特率,即所谓的更清晰更流畅。另外,很多主流媒体网站上下载的 F4V 文件后缀却为 FLV,这是 F4V 格式的另一个特点,属正常现象,观看时可明显感觉到这种实为 F4V 的 FLV 有更高的清晰度和流畅度。

7.2.2 操作实例——插入 FLV 视频

1. 插入 FLV 文件

(1) 步骤 1　新建 HTML 文档,在页面中输入“FLV 视频播放”,然后将光标定位在文字后面,如图 7-14 所示。

(2) 步骤 2　保存文件为 7-2-1-result. html,在“常用”子工具栏中选择“媒体”,弹出如图 7-15 所示的下拉菜单,选择“FLV”。

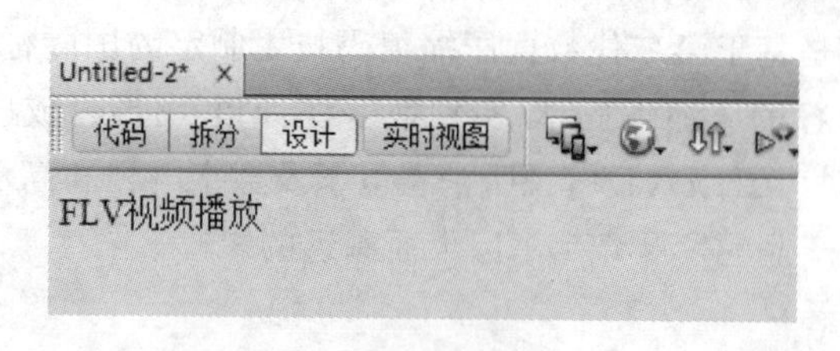

图 7-14　光标定位

图 7-15　“媒体”下拉菜单

(3) 步骤 3　弹出“插入 FLV”对话框,如图 7-16 所示,选择“视频类型”为“累进式下载视频”,单击“URL”文本框后的“浏览”按钮,选择文件“part7\魅力世博. flv”,在“外观”下拉列表中选择“Halo Skin 3”。

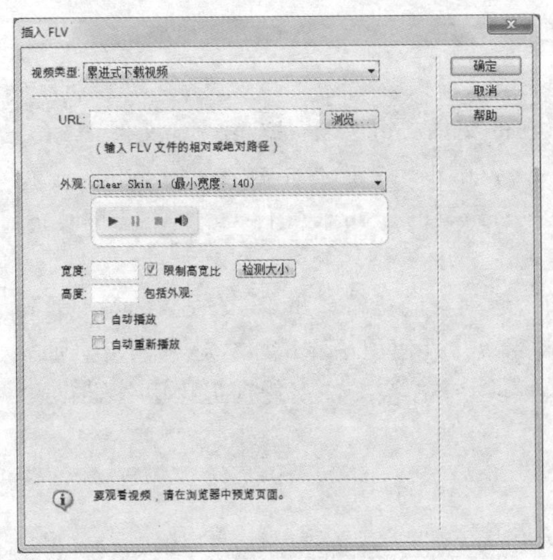

图 7-16 “插入 FLV”对话框

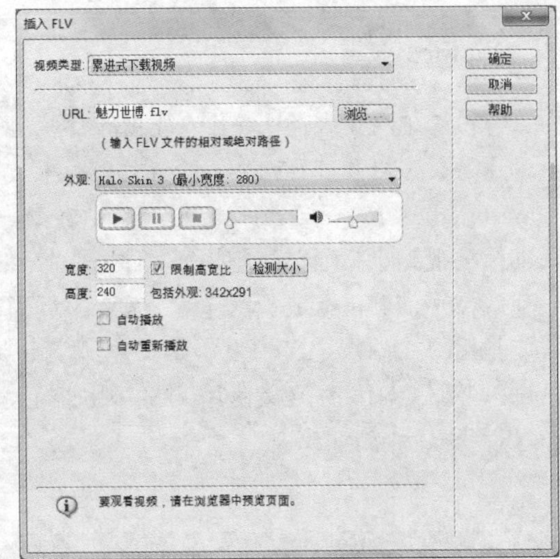

图 7-17 检测结果

2. 设置 FLV 文件的播放

（1）步骤 1　单击“检测大小”按钮，检测 FLV 视频尺寸，检测结果将显示“宽度”和“高度”，如图 7-17 所示。

（2）步骤 2　勾选“自动播放”和“自动重新播放”复选框，单击“确定”按钮。其中，“自动播放”，用于指定网页打开时是否播放视频；“自动重新播放”，用于指定播放控件在视频播放完后是否返回起始位置。

（3）步骤 3　Flash 视频插入完成后，在“设计”视图中会显示为灰色占位符标志。浏览网页时，Flash 视频将在这个区域中播放，如图 7-18 所示。

（4）步骤 4　保存并预览网页，在浏览器窗口中播放刚才插入的 Flash 视频，该视频的下端有一个视频控制条，单击控制条可以控制视频的播放，如图 7-19 所示。

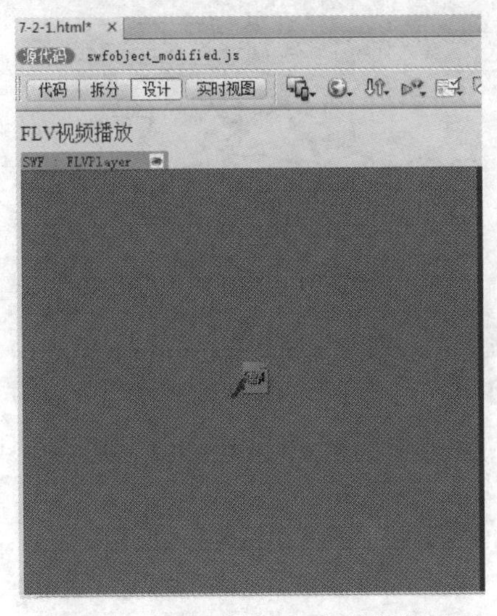

图 7-18 插入 Flash 视频后的效果

图 7-19 预览网页效果

提示

(1) 在网页中插入 FLV 视频后,网页所在的文件夹下会自动产生两个文件 Halo_Skin_3. swf 和 FLVPlayer_Progressive. swf,另外,系统产生的文件 swfobject_modified. js 和 expressInstall. swf,则在站点根目录下的 Scripts 文件夹下。要想网页正常播放视频,必须保证这四个文件同时存在。

(2) 如果在本地预览包含 FLV 的页面时,遇到不能正常显示 FLV 视频的情况,可能是用户在站点定义中没有定义本地测试服务器并且使用该测试服务器来预览页面。可以在安装 IIS 时定义使用测试服务器预览网页,或者将文件上传到远程服务器并通过远程显示。

7.2.3 操作实例——插入非 FLV 视频

在网页中插入非 FLV 视频,一般有嵌入式视频和链接式视频。嵌入式视频,网页打开会显示一个播放窗口播放文件;链接式视频,网页中仅提供一个超链接,当用户单击打开这个链接后,Windows 的媒体播放器会自动启动并播放文件。

1. 嵌入式视频

(1) 步骤 1 新建 HTML,输入文字“请欣赏播放非 FLV 视频”,然后将光标定位在文字下方,如图 7-20 所示。

(2) 步骤 2 保存文件为 7-2-2-result. html,在“常用”子工具栏中选择“媒体”,在弹出的下拉菜单中选择“插件”。

(3) 步骤 3 在“选择文件”对话框中找到文件“part7\video. mpeg”,单击“确定”按钮。

(4) 步骤 4 插件插入后,在“设计”视图中出现的效果如图 7-21 所示。

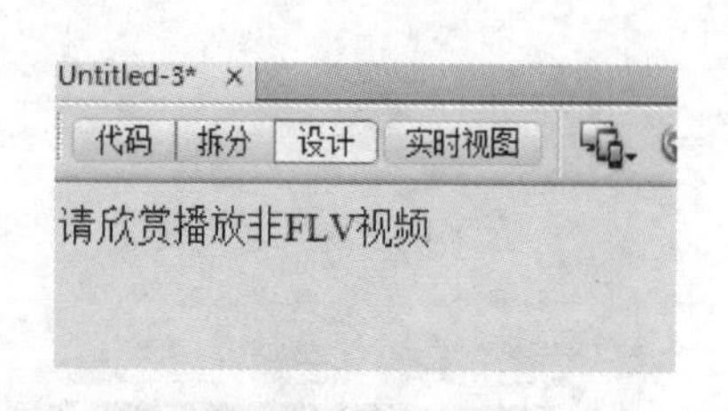

图 7-20 输入文字并定位光标

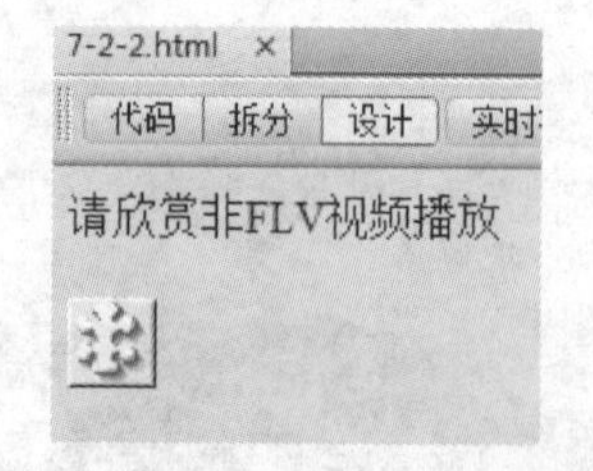

图 7-21 插件插入后的效果

(5) 步骤 5 插件图标相当于一个占位符,预览网页的时候,视频将在这个图标所在的位置播放,视频窗口的大小和图标大小相同。可以调整图标窗口大小,以方便查看视频播放,选中插件图标,拖动调整窗口尺寸,效果如图 7-22 所示。播放效果如图 7-23 所示。

(6) 步骤 6 选中“插件”图标,弹出“插件”的“属性”面板,如图 7-24 所示。

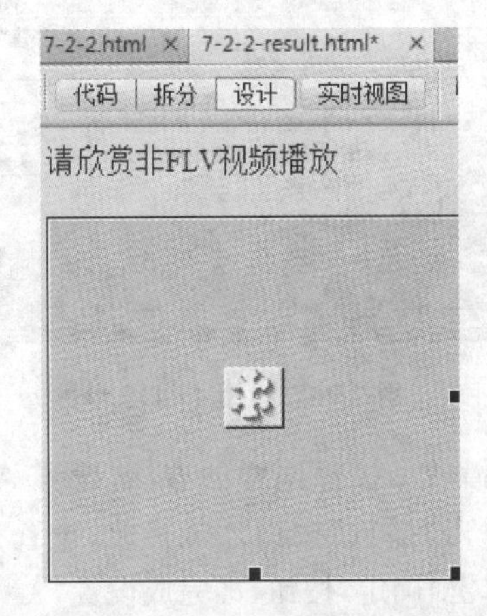

图 7-22　调整图标大小后的效果

图 7-23　视频播放效果

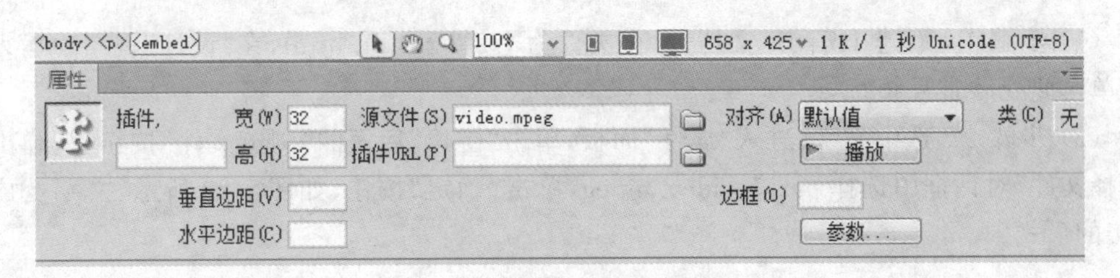

图 7-24　插件“属性”面板

① 名称文本框：用于指定用来标识插件以撰写脚本的名称，在最左侧的未标记文本框中输入名称。

② “宽”和“高”文本框：用于以像素为单位指定在页面上分配给对象的宽度和高度。

③ “源文件”文本框：用于指定源数据文件，可单击文件夹图标浏览到某一文件或者直接输入文件名。

④ “插件 URL”文本框：用于指定插件的 URL，输入完整的站点 URL，如果浏览页面的用户没有插件，浏览器会尝试从该位置下载。

⑤ “对齐”文本框：用于确定对象在页面上的对齐方式。

⑥ “垂直边距”和“水平边距”文本框：用于以像素为单位指定插件上、下、左、右空白的大小。

⑦ “边框”文本框：用于指定环绕插件四周的边框的宽度。

⑧ “参数”文本框：用于打开一个用于输入要传递给插件的其他参数的对话框，在其中可以输入一些特殊参数。

(7) 步骤 7　在“设计”视图中选择插件图标，进入“属性”面板，单击“参数”按钮，弹出图 7-25 所示的对话框。

(8) 步骤 8　在“参数”对话框中，单击按钮 + ，在“参数”列下面输入 LOOP，在“值”列下面输入 TRUE，如图 7-26 所示。

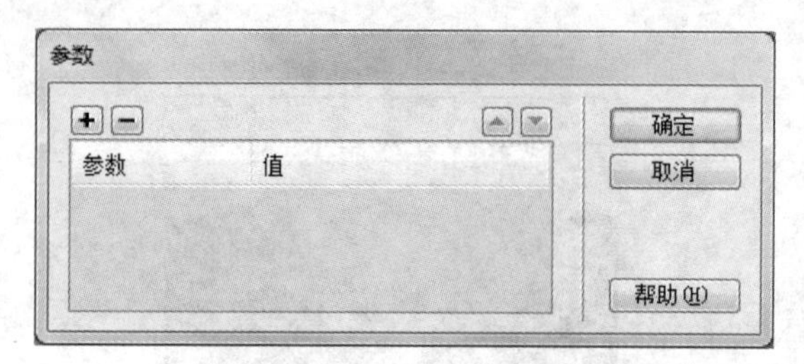

图 7-25 “参数”对话框

图 7-26 设置 LOOP 参数

(9) 步骤 9 设置 LOOP 参数是为了让视频循环播放。按照同样的方法,设置 Autoplay 为 FALSE,目的是页面打开后视频不立即播放,必须单击“播放”按钮才能播放;设置 Volume 为 50,音量设置成 50%,如图 7-27 所示。设置完成后单击“确定”按钮,即完成设置。

2. 链接式视频

(1) 步骤 1 新建 HTML 文档,保存文件为 7-2-3-result. html,在“设计”视图中输入文字“单击此处欣赏视频”。

(2) 步骤 2 选中文字,进入“属性”面板,单击“链接”后面的“浏览文件”按钮,从弹出的“选择文件”对话框中选择 part7\video. mpeg,单击“确定”按钮,如图 7-28 所示,文字变成超链接的形式。

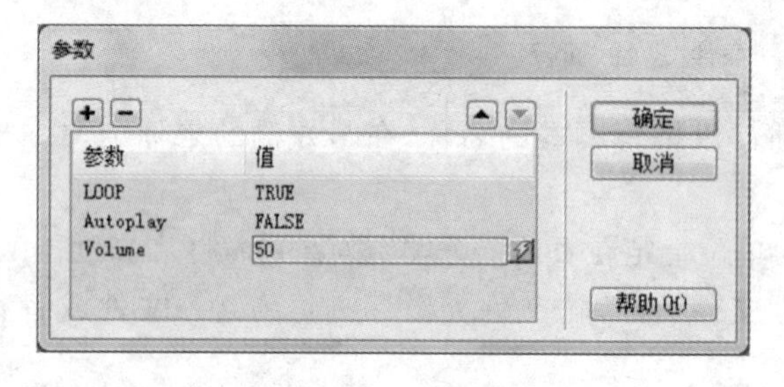

图 7-27 设置参数

图 7-28 设置链接

(3) 步骤 3 在浏览器中预览,单击超链接“单击此处欣赏视频”,弹出图 7-29 所示的“文件下载”窗口。

图 7-29 “文件下载”窗口

（4）步骤4 单击“打开”按钮，开始播放影音文件。

7.3 在网页中应用音频

本节将介绍在网页中应用音频的方法和技巧。

7.3.1 常用的音频格式

向网页中添加声音时，需要考虑添加声音的目的、页面访问者、文件大小、声音品质和不同浏览器的差别，因此，使用时要根据实际需要选择不同类型的声音文件格式，常用的音频格式有以下类别。

1. MIDI格式

.midi或.mid格式用于乐器，大多数浏览器都支持MIDI文件，并且不需要插件。MIDI文件的声音品质非常好，但也会因访问者的声卡不同而有所区别。很小的MIDI文件可以提供较长时间的声音剪辑，但必须使用特殊的硬件和软件在计算机上合成。

2. MP3格式

所谓的MP3也就是指MPEG标准中的音频部分，根据压缩质量和编码处理的不同分为三层，分别对应“*.mp1”、“*.mp2”、“*.mp3”这三种声音文件。MPEG音频文件的压缩是一种有损压缩，MPEG-3音频编码具有(10∶1)～(12∶1)的高压缩比，同时基本保持低音频部分不失真，但是牺牲了声音文件中12 kHz到16 kHz高音频这部分的质量来换取文件的小尺寸，相同长度的音乐文件，用.mp3格式来储存，一般只有.wav文件的1/10，而音质要次于CD格式或WAV格式的声音文件。由于mp3文件尺寸小、音质好，为.mp3格式的发展提供了良好的条件。

3. WMA格式

WMA就是Windows Media Audio编码后的文件格式，由微软开发，针对的是网络市场。微软声称，在只有64 Kb/s的码率情况下，WMA可以达到接近CD的音质。和以往的编码不同，WMA支持防复制功能，支持通过Windows Media Rights Manager加入保护，可以限制播放时间和播放次数甚至播放的机器等。WMA支持流技术，即一边读一边播放，因此WMA可以很轻松地实现在线广播。

4. WAV格式

WAV是一种古老的音频文件格式，所有的WAV都有一个文件头，这个文件头是音频流的编码参数。WAV对音频流的编码没有硬性规定，除了PCM之外，所有支持ACM规范的编码都可以为WAV的音频流进行编码。同样，WAV也可以使用多种音频编码来压缩其音频流，不过常见的都是音频流被PCM编码处理的WAV。在Windows平台下，基于PCM编码的WAV是被支持得最好的音频格式，所有音频软件都能完美支持，由于本身可以达到较高的音质要求，因此，WAV也是音乐编辑创作的首选格式，适合保存音乐素材。因此，基于PCM编码的WAV被作为一种中介的格式，常常使用在其他编码的相互转换之中，例如MP3转换成WMA。

5. OGG格式

随着MP3播放器的流行，出现改进解码功能的新的文件格式。在众多的新格式当中，OGG以其免费、开源的特点，赢得了MP3播放器厂商的青睐。OGG并不是一个厂商的名字，而是一个庞大的多媒体开发计划项目的名称，涉及视频、音频等方面的编码开发。OGG有一个很出众的特点，就是支持多声道，OGG在压缩技术上比MP3好，多声道、免费、开源这些特点，使它很有可能成为一个流行的趋势。

6. APE格式

APE是Monkey's Audio提供的一种无损压缩格式。Monkey's Audio提供了Winamp的插件支持，因此这就意味着压缩后的文件不再是单纯的压缩格式，而是和MP3一样可以播放的音频文件格式。这种格式的压缩比远低于其他格式，能够做到真正无损，因此获得了不少发烧用户的青睐。在现有不少无损压缩方案中，APE是一种有着突出性能的格式，有着令人满意的压缩比以及飞快的压缩速度。

7. ACC格式

AAC(Advanced Audio Coding，高级音频编码技术)是杜比实验室为音乐社区提供的技术。AAC号称"最大能容纳48通道的音轨，采样率达96 kHz，并且在320 Kbps的数据速率下能为5.1声道音乐节目提供相当于ITU-R广播的品质"。和MP3比起来，它的音质比较好，也能够节省大约30%的储存空间与带宽，它是遵循MPEG-2的规格所开发的技术。

7.3.2 操作实例——插入MP3

在网页中插入音乐文件，主要步骤如下。

(1) 步骤1 新建一个HTML文档，保存为7-3-1-result.html，在这个页面中插入文字和图片samples\images\player.png，设置图片的尺寸为400×300，并将光标定位在最后一行，如图7-30所示。

图7-30 光标定位

(2) 步骤 2　在“常用”子工具栏中选择“媒体”，从弹出的下拉菜单中选择“插件”。

(3) 步骤 3　在弹出的“选择文件”对话框中选择“part7\童年.mp3”。

(4) 步骤 4　声音文件插入完成后，在“设计”视图中会显示为灰色的插件标志，如图 7-31 所示。浏览网页的时候，将在这个区域中显示一个声音播放控制条，如图 7-32 所示。

图 7-31　插入声音后的网页效果

图 7-32　浏览网页时的效果

(5) 步骤 5　在没有调整插件的尺寸前，从图 7-32 可以看到，播放控制条看不清楚。选择插件标志，在“属性”面板中将其高和宽分别设置为 400 和 50，调整插件尺寸后的效果如图 7-33 所示。

(6) 步骤 6　网页预览效果如图 7-34 所示，页面加载后可以听到音乐，页面上会有一个播放条，但是，音乐只播放一遍。

图 7-33　调整插件尺寸后的效果

图 7-34　网页预览效果

7.3.3 操作实例——设置网页背景音乐

制作网页背景音乐主要有两个步骤，第一步是插入音乐文件，第二步是隐藏音乐的播放条，在 Dreamweaver 中插入媒体文件是通过插入插件的方法来完成的。用作网页背景音乐的声音文件格式有 MID、WAV、MP3 等，但 MP3 文件容量过大，并且要在本地计算机上安装专门的播放器，因此，考虑到用户计算机的配置，最好选择负荷相对小的 MIDI 声音文件。

1. 插入音乐

打开文件 7-3-2. html，将鼠标指针定位在页面的最下方，选择“常用”子工具栏中的“媒体”在弹出的菜单中选择“插件”，插入文件 part7\bgmusic. MID，效果如图 7-35 所示。

2. 设置参数

(1) 步骤 1　返回 Dreamweaver 界面，进入“设计”视图，选择音频文件的插件图标。

(2) 步骤 2　在“属性”面板中，单击“参数”按钮，在弹出的“参数”对话框中单击“+”按钮，设置参数为 LOOP，值为 TRUE，如图 7-36 所示，添加这个参数可以实现音乐循环播放。

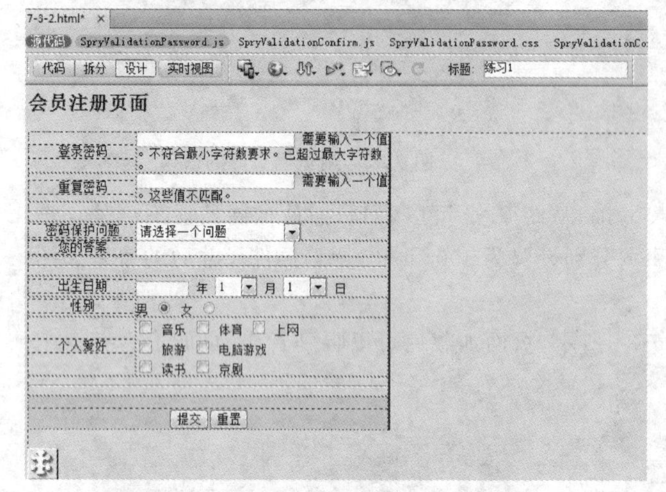

图 7-36　循环播放参数设置

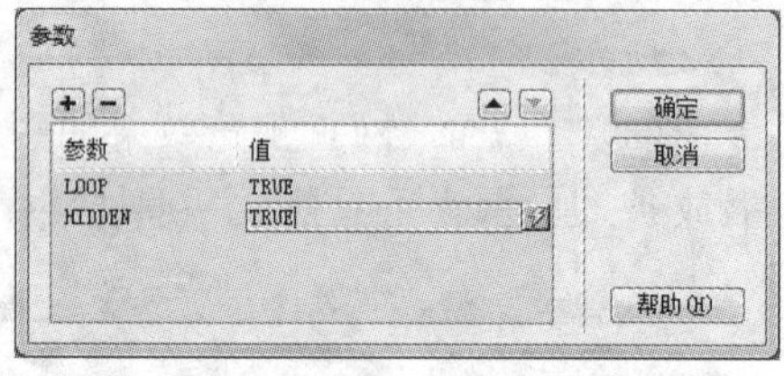

图 7-35　插入背景音乐文件后的效果

图 7-37　隐藏播放条参数设置

(3) 步骤 3　在“参数”对话框中单击“+”按钮，设置参数为 HIDDEN，值为 TRUE，如图 7-37 所示，添加这个参数的作用是隐藏音频播放条，使其不显示在页面上。

(4) 步骤 4　保存网页文件为 7-3-2-result. html，预览网页，发现背景音乐连续播放，并且看不到播放条。

本章小结

本章主要讲述了如何在网页中插入多媒体对象，包括 Flash 动画、FLV 视频和非 FLV 视频及音频文件，另外，对常用的音频文件和视频文件的格式以及各自的优缺点做了简单的描述，这样，为以后添加多媒体类型提供了参考。

习题 7

一、选择题

1. 在网页中最为常用的两种图像格式是(　　)。

A. JPEG 和 GIF　　B. JPEG 和 PSD　　C. GIF 和 BMP　　D. BMP 和 PSD

2. 在网页中加入背景音乐可以通过(　　)标签。

A. IE 浏览器使用＜bgsound＞

B. IE 浏览器使用＜embed＞

C. 除 IE 浏览器外的其他浏览器使用＜bgsound＞

D. 除 IE 浏览器外的其他浏览器使用＜embed＞

3. 下列不能在网页中使用的图片格式是(　　)。

A. JPG/JPEG　　B. GIF　　C. PNG　　D. PICT

4. 选择从 Dreamweaver 的“插入”下的“媒体”菜单中插入 Flash 时,应选择(　　)命令。

A. “ActiveX”　　B. “FLV”　　C. “插件”　　D. “SWF”

5. Dreamweaver 除了可以带来很好的视觉享受之外,还可以带来听觉方面的享受,通常,可以把相关的音频格式通过 Dreamweaver 添加到 Web 页面中,下列说法正确的是(　　)。

A. . midi 或. mid(乐器数字接口)格式用于器乐。许多浏览器都支持 MIDI 文件,并且不需要插件

B. . wav(Waveform 扩展名)格式文件具有较好的声音品质,许多浏览器都支持此类格式文件并且不要求安装插件

C. . mp3(运动图像专家组音频,即 MPEG－音频层－3)格式是一种压缩格式,它可令声音文件明显缩小

D. . ra、. ram 或 Real Audio 格式具有非常高的压缩率,文件大小要小于 MP3。全部歌曲文件可以在合理的时间范围内下载

二、填空题

1. 网页中插入视频文件有两种方式,一种是________,另一种是链接式。

2. Dreamweaver CS6 中可以插入的多媒体对象有________、FLV、Shockwave、APPLET、参数、ActiveX、________。

3. Dreamweaver CS6 中隐藏背景音乐图标,使用________命令。

4. Dreamweaver CS6 中循环播放背景音乐,使用________命令。

5. 插入的 Flash 动画背景设置为透明,需要设置________属性。

三、操作题

1. 利用提供的素材 *. swf,制作导航条,效果如图 7-38 所示。

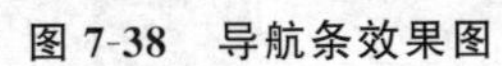

图 7-38　导航条效果图

2. 利用 Dreamweaver 制作一个简单的网页,要求网页中插入循环播放的背景音乐。

第8章 CSS样式表基础

学习目标

本章主要学习CSS样式表的概念、样式表的类型、样式表基本语法格式、CSS选择器类型、建立CSS样式表的方法、用CSS控制页面元素的方法、外部CSS样式以及管理CSS样式表的方法。

本章重点

● CSS样式表的概念；● 样式表基本语法格式；● CSS选择器类型；● 建立CSS样式表的方法；● 外部CSS样式；● 用CSS控制页面元素的方法。

8.1 CSS层叠样式表概述

网页设计最初是用HTML标签来定义页面文档和格式，例如，标题<h1>、段落<p>、表格<table>、链接<a>等，但这些标记不能满足更多的文档样式需求，为了解决这个问题，在1997年W3C(The World Wide Web Consortium)颁布HTML4标准的同时就公布了有关样式表的第一个标准CSS1。

8.1.1 CSS层叠样式表简介

1. *CSS层叠样式表*

CSS是Cascading Style Sheets的缩写，中文翻译为“层叠样式表”，简称样式表，用于控制网页样式，并允许将样式信息与网页内容分离。CSS使网页的外观设计从网页内容中独立出来单独管理，要改变网页的外观时，只需更改CSS样式。

CSS语言是一种标记语言，它不需要编译，可以直接由浏览器执行，是当前网页设计必不可少的工具之一。

CSS是控制Web页面外观的一系列格式设置规则，用CSS可以精确地控制页面里每一个元素的字体样式、背景、排列方式、区域尺寸、边框等，CSS能够对网页中的对象的位置进行像素级的精确控制。

CSS 作为当前网页设计中的热门技术，和传统的 HTML 相比，CSS 有很多优点。

● CSS 符合 Web 标准。W3C 组织创建的 CSS 技术将替代 HTML 的表格、font 标签、frames 以及其他用于表现的 HTML 元素。

● 提高页面浏览速度。

● 缩短网页改版时间。只要修改相应的 CSS 文件就可以重新设计一个有成百上千页面的网站。

● 强大的字体控制和排版能力。CSS 控制字体的能力比 font 标签强得多。有了 CSS，则可以不再需要用 font 标签来控制标题，改变字体颜色、字体样式等。

● CSS 非常容易编写。Dreamweaver 也提供了相应的辅助工具。

● CSS 有很好的兼容性。只要是可以识别 CSS 样式的浏览器都可以应用它。

● 表现和内容相分离。将样式设计部分剥离出来，放在一个独立样式文件中，让多个网页文件共同使用它，省去在每一个网页文件中都要重复设定样式的麻烦。

2. CSS 样式表的类型

根据样式表代码的不同位置，可分为三类：即行内样式表、内部样式表和外部样式表。

1）行内样式表

行内样式表（也叫内联样式表）就是将样式代码写在相应的标签内，仅对该标签有效，行内样式使用元素标签的 style 属性定义。行内样式表不符合结构与表现分离的规则，修改比较麻烦。因此，不建议使用行内样式表。

2）内部样式表

内部样式表（也叫内嵌样式表）是指将样式表代码放在文档的内部，一般位于 HTML 文件的头部，即<head>与</head>标记内，并且以<style>开始，以</style>结束。

3）外部样式表

外部样式表，就是将 CSS 样式规则存放在一个独立的以“. css”为扩展名的文件中，HTML 文件可以通过链接等方式引用它。

通过链接方式将 HTML 文件和 CSS 文件彻底分成两个或者多个文件，实现了页面框架 HTML 代码与 CSS 代码的完全分离，使得前期制作和后期维护都十分方便，并且如果要保持页面风格统一，只需要把这些公共的 CSS 文件单独保存成一个文件，其他的页面就可以分别调用自身的 CSS 文件，如果需要改变网站风格，只需要修改公共 CSS 文件就可以了，相当方便，这也是我们制作网页提倡的方式。

3. 各种样式表的优先级

行内样式表、内部样式表、外部样式表各有优势，它们的优先级为：行内样式表优先级最高；其次是内部样式表；再次是外部样式表。

在同一个级别的情况下，最后指定的规则有优先权。

8.1.2 操作实例——建立 CSS

在 Dreamweaver CS6 中，使用“CSS 样式”面板可以查看、创建、编辑和删除 CSS 样式，也可以将外部样式表附加到文档。下面学习建立 CSS 的方法。

（1）新建一个 HTML 文件，输入文字“这是我建立的第一个 CSS 样式，设置为红色”，并保存文件，命名为“8.1.2.html”。

（2）选择“窗口”→“CSS 样式”命令，即可打开“CSS 样式”面板，如图 8-1 所示。

提示

使用快捷键 Shift＋F11，也可以展开“CSS 样式”面板，若再按下快捷键 Shift＋F11，则将“CSS 样式”面板隐藏。

（3）单击“CSS 样式”面板最下面的“新建 CSS 规则”按钮，打开“新建 CSS 规则”对话框，如图 8-2 所示。

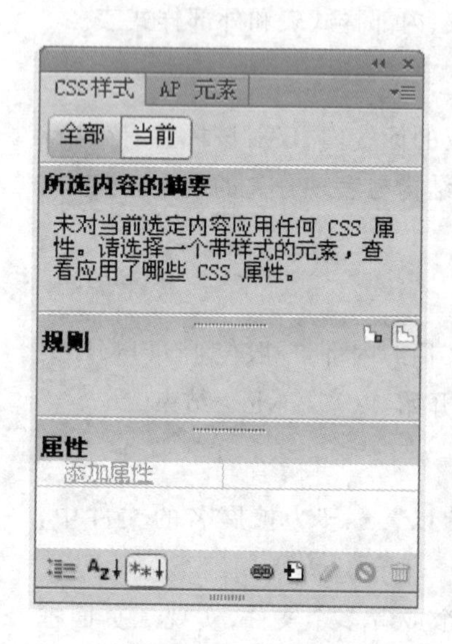

图 8-1　CSS 样式面板

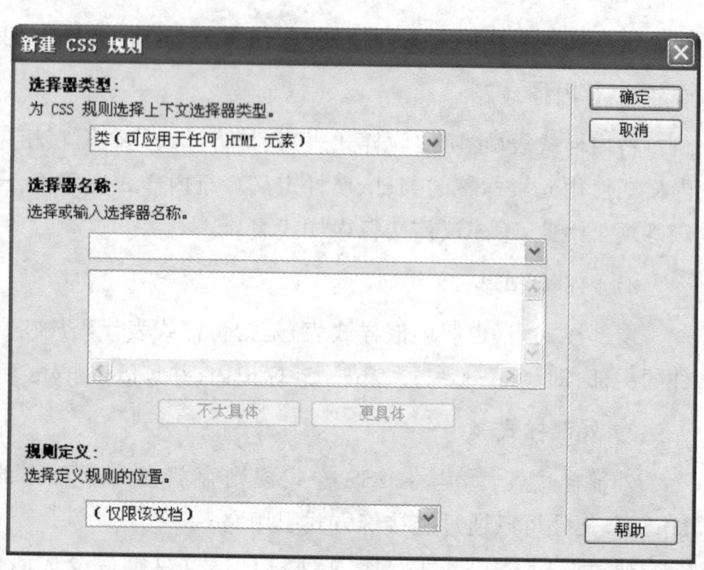

图 8-2　“新建 CSS 规则”对话框

（4）在“新建 CSS 规则”对话框的“选择器名称”下的文本框中输入：“.c-red”，如图 8-3 所示。单击“确定”按钮，打开.c-red 的“CSS 规则定义”对话框，如图 8-4 所示。

（5）在“.c-red 的 CSS 规则定义”对话框中，单击“Color”右边的颜色选择器按钮，用吸管选择红色，如图 8-5 所示。单击“确定”按钮，完成 CSS 规则定义。

（6）在页面中，选择文字“这是我建立的第一个 CSS 样式，设置为红色”，然后在最下面的“属性”面板中，单击“类”右边的下拉列表，选择刚建立的“c-red”，如图 8-6 所示。

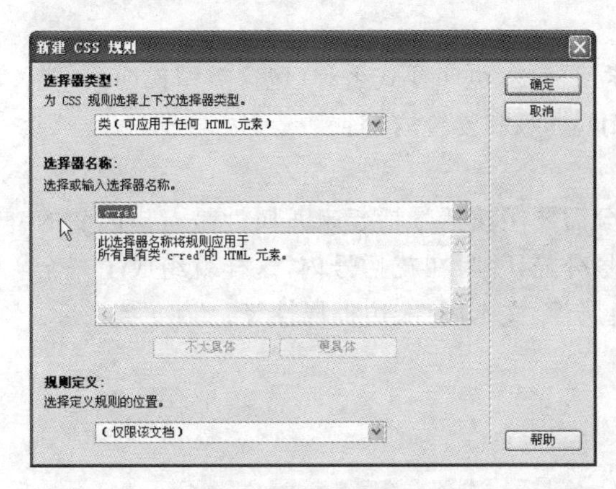

图 8-3　输入选择器名称

图 8-4　“CSS 规则定义”对话框

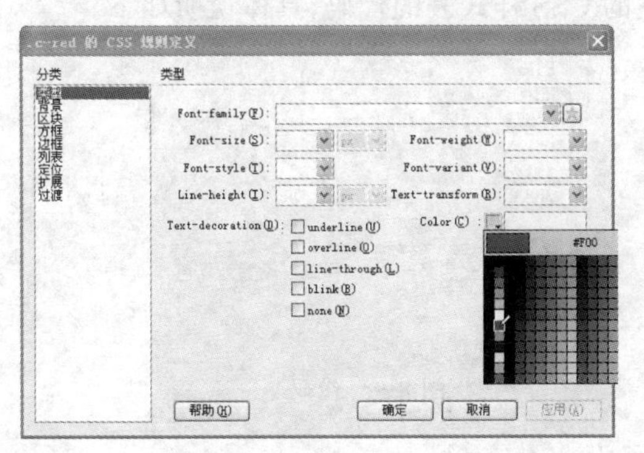

图 8-5　颜色选择器

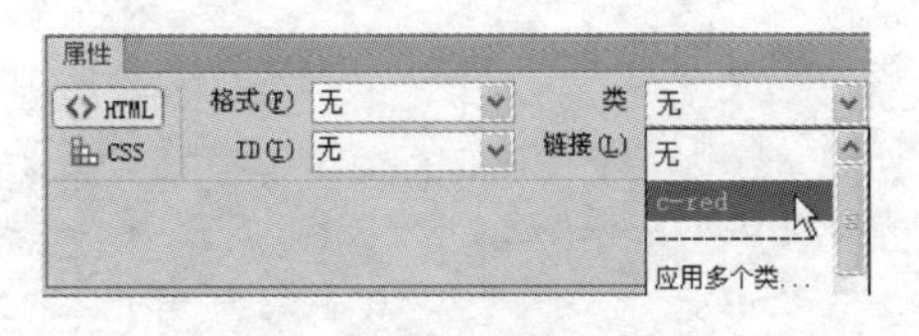

图 8-6　选择类

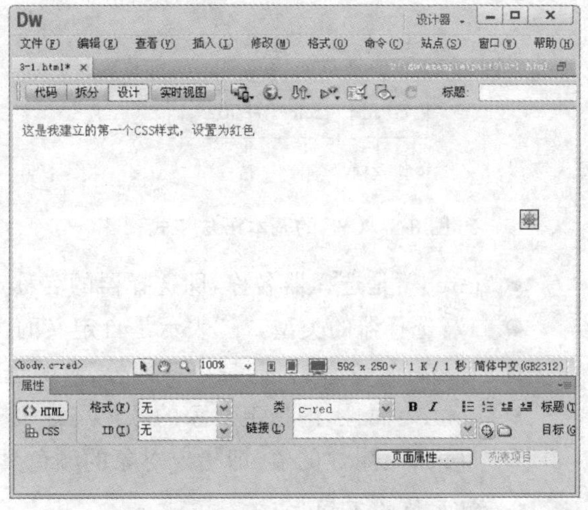

图 8-7　显示结果

此时，页面中的文字“这是我建立的第一个 CSS 样式，设置为红色”已变成红色，如图 8-7 所示。

8.1.3　CSS 的基本语法格式

层叠样式表是一个纯文本文件，既可以放在 HTML 文档里面，也可以用“.css”为扩展名的单独的文件来使用，它的内容包含了一组样式规则，它告诉浏览器，如何安排与显示特定的 HTML 标签中的内容。

1. CSS 样式规则

CSS 样式规则由选择器和声明两部分构成。

1）选择器

选择器通常指希望定义样式的 HTML 元素或标签，也叫样式名称(包含类型说明)。类型说明是指选择器的类型，选择器的类型有类、ID、标签和复合内容。

2）声明

声明部分由属性和属性的值组成。声明部分需要用花括号括起来。属性是希望改变的属性，并且每个属性都有一个值，属性和值用冒号分隔，并写在花括号内，这样就组成了一个完整的样式声明。常见的属性有字体属性、颜色属性、文本属性、边框属性等。

CSS 的基本语法格式为：

选择器{属性:值}

语法组成如图 8-8 所示。

打开"8.1.2.html"文件，并切换到"代码"视图，如图 8-9 所示。在该视图中，可以看到".c-red { color：＃F00;}"，这就是我们刚才建立的 CSS 样式表的代码，具体说明如下。

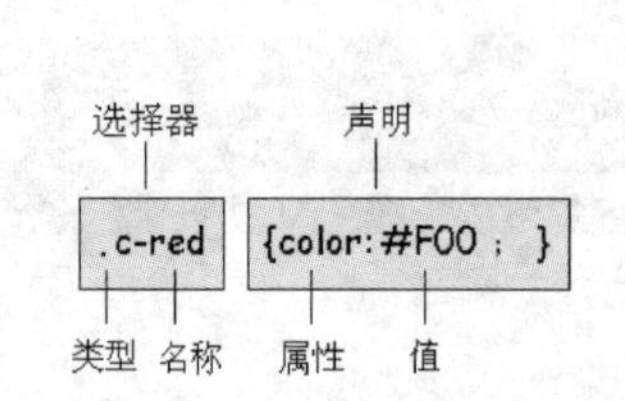

图 8-8　CSS 的基本语法格式

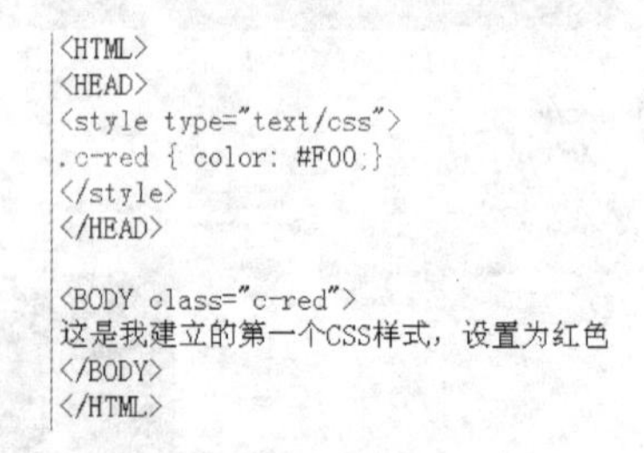

图 8-9　代码

- "c-red"：是选择器名称，即选择器的名称定义为"c－red"。
- "."：选择器的类型，"."表示是自定义的类。
- "{ color：＃F00;}"：是声明部分，声明选择器"c－red"的内容。
- "color"：属性，即指定对象的颜色属性。
- "＃F00"：属性的值，即指定对象的颜色具体值，"＃F00"代表红色。

2. *颜色值的不同写法*

CSS 样式中的颜色有多种不同的表达方法。

(1) 使用十六进制的颜色值，如红色用"＃FF0000"表示。前两位代表红色(R)，中间两位代表绿色(G)，最后两位代表蓝色(B)。这是 RGB 颜色的表示方法。

(2) 为了节约字节，可以使用 CSS 的缩写形式，如红色用"＃F00"表示。前一位代表红色(R)，中间一位代表绿色(G)，最后一位代表蓝色(B)。只有六位表示法中每两位的值相同时，才能用缩写形式，否则，就不能用缩写形式。如＃232168，就不能用缩写形式。

(3) 可以用英文单词，如红色用"red"表示。

3. *多重声明*

如果有多个属性要声明，多个属性间用分号分隔。例如，要将文字设置较大的字号，大小为 25px，则样式表的表现形式如图 8-10 所示。

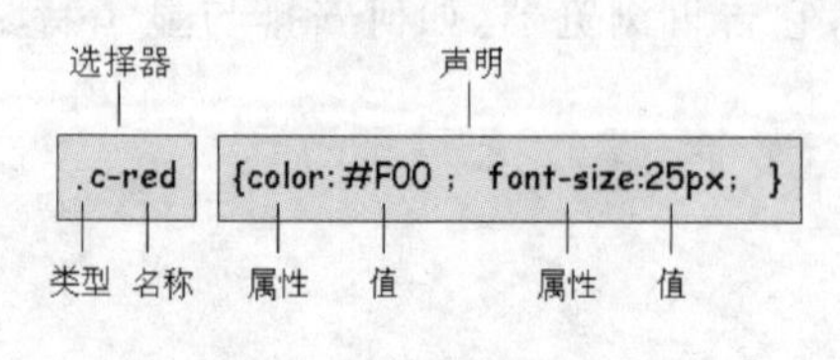

图 8-10　多个属性声明

有多个属性要声明时，较好的书写习惯是，在每行只描述一个属性，这样可以增强样式定义的可读性。

8.2 CSS选择器类型

选择器是CSS中很重要的概念，在HTML语言中标记样式是通过不同的CSS选择器进行控制的。用户通过选择器对不同的HTML标签进行选择，并赋予各种样式声明，即可实现各种效果。

在Dreamweaver CS6中创建CSS样式时，在“新建CSS规则”对话框中的“选择器类型”下拉列表中可以选择不同类型的CSS样式。经常创建的CSS规则类型有以下四类。

- 类：可应用于任何HTML元素。
- ID：仅应用于一个HTML元素。
- 标签：重新定义HTML元素。
- 复合内容：基于选择的内容。

下面详细介绍这几种选择器类型的使用方法。

8.2.1 类选择器

1. 类选择器

当我们希望网页上的某一个或某几个元素的外观与网页上其他的相关标签有所不同的时候，例如，希望网页上的一两张图像有红色边框线，而大多数其他图像则不要设置样式，这时候就可以使用类选择器了。

类选择器还可以精确控制网页上的某个具体元素，而不管它是哪些标签。例如，要格式化一个段落里的一两个单词，由于不希望整个<p></p>标签都受到影响，就可以使用类选择器指定那些短语的样式。

类选择器允许以一种独立于文档元素的方式来指定样式。该选择器可以单独使用，也可以与其他元素结合使用。

创建CSS类选择器时，需要给它取个名字，并以一个英文句点“.”开头，设置好属性后，就可以有选择性地将它应用到需要设置样式的HTML标签上，并且，同一个类选择器可以被多次引用。

2. 建立类选择器规则

例如，为一段文本和一幅图像加上相同的红色边框的具体操作步骤如下。

(1) 步骤1　打开示例文件8.2.1.html，该文件中有一段文本和一幅图像。

(2) 步骤2　选择“窗口”→“CSS样式”命令，打开“CSS样式”面板。单击“CSS样式”面板最下面的“新建CSS规则”按钮，打开“新建CSS规则”对话框，在“新建CSS规则”对话框中，将选择器类型设置为“类(可应用于任何HTML元素)”；在“选择器名称”下的编辑框中输入：“. red_border”；将最下面的“规则定义”设置为“（仅限该文档）”，如图 8-11 所示。然后单击“确定”按钮。弹出“. red-border 的 CSS 规则定义”对话框。

注意

“新建 CSS 规则”对话框的“规则定义”下拉列表中的“仅限该文档”规则只能应用于当前文档。

（3）步骤 3　在“. red-border 的 CSS 规则定义”对话框中，单击“分类”栏中的“方框”，在右侧的“Width”（宽度）右边的编辑框中输入“200”，其后面的单位是“px”，如图 8-12 所示。

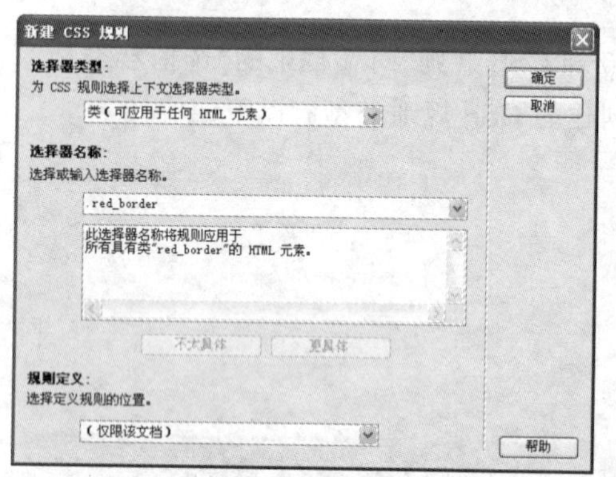

图 8-11　类选择器规则设置

图 8-12　设置方框宽度

注意

此时不要单击“确定”按钮。

（4）步骤 4　单击“分类”栏中的“边框”，在右侧，将三个“全部相同”复选项全部勾选，然后在“Style”（样式）栏中，将“Top”右边的下拉列表设置为“solid”，即“实线”，在“Width”栏中，在编辑框中输入“3”，表示边框的宽度为 3 像素。在“Color”（颜色）栏中，单击第一个颜色选择器，并设置为红色，如图 8-13 所示。单击“确定”按钮。CSS 规则建立完成。

3. 将选择器应用于文本

（1）步骤 1　在“设计”视图中拖动鼠标选择文本。

（2）步骤 2　在“属性”面板中，单击“类”右边的下拉列表，选择刚建立的“red_border”，如图 8-14 所示。在“设计”视图中可以看到文本被 CSS 格式化后的效果了。

4. 将选择器应用于图像

（1）步骤 1　在“设计”视图中用鼠标单击图像，即选中图像。

（2）步骤 2　在“属性”面板中，单击“类”右边的下拉列表，选择刚建立的“red_border”。在“设计”视图中可以看到图像被 CSS 格式化后的效果了，如图 8-15 所示。

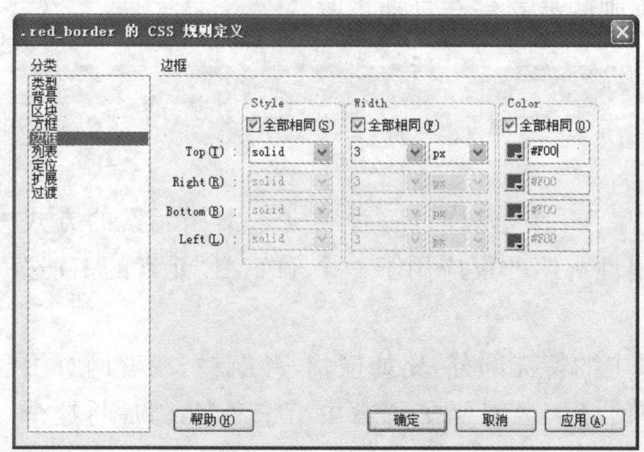

图 8-13 设置边框类型

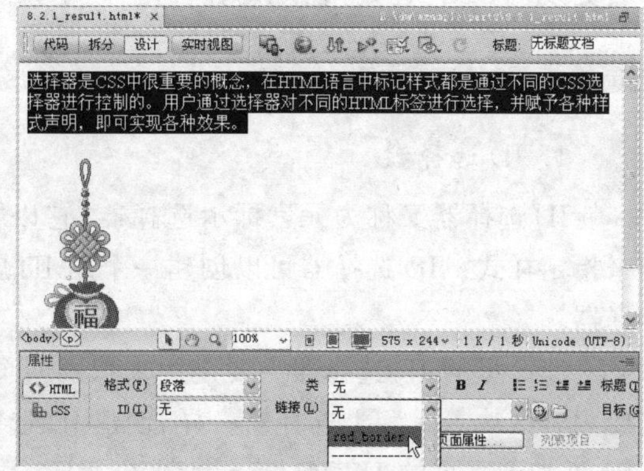

图 8-14 选择类

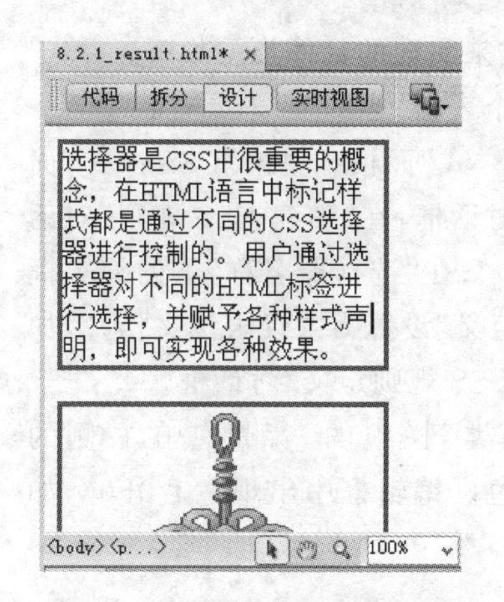

图 8-15 文本和图像都应用同一个 CSS 设置

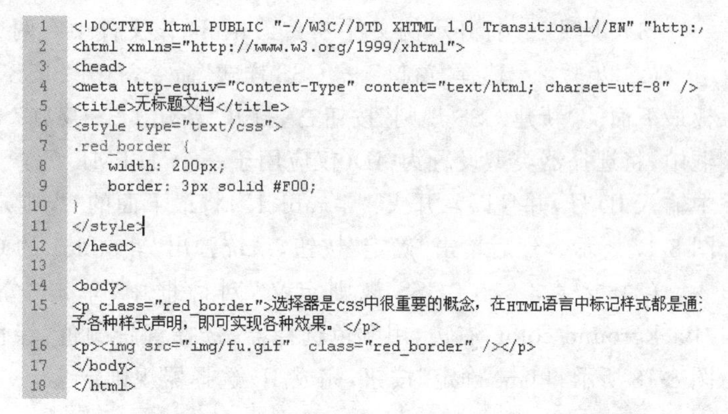

```
1  <!DOCTYPE html PUBLIC "-//W3C//DTD XHTML 1.0 Transitional//EN" "http:/
2  <html xmlns="http://www.w3.org/1999/xhtml">
3  <head>
4  <meta http-equiv="Content-Type" content="text/html; charset=utf-8" />
5  <title>无标题文档</title>
6  <style type="text/css">
7  .red_border {
8      width: 200px;
9      border: 3px solid #F00;
10 }
11 </style>
12 </head>
13
14 <body>
15 <p class="red_border">选择器是CSS中很重要的概念，在HTML语言中标记样式都是通
   予各种样式声明，即可实现各种效果。</p>
16 <p><img src="img/fu.gif"  class="red_border" /></p>
17 </body>
18 </html>
```

图 8-16 代码

5. 代码说明

切换到“代码”视图，如图 8-16 所示。

(1)“代码”视图中的“border:3px　solid ＃F00;”是边框属性的缩写形式，边框属性缩写语法为：

```
border: width style color;
```

即“边框:宽度 类型颜色”，完整写法如下：

```
border-width:3px;
border-style:solid;
border-color:#F00;
```

(2)“代码”视图中有两个地方出现了“class＝"red_border"”:一次是在＜p＞标签中(第15 行);另一次是在＜img＞标签中(第 16 行)，如图 8-16 所示。两次应用类选择器规则，都是通过“class”属性进行设置的。这就是说，要把建立的 CSS 类选择器规则应用到某个元素，需要用“class”属性进行设置，而且，同一个 CSS 类选择器规则可以应用到多个元素上。

当更改了 CSS 类选择器规则，所有应用了该规则的元素都会自动更改。

8.2.2 ID选择器

1. ID 选择器

ID 选择器又称为元素标示选择器，它以“#”开头，允许以一种独立于文档元素的方式来指定样式。ID 选择器可以创建一个用 ID 属性声明的仅应用于一个 HTML 元素的 ID 选择器。

CSS 里的 ID 选择器主要是用来识别网页中的特殊部分，比如横幅、导航栏，或者网页主要内容区块等。和类选择器一样，创建 ID 选择器时，也需要在 CSS 中给它命名，然后将这个 ID 添加到网页的 HTML 代码中来应用它。

2. 建立 ID 选择器规则

例如，为一表格加上背景色，用 ID 选择器建立 CSS 样式来实现的具体步骤如下。

(1) 步骤 1　打开示例文件 8.2.2.html，该文件中有两个表格。

(2) 步骤 2　选择“窗口”→“CSS 样式”命令，打开“CSS 样式”面板。单击“CSS 样式”面板最下面的“新建 CSS 规则”按钮，打开“新建 CSS 规则”对话框，在“新建 CSS 规则”对话框中，将选择器类型设置为“ID(仅应用于一个 HTML 元素)”；在“选择器名称”下的编辑框中输入 ID 号，并且以#开头：“#table1”；将最下面的“规则定义”设置为“(仅限该文档)”，如图 8-17 所示。然后单击“确定”按钮，系统弹出“#table1 的 CSS 规则定义”对话框。

(3) 步骤 3　在“CSS 规则定义”对话框中，单击“分类”栏中的“背景”，在右侧的“Background-color”右边，用颜色选择器，选择背景颜色：绿色。编辑框中出现：“#0F0”，如图 8-18 所示，单击“确定”按钮，完成 ID 选择器规则定义。

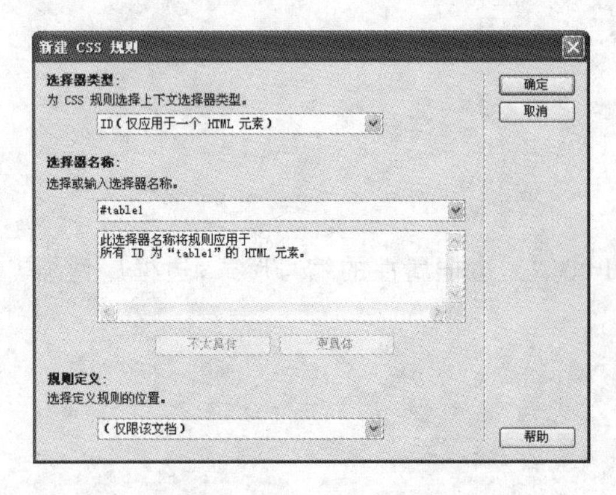

图 8-17　建立#table1 选择器

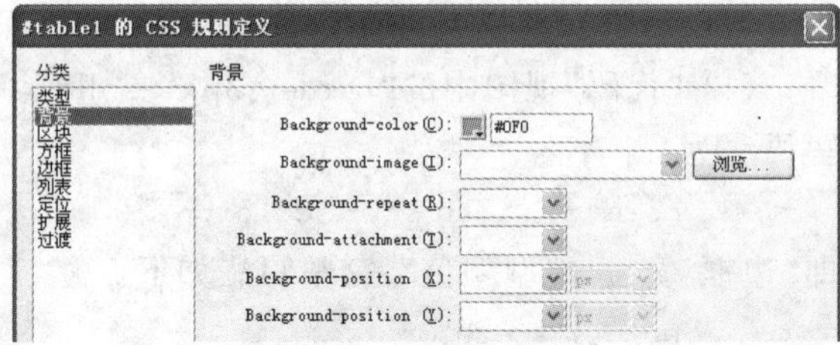

图 8-18　“#table1 的规则定义”对话框

3. 将 ID 选择器应用于表格

要将 ID 选择器应用于表格，还需要为被设置的表格设置 ID 属性。

(1) 步骤 1　选择表格。单击表格 1 的边框线，选取整个表格。

(2) 步骤 2　在“属性”面板中，打开“表格”下面的“ID”下拉列表，选择刚才建立的

"table1"(此操作即将表格 1 的 ID 设置为"table1",也可用其他方法设置 ID),如图 8-19 所示。此时,表格 1 的背景已被设置成为绿色。

4. 代码说明

代码如图 8-20 所示。

(1)"代码"视图中的"#table1"即建立的 ID 选择器的名称,"#"代表 ID 选择器。

(2)"代码"视图中的"id="table1""是为表格设置 ID 属性,值为 table1。

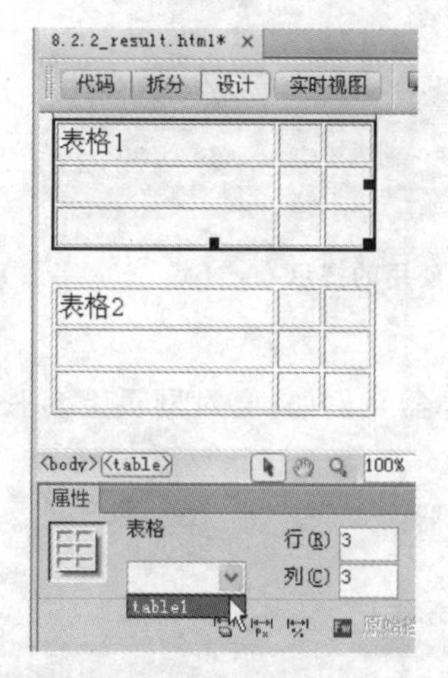

图 8-19 设置 ID

```
6   <style type="text/css">
7   #table1 {
8       background-color: #0F0;
9   }
10  </style>
11  </head>
12
13  <body>
14  <p>ID选择器又称为元素标示选择器,它是以"#"开头,允
15  <table width="200" border="1" id="table1" >
16    <tr>   ...
```

图 8-20 代码

注意

在每个 HTML 文档中不能有重复的 ID 值,ID 选择器也只能应用在一个对应的 ID 元素上。

在"设计"视图中,选择取表格 2,在"属性"面板中,打开"表格"下面的"表格 ID"下拉列表,里面是空的,因为刚才建立的 ID 选择器已经分配给表格 1 了,如图 8-21 所示。如果想为表格 2 设置 ID 值,可直接在"表格 ID"下拉列表中输入即可。如果想把表格 2 的 ID 也设置为"table1",Dreamweaver 会提示此 ID 值已经使用过,如图 8-22 所示,单击"否"按钮,否则,会因为有两个相同的 ID 而容易引起冲突。因为每个 html 标签定义的 ID 不只是 CSS 可以调用,JavaScript 等其他脚本语言同样也可以调用,所以不要将 ID 选择器用于多个 html 标签,否则会出现意想不到的错误。

在 HTML 网页中应用 ID 选择器也必须将 ID 标示添加到对应的 HTML 标签中去。在某些方面,ID 选择器类似于类选择器,不过也有一些重要差别。

● ID 选择器以"#"开头,类选择器以"."开头。

● ID 选择器不引用"class" 属性,但它要引用 "id"属性。

● 在同一个页面中,类选择器可以被多次应用,ID 选择器只能应用到一个有对应的 ID 元素上。

图 8-21 “表格 ID”下拉列表

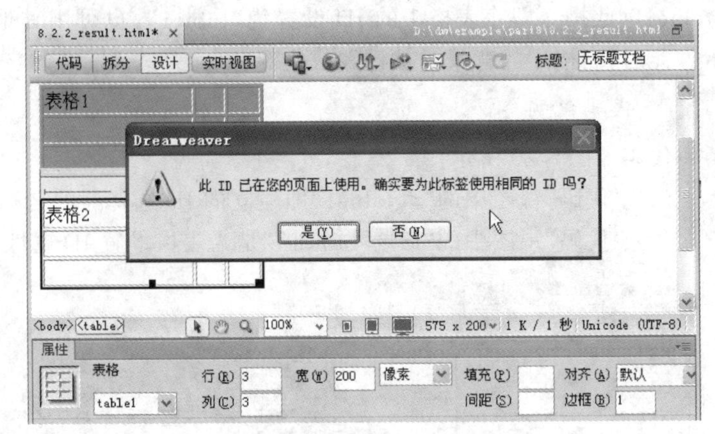

图 8-22 ID 值已经使用的提示

那应该在什么时候用类选择器,什么时候用 ID 选择器呢?

- 要在一个网页上多次使用某一种样式时,必须使用类选择器。例如,要对网页上多张图像添加边框线。
- 同一网页中只需出现一次的特别的样式,就选用 ID 选择器。
- 可以用 ID 选择器来避免与其他样式的冲突。

8.2.3 标签选择器

1. 标签选择器

标签选择器,也称为元素选择器。一个 HTML 页面由很多不同的标记组成,在 CSS 样式出现之前,为了格式化文本,不得不将文本包在<font></font>标签里面。如果要给网页上的每一个段落都设置相同的外观,经常不得不多次使用<font>标签,这个过程十分费力,并且要修改很多 HTML 代码,也使得网页下载变得更慢,更新起来更加费时。而改用标签选择器时,实际上根本不需要去修改 HTML,只要创建 CSS 规则,让浏览器去完成剩下的工作即可。CSS 标签选择器用来声明哪些标签采用哪种 CSS 样式。因此,每一种 HTML 标签的名称都可以作为相应的标签选择器的名称。例如<p>标签选择器,就是用于声明页面中所有的<p>标签的样式风格,<h1>选择器亦是如此。

这是非常有效的样式化工具,因为它们将应用到某个 HTML 标签在网页上的所有位置,使用者可以毫不费力地利用它们对网页进行大规模设计。例如,如果要让网页上的每个文本段落都使用同一种字体、颜色和字号等,只要用<p>标签作为选择器创建一个样式即可。

标签选择器是重新定义浏览器要如何显示某个特定的标签,在 CSS 规则中很容易辨认出标签选择器,因为它们与要设置样式的标签完全同名,如 p、h1、table、img 等。

2. 创建标签选择器

例如,要为某页中的所有段落文本加上相同的红色边框,具体操作步骤如下。

(1) 步骤 1 打开示例文件 8.2.3.html,该文件中有多个<p>和
标签。

(2) 步骤 2　选择“窗口”→“CSS 样式”命令，打开“CSS 样式”面板。单击“CSS 样式”面板最下面的“新建 CSS 规则”按钮，打开“新建 CSS 规则”对话框。在“新建 CSS 规则”对话框中，将选择器类型设置为“标签(重新定义 HTML 元素)”；在“选择器名称”下的编辑框中输入：“p”，或者通过下拉列表选择“p”；将最下面的“规则定义”设置为“(仅限该文档)”，如图 8-23 所示。然后单击“确定”按钮，系统弹出其 CSS 规则定义对话框。

(3) 步骤 3　单击“分类”栏中的“边框”，在右侧，将三个“全部相同”复选项全部选中，然后在“Style”(样式)栏中，将“Top”右边的下拉列表设置为“solid”，即“实线”，在“Width”栏中，在编辑框中输入“3”，表示边框的宽度为 3 像素。在“Color”栏中，单击第一个颜色选择器，并设置为红色，如图 8-24 所示。单击“确定”按钮。CSS 规则建立完成。此时，页面中所有的段落已经被 CSS 控制，并不需要像类选择器那样，需要设置“class”属性，如图 8-25 所示。

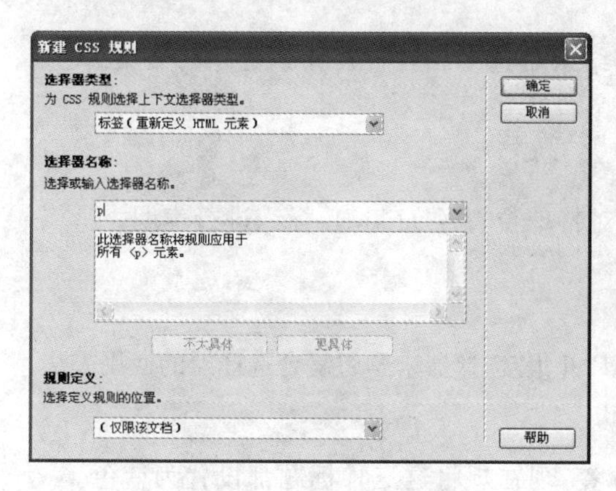

图 8-23　创建 p 选择器

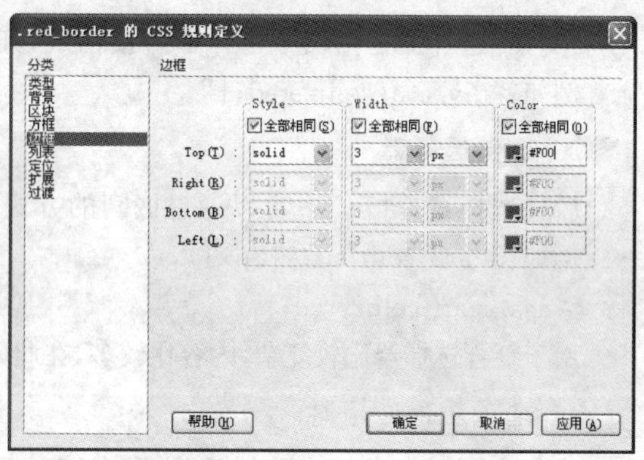

图 8-24　设置方框

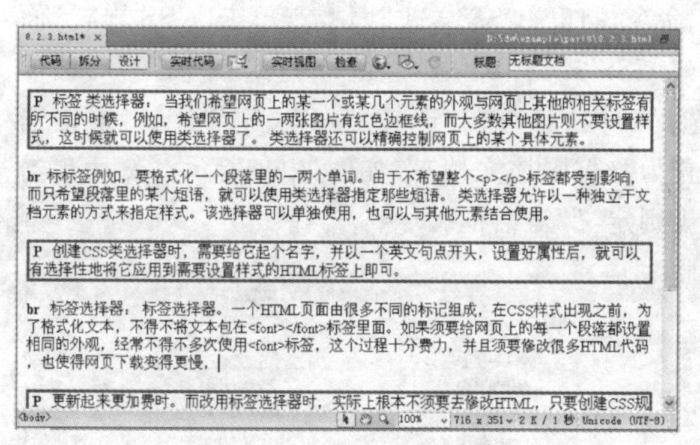

图 8-25　<p>选择器显示效果

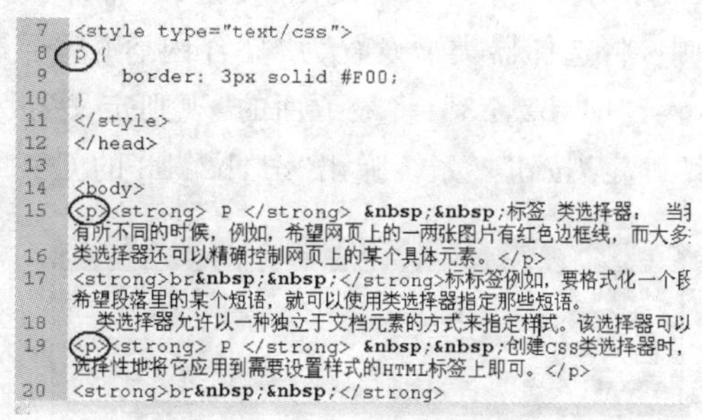

图 8-26　代码

3. 代码说明

切换到“代码”视图，如图 8-26 所示。第 8 行中定义的 p 标签选择器，其前面没有其他的标示，就是标签的名称，不像类选择器，其前面有“.”。第 15 行、19 行中是 p 标签，该标签里没有设置“class”属性，因为标签选择器已指定了标签名称，而且是该页面中所有的 p 标签都会受标签选择器控制。

8.2.4 复合内容选择器

CSS的复合选择器是指在CSS选择器中,可以由两个或两个以上选择器通过不同方式组合使用。

1. “并集”选择器

“并集”选择器是由多个选择器通过逗号连接而成,声明的时候,如果选择器的风格是完全相同的,或者部分相同,这就可以使用复合内容选择器,可以节省代码量,也方便修改。

例如:“h1,h2,h3,p{font-size:12px;}”。其作用是指定h1、h2、h3、p四种标签都设置相同大小的字体:12px。

2. “交集”选择器

“交集”选择器是由两个选择器直接构成,其结果是选中二者各自元素范围的交集。

例如:“div.aaa{color:red;}”。

3. 后代选择器

后代选择器是指CSS可以通过嵌套的方式对特殊位置的HTML标记进行声明。

例如:#aaa{font-size:12px;},

#aaa span{color:red;}。

由于复合选择器比较复杂,内容比较多,在此以“并集”选择器来学习复合选择器的使用方法。

4. 建立复合选择器

在一个页面中有＜h1＞、＜h2＞和＜h3＞标签,现在想将这三种标题都设置为蓝色。

(1) 步骤1 打开示例文件8.2.4.html,该文件中有＜h1＞、＜h2＞和＜h3＞标签。

(2) 步骤2 选择“窗口”→“CSS样式”命令,打开“CSS样式”面板。单击“CSS样式”面板下方的“新建CSS规则”按钮,打开“新建CSS规则”对话框,在“新建CSS规则”对话框中,将选择器类型设置为“复合内容(基于选择的内容)”;在“选择器名称”下的编辑框中输入:“h1,h2,h3”;将最下面的“规则定义”设置为“(仅限该文档)”,如图8-27所示。然后单击“确定”按钮。系统弹出“h1,h2,h3的CSS规则定义”对话框。

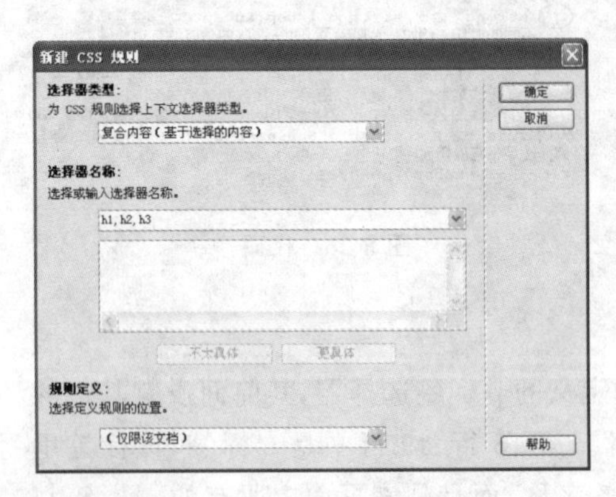

图8-27 创建复合内容选择器

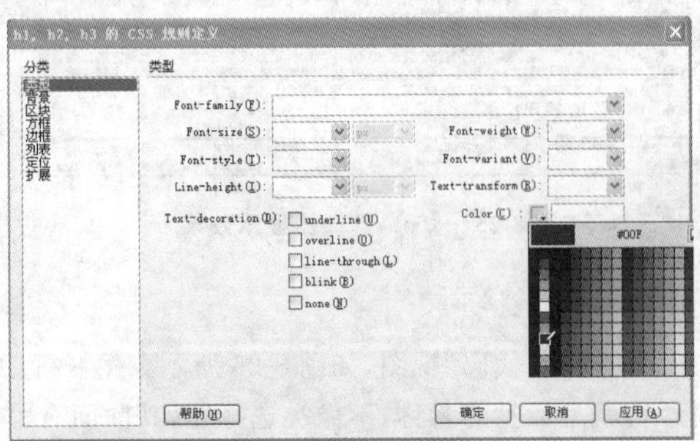

图8-28 复合内容选择器定义

（3）步骤3　单击“分类”栏中的“类型”，在右侧，单击“Color”右边的颜色选择器，设置为蓝色，如图8-28所示。单击“确定”按钮。CSS规则建立完成。此时，页面中h1、h2、h3已经被CSS控制，并显示为蓝色。

8.3 操作实例——用CSS控制页面元素

8.3.1 操作实例——用CSS格式化文本

CSS文本属性可定义文本的外观。通过文本属性，可以改变文本的颜色、字符间距，对齐文本，装饰文本，对文本进行缩进等。

1. 设置缩进文本

例如，要设置段落首行缩进，具体操作步骤如下。

（1）步骤1　打开示例文件8.3.1.html，该文件中有多个段落文本。

（2）步骤2　选择“窗口”→“CSS样式”命令，打开“CSS样式”面板。单击“CSS样式”面板下方的“新建CSS规则”按钮，打开“新建CSS规则”对话框，在“新建CSS规则”对话框中，将选择器类型设置为“标签（重新定义HTML元素）”；在“选择器名称”下的编辑框中输入：“p”，或者通过下拉列表选择“p”；将最下面的“规则定义”设置为“（仅限该文档）”。然后单击“确定”按钮。弹出“p的CSS规则定义”对话框。

（3）步骤3　单击“分类”栏中的“区块”，在右侧，在“Text-indent”右边的文本框中输入“2”，并在其右侧的下拉表中选择“ems”，如图8-29所示。并单击“确定”按钮。此时，页面中的所有段落都被CSS控制，显示首行缩进，效果如图8-30所示。

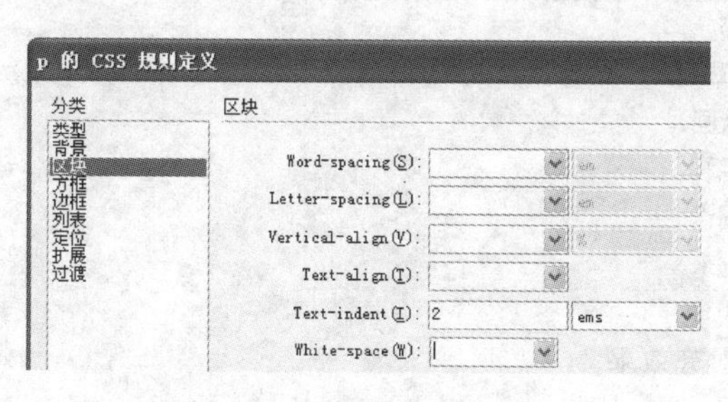

图8-29　首行缩进设置

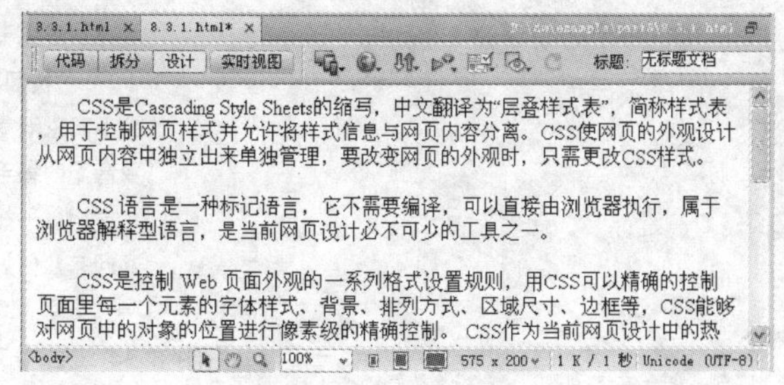

图8-30　首行缩进效果

2. 设置文本行居中和设置行高

（1）步骤1　打开示例文件8.3.1.html。

（2）步骤2　选择“窗口”→“CSS样式”命令，打开“CSS样式”面板。单击“CSS样式”面板下方的“新建 CSS 规则”按钮，打开“新建 CSS 规则”对话框，在“新建 CSS 规则”对话框中，将选择器类型设置为“类(可应用于任何 HTML 元素)”；在“选择器名称”下的编辑框中输入：“. center”；将最下面的“规则定义”设置为“(仅限该文档)”，如图 8-31 所示。然后单击“确定”按钮。系统弹出“. center 的 CSS 规则定义”对话框。

(3) 步骤 3　在“. center 的 CSS 规则定义”对话框中，选择“类型”分类，在右侧“Line-height”右侧输入“150”，并在右侧的下拉列表中选择“%”，如图 8-32 所示。

(4) 步骤 4　单击“分类”栏中的“区块”，在右侧“Text-align”右侧的下拉列表中选择“center”，如图 8-33 所示。单击“确定”按钮。

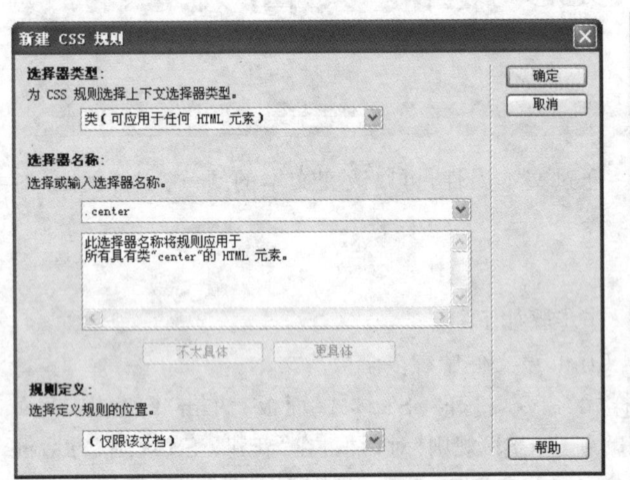

图 8-31　类选择器规则设置

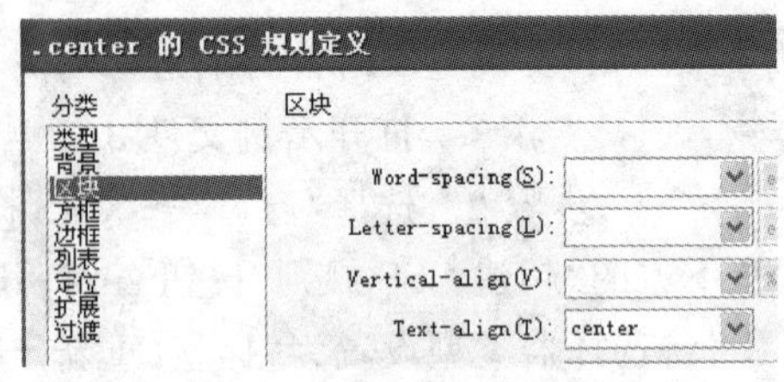

图 8-32　设置行高

图 8-33　设置居中对齐

(5) 步骤 5　在“设计”视图中，选中古诗，在“属性”面板中，将“类”设置为“center”，显示结果如图 8-34 所示。

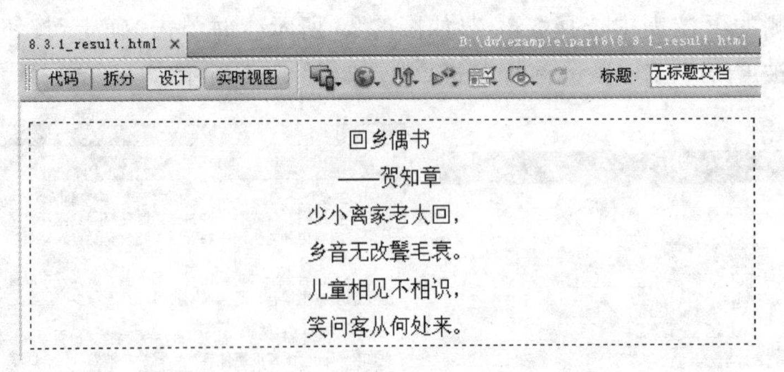

图 8-34　居中对齐效果

3. 设置字体和颜色

(1) 步骤 1　选择“窗口”→“CSS 样式”命令，打开“CSS 样式”面板。单击“CSS 样式”面板最下面的“新建 CSS 规则”按钮，打开“新建 CSS 规则”对话框，在“新建 CSS 规则”对话框中，将选择器类型设置为“类(可应用于任何 HTML 元素)”；在“选择器名称”下的编辑框中输入:“. hua”;将最下面的“规则定义”设置为“(仅限该文档)”。然后单击“确定”按钮。系统弹出“. hua 的 CSS 规则定义”对话框。

(2) 步骤 2　在“. hua 的 CSS 规则定义”对话框中,选择“类型”,打开右侧的“Font-family”右边的下拉列表,在下拉列表中选择“编辑字体列表”,如图 8-35 所示。弹出“编辑字体列表”对话框,如图 8-36 所示。

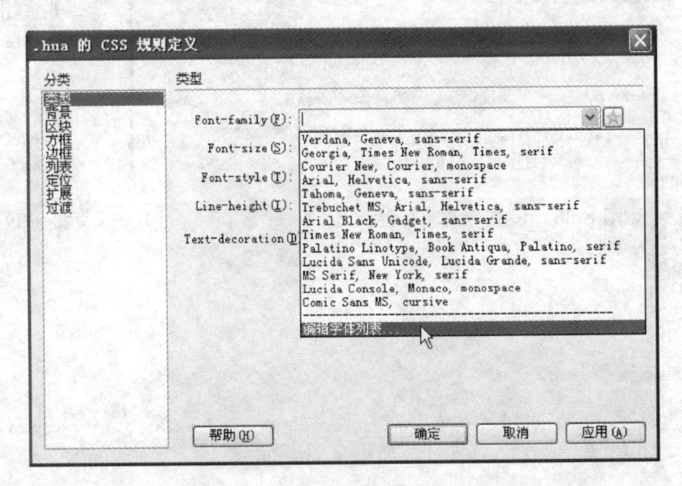

图 8-35　选择“编辑字体列表”项

图 8-36　“编辑字体列表”对话框

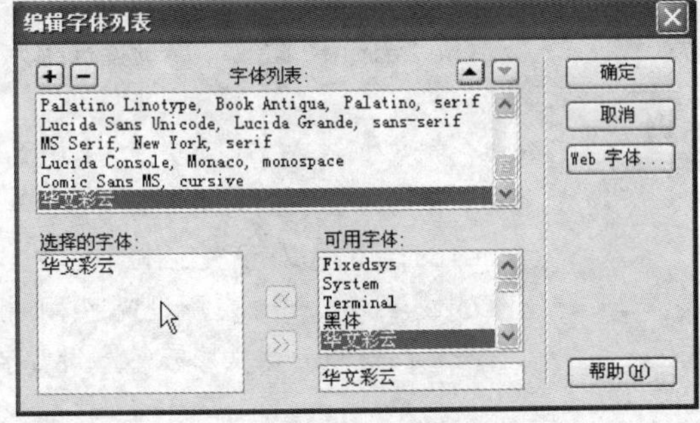

图 8-37　添加字体

(3) 步骤 3　在“编辑字体列表”对话框中,在“可用字体”栏中选择“华文彩云”,再单击“字体选择按钮”,将“华文彩云”字体添加到“选择的字体”栏中,如图 8-37 所示,单击“确定”按钮。

(4) 步骤 4　在“. hua 的 CSS 规则定义”对话框中,选择“类型”,打开右侧的“Font-family”右边的字体下拉列表,在下拉列表中选择“华文彩云”,将“Font-size”设置为“24px”,将“Font-weight”设置为“bold”,将“Color”设置为“＃00F”,单击“确定”按钮,如图 8-38 所示。

(5) 步骤 5　在“设计”视图中,选中古诗的标题“回乡偶书”,在“属性”面板中,将“类”设置为“hua”,显示结果如图 8-39 所示。

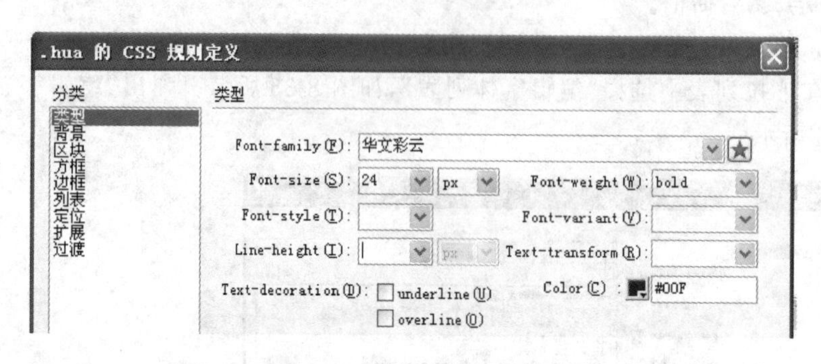

图 8-38 设置字体和颜色

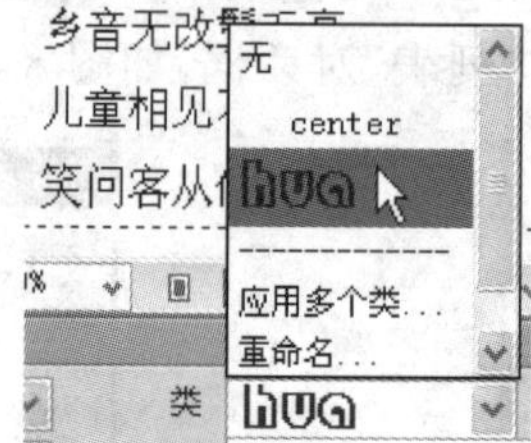

图 8-39 显示字体和颜色

4. 代码说明

代码如下所示。

```
<style type="text/css">
p {
    text-indent:2em;/*设置首行缩进 2 个字符*/
}
.center {
    text-align:center;/*设置文本居中对齐*/
    line-height:150% ;/*设置行高为 1.5 倍*/
}
.hua {
    font-size:24px;/*设置字体大小*/
    color:# 00F;/*设置字体颜色*/
    font-weight:bold;/*设置字体加粗*/
    font-family:"华文彩云";/*设置字体为华文彩云*/
}
</style>
```

8.3.2 操作实例——用 CSS 设置表格样式

表格作为传统的 HTML 元素，一直受到网页设计者们的青睐。下面主要介绍 CSS 控制表格的方法，包括表格的颜色、边框、背景等。

1. 设置表格背景颜色

(1)步骤 1 打开示例文件 8.3.2.html。

(2) 步骤 2 选择“窗口”→“CSS 样式”命令，打开“CSS 样式”面板。单击“CSS 样式”面板下方的“新建 CSS 规则”按钮，打开“新建 CSS 规则”对话框，在“新建 CSS 规则”对话框中，将选择器类型设置为“类(可应用于任何 HTML 元素)”；在“选择器名称”下的编辑框中输入：“. bgcolor”；将最下面的“规则定义”设置为“(仅限该文档)”。然后单击“确定”按钮。

系统弹出“. bgcolor 的 CSS 规则定义”对话框。

(3) 步骤 3　在“. bgcolor 的 CSS 规则定义”对话框中，在“分类”栏中选择“背景”，在右侧“Background-color”右边的文本框中输入“#0CC”，如图 8-40 所示，单击“确定”按钮。

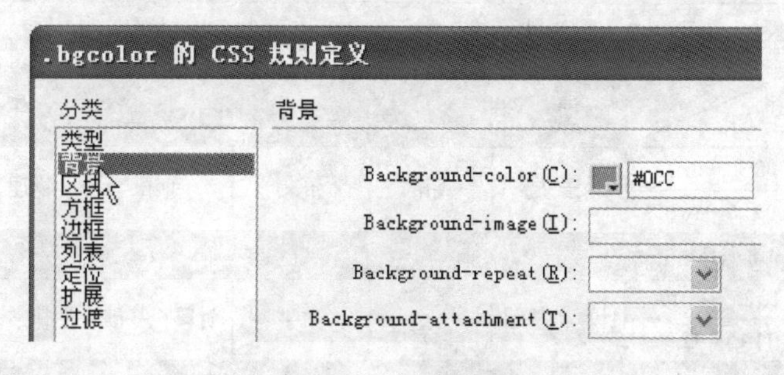

图 8-40　设置背景颜色

(4) 步骤 4　在“设计”视图中，选中“星期”右边的五个单元格，在“属性”面板中，将“类”设置为“bgcolor”。用同样的操作方法，为“课间操”和“午餐”所在的行设置背景颜色。

> **提示**
>
> 在此处，可以设置背景图像(属性:Background-image)，如果同时设置了背景颜色和背景图像，则背景图像覆盖背景颜色。

2. 设置表格中文字对齐方式

(1) 步骤 1　选择“窗口”→“CSS 样式”命令，打开“CSS 样式”面板。单击“CSS 样式”面板下方的“新建 CSS 规则”按钮，打开“新建 CSS 规则”对话框，在“新建 CSS 规则”对话框中，将选择器类型设置为“类(可应用于任何 HTML 元素)”；在“选择器名称”下的编辑框中输入“. align”；将最下面的“规则定义”设置为“(仅限该文档)”，然后单击“确定”按钮。系统弹出“. align 的 CSS 规则定义”对话框。

(2) 步骤 2　在“. aling 的 CSS 规则定义”对话框的“分类”栏中选择“区块”，在右侧“Vertical-align”右边的下拉列表中选择“middle”，在“Text-align”右边的下拉列表中选择“center”，如图 8-41 所示，单击“确定”按钮。

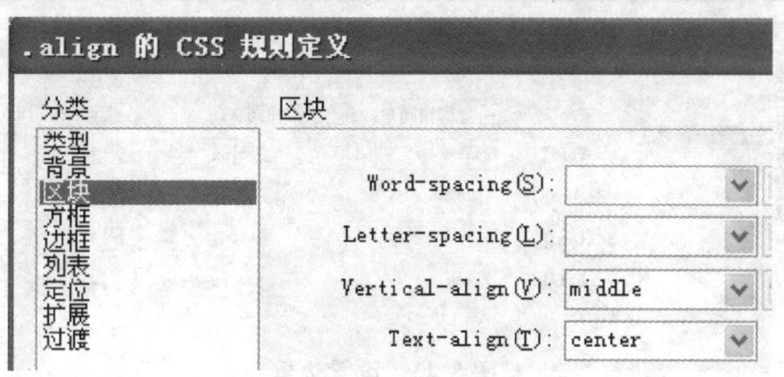

图 8-41　设置对齐方式

(3) 步骤 3　在“设计”视图中，选中课程表，在“属性”面板中，将“类”设置为“align”，显示结果如图 8-42 所示。

8.3.2.html × 8.3.2_result.html* ×

代码 拆分 设计 实时视图 标题: 无标题文档

星期 时间	一	二	三	四	五
08:30～09:15	语文	英语	语文	英语	物理
09:20～10:05					
10:05～10:25	课间操				
10:25～11:105	计算机基础	美术	数学	计算机基础	法律常识
11:15～12:00		体育			
12:005～14:00	午餐、午休				
14:00～14:45	数学	物理	法律常识	美术	班会
14:50～15:35				自习	
15:35～16:20	自习	自习	自习		

图 8-42　表格格式化

3. 设置表格边框

(1) 步骤 1　选择“窗口”→“CSS 样式”命令，打开“CSS 样式”面板。单击“CSS 样式”面板下方的“新建 CSS 规则”按钮，打开“新建 CSS 规则”对话框，在“新建 CSS 规则”对话框中，将选择器类型设置为“类(可应用于任何 HTML 元素)”；在“选择器名称”下的编辑框中输入“. border1”；将“规则定义”设置为“(仅限该文档)”，然后单击“确定”按钮，弹出“. border1 的 CSS 规则定义”对话框。

(2) 步骤 2　在“. border1 的 CSS 规则定义”对话框中，选择“分类”栏中的“边框”，在右侧，将三个“全部相同”复选项全部选中，然后在“Style”(样式)栏中，将“Top”右边的下拉列表设置为“solid”，即“实线”，在“Width”栏中，在编辑框中输入“2”，表示边框的宽度为 2 像素。在“Color”栏中，在第一个颜色选择器右边的文本框中输入“＃67CADF”。如图 8-43 所示。单击“确定”按钮，完成 CSS 规则建立。

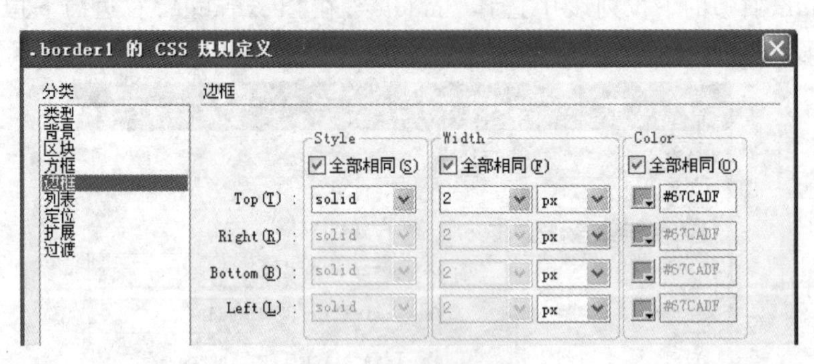

图 8-43　设置边框

(3) 步骤 3　在“设计”视图中，选中表格 1，在“属性”面板中，将“类”设置为“border1”。

(4) 步骤 4　单击“CSS 样式”面板下方的“新建 CSS 规则”按钮，打开“新建 CSS 规则”对话框，在“新建 CSS 规则”对话框中，将选择器类型设置为“类(可应用于任何 HTML 元素)”；在“选择器名称”下的编辑框中输入“. border2”；将“规则定义”设置为“(仅限该文档)”，然后单击“确定”按钮。系统弹出“. border2 的 CSS 规则定义”对话框。

(5) 步骤 5　在“. border2 的 CSS 规则定义”对话框中，单击“分类”栏中的“边框”，在右侧“Style”栏中，取消勾选“全部相同”复选项，然后，将“Top”右边的下拉列表设置为“none”，即“不显示”，将“Right”、“Bottom”和“Left”右边的下拉列表设置为“solid”，即“实线”；在“Width”栏中，取消勾选“全部相同”复选项，第一行不设置，即为空白，在其他三行的编辑框中输入“2”，表示边框的宽度为 2 像素；在“Color”栏中，取消勾选“全部相同”复选项，第一行不设置，即为空白，在其他三行的编辑框中输入“＃67CADF”，如图 8-44 所示。单击“确定”按钮，完成 CSS 规则建立。

(6) 步骤 6　在“设计”视图中，在表格 2 中单击，在“属性”面板中，将“类”设置为“border2”，显示结果如图 8-45 所示，“border2”设置表格的上边框不显示。

图 8-44　设置边框

图 8-45　显示表格边框

4. 代码说明

代码如下所示。

```
<style>
.bgcolor {
    background-color: # 0CC;  /*设置背景颜色*/
}
.align {
    text-align: center; /*设置水平对齐*/
    vertical-align: middle; /*设置垂直对齐*/
}
.border1 {
    border: 2px solid # 67CADF; /*设置边框宽度为 2 像素、实线、浅蓝色*/
}
.border2 {
```

```
        border-right-width: 2px; /*设置右边边框宽度*/
        border-bottom-width: 2px; /*设置下边边框宽度*/
        border-left-width: 2px; /*设置左边边框宽度*/
        border-top-style: none; /*设置上边边框类型:不显示*/
        border-right-style: solid; /*设置右边边框类型:实线*/
        border-bottom-style: solid; /*设置下边边框类型:实线*/
        border-left-style: solid; /*设置左边边框类型:实线*/
        border-right-color: # 67CADF; /*设置右边边框颜色:浅蓝色*/
        border-bottom-color: # 67CADF; /*设置下边边框颜色:浅蓝色*/
        border-left-color: # 67CADF; /*设置左边边框颜色:浅蓝色*/
    }
    </style>
```

提示

比较 border1 和 border2 中的代码,border1 设置边框的四条边具有相同的属性,而且使用的是简写的形式,border2 设置边框的四条边具有不同的属性,即边框可以分别设置四条边的样式。

8.3.3 操作实例——用 CSS 设置列表样式

CSS 列表属性允许放置、改变列表项标志、列表方向,或者将图像作为列表项标志。

1. 垂直项目列表

(1) 步骤 1　新建一个 HTML 文件,输入要建立列表的文字段落,如图 8-46 所示。

(2) 步骤 2　选择全部文本,单击"属性"面板中的"项目列表"按钮,生成项目列表,如图 8-47 所示。

代码 | 拆分 | 设计

首页

服务项目

营销会议

成功案例

SEO优化

常见问题

联系我们

图 8-46　文字段落

代码 | 拆分 | 设计

- 首页
- 服务项目
- 营销会议
- 成功案例
- SEO优化
- 常见问题
- 联系我们

图 8-47　项目列表

(3) 步骤 3　选择"窗口"→"CSS 样式"命令,打开"CSS 样式"面板。单击"CSS 样式"面板下方的"新建 CSS 规则"按钮,打开"新建 CSS 规则"对话框,在"新建 CSS 规则"对话框中,将选择器类型设置为"类(可应用于任何 HTML 元素)";在"选择器名称"下的编辑框中输入".list1";将"规则定义"设置为"(仅限该文档)",然后单击"确定"按钮。系统弹出".list1 的 CSS 规则定义"对话框。

(4) 步骤 4　在".list1 的 CSS 规则定义"对话框中,单击"分类"栏中的"列表",在右侧,将"List-style-type"右边的下拉列表设置为"square",即"正方形",如图 8-48 所示。单击"确定"按钮,完成 CSS 规则建立。

(5) 步骤 5　将光标定在列表中,在标签选择器中单击标签"<ul>",即选择整个列表项目,在"属性"面板中设置"类"为"list1",结果如图 8-49 所示。

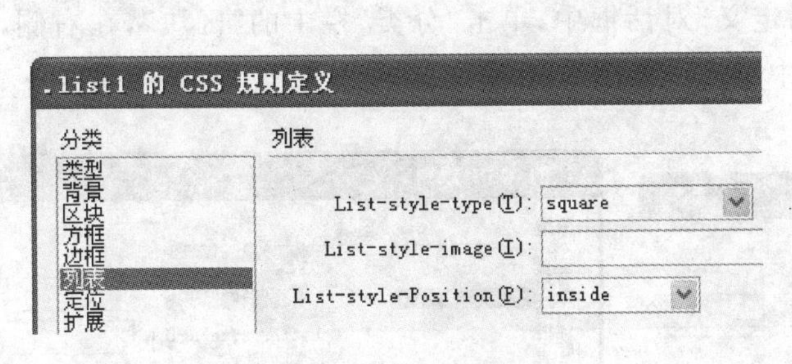

图 8-48　设置列表

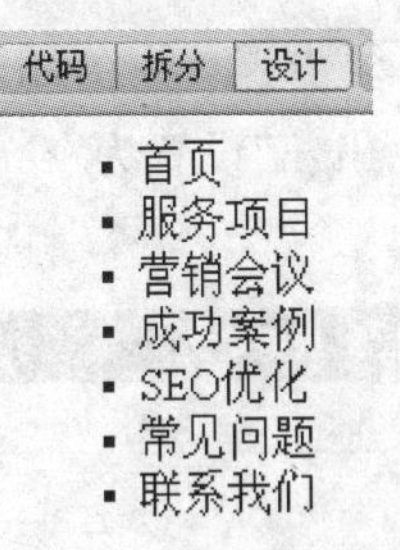

图 8-49　设置列表类型

(6) 步骤 6　单击"CSS 样式"面板下方的"新建 CSS 规则"按钮,打开"新建 CSS 规则"对话框,在"新建 CSS 规则"对话框中,将选择器类型设置为"类(可应用于任何 HTML 元素)",在"选择器名称"下的编辑框中输入".list2",将"规则定义"设置为"(仅限该文档)",然后单击"确定"按钮,弹出".list2 的 CSS 规则定义"对话框。

(7) 步骤 7　在".list2 的 CSS 规则定义"对话框中,单击"分类"栏中的"列表",再单击右侧的"浏览"按钮,选择"img"目录下的"eg_arrow.gif"图像,如图 8-50 所示,单击"确定"按钮,完成 CSS 规则建立。

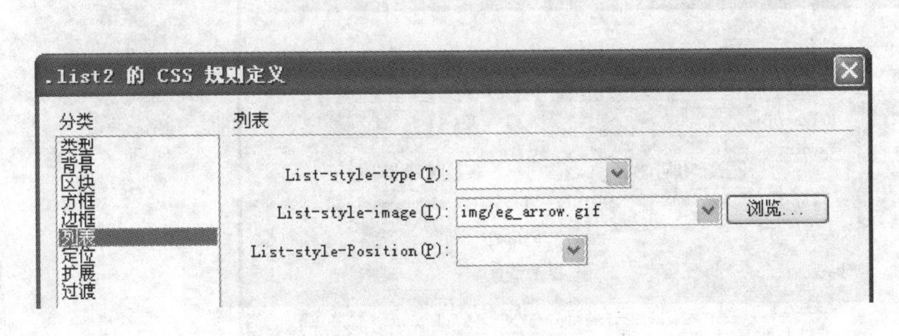

图 8-50　设置列表

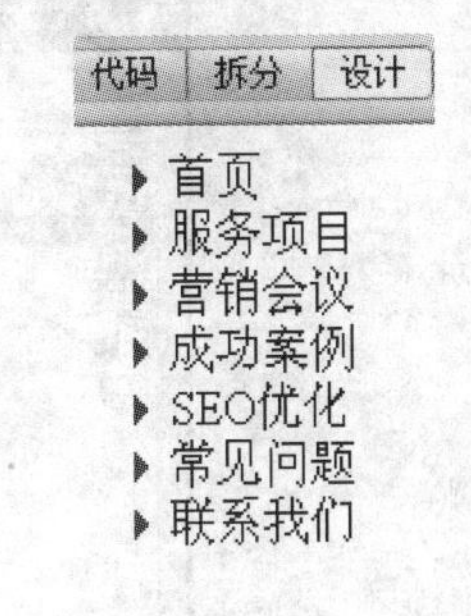

图 8-51　图形列表项目符号

(8) 步骤 8　将光标定在列表中,在标签选择器中单击标签"<ul.list1>",即选择整个列表项目,在"属性"面板中设置"类"为"list2",结果如图 8-51 所示。

2. 水平列表

(1) 步骤1　将光标定在列表中，在标签选择器中单击标签“＜ul. list2＞”，即选择整个列表项目，在“属性”面板中设置“类”为“无”。

(2) 步骤2　选择“窗口”→“CSS样式”命令，打开“CSS样式”面板。单击“CSS样式”面板下方的“新建CSS规则”按钮，打开“新建CSS规则”对话框，在“新建CSS规则”对话框中，将选择器类型设置为“标签(重新定义HTML元素)”，在“选择器名称”下的编辑框中输入“li”，将“规则定义”设置为“(仅限该文档)”，然后单击“确定”按钮。弹出“li的CSS规则定义”对话框。

(3) 步骤3　在“li的CSS规则定义”对话框中，单击“分类”栏中的“列表”，在右侧，将“List-style-type”设置为“none”，即“不显示项目符号”，如图8-52所示。

(4) 步骤4　在“li的CSS规则定义”对话框中，单击“分类”栏中的“区块”，在右侧，将“Text-align”设置为“center”，即“居中对齐”，如图8-53所示。

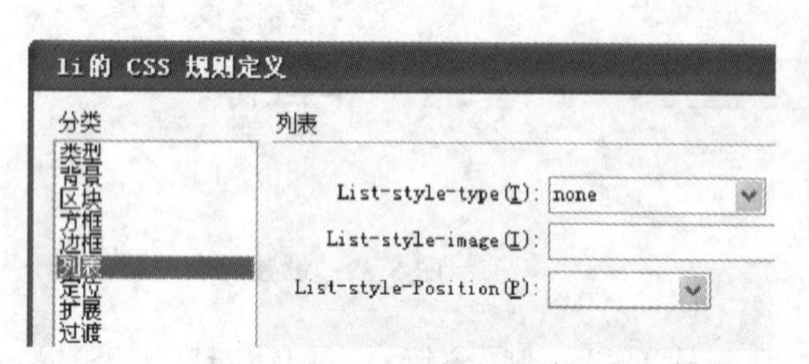

图8-52　显示类型设置

图8-53　设置对齐方式

(5) 步骤5　在“li的CSS规则定义”对话框中，单击“分类”栏中的“方框”，在右侧，将“Width”设置为“70px”，将“Float”设置为“left”，取消勾选“Margin”栏中的“全部相同”复选项，并将“Left”设置为“10px”，如图8-54所示。单击“确定”按钮，完成CSS规则建立。此时，垂直列表已变成水平列表，如图8-55所示。

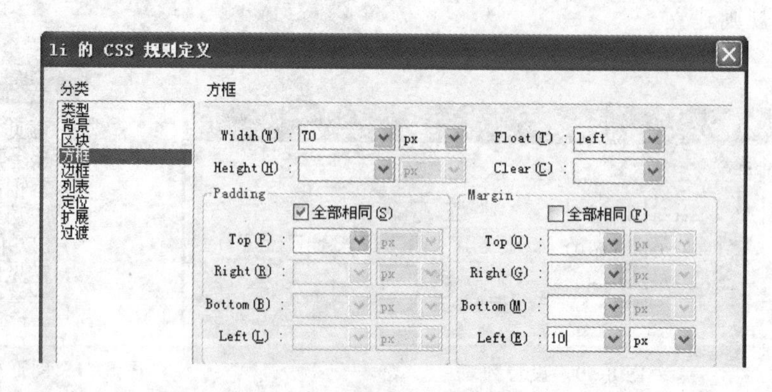

图8-54　列表方框设置

拆分 设计 实时视图 标题: 无标题文档

首页 服务项目 营销会议 成功案例 SEO优化 常见问题 联系我们

图 8-55 水平列表

3. 代码说明

代码如下所示。

```
<style type="text/css">
.list1 {
    list-style-position: inside; /*设置项目符号显示位置:内部*/
    list-style-type: square; /*设置项目符号形状:正方形*/
}
.list2 {
    list-style-image: url(img/eg_arrow.gif); /*将图像设置为项目符号*/
}
li {
    float: left; /*设置列表的对齐方式:左对齐*/
    width: 70px; /*设置列表的每一项的宽度:70 像素*/
    list-style-type: none; /*设置列表符号类型:不显示项目符号*/
    text-align: center; /*设置列表的每一项在其设置的宽度内的对齐方式:居中对齐*/
    margin-left: 10px; /*设置列表的每一项的左边距:10 像素*/
}
</style>
```

代码中已添加了注释,说明了相关代码的作用。水平列表经常用来制作导航菜单。

8.3.4 操作实例——用 CSS 控制图像

对于一个网页,许多装饰都是用图像来实现的。下面我们来学习用 CSS 控制图像。

1. CSS 控制背景图像

(1) 步骤 1 新建一个 HTML 网页文件。

(2) 步骤 2 选择"窗口"→"CSS 样式"命令,打开"CSS 样式"面板。单击"CSS 样式"面板下方的"新建 CSS 规则"按钮,打开"新建 CSS 规则"对话框,在"新建 CSS 规则"对话框中,将选择器类型设置为"标签(重新定义 HTML 元素)",在"选择器名称"下的编辑框中输入"body"(或者通过下拉列表选择"body"),将"规则定义"设置为"(仅限该文档)",如图 8-56 所示,然后单击"确定"按钮。系统弹出"body 的 CSS 规则定义"对话框。

(3) 步骤 3 在"body 的 CSS 规则定义"对话框中,单击"分类"栏中的"背景",在右侧,单击"Background-image"右边的"浏览"按钮,选择"img"目录下的"bg1. gif"图像,如图 8-57 所示,单击"确定"按钮,完成 CSS 规则建立。在"设计"视图中,页面中布满了图像,如图 8-58 所示。

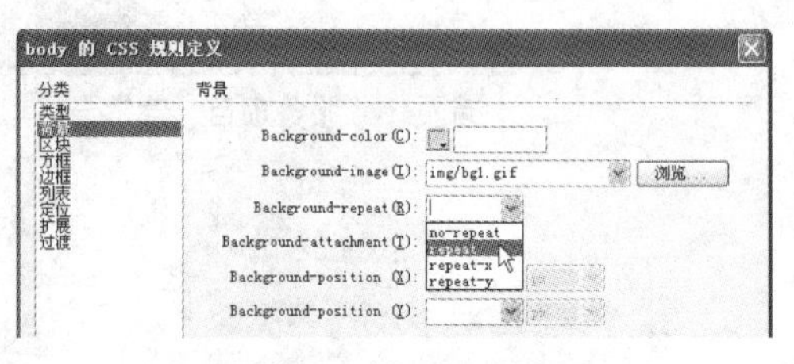

图 8-57　设置背景图像

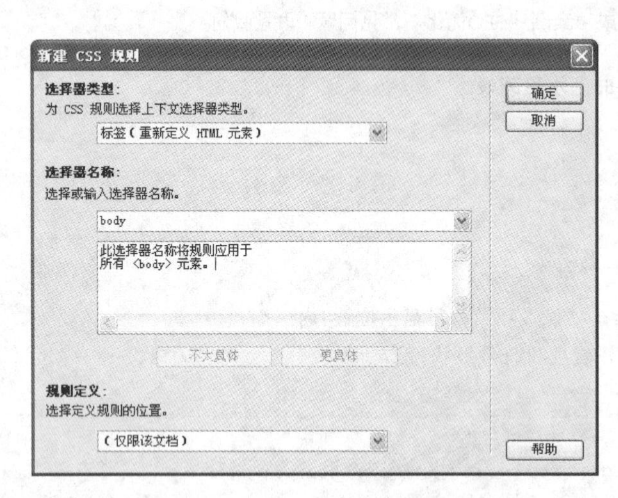

图 8-56　“新建 CSS 规则”对话框

图 8-58　显示背景图像效果

注意

进行上面的设置，是无法表达出想要的效果的。因为，如果图像小了，就会以平铺的方式铺满，如果图像大了，为了显示图像，就会出现滚动条，这样不太好。因此，应对其进行显示控制，就要用到“Background-repeat”属性。在图 8-57 所示的对话框中，有属性“Background-repeat”的设置，它是用来设置背景图像的重复方式的，有以下四个选项。

- repeat：默认值。设置背景图像在纵向和横向上都平铺，即图像重复平铺，直到铺满整个页面。
- no-repeat：背景图像不平铺，原始图像有多大就显示多大。
- repeat-x：背景图像仅在横向上平铺，即从左到右平铺一行。
- repeat-y：背景图像仅在纵向上平铺，即从上到下平铺一列。

读者朋友不妨试试这四种不同选项的效果。

2. 控制图像的大小

有时，一个页面插入了多幅图像，但因每幅图像的大小不等，在页面排列不整齐，现在我们用 CSS 控制这些图像，看看效果如何。

(1) 步骤 1　打开 8.3.4-2.html 文件，该文件里有八幅图像，但因每幅图像的大小不等，在页面排列不整齐。

(2) 步骤 2　选择“窗口”→“CSS 样式”命令，打开“CSS 样式”面板。单击“CSS 样式”面板下方的“新建 CSS 规则”按钮，打开“新建 CSS 规则”对话框，在“新建 CSS 规则”对话框中，将选择器类型设置为“标签(重新定义 HTML 元素)”，在“选择器名称”下的编辑框中输入“img”(或者通过下拉列表选择“img”),将“规则定义”设置为“(仅限该文档)”,如图 8-59 所示。然后单击“确定”按钮,系统弹出“img 的 CSS 规则定义”对话框。

(3) 步骤 3　在“img 的 CSS 规则定义”对话框中,单击“分类”栏中的“方框”,在右侧,将“Width”设置为“200px”,将“Height”设置为“120px”,将“Float”设置为“left”,如图 8-60 所示。单击“确定”按钮,完成 CSS 规则建立。此时,页面中的图像都以相同的大小显示,排列整齐。

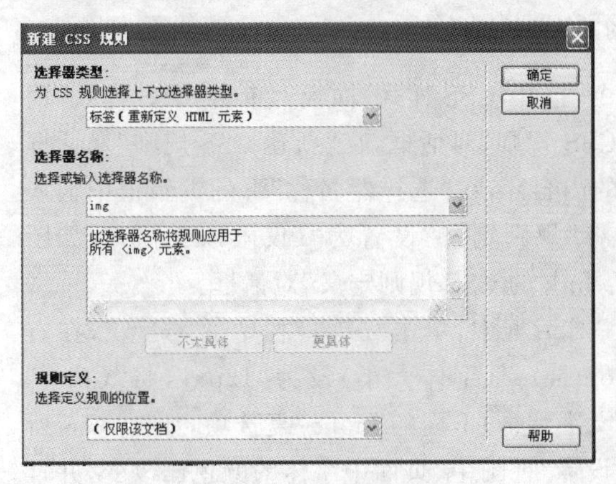

图 8-59　创建标签选择器

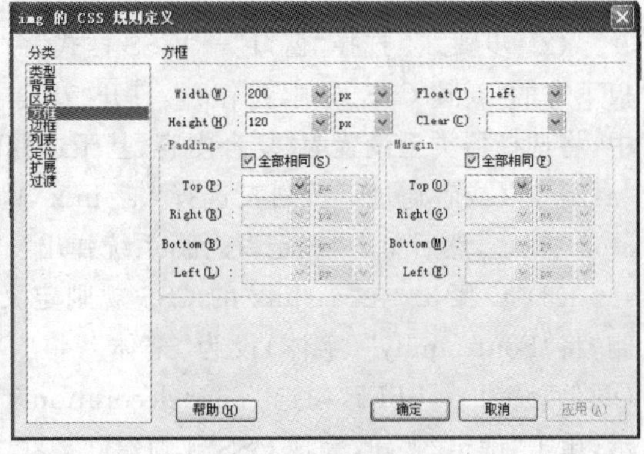

图 8-60　图像大小设置

3. 代码说明

代码如下所示。

```
<style type="text/css">
img {
    height: 120px; /*设置图像高度*/
    width: 200px; /*设置图像宽度*/
    float: left; /*设置图像左对齐*/
}
</style>
```

8.3.5　操作实例——用 CSS 控制超链接

对于很多追求页面美观的网页设计者来说,默认的链接样式实在是太难以容忍了。而且它们也很难和网站的风格相吻合。不过有了 CSS 之后,我们就不用担心了。

CSS 为一些特殊效果准备了特定的工具。其中有几项是我们经常用到的,下面就看看如何修改网页的链接样式。我们经常用于定义链接样式的有四类,它们分别是:

- a: link——定义正常链接的样式;
- a: visited——定义已访问过链接的样式;
- a: hover——定义鼠标悬浮在链接上时的样式;
- a: active——定义鼠标单击链接时的样式。

1. 定义正常链接的样式

(1) 步骤 1　新建一个 HTML 网页文件,插入一个 1 行 5 列的表格,输入相应的内容,给每一项设置超链接,设置了链接的文字都变成了蓝色,并且增加了下划线,这是浏览器的默认设置,如图 8-61 所示。

图 8-61　浏览器的默认超链接样式

(2) 步骤 2　选择“窗口”→“CSS 样式”命令,打开“CSS 样式”面板。单击“CSS 样式”面板下方的“新建 CSS 规则”按钮,打开“新建 CSS 规则”对话框,在“新建 CSS 规则”对话框中,将选择器类型设置为“复合内容(基于选择的内容)”,在“选择器名称”下的编辑框中输入“a: link”(或者通过下拉列表选择“a: link”),将“规则定义”设置为“(仅限该文档)”,如图 8-62 所示。然后单击“确定”按钮,系统弹出“a: link 的 CSS 规则定义”对话框。

(3) 步骤 3　在“a: link 的 CSS 规则定义”对话框中,单击“分类”栏中的“类型”,在右侧,将“Font-family”(字体)设为“宋体”,将“Font-size”(字体大小)设为“12px”,将“Color”(颜色)设为“＃FFF”,勾选“Text-decoration”(文字装饰)下面的“none”复选项,如图 8-63 所示,单击“确定”按钮,完成 CSS 规则建立。在“设计”视图中,页面中字体的颜色已改变,并且没有下画线,如图 8-64 所示。

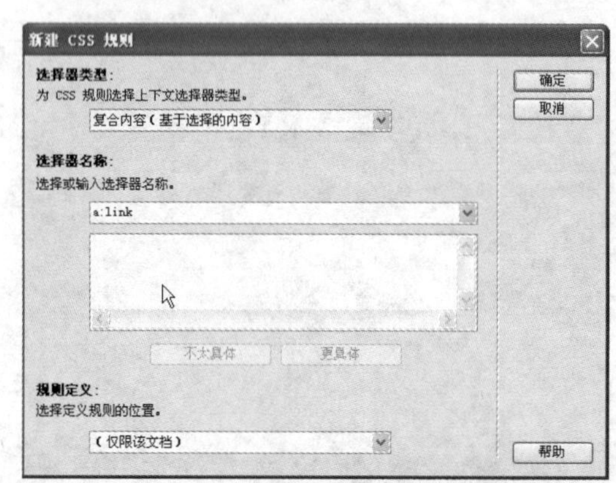

图 8-62　“新建 CSS 规则”对话框

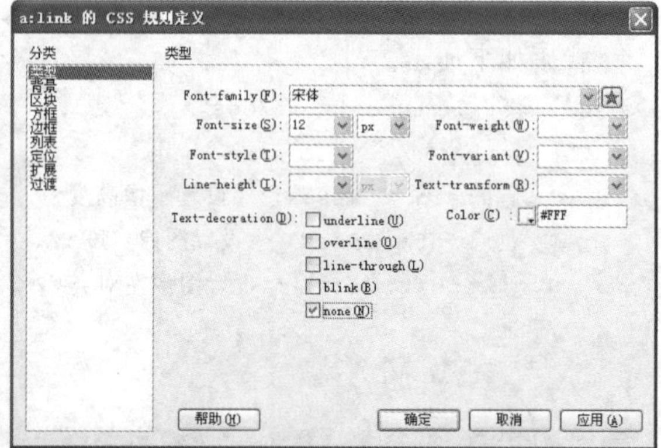

图 8-63　“a: link 的 CSS 规则定义”对话框

图 8-64　设置超链接的效果

2. 定义鼠标悬浮在链接上时的样式

(1) 步骤 1　选择“窗口”→“CSS 样式”命令,打开“CSS 样式”面板。单击“CSS 样式”面板下方的“新建 CSS 规则”按钮,打开“新建 CSS 规则”对话框,在“新建 CSS 规则”对话框中,将选择器类型设置为“复合内容(基于选择的内容)”,在“选择器名称”下的编辑框中输入

“a：hover”(或者通过下拉列表选择“a：hover”)，将“规则定义”设置为“(仅限该文档)”，如图 8-65 所示。然后单击“确定”按钮，系统弹出“a：hover 的 CSS 规则定义”对话框。

(2) 步骤 2　在“a：hover 的 CSS 规则定义”对话框中，单击“分类”栏中的“类型”，在右侧，勾选“Text-decoration”(文字装饰)下面的“underline”复选项，如图 8-66 所示，单击“确定”按钮，完成 CSS 规则建立。保存文件，在浏览器中查看效果，当鼠标移到链接上时，文字出现下画线，如图 8-67 所示。

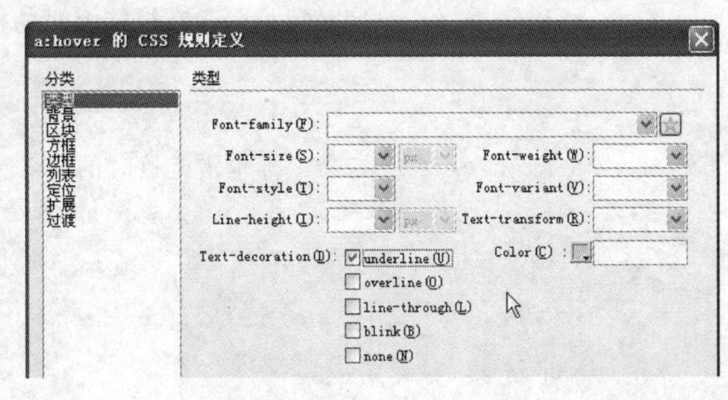

图 8-65　新建 CSS 规则　　　　**图 8-66　设置 a：hover 规则**

图 8-67　效果图

3. 代码说明

代码如下所示。

```
<style type="text/css">
a:link {     /*定义正常链接的样式*/
    font-family: "宋体"; /*设置字体:宋体*/
    font-size: 14px; /*设置字体大小:14 像素*/
    color: #FFF;  /*设置字体颜色:白色*/
    text-decoration: none; /*设置文字装饰:无下划线*/
}
    a:hover {  /*定义鼠标悬浮在链接上时的样式*/
    text-decoration: underline; /*设置文字装饰:有下划线*/
}
</style>
```

4. 链接样式定义的顺序

有时候链接样式定义好了，但它并没有显示我们所想要的效果。如果这四项的书写顺序稍有不同,链接的效果可能就发生了变化,因此,定义链接样式时务必确认定义的顺序如下。

```
<style type="text/css">
a: link {    /*定义正常链接的样式*/
    ……
}
a: visited { /*定义已访问过链接的样式*/
……
}
a: hover {   /*定义鼠标悬浮在链接上时的样式*/
    ……
}
a: active { /*定义鼠标单击链接时的样式*/
……
}
</style>
```

5. *局部链接样式定义*

很多网页在不同地方的超链接呈现出不同的样式,仅凭上面的操作定义是不能实现的。通常,页面导航部分的链接和其他的链接具有不同的样式。如何实现这种对局部链接的样式定义呢?可以用相应的 class、id 或者内嵌定义方式。下面以行内定义方式为例进行操作。

(1) 步骤 1　在“设计”视图下,输入文字“局部链接样式定义”,然后给它添加超链接。添加超链接后,文字“局部链接样式定义”却不见了,这是因为前面设置的“a:link”中“color”为“白色”,白色的字和页面颜色一样,所以看不见。

(2) 步骤 2　切换到“代码”视图,如图 8-68 所示。

```
27    </tr>
28  </table>
29  <p><a href="#">局部链接样式定义</a></p>
30  </body>
31  </html>
```

图 8-68　代码

(3) 步骤 3　将光标定位到 29 行的“<a”后面,并按空格键,弹出代码提示,可通过代码提示输入“style＝"color:＃F0F" ”,也可以不用代码提示,直接输入“style＝"color:＃F0F"”,如图 8-69 所示。

```
27    </tr>
28  </table>
29  <p><a style="color:#F0F" href="#">局部链接样式定义</a></p>
30  </body>
31  </html>
```

图 8-69　行内样式定义

(4) 步骤4　切换到“设计”视图,文字的颜色已经改变。

(5) 步骤5　保存文件,在浏览器中查看效果。

8.3.6 操作实例——CSS滤镜应用

CSS提供了滤镜功能,滤镜主要是用来实现图像等元素的各种特殊效果。CSS滤镜的特殊效果将网页带入绚丽多姿的世界。有了滤镜,页面变得更加漂亮。

合理的使用CSS滤镜,可以减少网页使用图像的数量,从而减少网页文件的大小;也可以通过直接修改CSS中滤镜的参数,从而达到快速更新页面的效果。

Dreamweaver CS6中可设置的滤镜效果有16种,如图8-70所示。

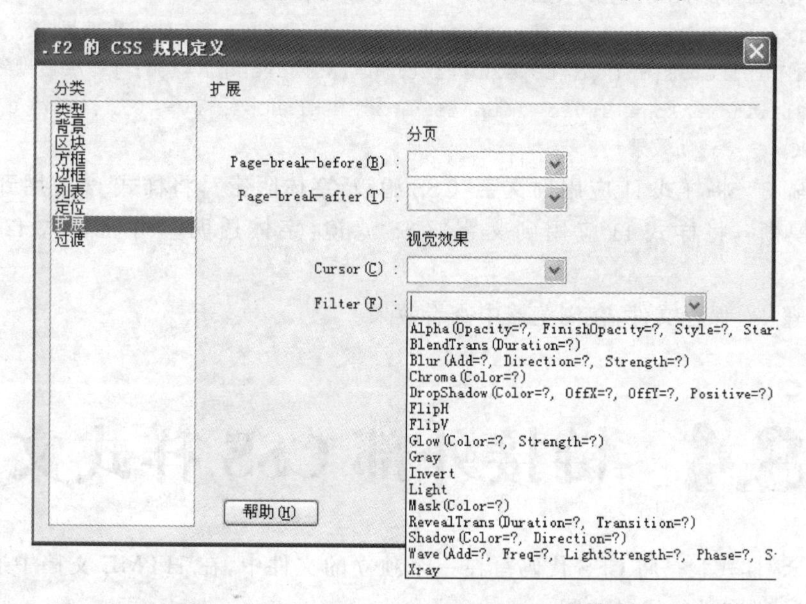

图8-70　Dreamweaver CS6中可设置的滤镜效果

Dreamweaver CS6中可设置的16种滤镜效果的主要功能如下。

- Alpha:设置透明度。
- BlendTrans:设置淡入和淡出的效果。
- Blur:建立模糊效果。
- Chroma:把指定的颜色设置为透明。
- DropShadow:建立一种偏移的影像轮廓,即投射阴影。
- FlipH:水平反转。
- FlipV:垂直反转。
- Glow:为对象的外边界增加光效。
- Gray:把一张图像变成灰度图。
- Invert:将色彩、饱和度以及亮度值完全反转创建底片效果。
- Light:在一个对象上进行灯光投影。
- Mask:为一个对象建立透明膜。

● RevealTrans:建立切换效果。

● Shadow:建立一个对象的固体轮廓,即阴影效果。

● Wave:在 X 轴和 Y 轴方向利用正弦波纹打乱图像。

● Xray:只显示对象的轮廓。

下面以 Shadow、Blur、Alpha 滤镜为例,介绍滤镜的使用方法。

(1) 步骤 1　打开 8.3.6.html 文件,该文档中有三段文字和一幅图像。

(2) 步骤 2　切换到"代码"视图,将下面的 CSS 代码添加到文档中,也可以从"CSS 样式"面板中添加。添加时,必须将"CSS 样式"面板中相关滤镜中的"?"换成相应的参数,否则,Dreamweaver 将给出相应的提示。

```
.f1{filter: Shadow(Color=#000000,Direction=135);}  /*阴影效果*/
.f2 { filter:Blur(Add=true, Direction=135,Strength=10); }  /*模糊效果*/
.f3{filter:Alpha(style=1,opacity=30,finishOpacity=70,startY=0,finishY=
256); }/*透明效果*/
```

(3) 步骤 3　将样式 f1 应用到文字"CSS 滤镜:字体阴影",将样式 f2 应用到文字"CSS 滤镜:字体模糊",将样式 f3 应用到文字"CSS 滤镜:字体透明",并将样式 f2 应用到图像上。

(4) 步骤 4　保存文件,在浏览器中查看效果。

8.4　链接外部 CSS 样式文件

外部 CSS 样式表是将 CSS 代码写在一个独立的文件中,在 HTML 文档中通过引用所定义的样式文件来进行格式控制。

应用外部 CSS 文件的优点是可以在站点中的任何一个 HTML 文档中进行引用,从而使整个站点在风格上保持一致,避免重复的 CSS 属性设置。另外,当需要改版或做某些重大调整时,直接修改该 CSS 文件中的相关样式,即可更改网页中应用该样式的对象格式。将外部 CSS 样式表链接到当前文档后,其所定义的样式就可以和文档内部定义的样式一样使用了。因此,在网站设计中普遍采用这种方式。

8.4.1　使用外部 CSS 样式文件

1. 建立外部 CSS 样式表文件

(1) 步骤 1　打开 8.4.1.html 文件。

(2) 步骤 2　选择"窗口"→"CSS 样式"命令,打开"CSS 样式"面板。单击"CSS 样式"面板下方的"新建 CSS 规则"按钮,打开"新建 CSS 规则"对话框,在"新建 CSS 规则"对话框中,将选择器类型设置为"类(可应用于任何 HTML 元素)",在"选择器名称"下的编辑框中输入".outcss",将"规则定义"设置为"(新建样式表文件)",如图 8-71 所示。然后单击"确定”按钮。系统弹出“将样式表文件另存为”对话框。

(3) 步骤 3　在“将样式表文件另存为”对话框中，选择一个保存该样式表的目录，并给该样式表取一个名字，如“mycss”，如图 8-72 所示，单击“保存”按钮，外部 CSS 样式表文件建立成功，并弹出“. outcss 的 CSS 规则定义(在 mycss. css 中)”对话框。

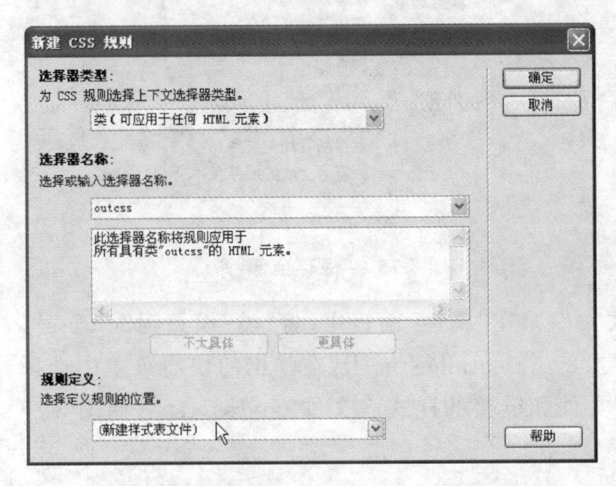

图 8-71　建立外部 CSS 样式表文件

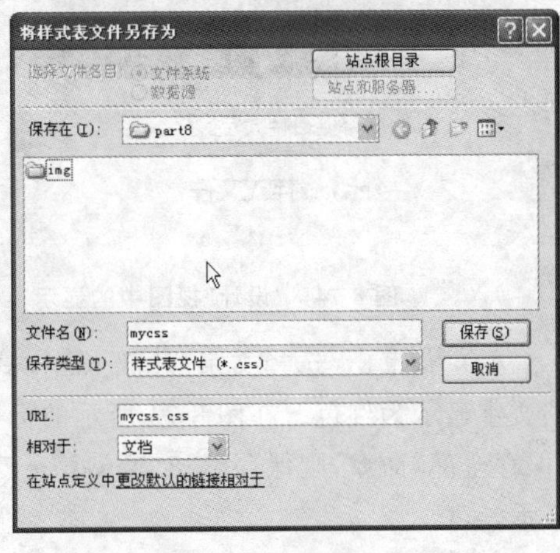

图 8-72　样式表另存为

2. CSS 规则定义与应用

(1) 步骤 1　在“. outcss 的 CSS 规则定义(在 mycss. css 中)”对话框中，设置字体大小为“16px”，颜色为红色，如图 8-73 所示。单击“确定”按钮，完成 CSS 规则定义，并返回到“设计”视图，在 源代码 的右边显示的是链接的外部样式表文件“mycss. css”，如图 8-74 所示。

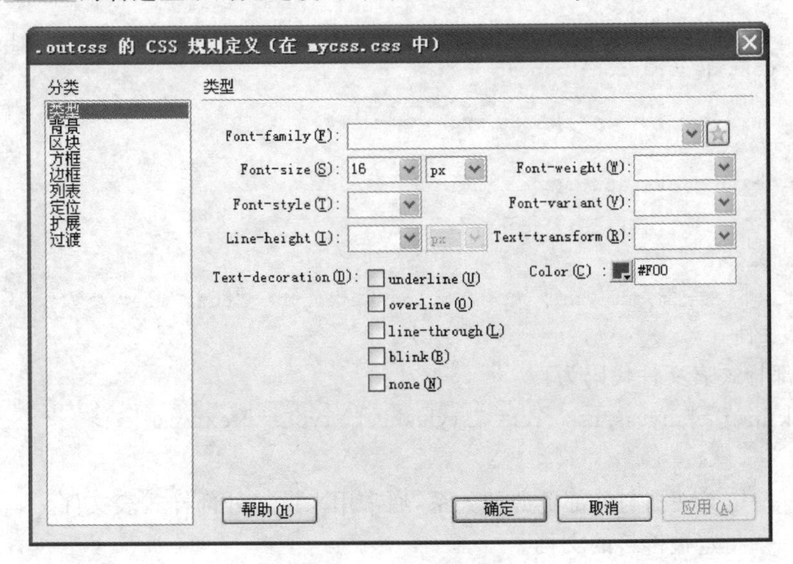

图 8-73　CSS 规则定义

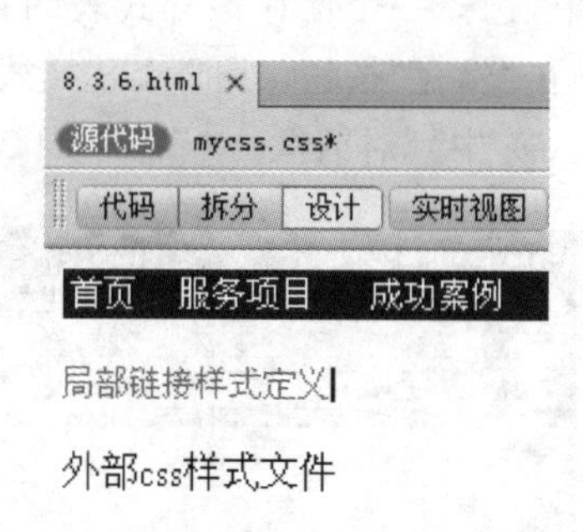

图 8-74 “设计”视图中的显示

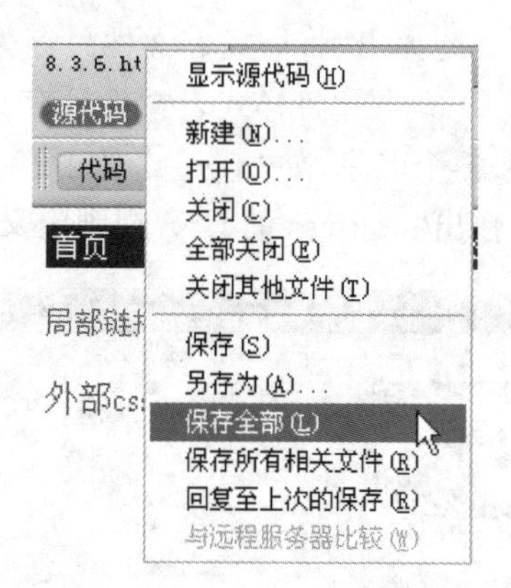

图 8-75 “保存全部”命令

(2) 步骤 2 选择文字“外部 css 样式文件”，在“属性”面板中，将“类”设置为“outcss”，则文字显示为红色。在图 8-74 所示的标题“8.3.6.html”上右击，在弹出的快捷菜单中选择“保存全部”命令，则保存了“8.3.6.html”文件和链接的样式表文件“mycss.css”，如图 8-75 所示。

3. 代码说明

代码如下所示。

```
<style type="text/css">   <!--内部样式表定义-->
a:link {
    font-family: "宋体";
    font-size: 14px;
    color: # FFF;
    text-decoration: none;
}
a:hover {
    text-decoration: underline;
}
</style>
<link href="mycss.css" rel="stylesheet" type="text/css" />   <!--链接外部样
式表文件-->
```

链接外部样式表文件代码为：

<link href="mycss.css" rel="stylesheet" type="text/css" />

其中：

- link——定义文档与外部资源的关系，通常用来链接外部样式表文件。
- href——指定被链接的文档。
- rel——指定当前文档与被链接文档之间的关系。
- stylesheet——指示被链接的文档是一个样式表。
- type——指定被链接文档的类型 CSS。

 **提示**

在本例中，并没有设置链接外部样式表文件的具体操作，但新建 CSS 规则时，在选择样式表的位置时，设置为“(新建样式表文件)”。由于是在当前文档中新建 CSS 规则，因此，Dreamweaver 就自动将链接代码添加到文档中。样式表文如果件不是在当前文档中建立的，则需要通过链接操作链接到文档中。

8.4.2 通过链接使用外部样式表

如果样式表文件已经建立好，则可通过链接引入到 HTML 文件中。

下面以上一小节中建好的样式表文件“mycss.css”为例来进行说明。

(1) 步骤 1 新建一个 HTML 文件，并输入文字“链接外部样式表”。

(2) 步骤 2 用快捷键 Shift+F11，打开“CSS 样式”面板，单击该面板下方的“附加样式表”按钮，打开“链接外部样式表”对话框，如图 8-76 所示。

(3) 步骤 3 在“链接外部样式表”对话框中，单击“浏览”按钮，打开“选择样式表文件”对话框，如图 8-77 所示。

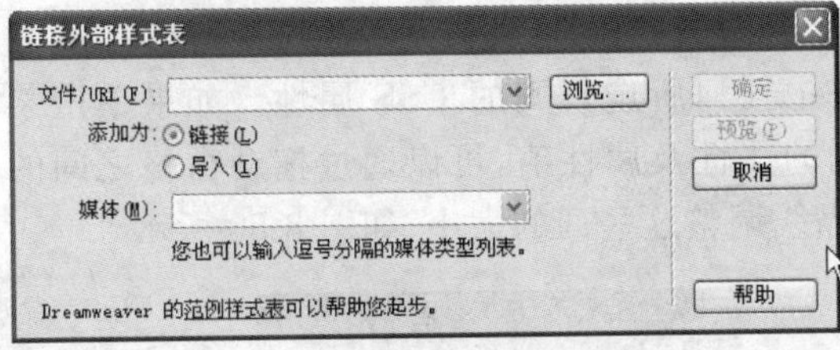

图 8-76 “链接外部样式表”对话框

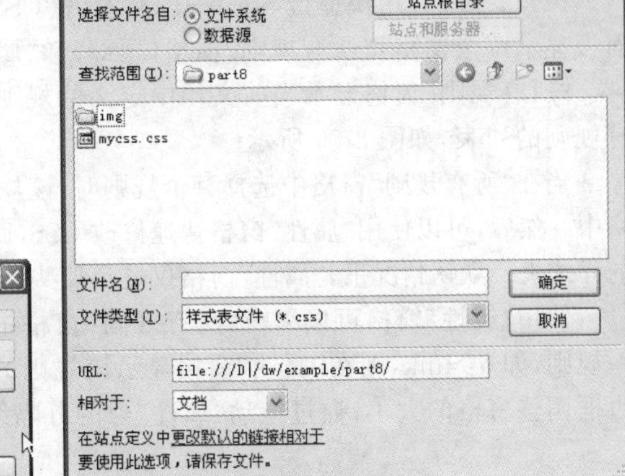

图 8-77 “选择样式表文件”对话框

(4) 步骤 4 在“选择样式表文件”对话框中，定位到所需要的文件所在的文件夹，单击文件“mycss.css”，并单击“确定”按钮，返回到“链接外部样式表”对话框，如图 8-78 所示。

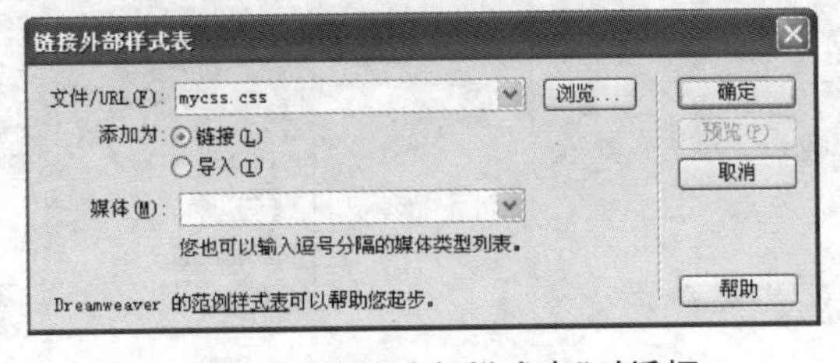

图 8-78 “链接外部样式表”对话框

(5) 步骤 5 在“链接外部样式表”对话框中，选中“链接”单选按钮。然后单击“确定”按钮，完成链接外部样式表操作。在“代码”视图中，在<head></head>标签中加入了一行代码：

```
< link href= "mycss.css" rel= "stylesheet" type= "text/css" />
```

8.5 管理CSS样式表

CSS样式表建立后，可能有些地方不太理想，需要进行调整。在 Dreamweaver 中，可以使用“CSS样式”面板管理 CSS 样式表中的各个规则。

8.5.1 查看和编辑 CSS 样式

在“CSS 样式”面板中，有“全部”模式和“当前”模式两种模式。在“全部”模式下，可以跟踪文档可用的所有规则和属性；在“当前”模式下，可以跟踪影响当前所选页面元素的 CSS 规则和属性。使用面板顶部的切换按钮可以在两种模式之间切换。

1. “全部”模式

(1) 步骤 1 打开 8.3.6_result.html 文件。

(2) 步骤 2 用快捷键 Shift+F11，打开“CSS 样式”面板，在“全部 ”模式下，“CSS 样式”面板显示两个窗格：“所有规则”窗格(顶部)和“属性”窗格(底部)。

“所有规则”窗格显示当前文档中定义的规则以及链接到当前文档的样式表中定义的所有规则的列表，如图 8-79 所示。

当在“所有规则”窗格中选择某个规则时，该规则中定义的所有属性都将出现在“属性”窗格中。然后，可以使用“属性”窗格快速修改 CSS，而无论它是嵌入在当前文档中还是链接外部的样式表。默认情况下，“属性”窗格仅显示那些已经设置的属性，并按字母顺序排列它们。

使用“属性”窗格可以编辑“所有规则”窗格中任何所选规则的 CSS 属性。如果单击某一规则，如 a：link，则在“属性”窗格显示该规则的属性及属性值，可以通过拖动窗格之间的边框调整窗格的大小，通过拖动“属性”列的分隔线调整这些列的大小，如图 8-80 所示。

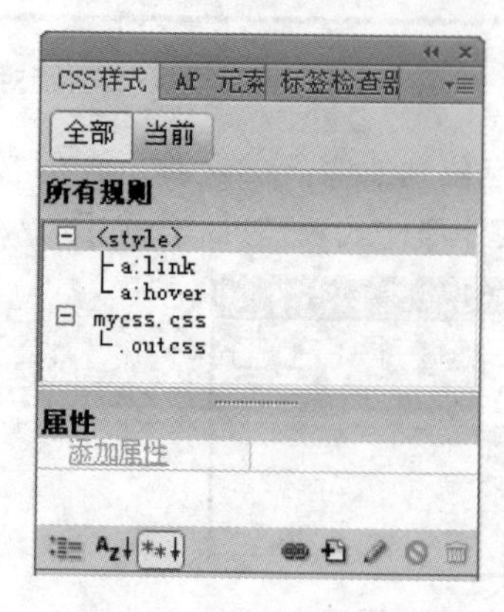

图 8-79 “所有规则”窗格

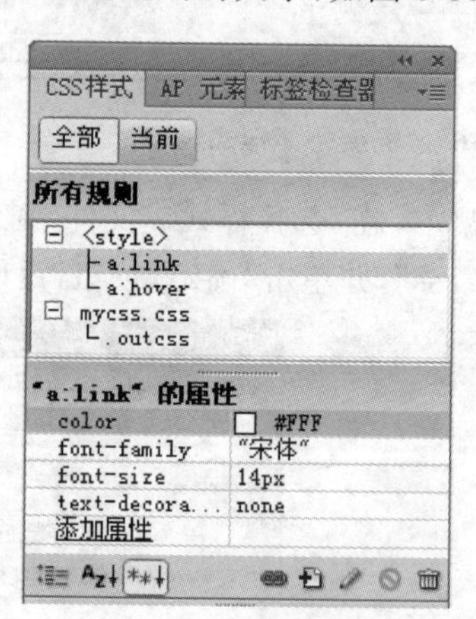

图 8-80 “属性”窗格

使用“CSS 样式”面板还可以在“全部”和“当前”模式下修改 CSS 属性。

(3) 步骤 3　在“属性”窗格中，单击“14px”，即属性“font-size”值，出现下拉列表，可以更改其值，如改为 18，还可以修改其单位，如图 8-81 所示。对“属性”窗格所做的任何更改都将立即应用，可以在操作的同时预览效果。

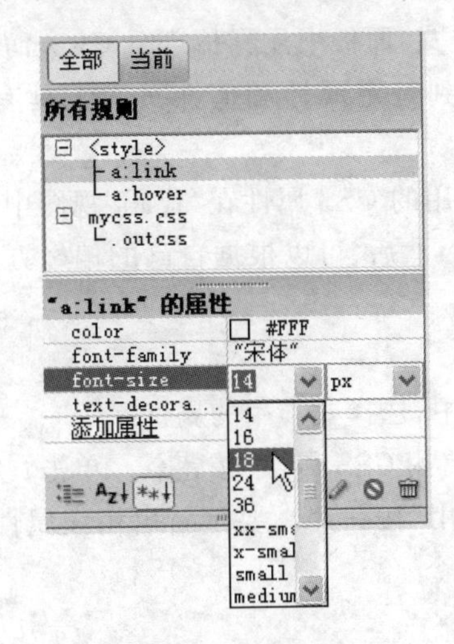

图 8-81　编辑规则

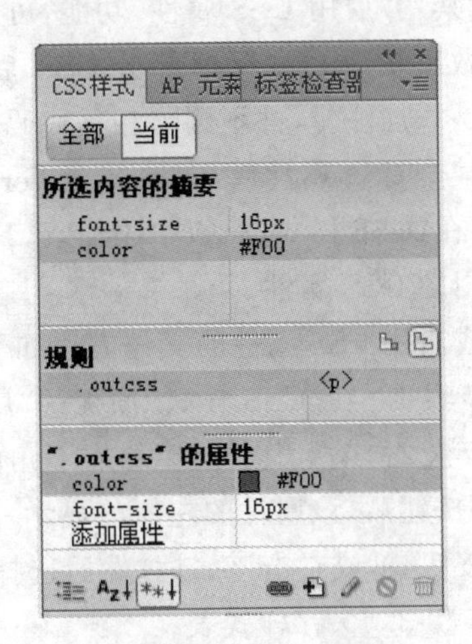

图 8-82　“当前”模式

2. “当前”模式

在“当前”模式下，如图 8-82 所示，“CSS 样式”面板将显示以下三个面板。

● “所选内容的摘要”窗格，其中显示文档中当前所选内容的 CSS 属性。

● “规则”窗格，其中显示所选属性的位置(或所选标签的一组层叠的规则)。

● “属性”窗格，它允许您编辑应用于所选内容的规则的 CSS 属性。

当光标位于不同的链接上时，在“当前”模式下，面板的内容也会跟着变动。例如，在“局部链接样式定义”上单击，即将光标移到该链接上，“当前”模式显示如图 8-83 所示。“当前”模式下同样可以修改 CSS 属性，如图 8-84 所示。

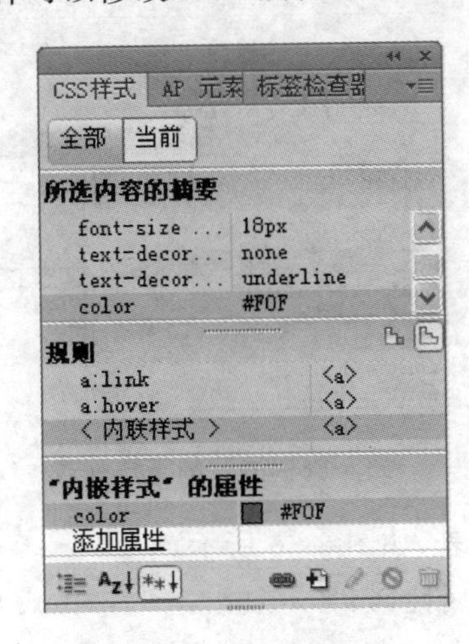

图 8-83　当前样式

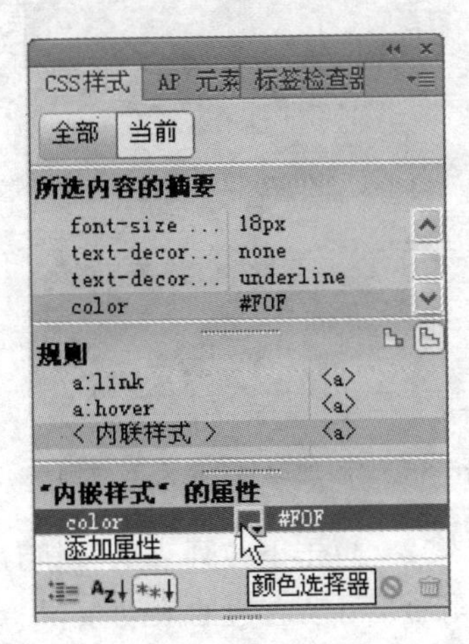

图 8-84　编辑当前样式

如果还不习惯这种模式，可以单击“CSS样式”面板下面的“编辑样式”按钮，打开规则定义对话框，再对其进行相关操作。

8.5.2 禁用或启用CSS属性

通过“禁用/启用CSS属性”功能，可从“CSS样式”面板中注释掉部分CSS，而不必直接在代码中做出更改。注释掉部分CSS后，即可看到特定属性和值在页面上具有的效果。“禁用”只是添加注释，并不删除相关代码。

禁用某个CSS属性后，Dreamweaver将对已禁用的CSS属性在“代码”视图中添加CSS注释标签；在“CSS样式”面板中添加“已禁用”图标。然后，可以根据自己的偏好方便地重新启用所禁用的CSS属性。

禁用或启用CSS属性的操作方法如下。

(1) 步骤1　在“CSS样式”面板的“属性”窗格中，选择要禁用的属性。

(2) 步骤2　单击“属性”窗格右下角的“禁用/启用CSS属性”按钮。单击“禁用/启用CSS属性”按钮后，该属性的左侧将显示一个“已禁用”按钮。要重新启用该属性，请单击“已禁用”按钮，或右击该属性，然后选择“启用”命令。

(3) 步骤3　保存样式表。

8.5.3 添加或删除CSS属性

1. 添加属性

(1) 步骤1　在“CSS样式”面板的“属性”窗格中，单击“添加属性”，则“添加属性”变为下拉列表，如图8-85所示。

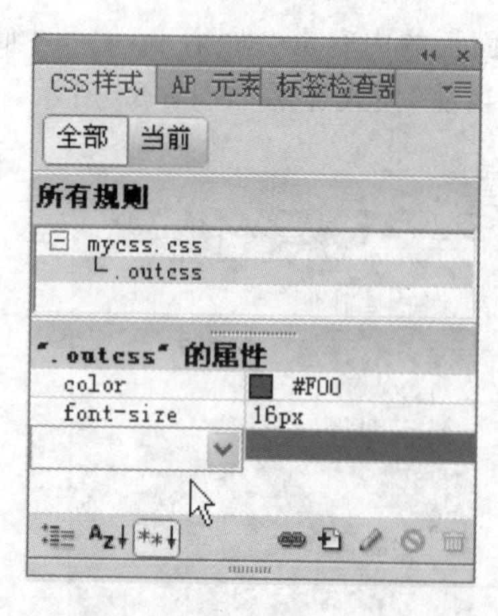

图8-85　“添加属性”变为下拉列表

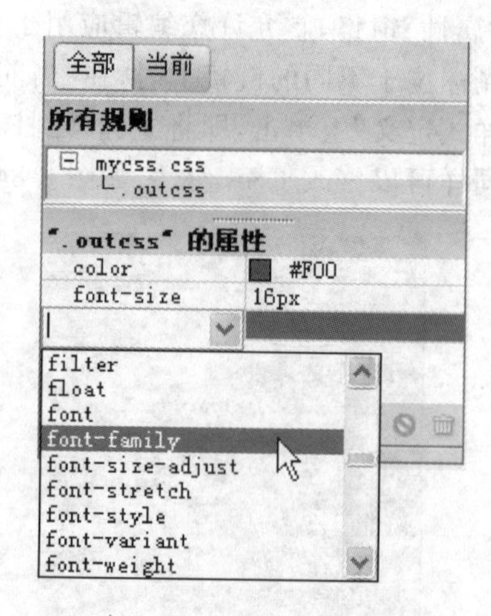

图8-86　展开的下拉列表

(2) 步骤2　单击下拉列表的按钮，展开下拉列表，如图8-86所示。

(3) 步骤3　滑动右边的滚动条，找到要添加的属性，如“font-family”(字体)，并单击，则“font-family”(字体)右边变为下拉列表，如图8-87所示。

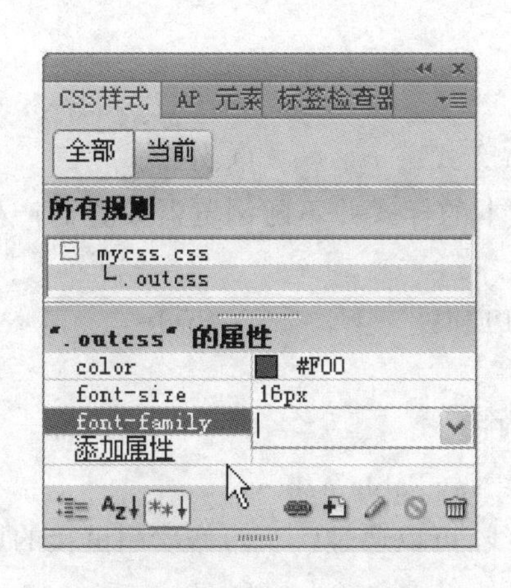

图 8-87 属性值下拉列表

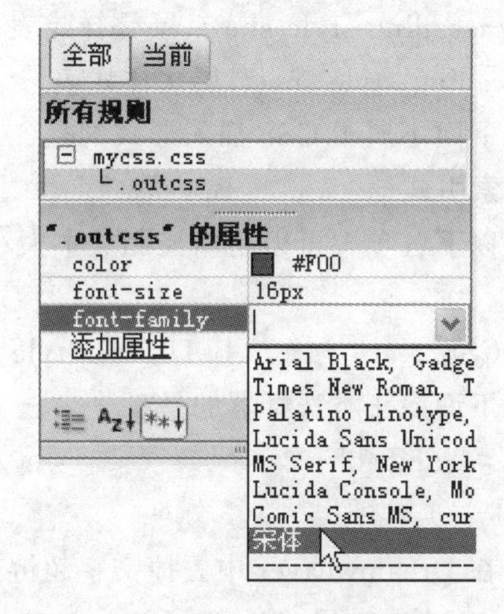

图 8-88 选择字体

(4) 步骤 4 滑动右边的滚动条,选择"宋体",并单击,如图 8-88 所示,字体属性添加到样式表中,如图 8-89 所示。

(5) 步骤 5 保存样式表。

如果感觉属性列表的属性太多,还不习惯这种模式,可以单击"CSS 样式"面板下面的"编辑样式"按钮,打开规则定义对话框,然后,对其进行添加操作。

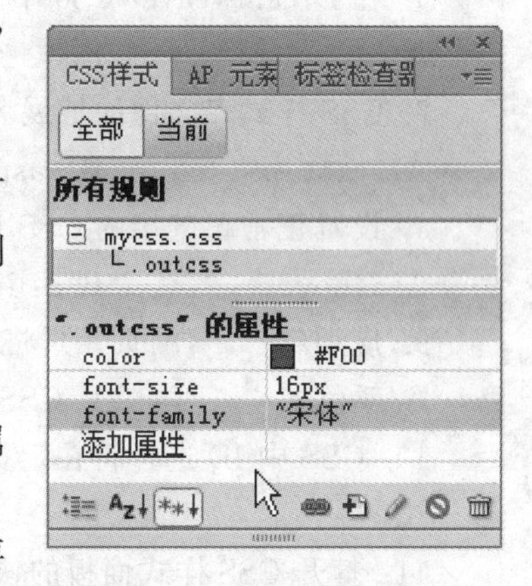

图 8-89 字体属性已添加

2. 删除 CSS 属性

若某些属性不需要了,则可以删除属性(包括禁用的属性)。

(1) 步骤 1 在"CSS 样式"面板的"属性"窗格中选择要删除的属性,单击"CSS 样式"面板右下角的"删除 CSS 属性"按钮,或右击该属性,从快捷菜单中选择"删除"命令。

(2) 步骤 2 保存样式表。

本章小结

本章主要讲述 CSS 样式表的概念、样式表的类型、样式表基本语法格式、CSS 选择器类型、建立 CSS 样式表的方法、用 CSS 控制页面元素的方法、外部 CSS 样式以及管理 CSS 样式表的方法。

习题 8

一、选择题

1. CSS 的全称是________,中文译作________。以下选项中,正确的是( )。

A. cading style sheet;层叠样式表

B. cascading style sheet;层次样式表

C. cascading style sheet;层叠样式表

D. cading style sheet;层次样式表

2. 下面不属于 CSS 插入形式的是(　　)。

A. 索引式　　B. 内联式　　C. 嵌入式　　D. 外部式

3. 以下各项中可以精确控制文本大小,使得文本的样式并不随浏览器设置而产生变化的是(　　)。

A. CSS　　B. HTMLStyle　　C. HTML　　D. Style

4. 下面属于类选择器的是(　　)。

A. ＃TopTable　　B. . Td1

C. P　　D. ＃NavTable a:hover

5. 在 Dreamweaver 中去掉文字超链接的下划线,可以通过(　　)修改超链接的属性。

A. CSS　　B. ＜font＞　　C. color　　D. size

6. 在 Dreamweaver CS6 中,根据选择器的不同类型,CSS 样式被划分为(　　)大类。

A. 2　　B. 3　　C. 4　　D. 5

7. CSS 样式表文件的扩展名为(　　)。

A. . txt　　B. . asp　　C. . jsp　　D. . css

8. 设置正常超链接的 CSS 选择器是(　　)。

A. a:hover　　B. a:link　　C. a:visited　　D. a:active

9. 应用(　　),网页元素将依照定义的样式显示,从而统一了整个网站的风格。

A. 颜色　　B. CSS 样式表　　C. LOGO　　D. 图像

10. CSS 中 ID 选择符在定义的前面要用指示符(　　)。

A. *　　B. .　　C. !　　D. ＃

11. 打开 CSS 样式面板的快捷键是 (　　)。

A. F11　　B. F12　　C. Ctrl＋F11　　D. Shift＋F11

12. 几种 CSS 方式各有用途,在统一整个站点风格上,用(　　)方式。

A. 内嵌入式　　B. 外部文件式　　C. 独立式　　D. 内联式

二、填空题

1. 在 CSS 语言中,定义左边框的参数是________。

2. CSS 属性中用来更改背景颜色的参数是________。

3. Color:＃666666;可缩写为________。

4. 一个外部样式表文件可以使用 CSS 的________语句来链接引用。

5. 自定义样式(class)名称,必须以________作为开头。但如果不输入,Dreamweaver 会自动输入。

三、简答题

1. 类选择器和 ID 选择器有什么区别?

2. 举例说明在网页中使用 CSS 样式表的三种方式(都以对 p 标记应用 color 属性为例),并简要分析各自的特点。

四、实践题

1. 制作文章页或诗词页，设置页面属性。

(1) 新建或打开网页，设置页面默认字体。

(2) 设置页面上边距为0、左边距为10。

(3) 设置页面背景图像。

(4) 设置链接颜色：a:link;a:hover;a:visited。

2. 创建自定义的CSS样式。

(1) 创建自定义的CSS样式(存放在独立的CSS样式表文件中)——标题1、标题2等，使用"CSS样式"面板设计字体样式，并应用到当前网页中。

(2) 创建自定义的CSS样式"txt"，字体大小为10点数，字体幼圆；行高为1.8倍行高，并应用到当前网页中。

3. 重定义HTML标签。

修改body标签，使用背景面板设置背景图像。不重复、固定、自定位置使用区块面板设置文本对齐为居中。

4. 修改CSS样式。

(1) 修改自己所建的标题1模式，使用区块面板设置文本对齐为居中。

(2) 重定义"txt"模式，缩进两个字。

(3) 修改标题模式，使用边框面板设置下边框为双线、颜色自选。

5. 附加CSS样式表。

新建一个网页，附加以上建立的CSS样式表，并应用样式。

6. 可放大的缩略图效果。在网页上首先排列展示图像的缩略图，当鼠标放到某个图像的缩略图上，会显示相应图像的放大效果。先准备几张图像，参考代码如下。

```
<html>
<head>
<title> 可放大的缩略图</title>
<style type="text/css">
<!--
.thumbnail{
  position: relative;
  text-decoration:none;
  }
.thumbnail div{
    position: absolute;
    visibility: hidden;
    z-index: 2;
  }
a:hover div{
  visibility: visible;
  top: 36px;
```

```
    left: 50px;
    }
  .t_img {
    width:50px;
    height:36px;
    border:0;
  }
    -->
  </style>
  </head>
  <body>
  <a class="thumbnail" href="#">
  <img src="img/1.jpg" class="t_img">
  <div> <img src="img/1.jpg"> </div>
  </a>
  <a class="thumbnail" href="# ">
  <img src="img/2.jpg" class="t_img">
  <div> <img src="img/2.jpg"> </div>
  </a>
  <a class="thumbnail" href="# ">
  <img src="img/3.jpg" class="t_img">
  <div> <img src="img/3.jpg"> </div>
  </a>
  </body>
  </html>
```

7. 将下列 CSS 滤镜应用在文字和图像上。

```
<style type="text/css">
p{font-size:100px; }
.filter1 {filter: Shadow(Color=#000000, Direction=225);} /*CSS 滤镜:阴影效果*/
.filter2 {font-weight:bold;
    filter: Blur(Add=true, Direction=225, Strength=10); }/*CSS 滤镜:模糊效果*/
.filter3 {filter: Alpha (style = 1, opacity = 30, finishOpacity = 60, startY = 0,
finishY=256); } /*CSS 滤镜:透明效果*/
</style>
```

第9章　框架和AP元素

学习目标

本章主要学习创建框架和框架集；设置框架和框架集的属性，如框架名称、源文件、边框、滚动、边框颜色等；用框架布局一个页面；设置框架集中的超链接；应用 IFRAME 元素和 AP 元素，如插入 AP 元素，为 AP 元素添加内容，AP 元素的可见性等。

本章重点

● 设置框架和框架集的属性；● 用框架布局一个页面；● 设置框架集中的超链接；● 应用 IFRAME 元素；● 应用 AP 元素。

9.1 框　　架

框架是网页的一种布局，在网页设计中，框架是组织复杂页面的一种重要方法。通过使用框架，可以在同一个浏览器窗口中显示不止一个页面。每份 HTML 文档称为一个框架，并且每个框架都独立于其他的框架。

9.1.1　创建框架和框架集

1. 在现有文档中创建框架

在 Dreamweaver 中预定义了很多常用的框架集，可以从中选择合适的进行创建，在现有文档中创建框架，可以通过以下两种方法来实现。

1）第一种方法

（1）新建网页“9.1.1.html”，确定要插入框架的位置，然后选择“插入”→“HTML”→“框架”子菜单中的一种框架格式，如图 9-1 所示。

（2）选择“左对齐”，此时会弹出“框架标签辅助功能属性”对话框，如图 9-2 所示。在该对话框中可以设置每个框架的标题，完成后单击“确定”按钮即可。

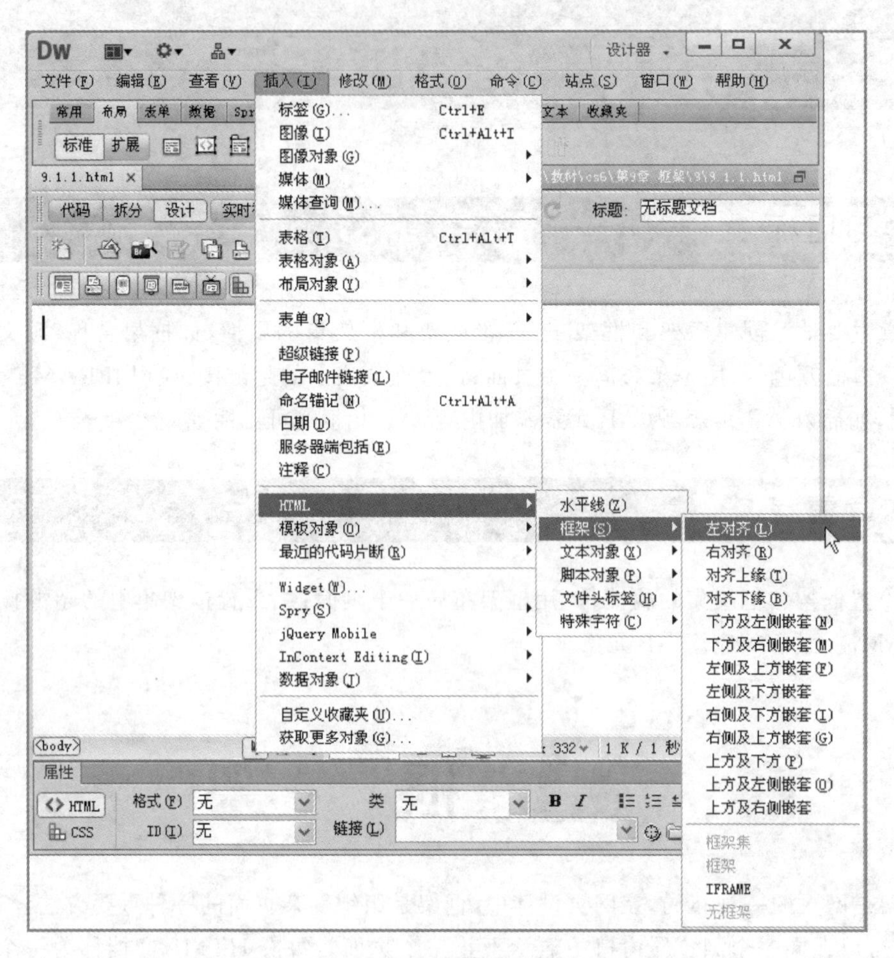

图 9-1　在网页中插入框架

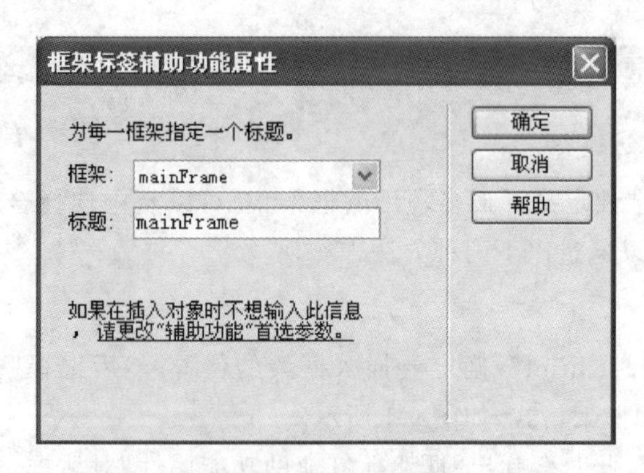

图 9-2　“框架标签辅助功能属性”对话框

提示

如果已经在“首选参数”对话框选中了“分类”列表框中的“辅助功能”类别对应的“框架”，如图 9-2 所示的对话框就会出现，否则“框架标签辅助功能属性”对话框不会出现。

2）第二种方法

(1) 可以选择“修改”→“框架集”命令，展开的子菜单中的框架格式，如“拆分左框架”、“拆分上框架”等，当前文档将出现在其中的一个框架中，如图 9-3 所示。

图 9-3　框架集中创建框架

(2) 创建嵌套框架集，操作也很简单，只要将鼠标指针移到需要嵌套的框架中，再次单击“创建框架集”即可。

2. 拆分和删除框架

在创建好框架后，如果想对框架进行局部分割，可以将一个框架拆分成更小的几个框架。拆分框架有以下几种方法。

(1) 将光标放置在要拆分的框架中,选择"修改"→"框架集"子菜单中的拆分项。

(2) 在"设计"视图中,将框架边框从视图的边缘拖到视图的中间,以垂直或水平方式拆分一个框架或一组框架,如图 9-4 所示。

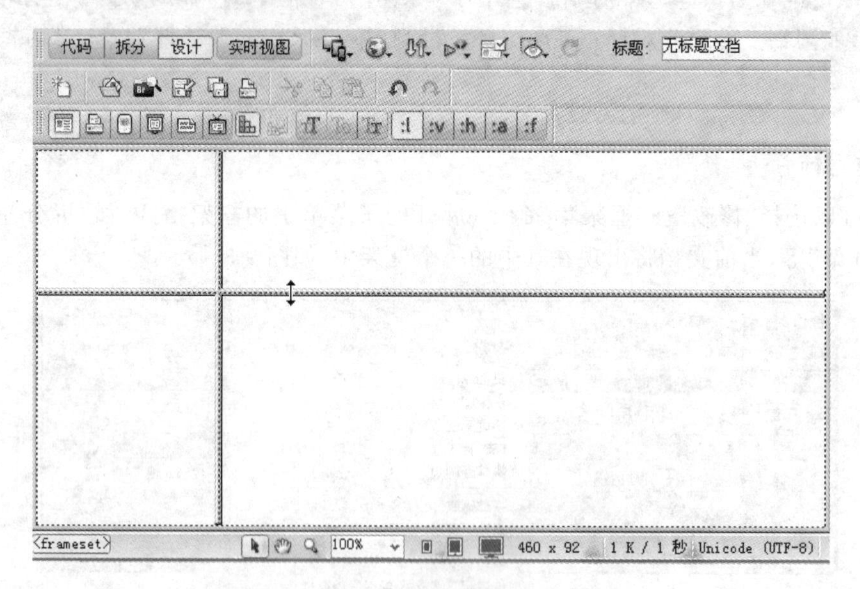

图 9-4　拖动视图边缘的框架来拆分框架

(3) 如果要使用不在视图边缘的框架来拆分框架,可以按住 Alt 键的同时拖动框架边框。如要将一个框架拆分成多个框架,可将框架从"设计"视图一角拖到框架的中间,如图 9-5 所示,垂直和水平方向分别拆分四个框架。

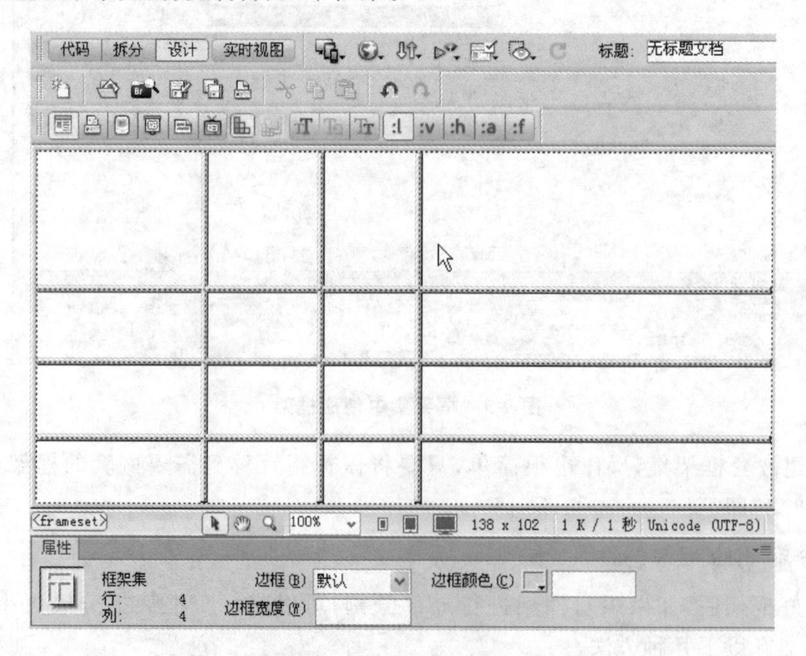

图 9-5　从视图一角拖动框架以拆分为多个框架

(4) 如果要删除一个框架，只需要将它的边框拖动到页面之外或拖动到父框架的边框上即可。如果要删除框架的文档中有未保存的内容，Dreamweaver 将提示保存该文档。

提示

不能通过拖动边框完全删除一个框架集。要删除一个框架集，必须关闭显示它的“文档”窗口。如果该框架集文件已保存，则删除该文件。

9.1.2 设置框架和框架集的属性

框架和框架集是一些独立的 HTML 文档，可以通过设置框架或框架集的属性来对框架或框架集进行修改。

提示

对于框架和框架集的设置，既可以通过在框架文件的源代码中修改标签<frameset></frameset>和<frame></frame>的属性来完成，也可以在“属性”面板中进行，后者更加直观。

1. 选中框架和框架集

框架和框架集是独立的 HTML 文档，如果要对其进行修改，首先要选中它们。可以在“框架”面板中选择框架和框架集，选择“窗口”→“框架”命令，打开“框架”面板，如图 9-6 所示。

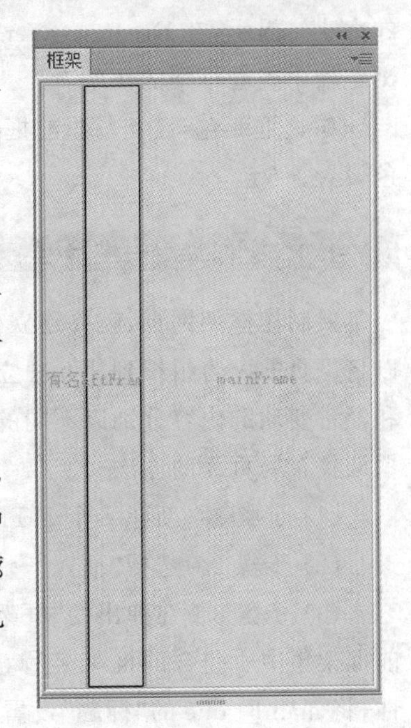

图 9-6 “框架”面板

“框架”面板以一种在“设计”视图中不能显示的方式显示框架集的层次结构。在“框架”面板中，框架集边框是粗三维边框，而框架边框是细灰线边框，每个框架是用框架名来识别的。

在“框架”面板中单击某个框架，就可以选中这个框架，当框架或框架集在“框架”面板中被选中时，“设计”视图中对应的框架或框架集的边框就会出现表示被选中的轮廓线。单击最外面的框架可以选中整个框架集，显示为黑色的粗线方框。

2. 设置框架的属性

选中框架，打开框架的“属性”面板，如图 9-7 所示。

可以选择在框架中显示的网页比框架本身大时显示或隐藏滚动条，也可以选择锁定框架，使用户无法在浏览器中调整其大小。可以通过更改框架的边框、框架之间的间距以及框架内的边距，来更改框架的外观。也可以隐藏框架，使网页看起来不像是包含在框架中。

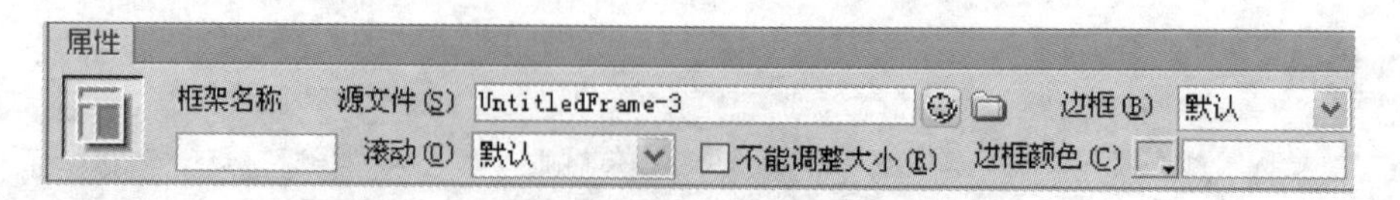

图 9-7　框架的"属性"面板

● 框架名称：为当前框架命名(为了便于确定超链接应给框架命名)。

● 源文件：确定框架的源文档。可以直接输入文件路径，也可以单击文件夹图标查找并选取文件。

● 边框：用来控制当前框架有无边框。选项有"是"(显示边框)、"否"(隐藏边框)和"默认"。大多数浏览器默认为显示边框，除非父框架集已将"边框"设置为"否"。

● 滚动：确定当框架内的内容不能完整显示的时候是否出现滚动条。选项有"是"、"否"、"自动"和"默认"。"是"表示显示滚动条，"自动"则是自动显示，也就是当该框架内的内容超过当前屏幕上下和左右边界时，滚动条才会显示，否则不显示。"默认"将不设置相应属性的值，从而使各个浏览器使用其默认值。

● 不能调整大小：限定框架尺寸，使访问者无法通过拖动框架边框在浏览器中调整框架的大小。提示，在 Dreamweaver"设计"视图中始终可以调整边框大小，该复选框仅适用于在浏览器中查看框架的访问者。

● 边框颜色：设置与当前框架相邻的所有边框的颜色，该选项设置覆盖框架集的边框颜色设置。

9.1.3　操作实例——用框架布局一个页面

要制作框架网页，就要建立框架集。框架集是组织页面内容的常见方法，通过框架集可以将网页的内容组织到相互独立的 HTML 页面内，相对固定的内容(比如导航栏、标题栏)和经常变动的内容分别以不同的文件保存将会大大提高网页设计和维护效率。下面建立用框架集布局页面的方法。

(1) 步骤 1　新建一个 HTML 文件，并保存文件，取名为"9.1.3.html"。

(2) 步骤 2　选择"插入"→"HTML"→"框架"→"上方及左侧嵌套"命令。

(3) 步骤 3　在弹出的"框架标签辅助功能属性"对话框的"框架"下拉列表中列出了当前框架集中所包含的框架名称，如图 9-8 所示。展开列表，分别为三个框架设置"标题"属性，将 mainFrame 的"标题"设置为 mainFrame，将 topFrame 的"标题"设置为 topFrame，将 leftFrame 的"标题"设置为 leftFrame。

(4) 步骤 4　单击"确定"按钮，"设计"视图被分成了三个区域(三个框架)，如图 9-9 所示。目前整个框架处于被选中状态，边框呈虚线显示。

图 9-8 “框架标签辅助功能属性”对话框

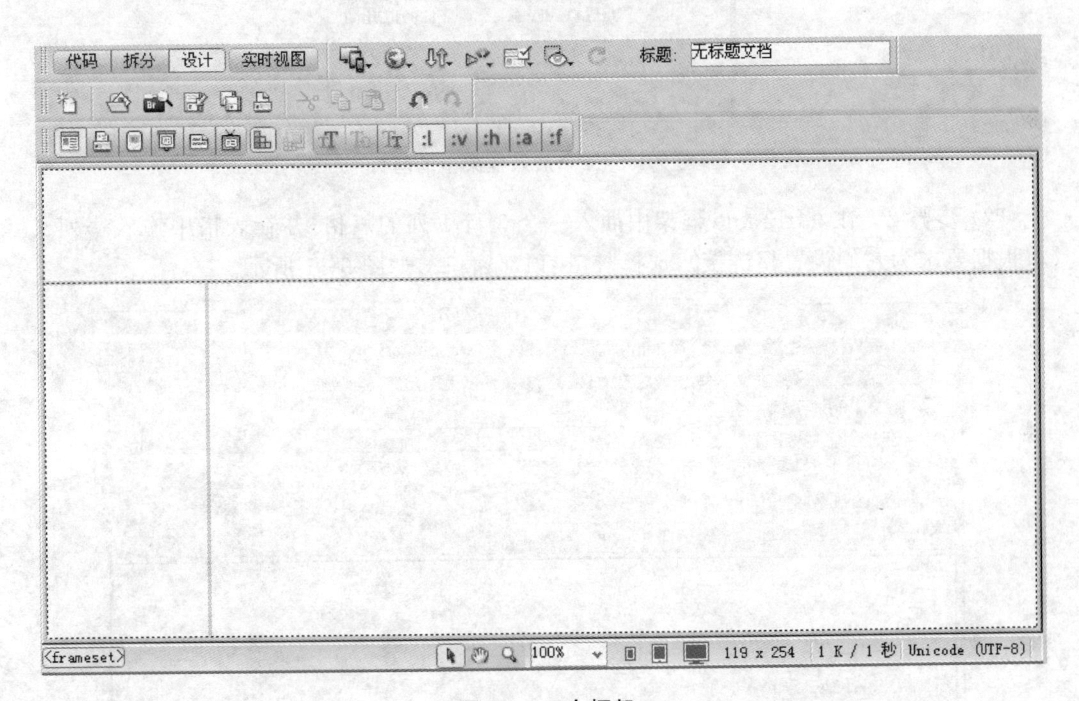

图 9-9 三个框架

9.1.4 操作实例——设置框架集中的超链接

要在一个框架中使用链接打开另一个框架中的文档，必须设置链接目标。可以使用“属性”面板中的“目标”，但是由于当时没有使用框架页，因此一些链接目标的设置没有效果。下面介绍如何在框架页的背景下设置超链接的目标。

(1) 步骤 1 新建一个 HTML 文件，在网页中创建一个框架集，包含三个框架，分别是 topFrame、leftFrame 和 mainFrame，并保存文件，取名为“9.1.4.html”。事先准备好三个放入框架中的网页，分别是“top.html”、“left.html”和“right.html”，放入同一站点的根目录下，如图 9-10 所示。

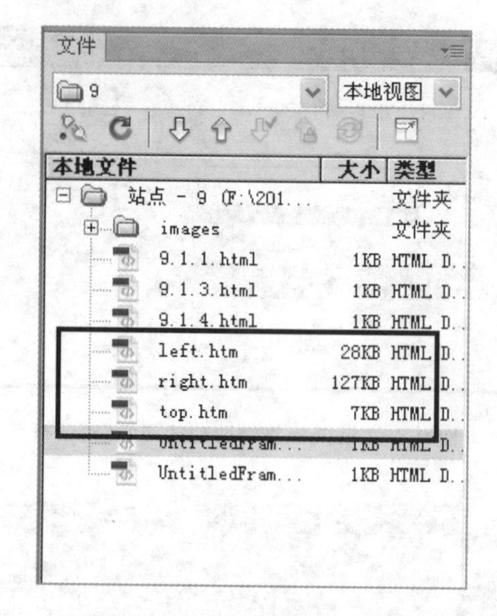

图 9-10　三个放入框架中的网页

（2）步骤 2　在 leftFrame 框架中插入一个 3 行 1 列的表格，并在表格中输入一列文字（将根据要求为它们设置超链接），选择“链接顶部窗口”，如图 9-11 所示。

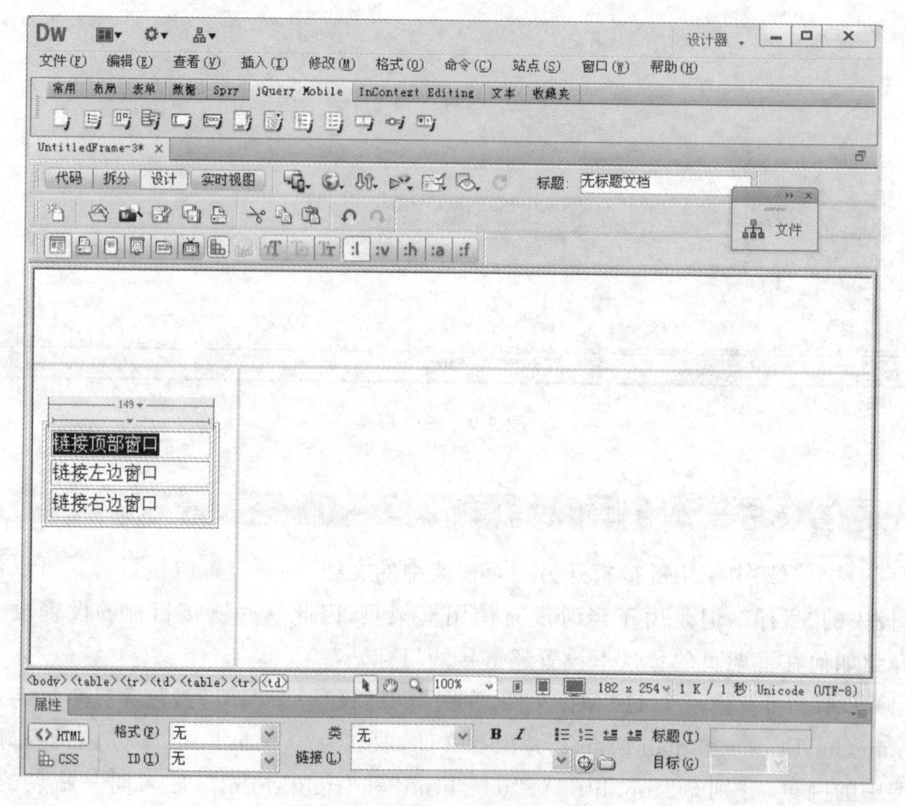

图 9-11　选择“链接顶部窗口”

(3) 步骤3 在"属性"面板的"源文件"中链接文件"top. html",如图9-12所示。在"目标"下拉列表中选择"topFrame"选项,如图9-13所示,则所链接的文件将在指定的窗口打开。

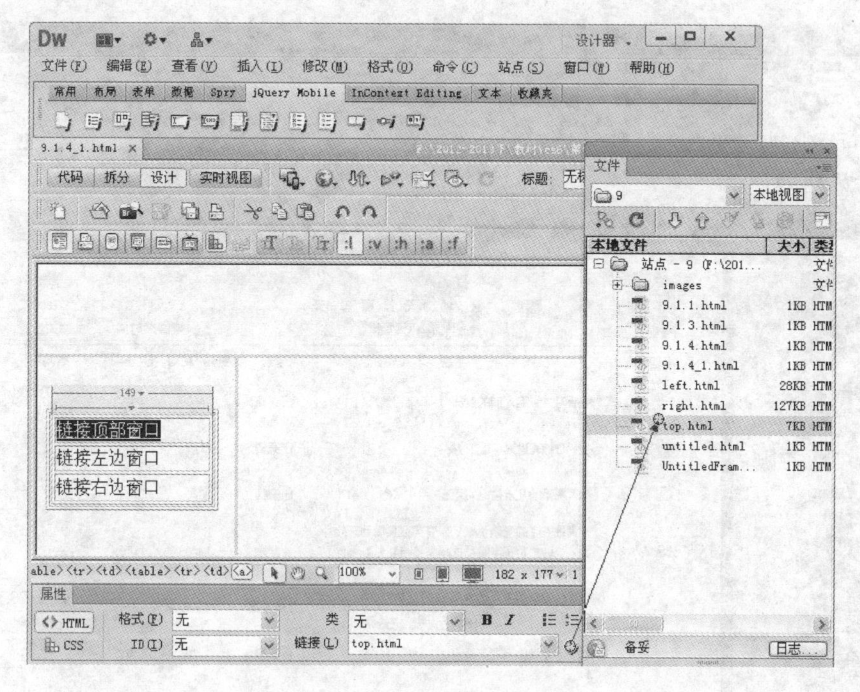

图9-12 建立超链接

图9-13 指定链接的网页在topFrame中打开

(4) 步骤4 按照同样的方法,建立另外两个链接,并在指定的leftFrame和mainFrame中打开,如图9-14、图9-15所示。

图9-14 指定文件在左边窗口打开

图9-15 指定文件在右边窗口打开

(5) 步骤 5　按 F12 键进行预览，在浏览器窗口分别单击“链接顶部窗口”、“链接右边窗口”、“链接左边窗口”，三个网页“top. html”、“left. html”和“right. html”将分别显示在三个框架中，如图 9-16 所示。

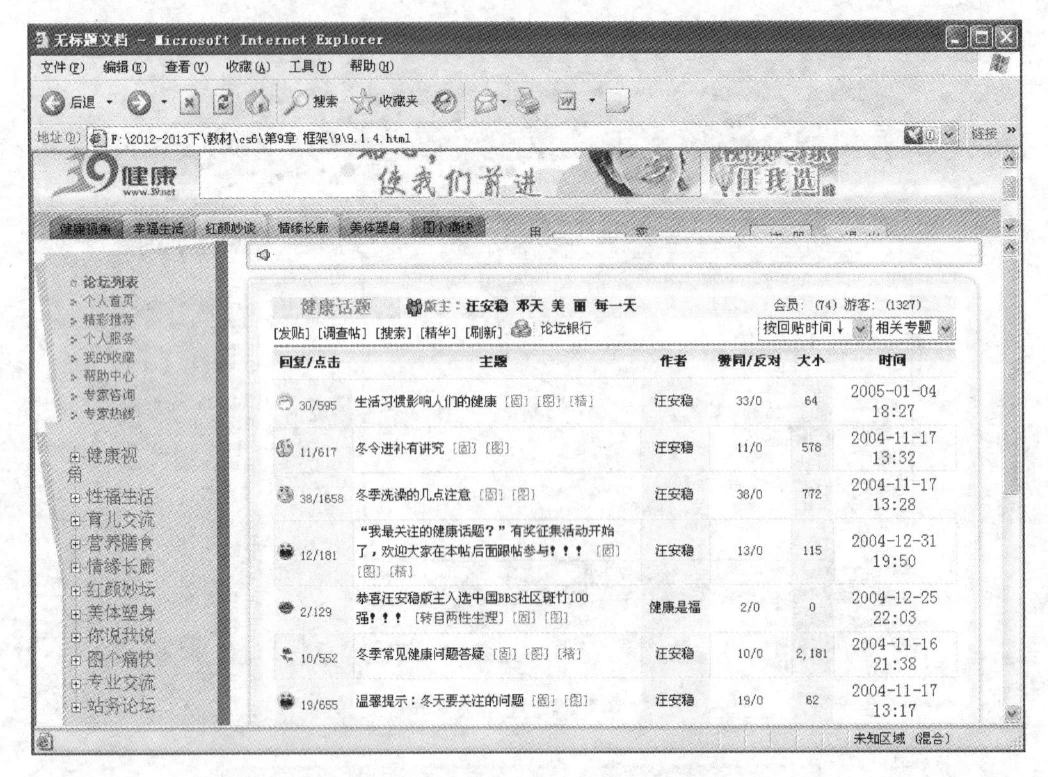

图 9-16　链接效果

9.2 IFRAME 元素

IFRAME 元素实际上是一种特殊的框架，非常灵活，它可以更容易地将框架放在页面中的任何位置，可以自由控制窗口的大小，所以，这种框架又称为嵌入式框架，或者浮动框架。这种框架也是页面中常见的一种。

下面通过实例介绍 IFRAME 元素实现页面中效果的方法。

(1) 步骤 1　打开预先准备好的一个网页文档“9. 2. 1. html”，如图 9-17 所示。这是一个利用表格布局的页面，接下来要实现的效果是，在右边的空白处，利用 IFRAME 元素显示另一个网页“我的宠物. html”的网页内容。

(2) 步骤 2　将光标定位到右边空白区域，然后选择“插入”→“HTML”→“框架”→“IFRAME”命令，如图 9-18 所示。

图 9-17　预先准备好的一个网页

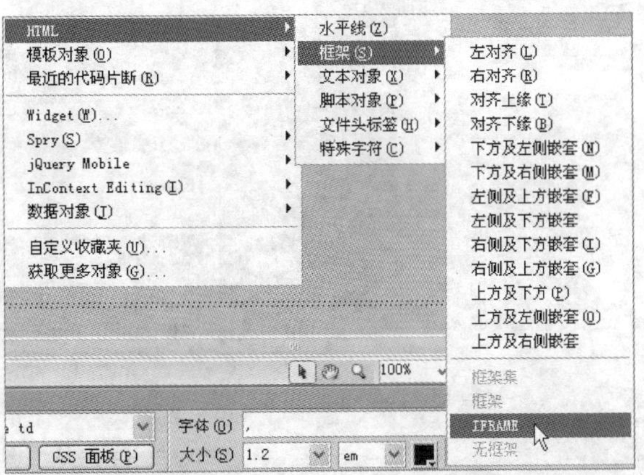

图 9-18　创建 IFRAME 框架

(3) 步骤 3　系统自动切换到“拆分”视图。在“代码”视图中自动添加以下代码。

```
<iframe> </iframe>
```

(4) 步骤 4　在“设计”视图中可以看到增加了一个方框，如图 9-19 所示。

(5) 步骤 5　在“代码”视图中对<iframe>标签进行编辑，添加需要的属性代码如下。

```
<iframe width="600"  height="300"> </iframe>
```

这样，“设计”视图中的方框改变了尺寸，效果如图 9-20 所示。

图 9-19　增加了一个方框

图 9-20　方框的尺寸改变后的效果

(6) 步骤 6　设置方框中要显示网页文档的 URL。对<iframe>标签进行编辑，代码如下。

```
<iframe width="600"  height="300"  src="我的宠物页面.html"> </iframe>
```

(7) 步骤 7　保存并预览网页，效果如图 9-21 所示，可以看到，在网页的指定位置显示了“我的宠物. html”网页内容。但是由于 IFRAME 元素的尺寸不足以显示“我的宠物. html”，所以产生了滚动条，拖动滚动条可以显示更多的内容。

(8) 步骤 8　返回“代码”视图，继续对<iframe>标签进行编辑，代码如下。

```
<iframe width="1000"  frameborder="0" height="500"  src="我的宠物.html"> </
iframe>
```

(9) 步骤 9　保存网页并预览，效果如图 9-22 所示。可以看到，因为增大了 IFRAME 元素的尺寸，页面中不再显示滚动条。并且，在<iframe>标签中因为添加了属性 frameborder="0"，所以页面中不再显示边框。

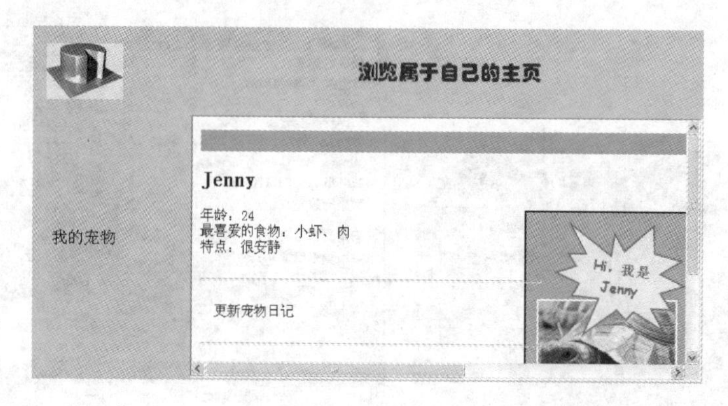

图 9-21　网页效果

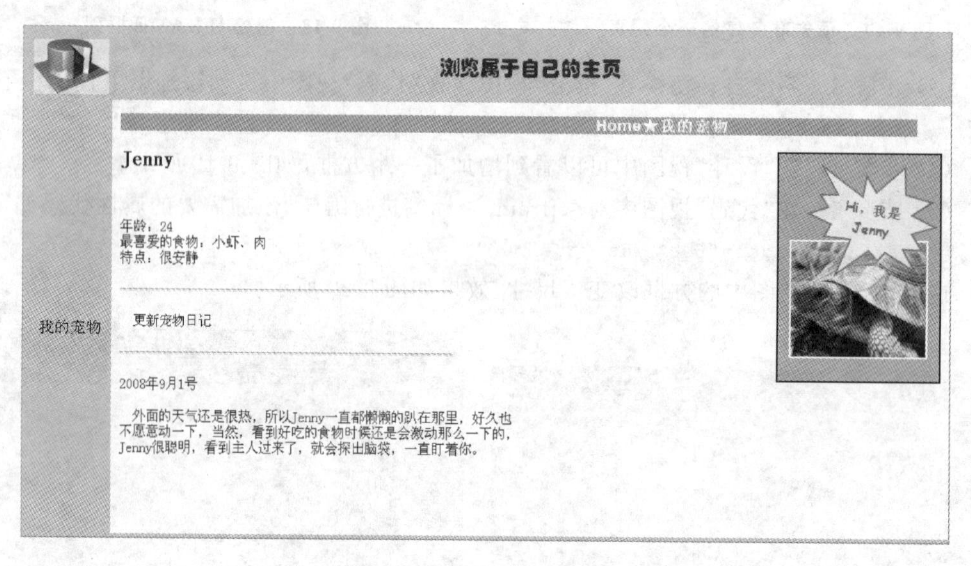

图 9-22　修改后的页面效果

9.3　AP 元素

9.3.1　AP 元素

AP 元素(也称为层)是分配有绝对位置的 HTML 页面元素。AP 元素包含文本、图像或其他任何可放置到 HTML 文档正文中的内容。可以通过 Dreamweaver 使用 AP 元素来设计页面的布局，即可以将 AP 元素放置到其他 AP 元素的前后，隐藏某些 AP 元素而显示其他 AP 元素，以及在屏幕上移动 AP 元素等，如同在绘图软件中作图一样方便。

在 Dreamweaver 的“标准”模式下，利用“布局”子工具栏中的“绘图 AP Div”按钮可以插入 AP 元素。下面介绍创建 AP 元素的方法。

1. 插入 AP 元素

(1) 步骤 1　新建一个 HTML 文件,保存名为“9.3.1.html”。选择“插入”→“布局对象”→“AP Div(A)”命令,如图 9-23 所示。在“设计”视图中拖动鼠标绘制 AP 元素,AP 元素处于选中状态时,左上角有一个图标,如图 9-24 所示。

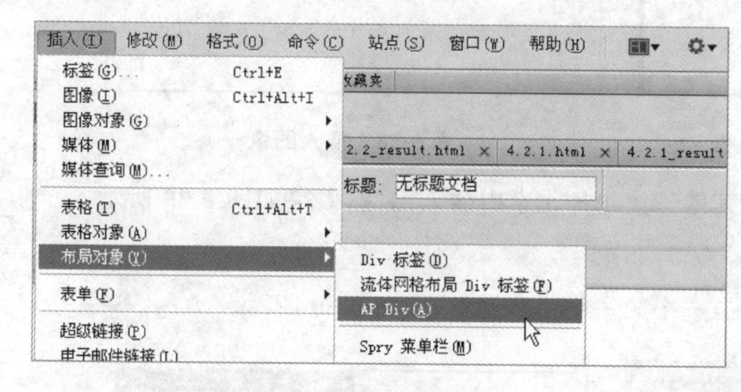

图 9-23　插入 AP 元素

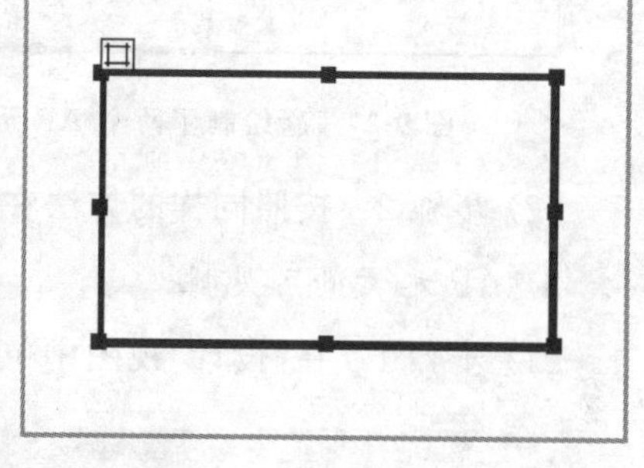

图 9-24　绘制 AP 元素

 **提示**

AP 元素的位置是可以随意设置的,选中 AP 元素,在左上角的□图标上单击并拖动就能将 AP 元素放在页面的任意位置。

(2) 步骤 2　进入“属性”面板,设置其“宽”和“高”分别为 191px 和 121px(px 是单位,代表像素),设置其“左”和“上”分别是 173px 和 92px,如图 9-25 所示。

(3) 步骤 3　按照上面的方法,在 AP 元素的右边绘制另一个 AP 元素,并在“属性”面板中设置第二个 AP 元素的“宽”和“高”分别为 191px 和 121px,设置“左”和“上”分别为 365px 和 92px,如图 9-26 所示。

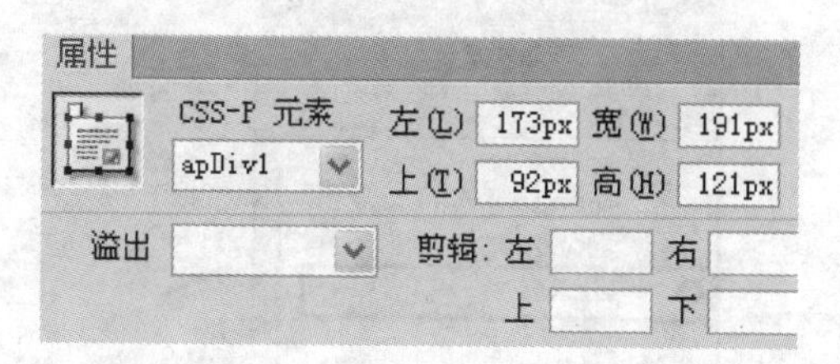

图 9-25　设置第一个 AP 元素的大小

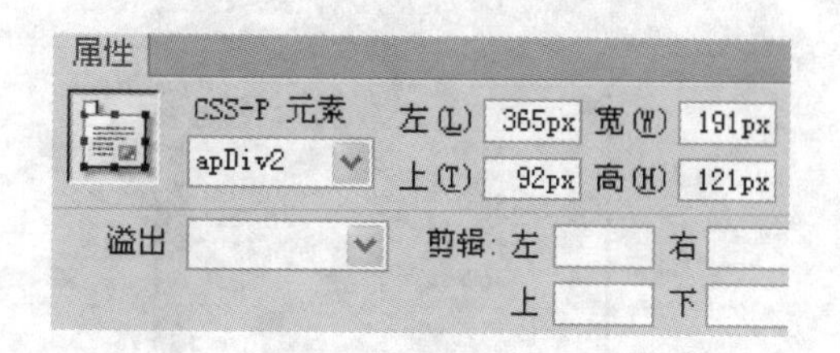

图 9-26　设置第二个 AP 元素的大小

(4) 步骤 4　用同样的方法再绘制两个 AP 元素,效果如图 9-27 所示。

2. 为 AP 元素添加内容

(1) 步骤 1　在第一个 AP 元素内部的任意位置单击,然后选择“插入”→“图像”命令,从弹出的对话框中,选择准备好的图像插入到 AP 元素中,并调整好图片的尺寸为 191px×121px,“设计”视图中的效果如图 9-28 所示。

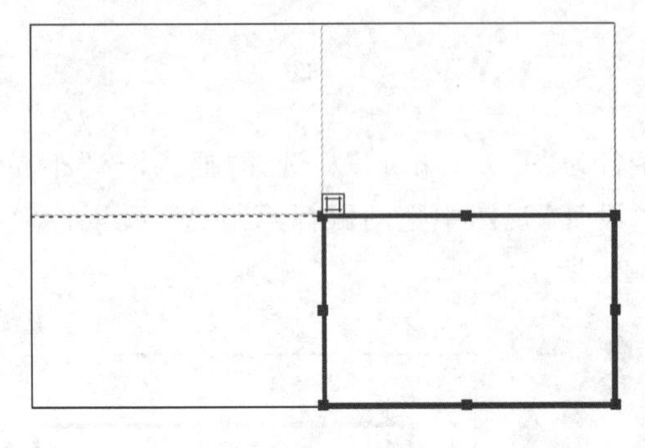

图 9-27　新绘制了两个 AP 元素

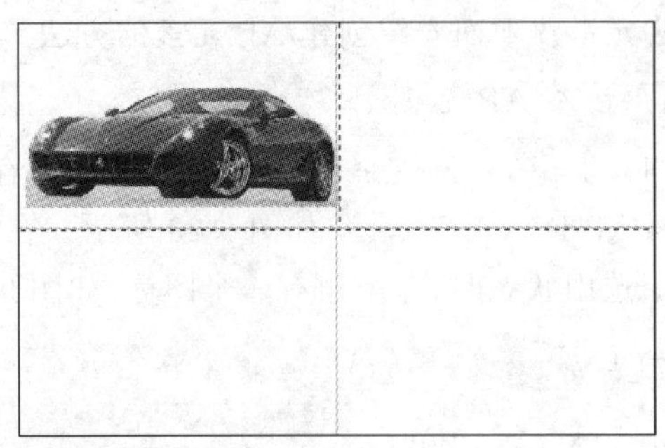

图 9-28　插入图像

(2) 步骤 2　按照同样的方法在其他三个 AP 元素中插入图像，效果如图 9-29 所示。

3. AP 元素的可见性

(1) 步骤 1　在“设计”视图中单击选中第一个 AP 元素，如图 9-30 所示。

图 9-29　插入另外三张图像

图 9-30　选择第一个 AP 元素

(2) 步骤 2　选择“窗口”的“AP 元素”，打开“AP 元素”面板，如图 9-31 所示。

(3) 步骤 3　选择第一个 AP 层“apDiv1”，双击，让它处于关闭状态，如图 9-32 所示。

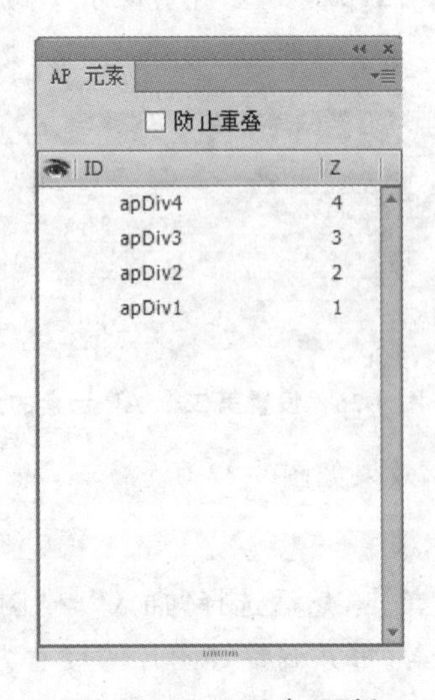

图 9-31　“AP 元素”面板

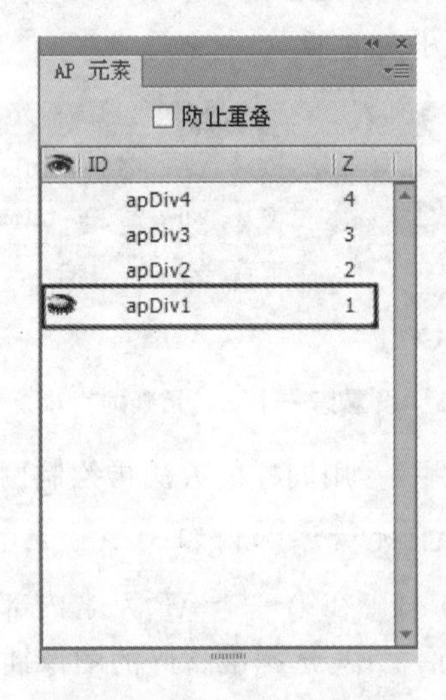

图 9-32　隐藏 AP 元素

(4) 步骤 4　设置完成后,则这个 AP 元素将“消失”,如图 9-33 所示。但它仍然在页面中,只不过暂时被隐藏了起来。

图 9-33　AP 元素被隐藏后的效果

9.3.2　应用 AP 元素

AP 元素是十分灵活的网页元素,应用它进行网页布局,操作方便且功能强大。下面通过实例介绍怎样应用 AP 元素布局网页。

(1) 步骤 1　预先准备好一个网页“9.3.2.html”,如图 9-34 所示。

图 9-34　准备好的网页

(2) 步骤 2　在网页的蓝色区域新建一个大小相当的层,如图 9-35 所示。

(3) 步骤 3　在该层中,新建一个 1 行 2 列的表,如图 9-36 所示。

(4) 步骤 4　分别在两列表格中插入图片和文字如图 9-37 所示。

(5) 步骤 5　对网页中的文字用 css 进行修饰。其 CSS 规则定义如图 9-38 所示。

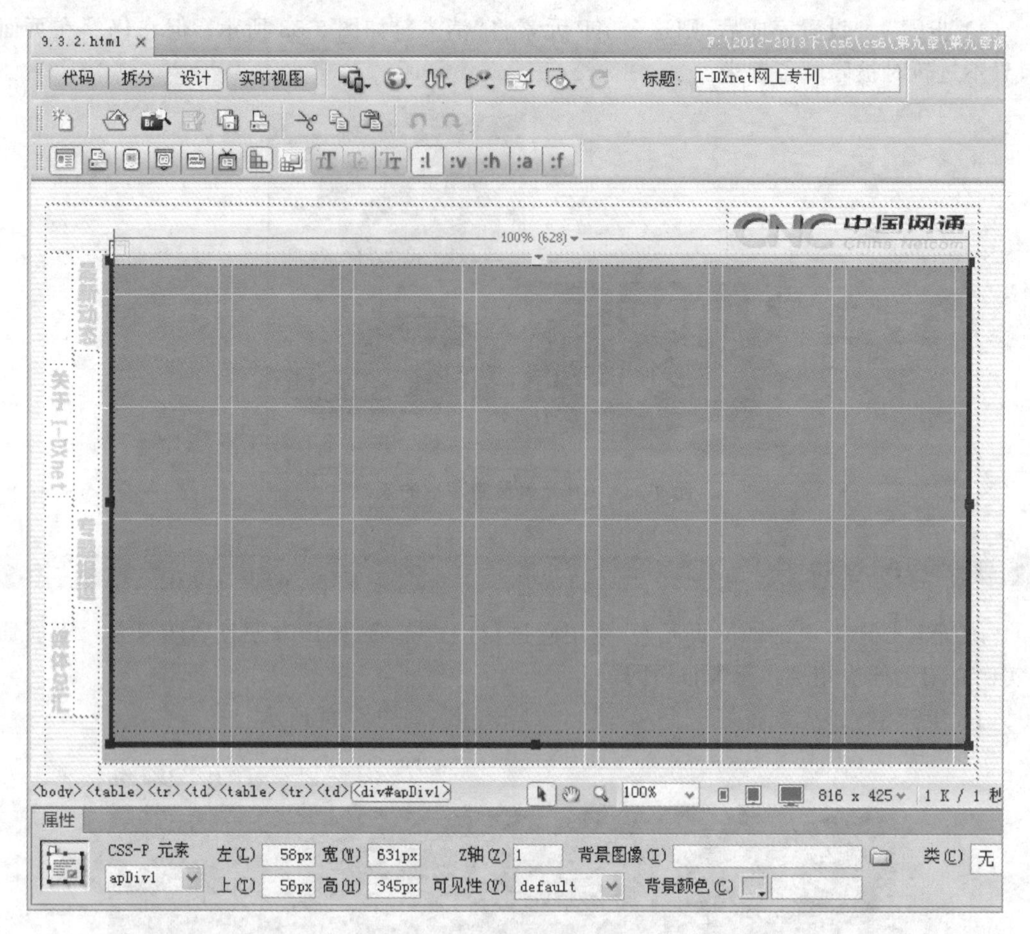

图 9-35　在网页中插入层

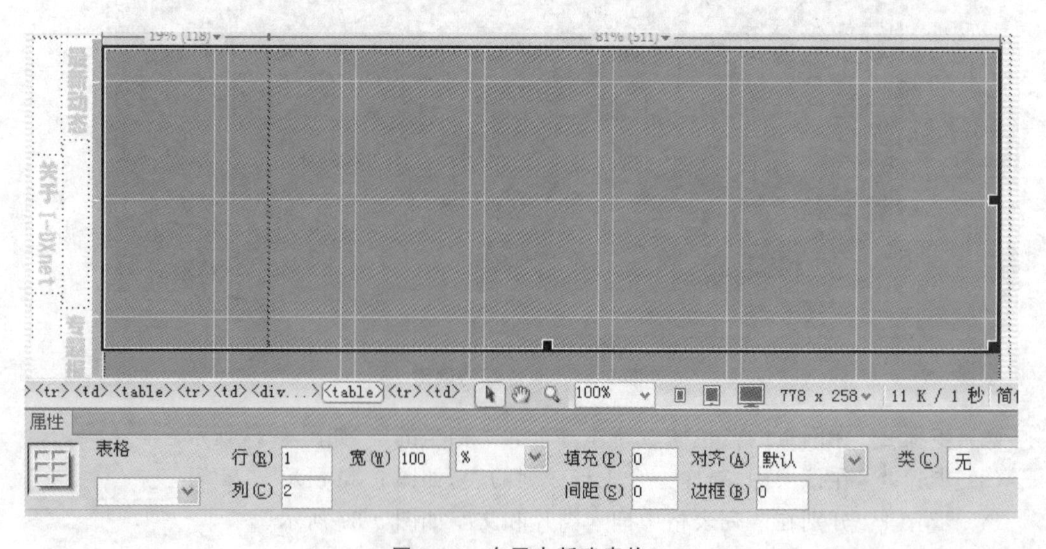

图 9-36　在层中新建表格

图 9-37 在表格中插入文字和图片

.center 的 CSS 规则定义

分类

类型
背景
区块
方框
边框
列表
定位
扩展
过渡

类型

Font-family(F):

Font-size(S): 9 pt

Font-weight(W):

Font-style(T):

Font-variant(V):

Line-height(I): 12 pt

Text-transform(R):

Text-decoration(D): underline(U) overline(O) line-through(L) blink(B) none(N)

Color(C): #FFFFFF

帮助(H) 确定 取消 应用(A)

图 9-38 进行 CSS 规则定义

(6) 步骤 6　按 F12 键进行预览,利用层布局的网页最终效果如图 9-39 所示。

图 9-39　用层布局的网页最终效果图

本 章 小 结

框架是网页的一种布局,在网页设计中,框架是组织复杂页面的一种重要方法。

可以在现有文档中创建框架和框架集,创建好框架后,如果想对框架进行局部分割,可以将一个框架拆分成更小的几个框架。同时也可以删除框架。

框架和框架集是一些独立的 HTML 文档,可以通过设置框架或框架集的属性来对框架或框架集进行修改。通过更改框架的边框、框架之间的间距以及框架内的边距,来更改框架的外观。也可以隐藏框架,使网页看起来不像是包含在框架中。可以选择在框架中显示的网页比框架本身大时显示或隐藏滚动条,也可以选择锁定框架,使用户无法在浏览器中调整其大小。

然后用实例操作介绍了怎样用框架布局一个页面、设置框架集中的超链接。

接着用实例说明了 IFRAME 元素在网页中的运用。

最后介绍了如何使用 AP 元素来设计页面的布局,即可以将 AP 元素放置到其他 AP 元素的前后,隐藏某些 AP 元素而显示其他 AP 元素,以及在屏幕上移动 AP 元素等。

习 题 9

一、填空题

1. 框架是网页的一种________,在网页设计中,框架是组织复杂页面的一种重要方法。

2. 对于框架和框架集的设置，既可以通过在框架文件的源代码中修改标签〈frameset〉〈/frameset〉和〈frame/〉的属性来完成，也可以在________面板中进行，后者更加直观。

3. IFRAME 框架又称为________，或者浮动框架。这种框架也是页面中常见的一种。

二、操作题

1. 制作一个框架效果如图 9-40 所示。

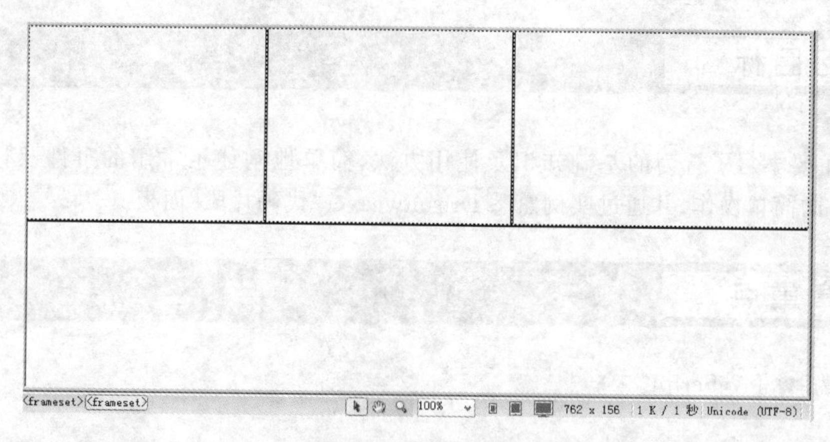

图 9-40 框架效果图

2. 制作一个框架网页，效果如图 9-41 所示，这个页面被分成了五部分，当单击左边网页的“第一栏显示蓝色页面”，则在右边的第一栏显示蓝色；单击左边网页的“第二栏显示红色页面”，则在右边的第二栏显示红色；当单击左边网页的“第三栏显示绿色页面”，则在右边的第三栏显示绿色；当单击左边网页的“第四栏显示橙色页面”，则在右边的第四栏显示橙色。

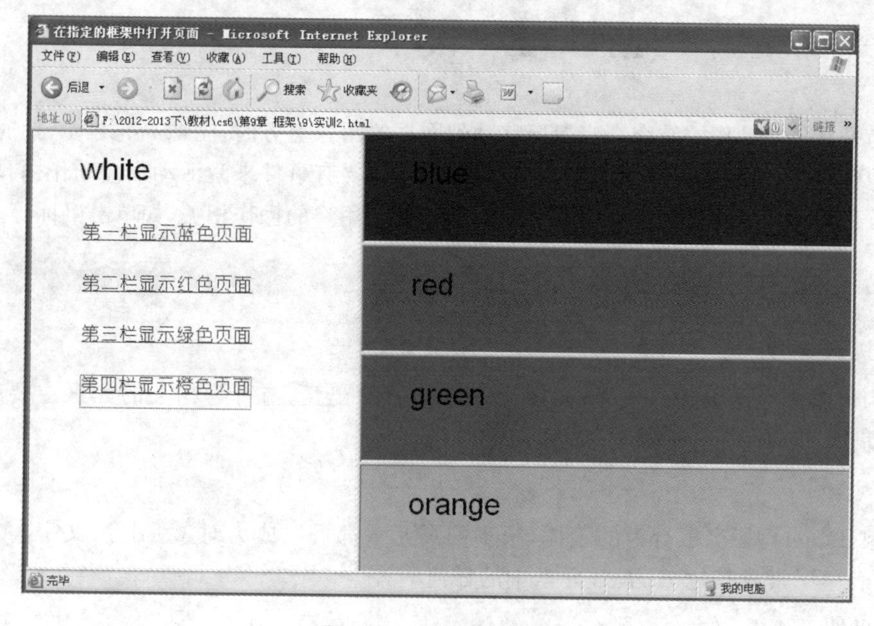

图 9-41 框架网页效果

第10章　行为和JavaScript的应用

学习目标

本章主要学习了行为的基础知识及使用方法，简单地阐述了常用的事件及行为；以及JavaScript的简单操作，并通过实例熟悉Dreamweaver“代码片段”面板。

本章重点

● 行为；● JavaScript。

Dreamweaver提供的“行为”的机制，是基于JavaScript来实现动态网页和交互的，在可视化环境中通过按钮和选项，可以实现丰富的动态页面效果，实现人与页面的简单交互，但却不需书写任何代码。

10.1 行　　为

行为是事件与动作的结合。当鼠标移动到网页的图像上方时，图像高亮显示，此时的鼠标移动称为事件，图像的变化称为动作，一般的行为都是要有事件来激活动作。动作由预先写好的能够执行某种任务的JavaScript代码组成，而事件与用户的操作相关，如单击鼠标等。

10.1.1　初步认识行为

1. 认识行为

行为可以创建网页动态效果，实现用户与页面的交互，与行为相关的元素主要有对象、事件和动作。

1）对象

对象(Object)是产生行为的主体，很多网页元素都可以成为对象，图像、文字、AP元素、超链接、表单元素或其他HTML元素中的任何一种。

2）事件

事件(Event)是触发动态效果的原因，它可以被附加到各种页面元素上，也可以被附加到 HTML 标记中。一个事件总是针对页面元素或标记而言的，例如：将鼠标移到图像上、把鼠标放在图像之外、单击鼠标，是与鼠标有关的最常见的事件（onMouseOver、onMouseOut、onClick）。不同的浏览器支持的事件种类和多少是不一样的，通常高版本的浏览器支持更多的事件。

3）动作

行为通过动作（Action）来完成动态效果，如图像翻转、打开浏览器、播放声音都是动作。动作通常是一段 JavaScript 代码，在 Dreamweaver 中使用内置的行为向页面中添加 JavaScript 代码，就不必自己编写。

4）事件与动作

将事件和动作组合起来就构成了行为，例如，将 onClick 行为事件与一段 JavaScript 代码相关联，单击时就可以执行相应的 JavaScript 代码。一个事件可以同多个动作相关联，即发生事件时可以执行多个动作。为了实现需要的效果，还可以指定和修改动作发生的顺序。

5）“行为”面板

“行为”面板，可以通过选择“窗口”→“行为”命令打开，如图 10-1 所示。

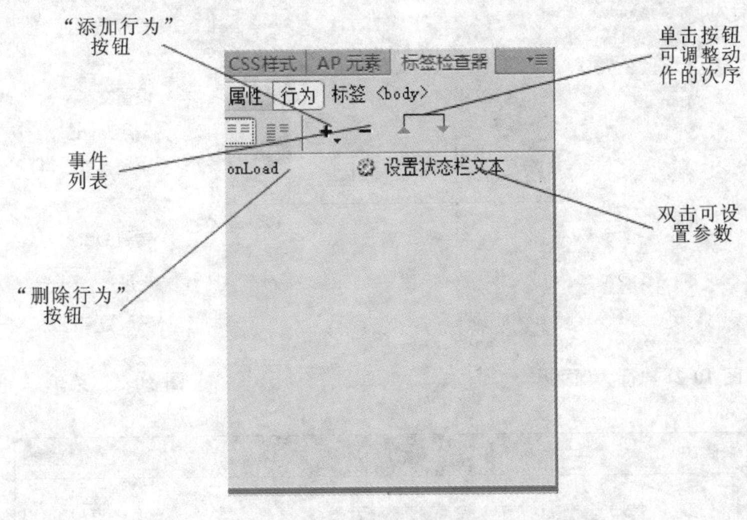

图 10-1 “行为”面板

在“行为”面板上可以进行如下操作。

- 单击“＋”按钮，打开动作菜单，添加行为；单击“－”按钮，删除行为。
- 添加行为时，从动作菜单中选择一个行为项。
- 单击事件列右方的三角，打开事件菜单，可以选择事件。
- 单击向上箭头或向下箭头，可将动作项向前移或向后移，改变动作执行的顺序。

2. 添加行为的方法

一般创建行为有三个步骤，即选择对象、添加动作、调整事件。

(1) 步骤1 选择需要添加行为的对象，选择"窗口"→"行为"命令，打开"行为"面板，如图10-2所示。

(2) 步骤2 单击"行为"面板上的"添加行为"按钮，如图10-3所示，从弹出的菜单中，选择动作"转到URL"，弹出如图10-4所示的"转到URL"对话框，设置相应的参数，单击"确定"按钮。

图10-2 "行为"面板

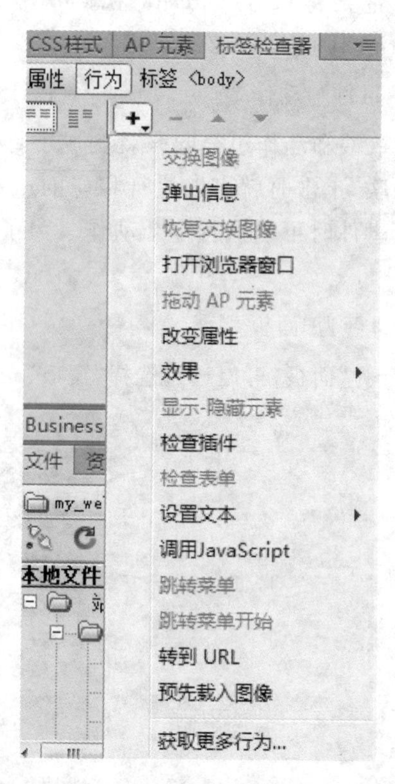

图10-3 菜单

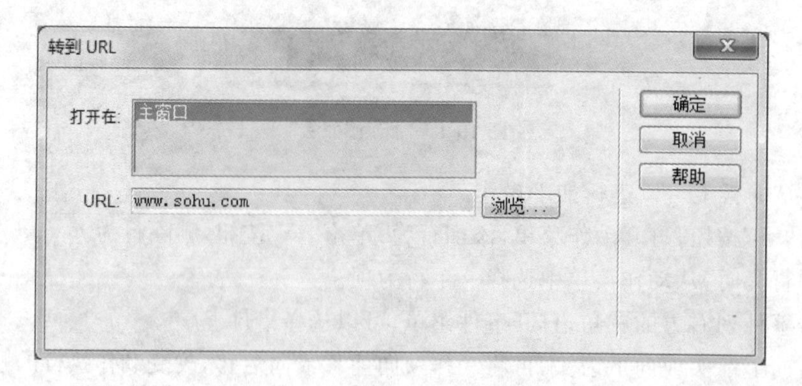

图10-4 "转到URL"对话框

(3) 步骤 3　完成参数设置后,“行为”面板显示如图 10-5 所示,即显示添加的动作。

(4) 步骤 4　单击“事件”右侧的三角形☑按钮,在弹出的下拉列表中选择事件,如图 10-6 所示。

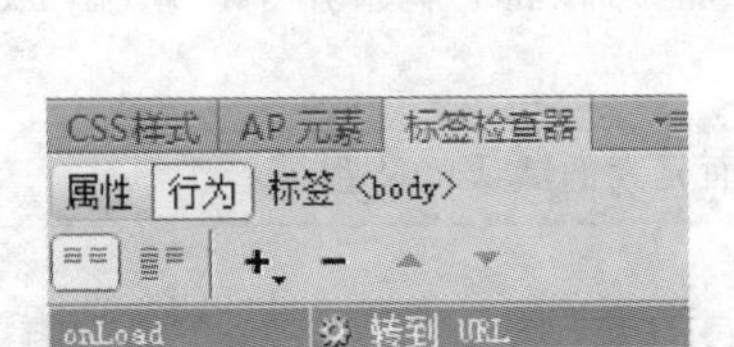

图 10-5　添加动作后的“行为”面板

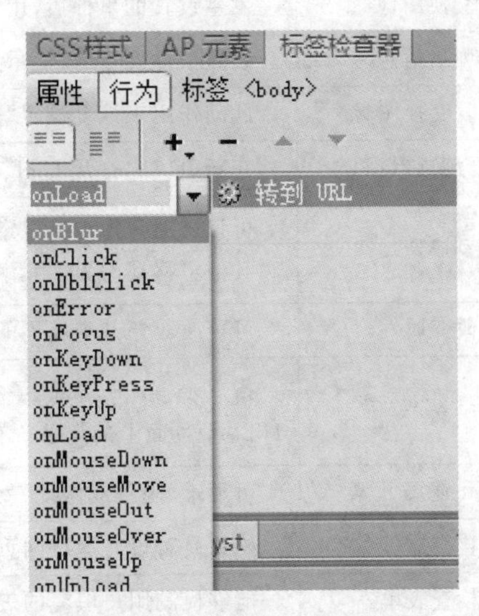

图 10-6　“事件”下拉列表

(5) 步骤 5　完成以上操作后,选择对象相应的行为显示在行为列表中,否则,行为添加不成功。另外,一个对象可执行多个行为,一个事件也可以有多个动作。

3. 修改行为

选择附加了行为的对象,打开“行为”面板,执行下列任意操作,即可修改行为。

(1) 改变动作参数:双击行为名称或者将其选中后按 Enter 键,然后更改弹出的对话框中的参数。

(2) 改变给定事件的动作顺序:选择需要更改顺序的动作,然后单击“降低事件值”按钮或者“增加事件值”按钮,完成动作顺序的更改;或者选择动作,然后剪切,并粘贴到该动作所需要的新位置。

(3) 更改事件:设置动作时会自动创建一个事件,默认的事件有时并不是用户需要的。操作方法为单击“事件”栏,再单击事件旁边的三角形☑按钮,在事件下拉列表中选择所需要的事件。事件和当前选择的网页对象是相关联的,因此事件下拉列表菜单中的内容随所选网页对象不同而变化。

(4) 删除行为:选择行为,单击“删除事件”按钮或者按 Delete 键。

10.1.2　Dreamweaver CS6 内置行为介绍

Dreamweaver CS6 内置了很多行为动作,表 10-1 列出了常用动作的名称及功能,表 10-2 列出了常用事件及其含义。

表 10-1　常用动作的名称及功能

动作名称	动作的功能
交换图像	发生设置的事件后，用其他图像来取代选定的图像
弹出信息	设置事件发生后，显示警告信息
恢复交换图像	此动作用来恢复设置"交换图像"，因为某种原因而失去交换效果的图像
打开浏览器窗口	在新窗口中打开 URL，可以定制新窗口的大小
拖动 AP 元素	可让访问者拖动绝对定位的 AP 元素，使用此行为可创建拼板游戏、滑块控件和其他可移动的界面元素
改变属性	可更改对象某个属性的值
效果	指 Spry 效果，提供了视觉增强功能，可以将它们应用于使用 JavaScript 的 HTML 页面上的几乎所有元素
显示-隐藏元素	可显示、隐藏或恢复一个或多个页面元素的默认可见性
检查插件	确认是否设有运行网页的插件
检查表单	能够检测用户填写的表单内容是否符合预先设定的规范
设置文本	(1) 设置容器的文本：在选定的容器上显示指定的内容 (2) 设置框架的文本：在选定的框架上显示指定的内容 (3) 设置文本域文字：在文本字段区域显示指定的内容 (4) 设置状态条文本：在状态栏中显示指定的内容
调用 JavaScript	当事件发生时，调用指定的 JavaScript 函数
跳转菜单	制作一次可以建立若干个链接的跳转菜单
跳转菜单开始	在跳转菜单中选定要移动的站点后，只有单击"开始"按钮才可以移动到链接的站点上
转到 URL	当选定的事件发生时，可以跳转到指定的站点或者网页文档上
预先载入图像	为了在浏览器中快速显示图像，事先下载图像之后再显示出来

表 10-2　常用事件及其说明

事　件	事件的说明
onAbort	当访问者中断浏览器正在载入图像的操作时产生
onAfterUpdate	当网页中 bound(边界)数据元素已经完成源数据的更新时产生该事件
onBeforeUpdate	当网页中 bound(边界)数据元素已经改变并且就要和访问者失去交互时产生该事件
onBlur	当指定元素不再被访问者交互时产生
onBounce	当 marquee(选取框)中的内容移动到该选取框边界时产生

续表

事　件	事件的说明
onChange	当访问者改变网页中的某个值时产生
onClick	当访问者在指定的元素上单击时产生
onDblClick	当访问者在指定的元素上双击时产生
onError	当浏览器在网页或图像载入产生错位时产生
onFinish	当 marquee(选取框)中的内容完成一次循环时产生
onFocus	当指定元素被访问者交互时产生
onHelp	当访问者单击浏览器的 Help(帮助)按钮或选择浏览器菜单中的 Help(帮助)菜单项时产生
onKeyDown	当按下任意键时产生
onKeyPress	当按下和松开任意键时产生。此事件相当于把 onKeyDown 和 onKeyUp 这两事件合在一起
onKeyUp	当按下的键松开时产生
onLoad	当一幅图像或网页载入完成时产生
onMouseDown	当访问者按下鼠标时产生
onMouseMove	当访问者将鼠标在指定元素上移动时产生
onMouseOut	当鼠标从指定元素上移开时产生
onMouseOver	当鼠标第一次移动到指定元素上时产生
onMouseUp	当鼠标弹起时产生
onMove	当窗体或框架移动时产生
onReadyStateChange	当指定元素的状态改变时产生
onReset	当表单内容被重新设置为缺省值时产生
onResize	当访问者调整浏览器或框架大小时产生
onRowEnter	当 bound(边界)数据源的当前记录指针已经改变时产生
onRowExit	当 bound(边界)数据源的当前记录指针将要改变时产生
onScroll	当访问者使用滚动条向上或向下滚动时产生
onSelect	当访问者选择文本框中的文本时产生
onStart	当 marquee(选取框)元素中的内容开始循环时产生
onSubmit	当访问者提交表格时产生
onUnload	当访问者离开网页时产生

10.1.3 操作实例——弹出信息

“弹出消息”动作，用于显示一个带有用户指定的消息的JavaScript警告，由于JavaScript警告只有一个“确定”按钮，所以该动作只能提供信息，不能做选择。

(1) 步骤1 新建HTML文件，将文件另存为“10-1-1-result. html”，输入文字“弹出消息”，选中文字，单击“属性”面板中的“页面属性”按钮，在弹出的“页面属性”对话框中设置参数如图10-7所示，单击“应用”按钮。

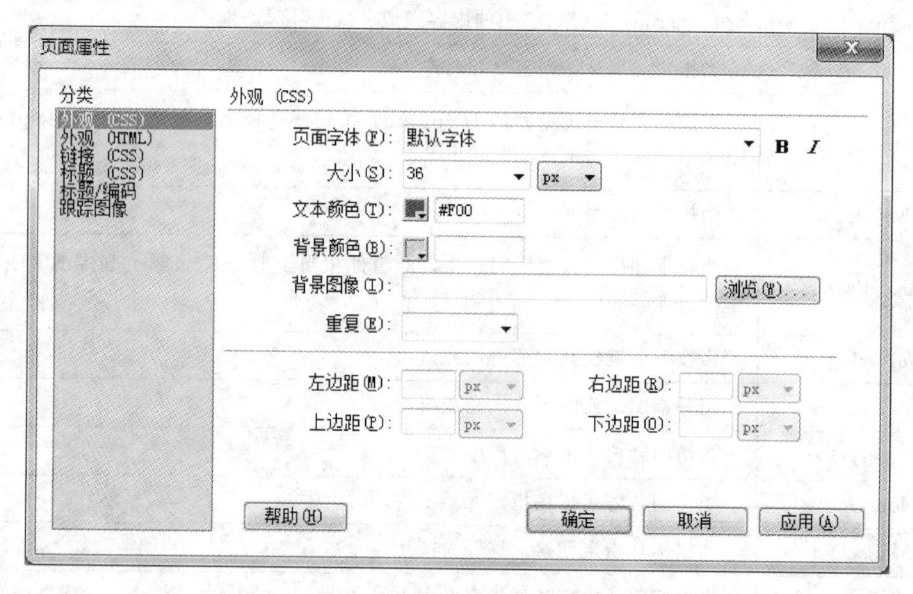

图 10-7 “页面属性”对话框

(2) 步骤2 将光标定位在文字下方，选择“插入”→“表格”命令，插入1行3列的表格，选中每一个单元格，分别插入图像，如图10-8所示。

图 10-8 插入图像

（3）步骤 3　选择第一幅图像，打开"行为"面板，单击 + 按钮并从下拉列表中选择"弹出信息"选项，打开"弹出信息"对话框，在文本框中输入"此图片不能下载！"，如图 10-9 所示。

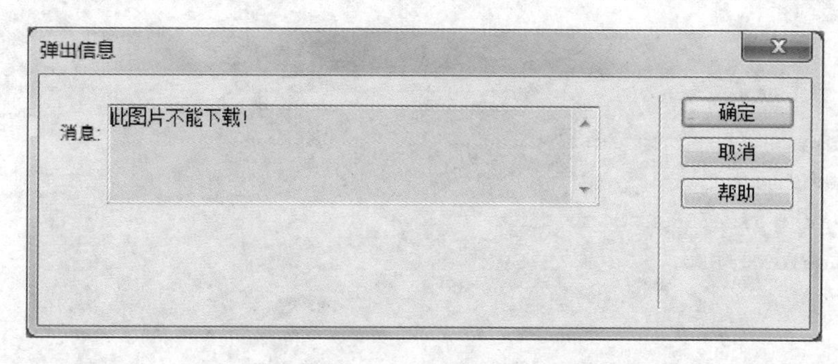

图 10-9　"弹出信息"对话框

（4）步骤 4　单击"确定"按钮，"行为"面板效果如图 10-10 所示。

（5）步骤 5　打开"事件"菜单，调整事件为 onMouseDown。

（6）步骤 6　重复以上步骤，分别为另外两幅图像添加"弹出信息"行为。

（7）步骤 7　保存文件并预览，单击图像，弹出如图 10-11 所示的窗口，单击"确定"按钮，消息窗口消失。

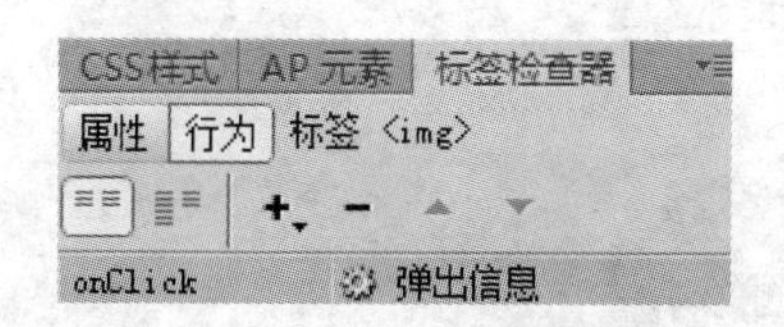

图 10-10　"行为"面板效果图

图10-11　"来自网页的消息"窗口

（8）步骤 8　查看 JavaScript 代码。

在做好的网页中，切换到"代码"视图，可以看到如下代码。

```
<!DOCTYPE html PUBLIC "-//W3C//DTD XHTML 1.0 Transitional//EN" "http://www.w3.org/TR/xhtml1/DTD/xhtml1-transitional.dtd">
<html xmlns="http://www.w3.org/1999/xhtml">
<head>
<meta http-equiv="Content-Type" content="text/html; charset=utf-8" />
<title> 无标题文档</title>
<script type="text/javascript">
  function MM_goToURL() { //v3.0
    var i, args=MM_goToURL.arguments; document.MM_returnValue=false;
    for(i=0; i<(args.length-1); i+=2) eval(args[i]+".location='"+args[i+1]+"'");
```

```
    }
    function MM_popupMsg(msg) { //v1.0
      alert(msg);
     }
    </script>
  <style type="text/css">
    body,td,th {
    font-size:36px;
    color: #F00;
    }
    </style>
</head>
<body>
  <p> 弹出消息
  </p>
<table width="500" border="1">
  <tr>
    <td> <img   src="../images/10-01.jpg"   width="206"   height="175"
    onmousedown="MM_popupMsg('此图片不能下载！')" /> </td>
    <td> <img   src="../images/10-02.jpg"   width="199"   height="173"
    onmousedown="MM_popupMsg('此页面不能下载！')" /> </td>
    <td> <img   src="../images/10-03.jpg"   width="207"   height="173"
    onmousedown="MM_popupMsg('此页面不能下载！')" /> </td>
  </tr>
</table>
</body>
</html>
```

在这段代码中，在<head>和</head>标签之间，利用JavaScript定义了两个函数MM_goToURL()和MM_popupMsg()。在<body>和</body>标签中加入了onmousedown事件时，调用MM_popupMsg()函数。

10.1.4 操作实例——交换图像

"交换图像"动作，通过更改img标签的src属性将一个图像和另一个图像进行交换。该动作可创建当鼠标经过一幅图像时，让图像实现和其他图像的交换。

1. 布局页面

(1) 步骤1　新建一个HTML文档，输入文字"交换图像"，保存为"10-1-2-result.html"，并通过"属性"面板中的"页面属性"设置背景为淡粉色#FCC。

(2) 步骤2　在"常用"子工具栏中单击"表格"，在弹出的"表格"对话框中设置参数如图10-12所示。

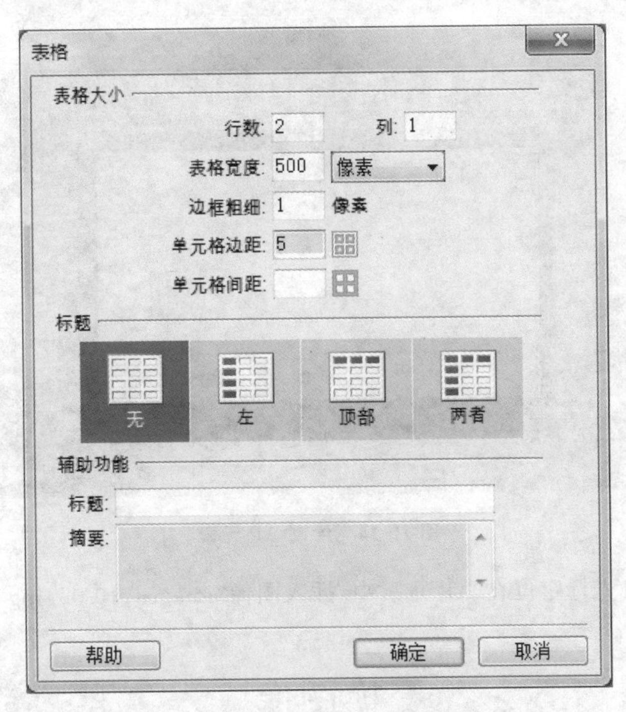

图 10-12 “表格”对话框

(3) 步骤 3 单击“确定”按钮,网页中插入了一个 2 行 1 列的表格,并设置表格居中对齐,以及设置文字的位置。

(4) 步骤 4 在第 1 行插入图像“images\液晶墙.jpg”,效果如图 10-13 所示。

图 10-13 插入图像后的效果

(5) 步骤 5 切换到“布局”子工具栏,单击“绘制 AP Div”,在图像上绘制一个 AP 元素,如图 10-14 所示。

图 10-14　绘制 AP 元素

(6) 步骤 6　将光标定位在 AP 元素中，插入图像“images\10-05.jpg”，并调整图像的大小，如图 10-15 所示。

图 10-15　在 AP 元素中插入图像

(7) 步骤 7　选中刚插入的图像，在“属性”面板中定义其 ID 为 keting，如图 10-16 所示。

图 10-16　设置 ID

(8) 步骤 8　将光标定位在第 2 行，插入一个 1 行 3 列的表格，参数设置如图 10-17 所示，然后在每个单元格中分别插入图像“10-06.jpg”、“10-07.jpg”、“10-08.jpg”，并且调整图像和表格的尺寸，如图 10-18 所示。

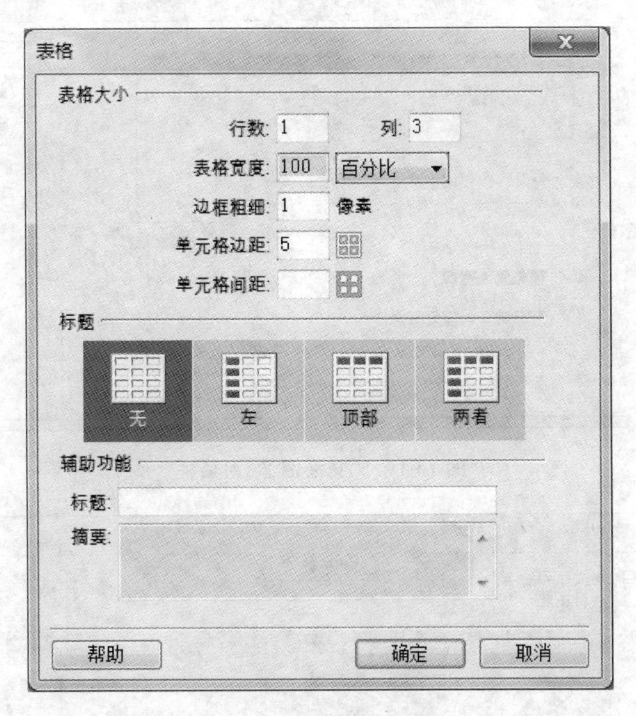

图 10-17 “表格”对话框

图 10-18 单元格中插入图像后的效果

2. 定义交换图像行为

(1) 步骤 1 选中第 2 行的第 1 幅图像，单击“行为”面板中的“添加行为”按钮，在下拉列表中选择“交换图像”，在弹出的“交换图像”对话框的“图像”列表框中选择要交换的图像，即第一个，如图 10-19 所示。勾选“预先载入图像”复选项，载入页时将新图像载入到浏览器的缓冲中，可以防止当图像下载时而导致的延迟。

(2) 步骤 2 单击“设定原始档为”文本框后的“浏览”按钮，在弹出的“选择图像源文件”对话框中，选择图像“images\10-06.jpg”，如图 10-20 所示。

(3) 步骤 3 单击“确定”按钮后，“行为”面板中显示定义的动作效果，如图 10-21 所示。

交换图像

图像：图像 "keting" 在 层 "apDiv2"
unnamed <img>
unnamed <img>

设定原始档为： 浏览...

☑ 预先载入图像

☑ 鼠标滑开时恢复图像

确定
取消
帮助

图 10-19 “交换图像”对话框

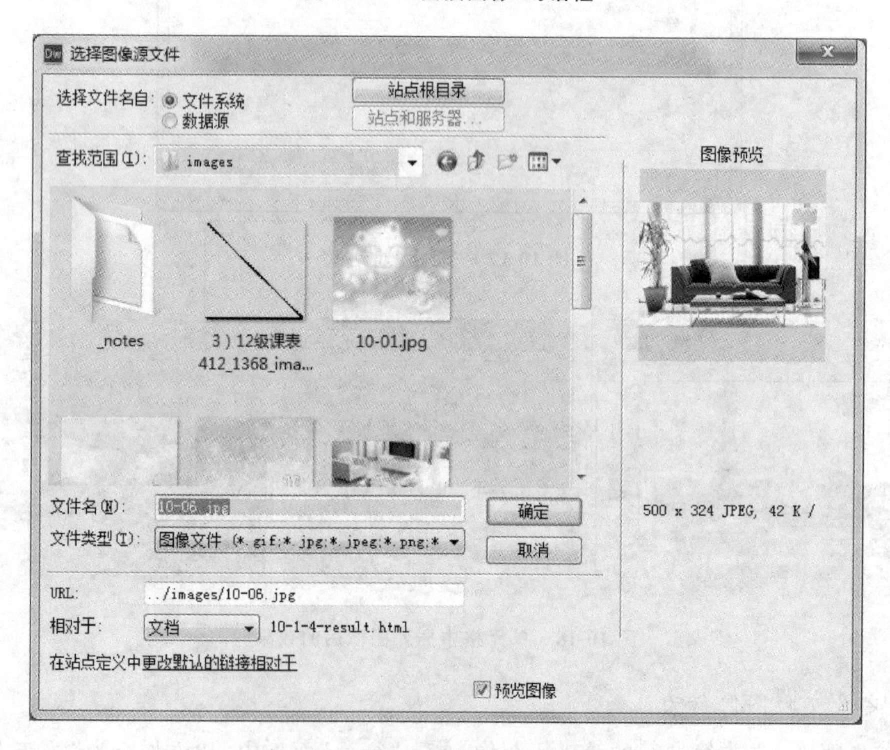

图 10-20 “选择图像源文件”对话框

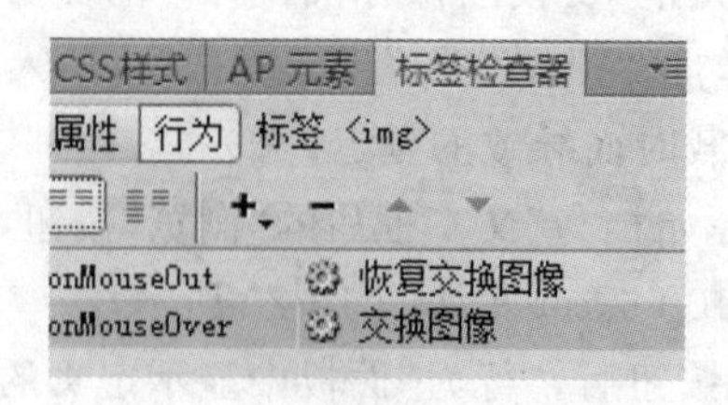

图 10-21 “行为”面板效果

(4) 步骤 4　按同样的方法,设置第 2 行的第 2 幅图像和第 3 幅图像的交换图像行为。

(5) 步骤 5　保存文档并预览,将光标移到第 2 行的单元格上,第 1 行的图像将变成下面的图像,当把鼠标指针移走时,第 1 行的图像将恢复到原始图像。

10.1.5 操作实例——拖动 AP 元素

通过拖动 AP 元素,可以实现诸如网页中可以拖动的广告效果。

(1) 步骤 1　新建 HTML 文档,保存为"10-1-3-result.html"。

(2) 步骤 2　选择"布局"子工具栏,单击"绘制 AP Div",在图像上绘制一个 AP 元素,然后在 AP 元素中输入文字,并用 CSS 控制外观,效果如图 10-22 所示。

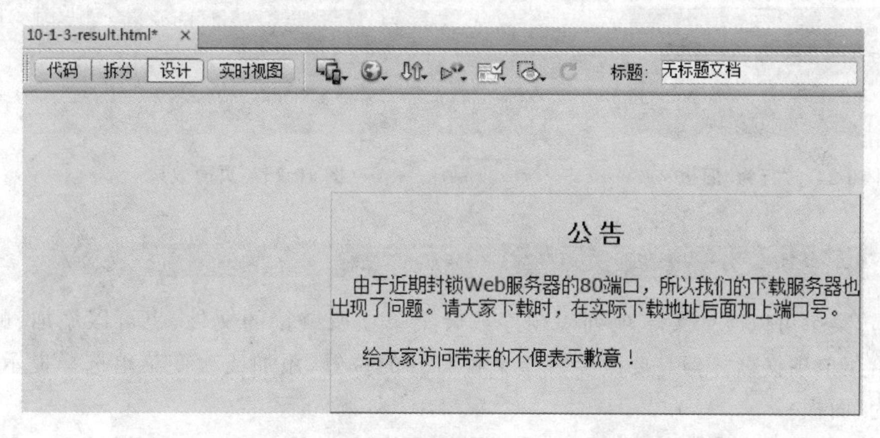

图 10-22　插入 AP 元素并输入文字后的效果

(3) 步骤 3　在网页文档的空白处单击,选择"行为"面板中的"添加行为"按钮,在下拉列表中选择"拖动 AP 元素"命令。

(4) 步骤 4　在弹出的"拖动 AP 元素"对话框中,在"AP 元素"下拉列表中选择新建的 AP 元素;在"移动"下拉列表中选择"不限制",如图 10-23 所示。

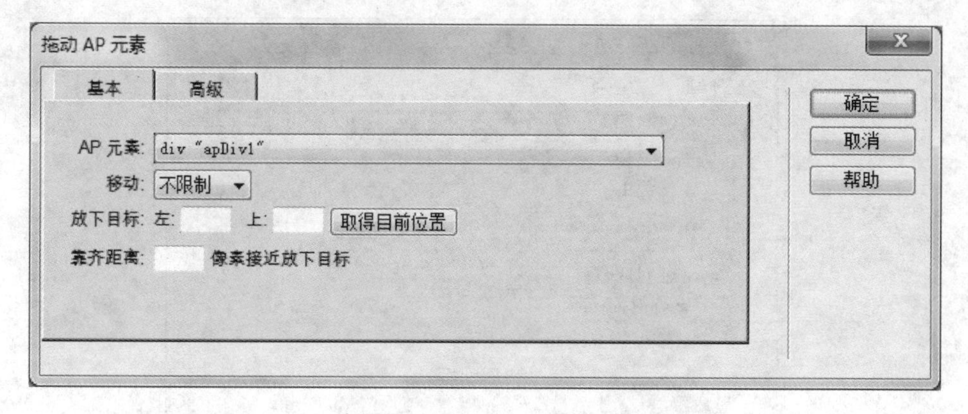

图 10-23　"拖动 AP 元素"对话框

（5）步骤 5　单击“确定”按钮，“行为”面板中显示如图 10-24 所示的行为。

（6）步骤 6　选择编辑区中的 AP 元素，在“属性”面板中设置其背景颜色为粉红色＃FF99FF。

（7）步骤 7　保存并预览，可以看到网页中有一个 AP 元素，可以用鼠标拖动这个公告到网页中的任意位置，如图 10-25 所示。

图 10-24　“行为”面板

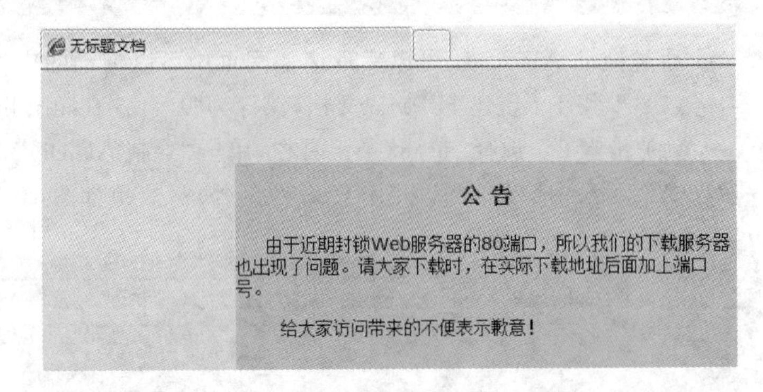

图 10-25　页面效果

10.1.6　操作实例——跳转菜单

跳转菜单可以改变菜单项列表顺序或者菜单项所链接的文件，也可以添加、删除菜单项，或给菜单项换名。但是要改变链接文件打开的位置，添加或改变菜单选择提示，必须使用“行为”面板。

（1）步骤 1　新建 HTML 文档，保存并命名为 10-1-4-result. html。

（2）步骤 2　选择“插入”→“表单”→“跳转菜单”命令，系统弹出图 10-26 所示的“插入跳转菜单”对话框。在“文本”文本框中输入在列表中显示的文本；单击“选择时，转到 URL”后的“浏览”按钮，选择用户在跳转菜单上单击选项时要打开的相应的文件，或者直接输入要打开的路径；从“打开 URL 于”下拉列表中选择文件打开的位置，选择“主窗口”，使文件在同一窗口中打开。

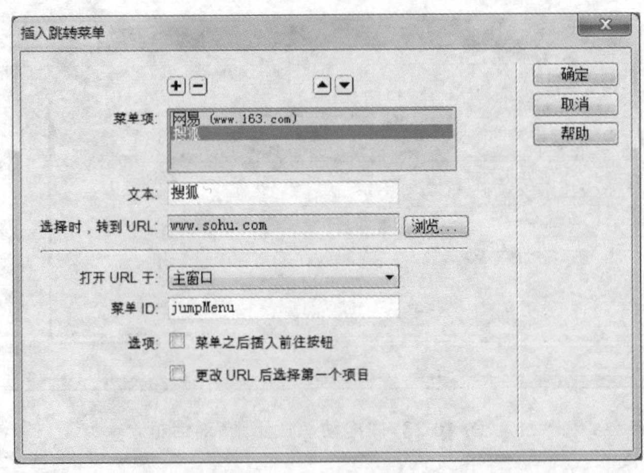

图 10-26　“插入跳转菜单”对话框

(3) 步骤 3　单击“确定”按钮,“行为”面板如图 10-27 所示。

(4) 步骤 4　选中要编辑的跳转菜单项,在“行为”面板中单击“添加行为按钮”,在下拉列表中选择“跳转菜单”,单击“+”或者“-”按钮可以进行菜单项的添加或删除。

(5) 步骤 5　添加“跳转菜单”后,预览效果如图 10-28 所示。另外“跳转菜单开始”,则是允许将“转到”按钮与跳转菜单关联的行为,例如跳转菜单出现在框架中,跳转菜单项链接到其他框架中的页面,就需要“转到”按钮,来完成访问者重新选择已在跳转菜单中选择的项。

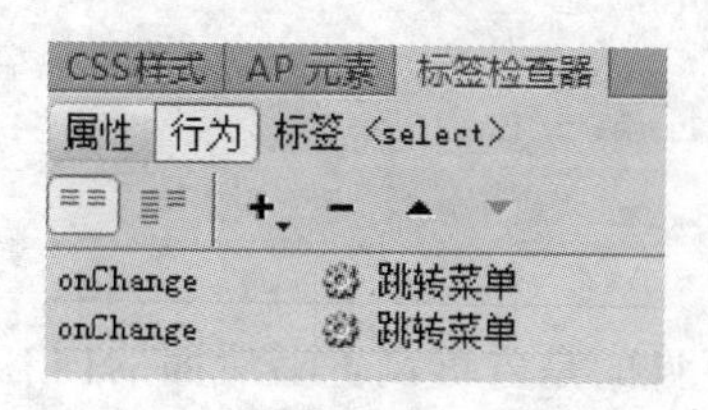

图 10-27　“行为”面板显示效果

图 10-28　“跳转菜单”效果

10.2 JavaScript 入门

JavaScript 是一种基于对象和事件驱动的脚本语言,使用它可以与 HTML、Java 小程序在网页中链接多个对象,通过嵌入或调入到标准的 HTML 语言中实现开发客户端的应用程序,实现网页的动态交互。

10.2.1 JavaScript 介绍

JavaScript 是目前网页中广泛使用的脚本语言,是由 Netscape 公司基于 Java 的概念开发出来的,该脚本语言具有以下特点。

(1) JavaScript 是脚本语言,同时也是一种解释性语言,采用小程序段的方式进行编程,从而使开发过程变得简便。它的语言结构类似于 C、C++和 VB 等语言,但 JavaScript 语言并不像它们一样需要先进行编译然后才执行,而是可以直接在程序运行的过程中被逐句地解释。

(2) JavaScript 是靠浏览器中的 JavaScript 解释器来运行的,与操作环境没有关系。只要计算机上安装有支持 JavaScript 的浏览器就可以正确执行,从而免去了把程序移植到不同操作系统上所面临的兼容问题。

(3) 在 JavaScript 中,采用的是不太严格的数据类型,这样的好处是在定义或使用数据的时候可以更加方便,但也带来了容易混淆的问题。

(4) JavaScript 是一种基于对象的语言,因此,可以自己创建对象,并运用自己所创建的对象中的属性和方法实现其他功能。

(5) JavaScript 主要作用就是让网页动起来,同时也存在着一定的交互。它可以根据浏览者的操作而做出响应,这种响应并不需要服务器的支持,而仅仅靠事件驱动就可以直接响应。

(6) JavaScript具有安全性。它不允许用户访问本地硬盘,不允许对网络中的文档进行修改或删除,这样就能有效地防止数据丢失以及恶意修改。

因此,使用JavaScript实现较为复杂的效果,对程序和硬件的要求都不高。

10.2.2 网页中引入JavaScript

所有的脚本程序都必须封装在一对特定的HTML标签之间,脚本语言使用标签〈script〉和〈/script〉,下面通过一个简单的JavaScript脚本,来了解JavaScript语言。

```
<script  language="javascript">
  document.write("<font  color=red> 欢迎光临,JavaScript!</font> ");
</script>
```

这段JavaScript脚本主要由三部分组成。

● 第一部分是"〈script language="javascript"〉",主要目的是告诉浏览器后面的内容是JavaScript脚本。开头使用〈script〉标记,表示这是一个脚本的开始,在〈script〉标记中使用language属性,指明使用的脚本类型,因为JavaScript有多种脚本,如LiveScript、VBscript等,因此,使用language属性指明使用的是JavaScript脚本,这样浏览器就能更轻松地理解这段文本的含义。如果使用的是VBscript脚本,那么则要用"〈script language="VBscript"〉"来表示。

● 第二部分是JavaScript脚本,用于创建对象,定义函数或是直接执行某一功能,这里是向文档中写入文本"欢迎光临,JavaScript!",其中字体颜色为红色。

● 第三部分是"〈/script〉",它用来告诉浏览器"JavaScript脚本到此结束"。

〈script〉〈/script〉所包含的JavaScript脚本可以放在HTML文件中的〈head〉〈/head〉标记之间,也可以放在〈body〉〈/body〉标记之间。如果放在〈head〉〈/head〉标记间,它可以在网页或其余代码之前就进行装载,从而能使代码的功能或作用范围更大,一般用于对象的创建和函数的定义;如果放在〈body〉〈/body〉标记间,其主要作用是动态效果的具体实现或控制。

上述代码的完整形式,如下所示。

```
<html>
    < head>
        <title> JS脚本</title>
    </head>
    <body>
        <script language="javascript">
            document.write("<font  color=red> 欢迎光临,JavaScript!</font> ");
        </script>
    < /body>
</html>
```

保存文件为"10-2-1-result.html",预览效果如图10-29所示,可以看到网页中显示文字"欢迎光临,JavaScript!",字体为红色。

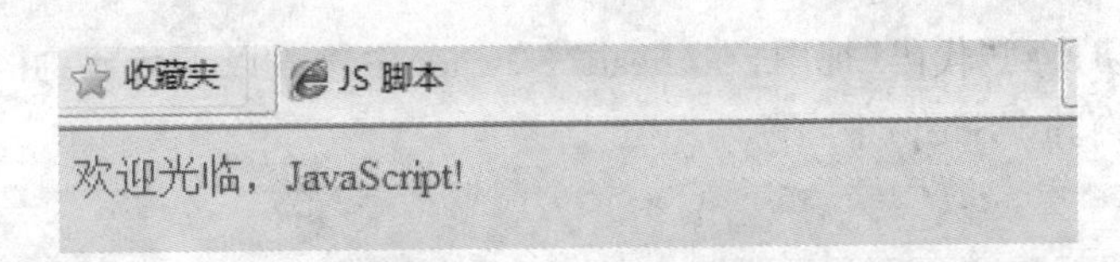

图 10-29 网页预览效果

除了可以在 HTML 文件中直接插入 JavaScript 脚本外，也可以把 JavaScript 脚本制作成一个文本文件，然后再通过 HTML 文件来调用它。JavaScript 脚本文件也是一个纯文本文件，因此，可以通过记事本编写，最后保存的文件后缀名为“.js”即可。

新建 HTML 文件，命名为“10-2-2-result.html”，在“代码”视图中输入如下内容。

```
<html>
    <head>
      <title>外部 JS 脚本调用</title>
    </head>
<body>
    <script src="1.js">
    </script>
</body>
</html>
```

打开文件夹“part 10”，新建记事本文件，命名为“1.js”，文件内容如下。

```
document.write("<font color=red>JavaScript,你好!</font>");
```

保存网页并预览，网页预览效果如图 10-30 所示。

图 10-30 网页预览效果

10.2.3 操作实例——编写简单的 JavaScript 程序

应用 JavaScript 脚本实现一个带链接的水平滚动字幕，具体的操作步骤如下。

(1) 步骤 1 新建一个网页文档，保存为“10-2-3-result.html”。

(2) 步骤 2 利用表格布局网页，并输入相应的内容，效果如图 10-31 所示。

图 10-31 网页效果

(3) 步骤 3　切换到“代码”视图，在〈head〉〈/head〉中输入以下代码，并在〈title〉〈/title〉中输入文字“简单的 JavaScript 例子”。

```
<script language="JavaScript">
    function gundong(){
        ar marqueewidth=400 //定义字幕宽度变量
        var marqueeheight=40 //定义字幕高度变量
        var speed=10 上//定义滚动速度变量
        var marqueecontents='欢迎来到<a href="http://www.hljy.net">欢乐家园</a> '
          //定义滚动字符串变量
     document.write('<marquee scrollAmount='+speed+'style="width:'+
     marqueewidth+'">'+marqueecontents+'</marquee>')
    //利用文档对象 document 的 write 方法输出<marquee>标签实现字幕滚动
    }
</script>
```

上面的 JavaScript 中定义了一个名为 gundong()的函数，主要实现带链接的水平滚动字幕效果。

(4) 步骤 4　在“代码”视图下，将光标定位在最后一个〈/table〉标签的后面，输入以下 JavaScript 代码。

```
<script language="JavaScript" type="text/javascript">
gundong() //调用函数
</script>
```

(5) 步骤 5　保存网页文件并预览，效果如图 10-32 所示。

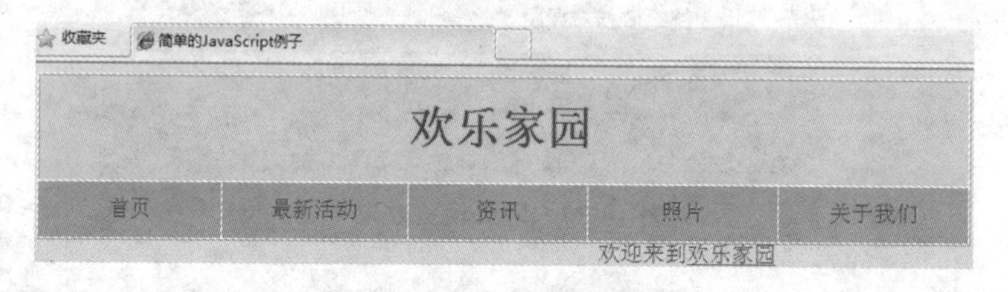

图 10-32　网页预览效果

10.2.4　操作实例——使用“代码片断”面板

JavaScript 在网页中实现了动态和交互效果，Dreamweaver 除了“行为”面板之外，还提供了一个比较实用的小工具“代码片段”面板。“代码片段”所包含的网页特效更多，并且可以随时把自已使用的代码片段保存在“代码片段”中，其实用性要远远大于“行为”面板所提供的网页特效。当然，也可以借助插件扩展的方式从网上获取更多的行为插件，但是行为显得复杂和僵硬。

选择“代码片段”面板中的 JavaScript 文件夹中的相关代码片段，单击面板底部的“插入”按钮，即可把这个代码片段插入到当前文档的脚本中，然后引用所定义的函数即可。另外，也可以把网页文档中常用脚本保存到“代码片段”面板中，下次使用时可以随时调用，而不再手动输入代码。

1. 插入脚本标记

(1) 步骤1　新建一个网页文件,保存"10-2-4-result. html",切换到"代码"视图,将光标定位到〈head〉〈/head〉标签内,如图10-33所示。

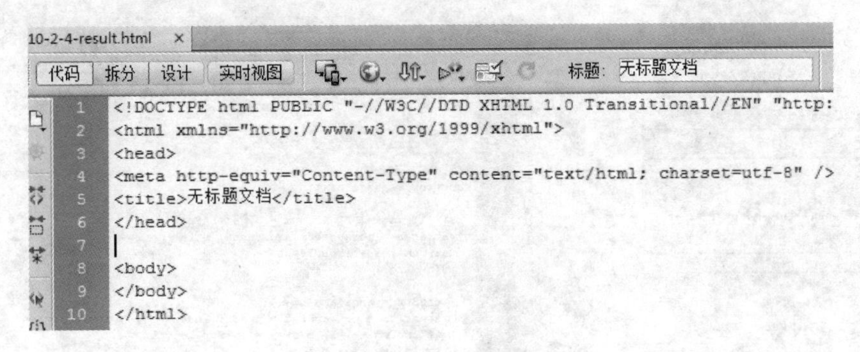

图10-33　光标的定位

(2) 步骤2　单击"常用"工具栏中的"脚本"按钮,选择"脚本"选项,如图10-34所示。

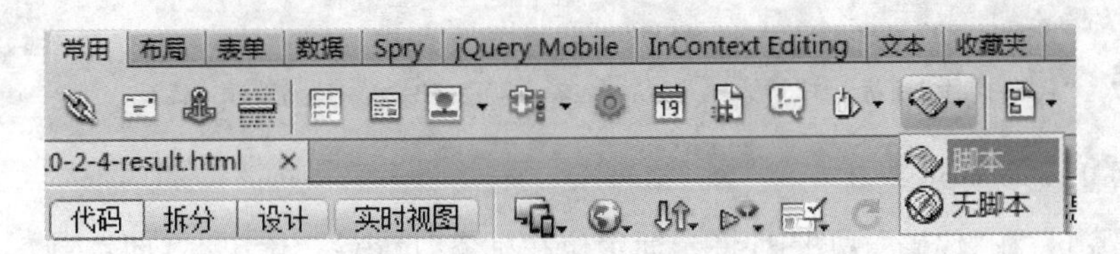

图10-34　插入脚本

(3) 步骤3　在弹出的"脚本"对话框中,直接单击"确定"按钮,如图10-35所示。

(4) 步骤4　在"代码"视图中,可以看到在光标的所在位置添加了一对标签〈script〉〈/script〉,如图10-36所示。

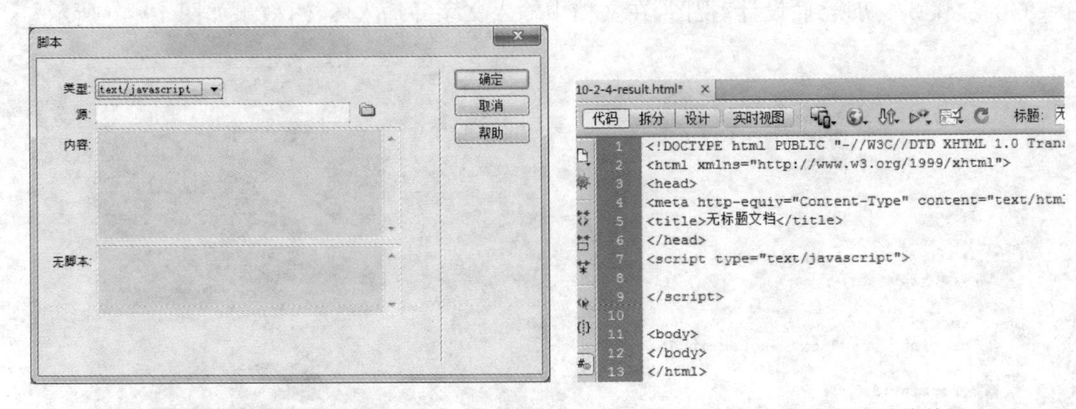

图10-35　"脚本"对话框　　　　图10-36　添加标签后的效果

2. 插入JavaScript代码

(1) 步骤1　将光标定位在标签〈/script〉前面,选择"窗口"→"代码片段"命令,打开"代码片段”面板，依次展开“JavaScript”→“对话框”→“消息框”，单击“插入”按钮，如图10-37所示。

（2）步骤2　此时在〈script〉〈/script〉标签之间多了一段JavaScript代码，如图10-38所示。

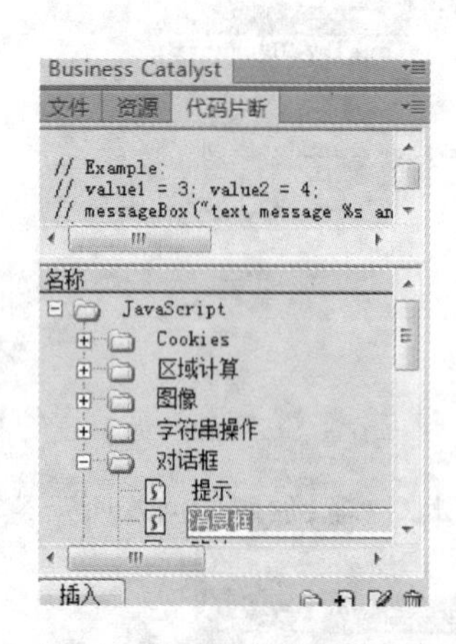

图10-37　“代码片段”面板

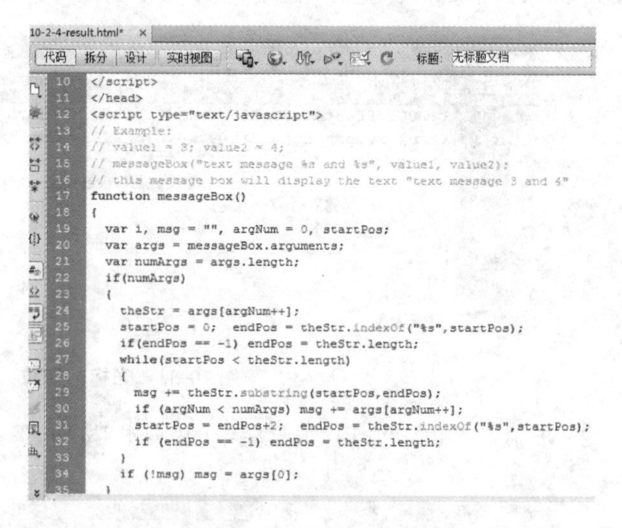

图10-38　JavaScript代码

3. 调用JavaScript函数

（1）步骤1　在“代码”视图中，将光标定位在标签〈body〉〈/body〉之间，然后单击“常用”子工具栏中的“脚本”，在弹出的对话框直接单击“确定”按钮，将光标定位在新插入的标签〈script〉〈/script〉之间，如图10-39所示。

（2）步骤2　在标签〈script〉〈/script〉之间输入以下代码。

```
value1=1893;value2=1928;
```

（3）步骤3　切换到“设计”视图，在文档中输入文字并插入图像，效果如图10-40所示。

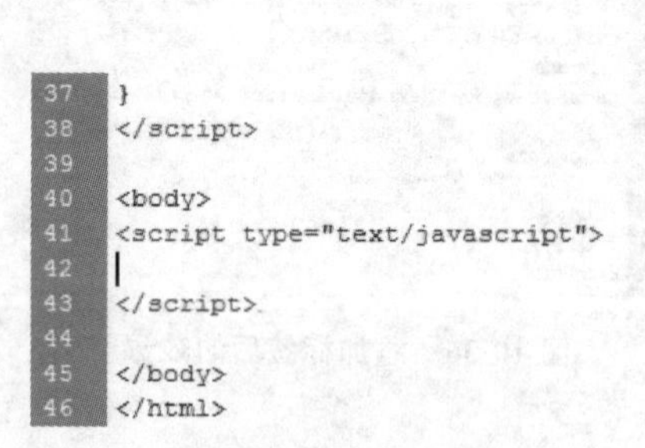

图10-39　插入标签

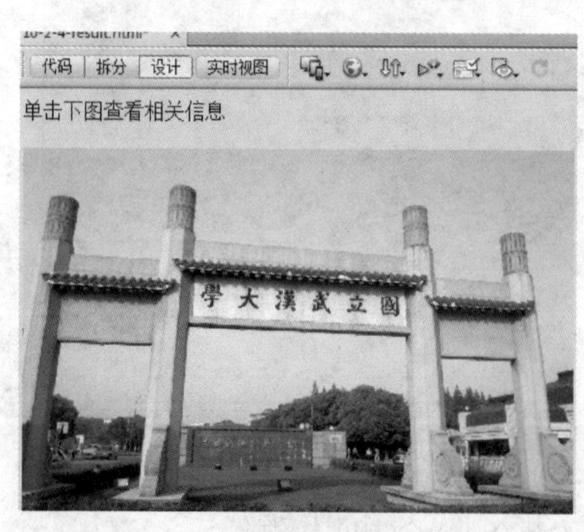

图10-40　输入文字并插入图像

(4) 步骤 4　选中图像，打开“行为”面板，单击“添加行为”按钮，在下拉列表中选择“调用 JavaScript”，弹出如图 10-41 所示的对话框。

图 10-41　“调用 JavaScript”对话框

(5) 步骤 5　在 JavaScript 文本框中输入以下内容。

```
messageBox("武汉大学，百年名校，追溯于%s 年，%s 年定名为国立武汉大学!",value1,
value2)
```

(6) 步骤 6　单击“确定”按钮，保存网页文件并预览。单击图像时，会弹出一个消息框，如图 10-42 所示。

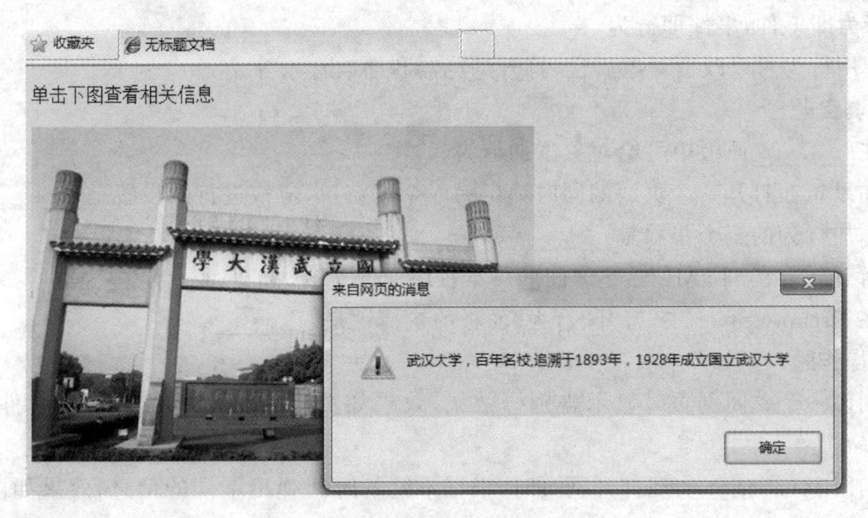

图 10-42　消息框

本章小结

本章介绍了 Dreamweaver 常用的事件及行为，通过实例介绍了内置行为的应用。另外，简单地介绍了 JavaScript 的基础知识，并通过实例演示了 JavaScript 的使用方法，并学习了 Dreamweaver“代码片段”面板。

习题 10

一、选择题

1. 网页代码第一行〈%@language="Vbscript"%〉，说明此页是(　　)。

A. HTML　　　B. PHP　　　C. ASP　　　D. VBSCRIPT

2. 在 JavaScript 语言的文件中,OnFocus 将触发的事件是(　　)。

A. 元素失去焦点　　B. 当前焦点位于该元素

B. 页面被装入　　D. 将当前工作内容提交

3. 变换图像实质是当鼠标位于该图像时,触发了一个(　　)动作。

A. OnDbClick　　B. OnClick

C. OnMouseOver　　D. OnMouseDown

4. 下面关于制作跳转菜单的说法错误的是(　　)。

A. 利用跳转菜单可以使用很小的网页空间来做更多的链接

B. 设置跳转菜单属性时,可以调整各链接的顺序

C. 插入跳转菜单时,可以选择是否加上"Go"按钮

D. 默认是有"Go"按钮

5. 下列关于行为的说法不正确的是(　　)。

A. 行为是事件和动作的组合

B. 行为是 Dreamweaver 预置的 JavaScript 程序库

C. 行为即事件,事件即行为

D. 使用行为可以改变对象属性、打开浏览器和播放音乐等

二、填空题

1. 在________面板中可给对象添加行为。

2. 如果想在打开一个页面的同时弹出另一个新窗口,应该进行的设置是________。

3. 添加行为的三个步骤是________、________、________。

4. 所有封装在 HTML 标签之间的脚本程序标签是________。

5. 在 Dreamweaver 中,打开"行为"面板的快捷键是________。

三、操作题

1. 制作一个关闭网页时显示告别语效果,效果如图 10-43 所示。提示:将事件设置为"onUnLoad"。

2. 利用 JavaScript 实现打开网页时,根据不同的时间弹出不同的信息,效果如图 10-44 所示。

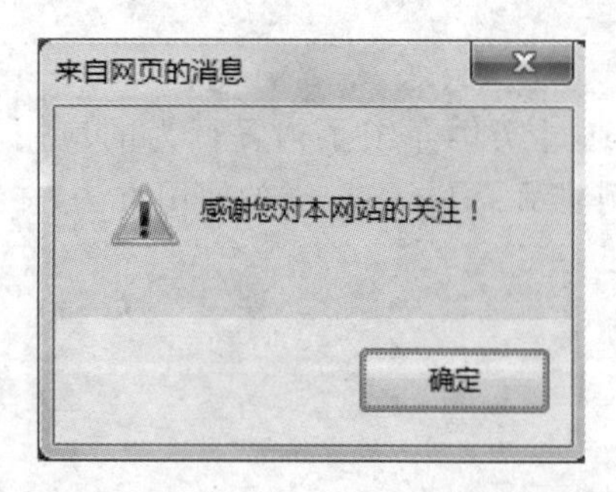

图 10-43　关闭网页时弹出的消息

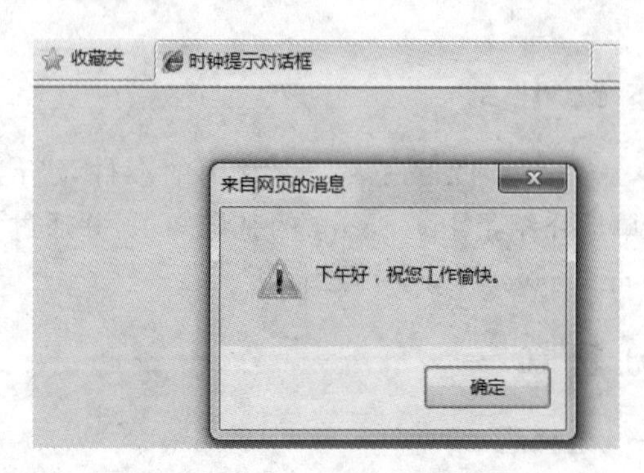

图 10-44　网页提示效果图

参考代码如下。

```
<title> 时钟提示对话框</title>
<script type="text/javascript">
void function hello()      //声明一个函数
{
var str;
now=new Date();hour=now.getHours();      //取得当前时间的小时数
if(hour<6)    //针对不同时段进行问候语赋值
str="太晚了,请关机。";
else if(hour<9)
str="早上好,祝您今天有个好的开始。";
else if(hour<14)
str="中午好,请保持愉悦的心情。";
else if(hour<18)
str="下午好,祝您工作愉快。";
else if(hour<22)
str="晚上好,祝您玩得开心。";
else if(hour<24)
str="夜深了,请休息。";
alert(str);  //弹出问候对话框
}
</script>
</head>
<body onload="hello();">      <!--网页事件与调用函数-->
</body>
</html>
```

第11章　Div+CSS网页布局基础

学习目标

本章主要学习 Div 标签、Div＋CSS 布局特点、CSS 盒子模型、Div＋CSS 布局实例，通过学习初步掌握 Div＋CSS 布局方法。

本章重点

● Div＋CSS 布局特点；● CSS 盒子模型；● Div＋CSS 布局实例。

网页布局主要有表格布局和标准布局（XHTML＋CSS），在多年的表格布局与标准布局较量之后，标准布局不断得到多数网页设计师的认可。标准布局的优势是不言而喻的。但是对于初学者来说，编写样式代码，确实存在不小的难度。但是，如果会用表格布局的话，就比较好理解和掌握了。传统的表格排版是通过大小不一的表格和表格嵌套来定位排版网页内容的，改用 CSS 排版后，就是通过由 CSS 定义的大小不一的盒子和盒子嵌套来编排网页。这种排版方式的网页代码简洁，表现和内容相分离，维护方便，能兼容更多的浏览器。

11.1 Div 标签

Div 标签以＜div＞开始，以＜/div＞结束。Div 标签表示一个块，属于块级元素。在默认状态下，块状元素的宽度为 100％，而且后面隐藏附带有换行符，使块状元素始终占据一行，如＜div＞、＜hr＞、＜p＞、＜h1＞等。Div 标签没有特定的含义，可以通过 CSS 样式（style）为其赋予不同的表现。它是可用于组合其他 HTML 元素的容器。Div 标签常见的用途是文档布局，它取代了使用表格定义布局的老式方法。Div 容器中可以包含任何内容块，也可以嵌套另一个 Div。内容块可以包含任意的 HTML 元素——标题、段落、图像、表格、列表等等。

11.2 Div+CSS 布局

11.2.1 关于 Div+CSS 布局

我们通常所说的“Web 标准”并不是真正的标准，它只是 W3C(World Wide Web Consortium，万维网组织)制定的推荐规范，W3C 并没有强制要求和监督业界去执行 Web 标准。Web 标准组织为了便于这些规范的推广，才把它们统称为“Web 标准”。

Div+CSS 只是具体的实现布局页面的技术手段，并不能涵盖 Web 标准。Web 标准不仅仅是 HTML 向 XHTML 的转换，更重要的是信息结构清晰、内容与表现相分离，而 Div+CSS 技术能较好地实现这种思想。因此，我们看到的多数符合标准的页面都是采用 Div+CSS 制作。

Web 标准并不是不允许用 table 标签，table 标签也是 XHTML1.0 中的标准标签。我们只是提倡用 Div+CSS 布局来替代传统的 table 布局。原来的 table 布局将表现和内容混杂在一起，结构不清晰、内容不完整，不利于内容的重用。而且从语义上讲，W3C 制定 table 标签时只是用它来做表格结构定义的，文档中如果有表格，那么就应该用 table 标签。而排版、定位这些表现的东西应该由 CSS 来控制。

11.2.2 Div+CSS 布局的优势

Div+CSS 布局具有以下优点。

- 缩减代码，提高页面浏览速度。采用 CSS 布局，不像表格布局充满各种各样的属性和数字，而且很多 CSS 文件通常是共用的，从而大大缩减页面代码，提高页面浏览速度。
- 结构清晰，对搜索引擎更加友好。更容易被搜索引擎收录，具备搜索引擎 SEO 的先天条件，配合优秀的内容和一些 SEO 处理，可以获得更好的网站排名。
- 支持各种浏览器，兼容性好。
- 修改简单，缩短改版时间。因为网站的布局都是通过外部的 CSS 文件来控制的，只要简单地修改几个 CSS 文件就可以将许多网页的风格格式同时更新，不用再逐页更新了。
- 强大的字体控制和排版能力。CSS 控制字体的能力比 Font 标签好多了。
- 使用 CSS 可以结构化 HTML，提高易用性。
- 更好的扩展性。
- 表现和内容相分离，干净利落。将表现部分剥离出来放在一个独立样式文件中，而网页主要用来放置内容。

11.2.3 CSS 盒子模型

学习标准布局，首先要弄懂的就是盒子模型，这是标准布局的核心所在。

CSS 盒子模型(box model)规定了元素边框,处理元素内容、内边距、边框和外边距的方式。它为什么叫盒子呢?我们在网页设计中常见的属性名有内容(content)、填充(padding)、边框(border)、边界(margin),CSS 盒子模式都具备这些属性,如图 11-1 所示。

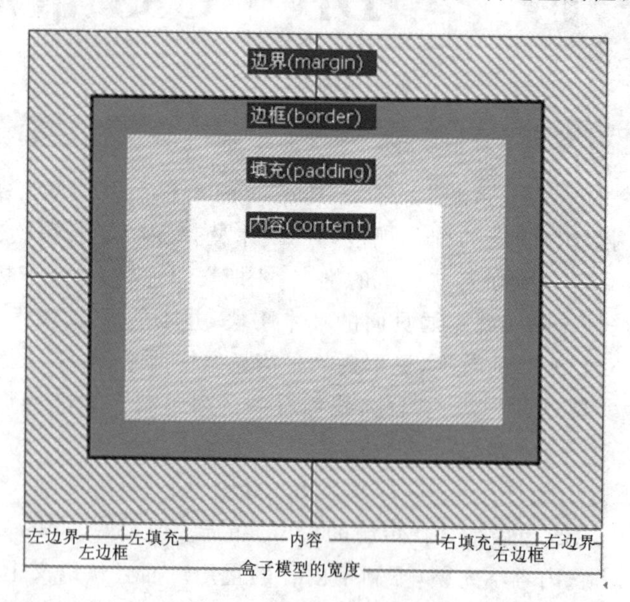

图 11-1　CSS 盒子模型

我们可以把它想象成现实中上方开口的盒子,然后从正上往下俯视,边框相当于盒子的厚度,内容相当于盒子中所装物体的空间,而填充相当于为防震而在盒子内填充的泡沫,边界相当于在这个盒子周围要留出一定的空间,方便取出盒子。这样就很容易理解盒子模型了。

最里面的部分是实际的内容,直接包围内容的是填充,也叫内边距、内补丁。填充呈现了元素的背景。内边距的边缘是边框。边框以外是边界,也叫外边距、外补丁,边界默认是透明的,因此不会遮挡其后的任何元素。

所以整个盒子模型的宽度等于"左边界+左边框+左填充+内容+右填充+右边框+右边界"的宽度,而 CSS 样式中 width 所定义的宽度仅仅是内容部分的宽度,这两个是很容易混淆的概念。

下面为几个容易模糊或引起误解的地方需要注意。

● margin 总是透明的,padding 也是透明的,但 padding 受背景影响,能够显示背景色或背景图像。部分初学者会误认为 padding 不透明。

● margin 可以定义负值,但 border 和 padding 不支持负值。

● margin、border 和 padding 都是可选的,它们的默认值为 0。可以单独定义某一边或统一定义盒子四边的属性值。如果需要,每一条可见边框都可以定义不同的宽度。

例如:现将盒子模型的宽度(width)设置为 70 像素,填充(padding)设置为 5 像素,边界(margin)设置为 10 像素,边框设置为 0 像素,则整个盒子模型的结构如图 11-2 所示。

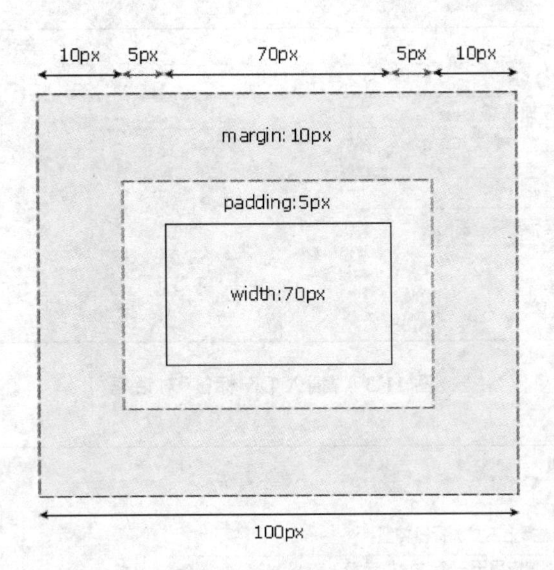

图 11-2　CSS 盒子模型

margin 和 padding 通常有下面三种书写方法。

● “margin:0px”:表示四条边取相同的值 0px。

● “margin: 1px 2px”:表示 top(上边)和 bottom(下边)的值是 1px,right(右边)和 left(左边)的值是 2px。

● “margin:1px 2px 3px 4px”:四个值依次表示 top、right、bottom、left,即“上、右、下、左”的顺序。

11.3 操作实例——Div+CSS 布局

11.3.1 一列固定宽度

(1) 步骤 1　新建一个页面,保存为“11.3.1.html”。

(2) 步骤 2　选择“插入”→“布局对象”→“Div 标签”命令,插入一个 Div 标签。系统弹出“插入 Div 标签”对话框,如图 11-3 所示。

(3) 步骤 3　在“插入 Div 标签”对话框中,在“ID”右边的列表框中,输入“layout”,即将插入的 Div 标签的 ID 属性设置为“layout”,并单击“新建 CSS 规则”按钮,打开“新建 CSS 规则”对话框,如图 11-4 所示,并单击“确定”按钮,弹出“#layout 的 CSS 规则定义”对话框。

(4) 步骤 4　在“#layout 的 CSS 规则定义”对话框中,选择“分类”栏中的“方框”,在右侧的“Width”右侧的文本框中输入“400”,其后面的单位是“px”,在“Height”右侧的文本框

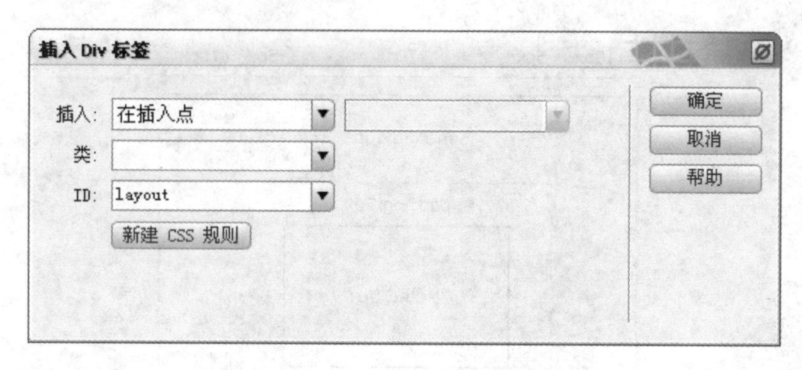

图 11-3　“插入 Div 标签”对话框

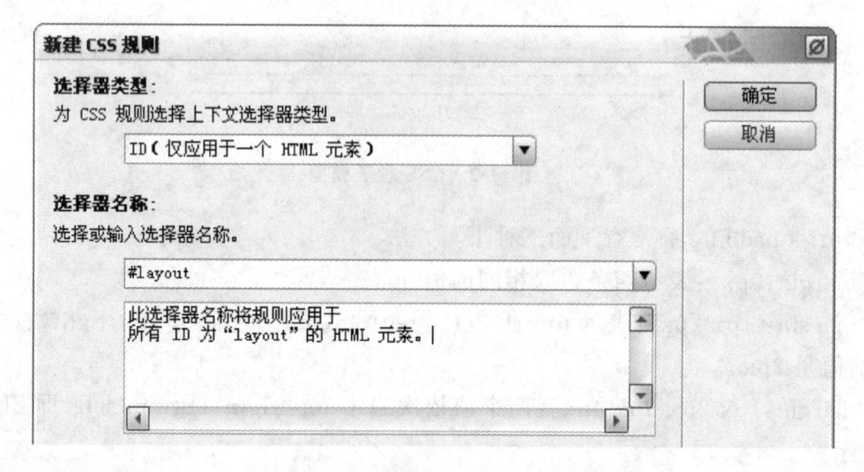

图 11-4　“新建 CSS 规则”对话框

中输入“300”，其后面的单位是“px”，如图 11-5 所示。

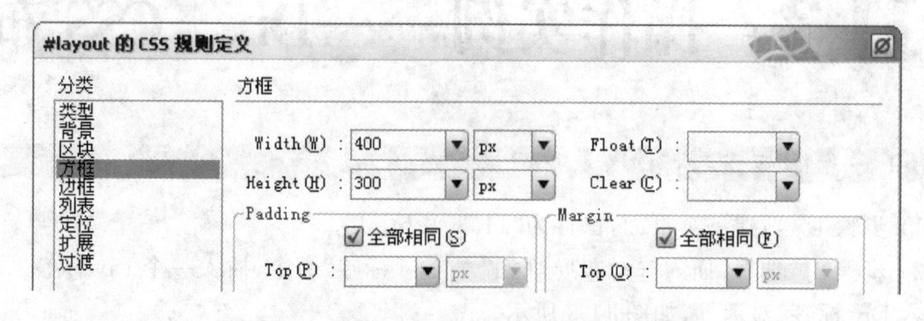

图 11-5　“#layout 的 CSS 规则定义”对话框

（5）步骤 5　选择“分类”栏中的“背景”，在“Background-color”右边的文本框中输入：“#CCC”，单击“确定”按钮，返回到“插入 Div 标签”对话框，再单击“确定”按钮完成操作。在浏览器中的显示效果如图 11-6 所示。

代码说明如下。

图 11-6　一列显示效果

```
<style type="text/css">
#layout {
    height: 300px; /*定义高度*/
    width: 400px; /*定义宽度*/
    background-color: #CCC;  /*定义背景颜色*/
}
</style>
```

11.3.2　两列固定宽度

1. 设置第一列

(1) 步骤 1　新建一个页面,保存为"11.3.2.html"。

(2) 步骤 2　选择"插入"→"布局对象"→"Div 标签"命令,插入一个 Div 标签。系统弹出"插入 Div 标签"对话框。

图 11-7　"插入 Div 标签"对话框

(3) 步骤 3　在"插入 Div 标签"对话框中,在"ID"右边的列表框中,输入"left",如图 11-7 所示,并单击"新建 CSS 规则"按钮,打开"新建 CSS 规则"对话框,如图 11-8 所示,并单击"确定"按钮,弹出"#left 的 CSS 规则定义" 对话框。

(4) 步骤 4　在"#left 的 CSS 规则定义"对话框中,选择"分类"栏中的"方框",在右侧的"Width"右侧的文本框中输入"400",其单位是"px",在"Height"右侧的文本框中输入"300",其单位是"px",将"Float"右边的下拉列表设计为"left",如图 11-9 所示。

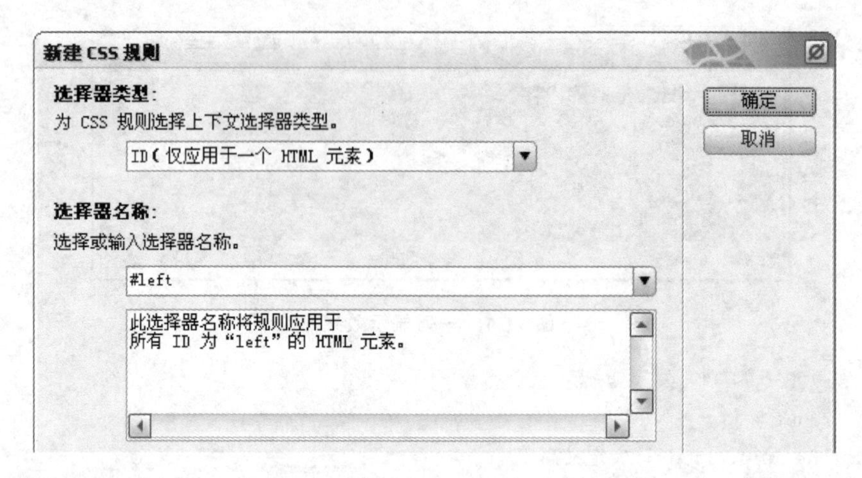

图 11-8 “新建 CSS 规则”对话框

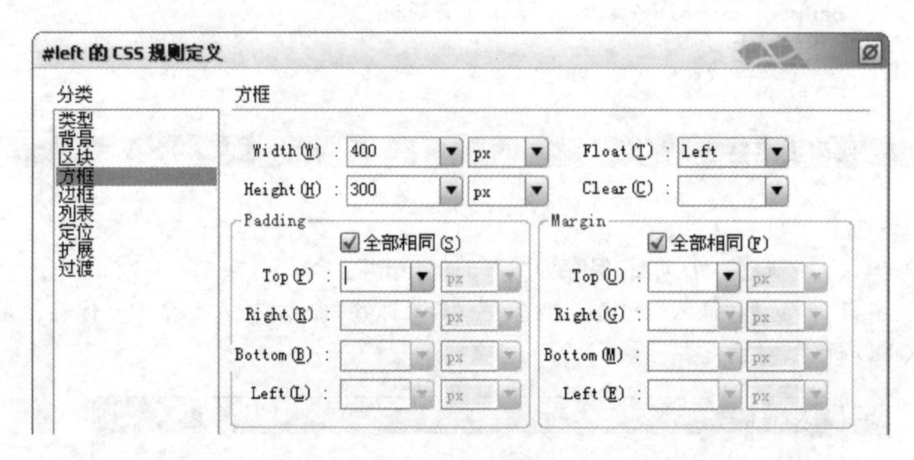

图 11-9 设置方框

(5) 步骤 5 选择“分类”栏中的“背景”，在“Background-color”右边的文本框中输入：“#999”，如图 11-10 所示，单击“确定”按钮，返回到“插入 Div 标签”对话框，再单击“确定”按钮。第一列设置完成。

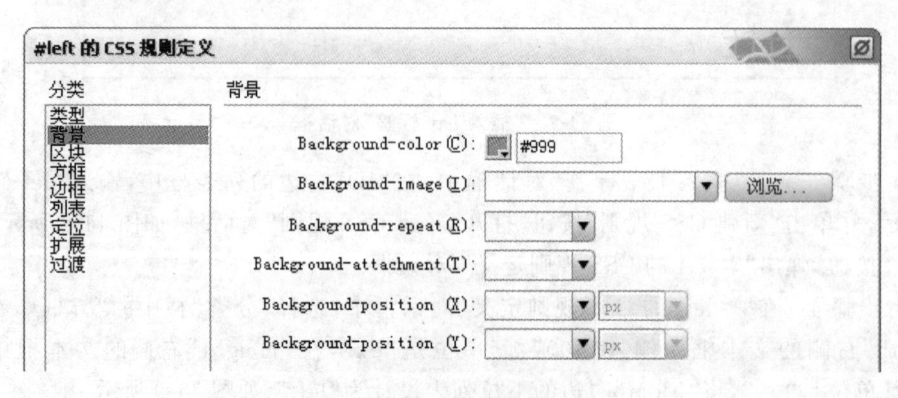

图 11-10 设置背景

2. 设置第二列

(1) 步骤1　在“设计”视图中，在已插入的Div标签外面单击，即将光标移到Div标签外面。

(2) 步骤2　选择“插入”→“布局对象”→“Div标签”命令，插入一个Div标签。系统弹出“插入Div标签”对话框。

(3) 步骤3　在“插入Div标签”对话框中，在ID右边的列表框中，输入“right”，如图11-11所示，并单击“新建CSS规则”按钮，打开“新建CSS规则”对话框，如图11-12所示，并单击“确定”按钮，弹出“＃right的CSS规则定义”对话框。

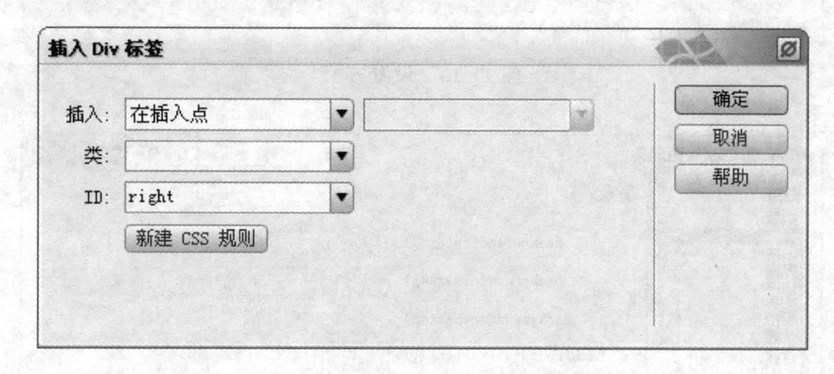

图11-11　“插入Div标签”对话框

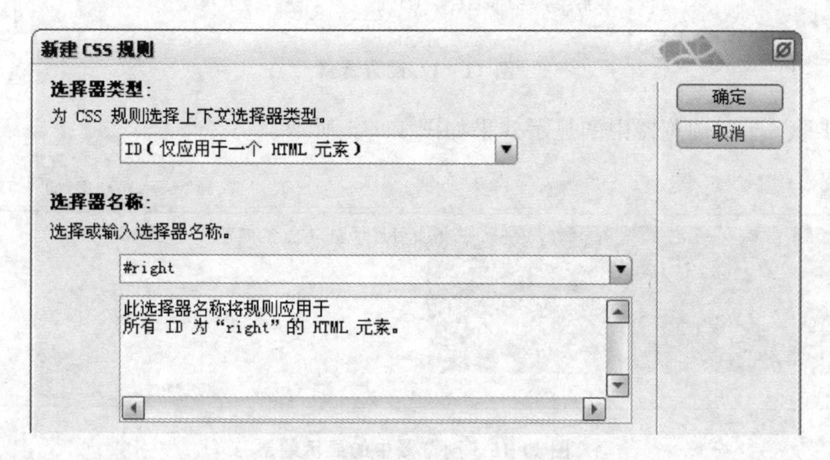

图11-12　“新建CSS规则”对话框

(4) 步骤4　在“＃right的CSS规则定义”对话框中，选择“分类”下面的“方框”，在右侧的“Width”右边的文本框中输入“400”，其单位是“px”，在“Height”右边的文本框中输入“300”，其单位是“px”，将“Float”右边的下拉列表设计为“left”，如图11-13所示，单击“确定”按钮。

(5) 步骤5　选择“分类”栏中的“背景”，在“Background－color”右边的文本框中输入：“＃FFC”，单击“确定”按钮，返回到“插入Div标签”对话框，再单击“确定”按钮，如图11-14所示。

#left 的 CSS 规则定义

分类：类型、背景、区块、方框、边框、列表、定位、扩展、过渡

方框

Width(W)：400 px　Float(T)：left

Height(H)：300 px　Clear(C)：

Padding　☑全部相同(S)　Top(P)：　Right(R)：　Bottom(B)：　Left(L)：

Margin　☑全部相同(F)　Top(O)：　Right(G)：　Bottom(M)：　Left(E)：

图 11-13　设置方框

#right 的 CSS 规则定义

分类：类型、背景、区块、方框、边框、列表、定位、扩展、过渡

背景

Background-color(C)：#FFC

Background-image(I)：　浏览...

Background-repeat(R)：

Background-attachment(T)：

Background-position (X)：　px

Background-position (Y)：　px

图 11-14　设置背景

（6）步骤 6　在浏览器中的显示效果如图 11-15 所示。

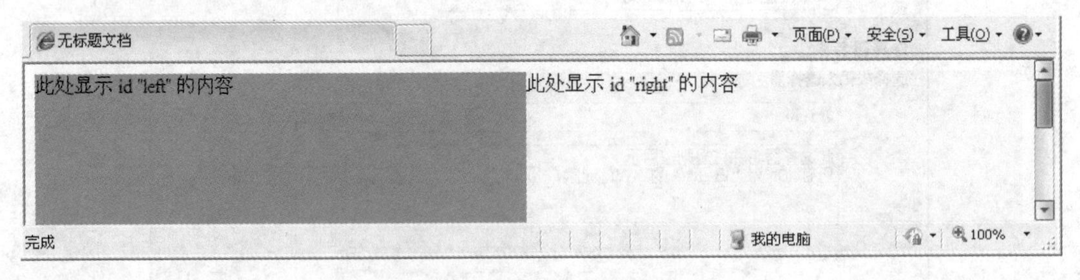

图 11-15　浏览器中的显示效果

3. 代码说明

代码说明如下。

```
<style type="text/css">
#left {  /*定义左边列*/
    background-color: #999; /*定义背景颜色*/
    float: left; /*设置左对齐*/
    height: 300px; /*定义高度*/
```

```
    width: 400px; /*定义宽度*/
}
#right {  /*定义右边列*/
    background-color: #FFC; /*定义背景颜色*/
    float: left; /*设置左对齐*/
    height: 300px; /*定义高度*/
    width: 400px; /*定义宽度*/
}
</style>
```

提示

在图 11-15 所显示的效果中，如果缩小浏览器窗口宽度，右边的 Div 的位置会移到左边的 Div 的下面，而不是我们所想要的二列布局。

下面来看看如何解决这个问题。

(1) 步骤 1　切换到“代码”视图，如图 11-16 所示。将光标移到第 18 行“〈body〉”的后面，按回车键，并输入“〈div id="content"〉”，再将光标移到第 21 行“〈/body〉”的前面，按回车键，并输入“〈/div〉”。即插入一个 id 为“content”的 Div 标签，里面包含一对 Div 标签。

```
6   <style type="text/css">
7   #left {
8       background-color: #999;
9       float: left; /*设置div的对齐方式：左对齐*/
10      height: 300px;
11      width: 400px; }
12  #right {
13      background-color: #FFC;
14      float: left; /*设置div的对齐方式：左对齐*/
15      height: 300px;
16      width: 400px; }
17  </style>
18  </head>
19  <body>
20  <div id="left">  id "left" 的内容</div>
21  <div id="right">  id "right" 的内容</div>
22  </body>
```

图 11-16　代码

修改后的部分代码如下所示。

```
<body>
<div id="content"> /*大容器 */
<div id="left">   id "left" 的内容</div>
<div id="right">   id "right" 的内容</div>
</div>
</body>
```

(2) 步骤 2　选择"窗口"→"CSS 样式"命令,打开"CSS 样式"面板。单击"CSS 样式"面板下方的"新建 CSS 规则"按钮,打开"新建 CSS 规则"对话框,在"新建 CSS 规则"对话框中,将选择器类型设置为"ID(仅应用于一个 HTML 元素)";在"选择器名称"下面的下拉列表中选择"content",或者直接输入"content";将"规则定义"设置为"(仅限该文档)",如图 11-17 所示,单击"确定"按钮。系统弹出"#content 的 CSS 规则定义"对话框。

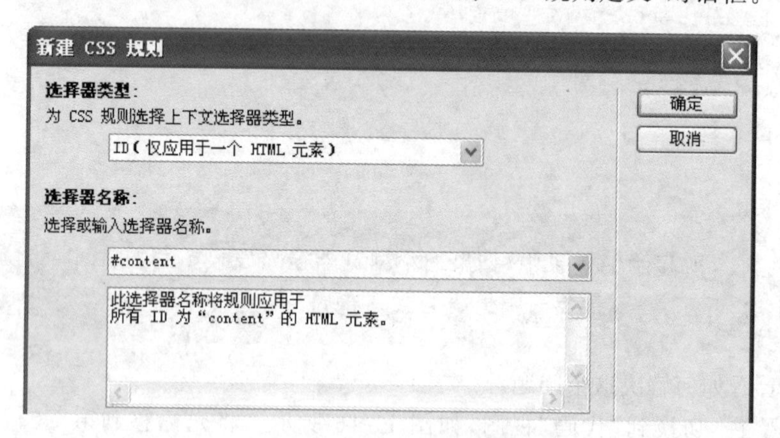

图 11-17　"新建 CSS 规则"对话框

(3) 步骤 3　在"#content 的 CSS 规则定义"对话框中,选择"分类"栏中的"方框",在"Width"右侧的文本框中输入"810",其单位是"px",在"Height"右侧的文本框中输入"300",其单位是"px",如图 11-18 所示。单击"确定"按钮,完成 ID 选择器规则定义。

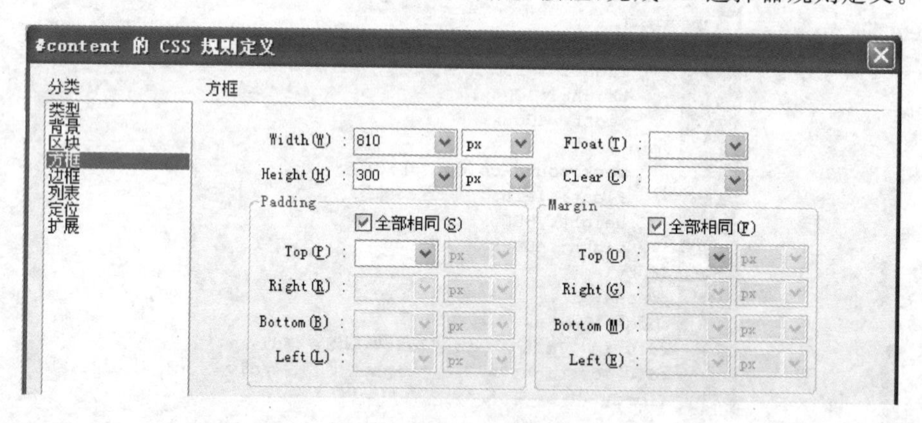

图 11-18　"#content 的 CSS 规则定义"对话框

(4) 步骤 4　在浏览器中预览,此时,如果缩小浏览器窗口,右边的 Div 就不会转移至左边的 Div 的下面,这就是我们所想要的二列布局。

11.3.3　三行固定宽度布局

1. 设计三行固定宽度布局

(1) 步骤 1　新建一个 HTML 文件,保存为"11.3.3.html"。

(2) 步骤 2　选择“插入”→“布局对象”→“Div 标签”命令，插入一个 Div 标签。系统弹出“插入 Div 标签”对话框。在“插入 Div 标签”对话框中，在“ID”右边的列表框中，输入“header”，如图 11-19 所示，单击“确定”按钮。

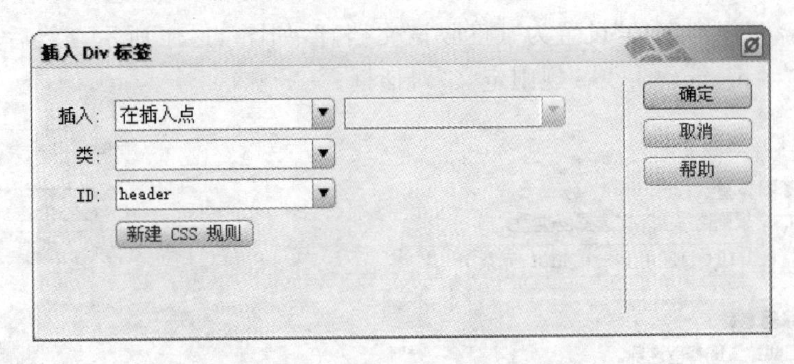

图 11-19　“插入 Div 标签”对话框

(3) 步骤 3　在“设计”视图中，在已插入的 Div 标签外面单击，即将光标移到 Div 标签外面。

(4) 步骤 4　选择“插入”→“布局对象”→“Div 标签”命令，插入一个 Div 标签。系统弹出“插入 Div 标签”对话框。在“插入 Div 标签”对话框中，在“ID”右边的列表框中，输入“main”，单击“确定”按钮。

(5) 步骤 5　重复步骤 3 和步骤 4，插入第三个 Div 标签，ID 设置为“footer”。“设计”视图中的效果如图 11-20 所示。

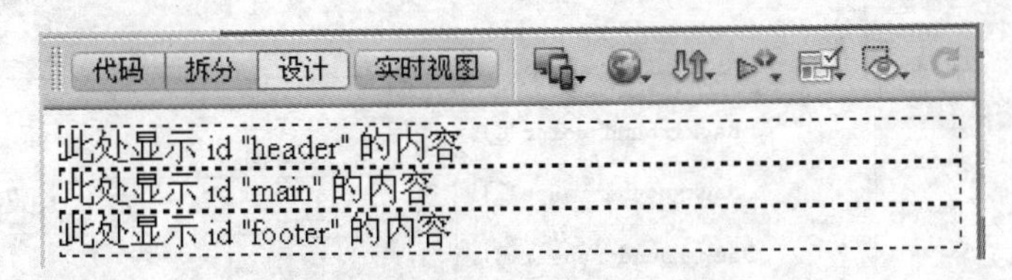

图 11-20　“设计”视图中的效果

代码如下。

```
<body>
<div id="header"> 此处显示  id "header" 的内容</div>
<div id="main"> 此处显示  id "main" 的内容</div>
<div id="footer"> 此处显示  id "footer" 的内容</div>
</body>
```

提示

通过菜单来插入 Div 标签很方便，但是，从“代码”视图中输入代码插入 Div 标签，效率更高。

(6) 步骤 6　选择“窗口”→“CSS 样式”命令,打开“CSS 样式”面板。单击“CSS 样式”面板下方的“新建 CSS 规则”按钮,打开“新建 CSS 规则”对话框,在“新建 CSS 规则”对话框中,将“选择器类型”设置为“ID(仅应用于一个 HTML 元素)”,在“选择器名称”下拉列表中选择“header”,将“规则定义”设置为“(仅限该文档)”,如图 11-21 所示。然后单击“确定”按钮。系统弹出“#header 的 CSS 规则定义”对话框。

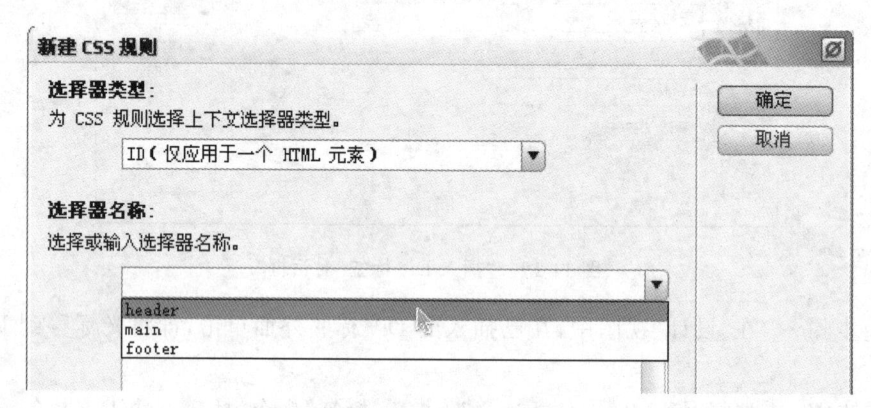

图 11-21　建立 ID 选择器

(7) 步骤 7　在“#header 的 CSS 规则定义”对话框中,选择“分类”栏中的“背景”,在“Background-color”右边的文本框中输入“#CCC”,如图 11-22 所示。

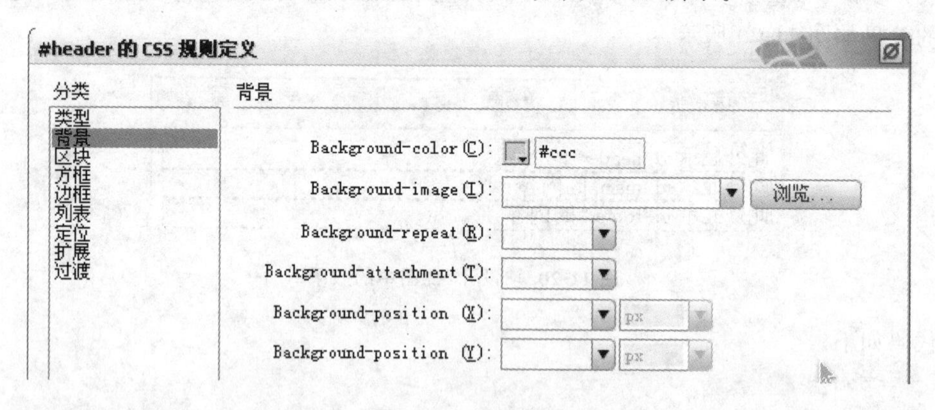

图 11-22　设置背景

(8) 步骤 8　在“#header 的 CSS 规则定义”对话框中,选择“分类”栏中的“方框”,在“Width”右侧的文本框中输入“600”,其单位是“px”,在“Height”右侧的文本框中输入“80”,其单位是“px”,取消勾选“Margin”栏中的“全部相同”复选项,将“Top”设置为 0 像素,“bottom”设置为 0 像素,将“Right”和“Left”设置为“auto”,如图 11-23 所示。单击“确定”按钮,完成 ID 选择器规则定义。

对于“main”和“footer”设置,可尝试在“代码”视图中完成。

(9) 步骤 9　将光标移到“〈/style〉”前面,并按回车键。输入以下代码,定义 main 的样式。

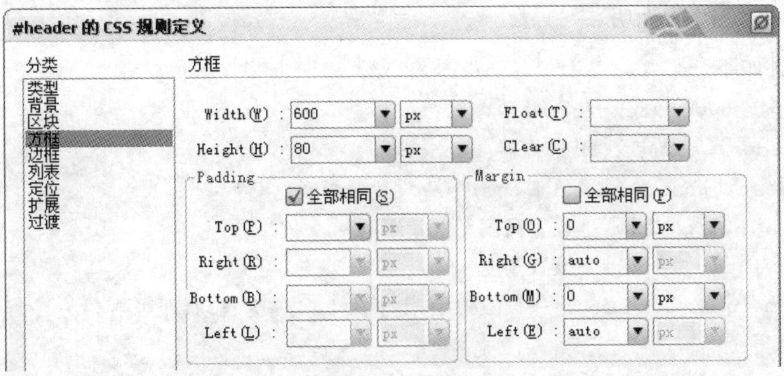

#header 的 CSS 规则定义
分类
类型
背景
区块
方框
边框
列表
定位
扩展
过渡
方框
Width (W) : 600 px
Float (T) :
Height (H) : 80 px
Clear (C) :
Padding
全部相同 (S)
Top (P) :
Right (R) :
Bottom (B) :
Left (L) :
Margin
全部相同 (F)
Top (O) : 0 px
Right (G) : auto
Bottom (M) : 0 px
Left (E) : auto

图 11-23　设置方框

```
#main {
    background-color: #999;
    height: 200px;
    width: 600px;
    margin: 0px auto;
}
```

(10) 步骤 10　将光标移到"</style>"前面,并按回车键。输入以下代码,定义 footer 的样式。

```
#footer {
    background-color: #F99;
    height: 80px;
    width: 600px;
    margin: 0px auto;
}
```

(11) 步骤 11　切换到"设计"视图,页面则由图 11-20 所示的外观变为如图 11-24 所示的外观。

11.3.3_result.html
代码
拆分
设计
实时视图
标题:
无标题文档
此处显示 id "header" 的内容
此处显示 id "main" 的内容
此处显示 id "footer" 的内容

图 11-24　"设计"视图中的效果

2. CSS 样式代码说明

代码说明如下。

```
<style type="text/css">
#header {  /*定义 ID 选择器:header*/
    background-color: # ccc;  /*设置背景颜色*/
    height: 80px; /*设置高度*/
    width: 600px; /*设置宽度*/
    margin: 0px auto; /*设置边距:上下为 0,左右为自动,即居中*/
  }
#main {  /*定义 ID 选择器:main*/
    background-color: #999;  /*设置背景颜色*/
    height: 200px; /*设置高度*/
    width: 600px; /*设置宽度*/
    margin: 0px auto; /*设置边距:上下为 0,左右为自动,即居中*/
  }
#footer { /*定义 ID 选择器:footer */
    background-color: #CCC; /*设置背景颜色*/
    height: 80px;/*设置高度*/
    width: 600px; /*设置宽度*/
    margin: 0px auto; /*设置边距:上下为 0,左右为自动,即居中*/
}
</style>
```

11.3.4 布局首页

现要设计一个首页,整体框架如图 11-25 所示。

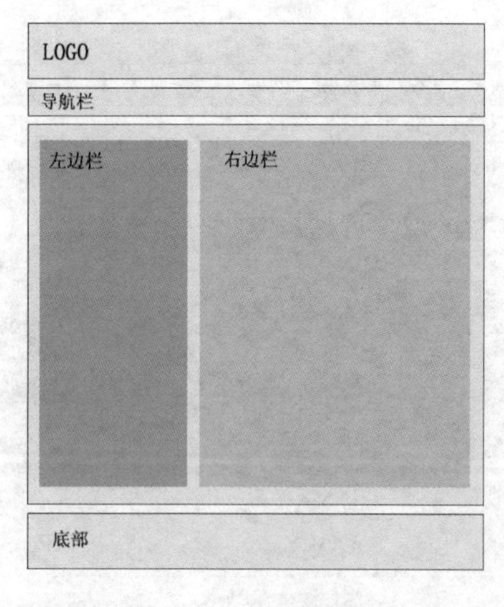

图 11-25 页面框架

从图 11-25 中可以看出整个页面可以分为头部区域、主体部分和底部三大部分。其中头部区域包括 LOGO 区域和导航栏区域;主体部分包括左右两列,整个页面居中显示。

1. 建立站点

1) 创建站点文件夹

(1) 步骤 1　在 D 盘建立文件夹"part11",并在文件夹"part11"下建立两个子文件夹"CSS"和"pic",把各类文件分别存放起来。子文件夹"CSS"用来存放外部样式表文件,子文件夹"pic"用来存放图像。

(2) 步骤 2　将本例中要用到的图像复制到文件夹"pic"中。

2) 创建站点

在 Dreamweaver 中创建一个站点,站点文件夹设置为"D:\part11"文件夹。

2. 设计头部

1) 设计 LOGO 区域

(1) 步骤 1　新建一个 HTML 文件。在"代码"视图中,把"无标题文档"改为"主页",并保存文件为"index.html"。

提示

新建文档时,一些同学喜欢把 Dreamweaver 自动生成的第一行代码删除掉,认为其没有用,其实这行代码的作用不可小视,它表明以何种形式解析文档,如果删除可能会引起样式表失效或其他意想不到的问题。

(2) 步骤 2　新建一个 CSS 文件,并输入如下代码。

```
body {
    margin:0;
    padding:0;
    text-align: center;
}
```

将 CSS 文件保存到子文件夹"D:\part11\CSS"中,文件名为"mycss.css"。

代码说明如下。

- "margin:0":清除默认外边距。
- "padding:0"清除默认内边距。
- "text-align:center":设置居中对齐。

(3) 步骤 3　在"代码"视图中,在"</head>"的前面,插入一行代码。

```
<link href="css/mycss.css" rel="stylesheet" type="text/css" />
```

或者利用"CSS 样式"面板中的"附加样式表"按钮,将外部样式表文件"mycss.css"链接到当前文档中。在"源代码"的右边有一个"mycss.css",说明外部的样式表文件"mycss.css"已链接到当前文档,如图 11-26 所示。

图 11-26　外部的样式表已链接

(4) 步骤 4　在 body 中插入两个 Div 标签。可选择“插入”→“布局对象”→“Div 标签”命令,将 ID 命名为“logo”,并将标签中的文字删除,或者直接在“代码”视图中手工输入如下代码。

```
<div id=" logo"> </div>
```

(5) 步骤 5　在 Div 标签中插入一幅图像“top. jpg”。

(6) 步骤 6　保存文件,并在浏览器中预览,效果如图 11-27 所示。

图 11-27　LOGO 效果

2) 设计导航栏区域

(1) 步骤 1　在“代码”视图中,在 ID 为“logo”的 Div 下面,插入如下一行代码。

```
<div id="menu"> </div>
```

(2) 步骤 2　在“设计”视图中,在新插入的 Div 里,输入作为导航菜单的文字段落,如图 11-28 所示。

(3) 步骤 3　选择文字段落,并右击,从弹出的菜单中选择“列表”→“项目列表”命令。如图 11-29 所示。

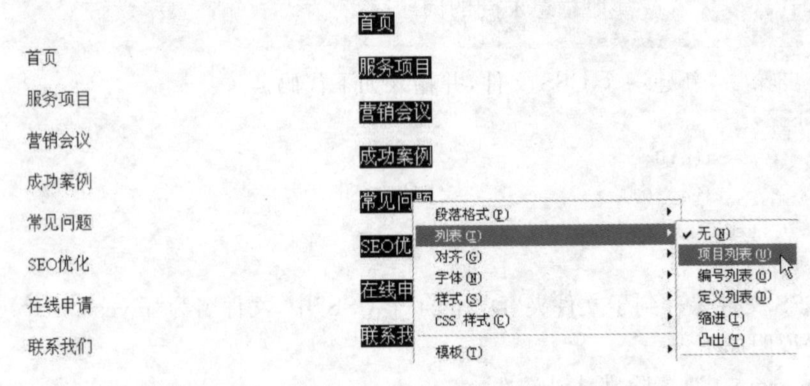

图 11-28　文字段落　　　　图 11-29　设置项目列表

(4) 步骤 4　分别为菜单文字设置超链接,可以设置空链接。

(5) 步骤 5　在“代码”视图中,将 ul 的 ID 设置为“id="nav"”。

下面为导航菜单设置 CSS,通过 CSS 来控制列表。

(6) 步骤 6　在“代码”视图中,单击“源代码”右边的“mycss. css”,切换到 CSS 文件。在 body 定义的后面,定义菜单栏区域属性,即列表的容器。添加如下代码。

```
#menu {
    width:980px;
    height:32px;
```

```
        margin: 0 auto;
        background-color:#ddd;
    }
```

定义菜单栏区域属性代码说明如下。

- “width:980px”:定义菜单栏的宽度。
- “height:32px”: 定义菜单栏的高度。
- “margin: 0 auto”:居中对齐。
- “background-color: #ddd”:菜单栏区域背景颜色。

(7) 步骤 7　定义菜单栏列表框属性,添加如下代码。

```
    #nav {
        margin:0;
        padding:0;
        list-style-type:none;
        }
```

定义导航列表框属性代码说明如下。

- “margin:0”: 清除 IE 默认外边距。
- “padding:0”:清除 IE 默认内边距。
- “list-style-type:none”:清除浏览器默认列表样式符号。

(8) 步骤 8　定义菜单项显示效果,添加如下代码。

```
    #nav li
      {
        float:left;
        width:116px;
        height:32px;
        line-height:32px;
        text-align:center;
        margin:0 3px;
        font-size:16px;
        background-image:url(../pic/nav_bg.gif)
        }
```

定义菜单项显示效果代码说明如下。

- “float:left”: 菜单项左对齐。
- “width:116px”:菜单项的宽度。
- “height:32px”:菜单项的高度。
- “line-height:32px”:菜单项的行高,与“height”的值相同,实现垂直居中。
- “text-align:center”: 菜单项水平居中。
- “margin:0 3px”:菜单间距。左右为 6 像素(3+3)。
- “font-size:16px”:菜单字体。
- “background-image”: 菜单项的背景图像。

(9) 步骤 9　定义导航菜单链接属性,添加如下代码。

```
#nav a:link {
    text-decoration:none;
    color:#000;
}
#nav a:visited {
    text-decoration:none;
    color:#000;
  }
#nav a:hover{
    text-decoration:underline;
  }
```

定义导航菜单链接属性代码说明如下。

● “#nav　a:link”:定义 ID 为“nav”的容器中的链接属性。只对该容器中的链接有效。nav 与 a 之间有一个空格。

● “text-decoration:none”:取消链接的下划线。

● “color:#000”:设置链接文字的颜色。

● “text-decoration:underline”:给链接添加下划线。

(10) 步骤 10　保存文件,在浏览器中预览,效果如图 11-30 所示。

图 11-30　显示效果

3. 设计主体部分

主体部分,是两列固定宽度布局,参考代码如下。

1) HTML 框架代码

```
<div id="content">
<div id="left"> 此处显示  id "left" 的内容</div>
<div id="right"> 此处显示  id "right" 的内容</div>
</div>
```

2) CSS 样式表代码

```
#content {
    padding: 0;
    width: 960px;
    margin: 0px auto;
    border: 2px solid #aaa;
```

```
        overflow: visible;
        height:630px;
        background-color:#ddd;
    }
    #left {
        margin: 6px;
        padding: 6px;
        float:left;
        width: 300px;
        height: 600px;
        background-color:#99C;
    }
    #right {
        margin: 6px;
        padding: 6px;
        width: 610px;
        height: 600px;
        float:left;
        background-color:#CC9;
    }
```

主体部分布局显示效果如图 11-31 所示。

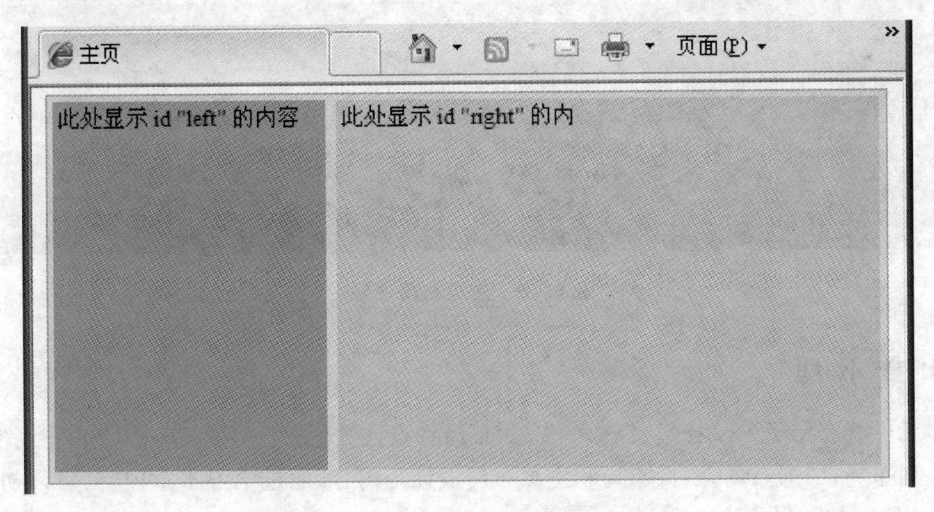

图 11-31　主体部分布局显示效果

4. 设计底部

底部设计方法类似 LOGO 区域设计的方法。

1）HTML 框架代码

```
<div id="footer"> <img src="pic/footer.jpg" /> </div>
```

2）CSS样式表代码

```
#footer{
    margin:0 auto; /*居中对齐*/
    padding:0; /*清除默认内边距*/
    width:980px;
    }
```

设计完成后，保存文件，在浏览器中预览，效果如图11-32所示。

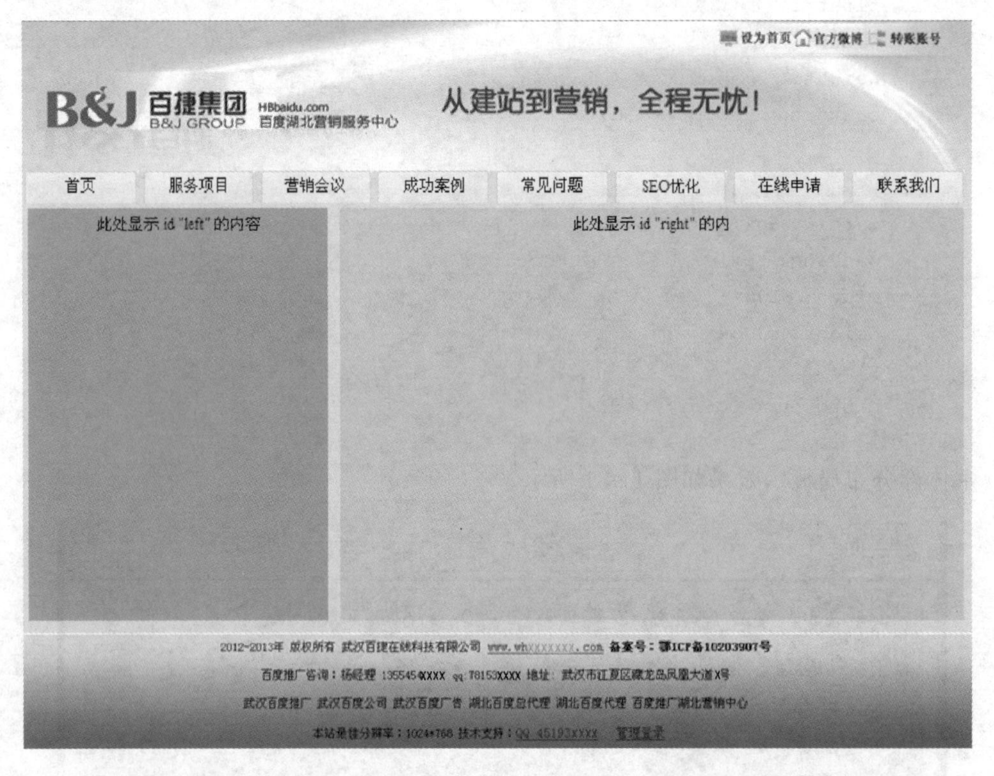

图11-32　主页布局效果

本章小结

本章主要介绍了Div标签、Div ＋ CSS布局特点、CSS盒子模型、Div+CSS布局实例，包括一列布局，二列布局，三行布局和主页布局设计等内容，通过学习本章内容，可以初步掌握Div+CSS的布局方法。

习题11

一、选择题

1. 在HTML文档中，引用外部样式表的正确位置是(　　)。

A. 文档的末尾　　B. 文档的顶部　　C. <body>部分　　D. <head>部分

2. 下列(　　)CSS属性能够设置盒子模型的内补丁为10、20、30、40(顺时针方向)。

A. padding:10px 20px 30px 40px　　B. padding:10px 1px

C. padding:5px 20px 10px　　D. padding:10px

3. 下列(　　)属性能够设置盒子模型的左侧外补丁。

A. margin　　B. padding-left　　C. margin-left　　D. padding

4. 下列(　　)属性能够去掉列表的项目符号。

A. list-type:square　　B. list-style:circle

C. list-style:disc　　D. list-style:none

5. CSS 是利用(　　)XHTML 标记构建网页布局。

A. 〈dir〉　　B. 〈div〉　　C. 〈dis〉　　D. 〈dif〉

6. HTML 属性的(　　)可用来定义内联样式。

A. table　　B. div　　C. class　　D. style

7. CSS 中设置文本属性的 text-indent 设置的是(　　)。

A. 字间距　　B. 字母间距　　C. 文字缩进　　D. 文字对齐

8. 上边框 10 像素,下边框 20 像素,左边框 12 像素,右边框 5 像素,此边框正确的写法是(　　)。

A. border-width:10px　5px　20px　12px

B. border-width:10px　20px　12px　5px

C. border-width:10px　12px　20px　5px

D. border-width:20px　5px　10px　12px

二、填空题

1. 目前常用的 Web 标准静态页面语言是________。

2. Div 与 span 的区别是____________________。

3. 改变元素的外边距用________,改变元素的内填充用________。

4. 合理的页面布局中常听过结构与表现分离,那么结构是________,表现是________。

5. 有一个 Border 为 1px 的 Div 块,总宽度为 215px(包括 Border),阴影区为 padding-left:25px;,那么此 Div 的 Width 应设置为________ px。

三、实践题

1. 设计三列居中布局。

2. 用 Div+CSS 布局图 11-25 所示的结构。

第12章　Spry框架

学习目标

本章主要学习Spry框架，以可视方式设计动态用户界面，包括Spry菜单栏、Spry选项卡式面板、Spry折叠式、Spry可折叠面板、Spry工具提示，以及Spry页面特效。

本章重点

● Spry菜单栏；● Spry选项卡式面板；● Spry折叠式；● Spry可折叠面板；● Spry工具提示；● Spry页面特效。

12.1　Spry框架概述

Spry框架是Adobe公司推出的JavaScript框架，并将其集成在Dreamweaver CS6中。Spry框架是一个JavaScript库，它以可视方式设计、开发和部署动态用户界面。Web设计人员使用它可以构建能够向站点访问者提供更丰富体验的网页，同时，在减少页面刷新的同时，增强交互性、可用性，并提高速度。

有了Spry，就可以使用HTML、CSS和极少量的JavaScript将XML数据合并到HTML文档中；可以创建构件(如折叠构件和菜单栏)；可以向各种页面元素中添加不同种类的效果。在设计上，Spry框架的标记非常简单且便于那些具有HTML、CSS和JavaScript基础知识的用户使用。

Spry框架支持一组用标准HTML、CSS和JavaScript编写的可重用构件。用户可以方便地插入这些构件(采用最简单的HTML和CSS代码)，然后设置构件的样式。框架行为包括允许用户执行下列操作功能：显示或隐藏页面上的内容、更改页面的外观(如颜色)、与菜单项交互等等。

12.2 Spry 构件

12.2.1 Spry 构件概述

Spry 构件是预置的一组用户界面组件，可以使用 CSS 自定义这些组件。Spry 构件可以作为一个页面元素，将其添加到网页中，提供更丰富的用户体验。

Spry 构件由以下三个部分组成。

- 构件结构：用来定义构件结构组成的 HTML 代码块。
- 构件行为：用来控制构件如何响应用户启动事件的 JavaScript。
- 构件样式：用来指定构件外观的 CSS。

Spry 框架中的每个构件都与唯一的 CSS 和 JavaScript 文件相关联。CSS 文件中包含设置构件样式所需的全部信息，而 JavaScript 文件则赋予构件功能。与构件相关联的 CSS 和 JavaScript 文件根据该构件命名，因此，很容易判断哪些文件对应于哪些构件。

当使用 Dreamweaver 界面插入构件时，Dreamweaver 会自动将这些文件链接到页面，以便构件中包含该页面的功能和样式。当在已保存的页面中插入构件时，Dreamweaver 会在站点中创建一个 SpryAssets 目录，并将相应的 JavaScript 和 CSS 文件保存到其中。

12.2.2 操作实例——Spry 菜单栏

Spry 菜单栏构件是一组可导航的菜单按钮，当站点访问者将鼠标指针悬停在其中的某个按钮上时，将显示相应的子菜单。使用菜单栏可在紧凑的空间中显示大量导航信息，并使站点访问者无须深入浏览站点即可了解站点上提供的内容。

Spry 菜单栏构件使用方法如下。

1. 插入 Spry 菜单栏

(1) 步骤 1　新建一个 HTML 文档，并保存该文档为“12.2.2.html”。

(2) 步骤 2　选择“插入”→“Spry”→“Spry 菜单栏”命令，如图 12-1 所示，并弹出对话框，如图 12-2 所示。

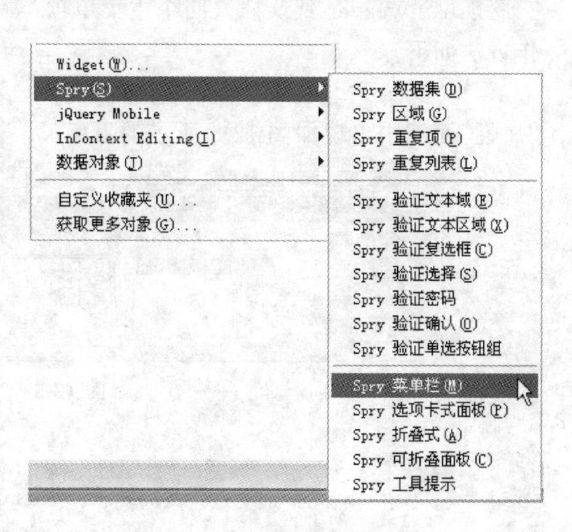

图 12-1　“Spry 菜单栏”命令

提示

如果新建的HTML文档没有保存，插入Spry构件时，则Dreamweaver会弹出保存文档的提示，如图12-3所示。

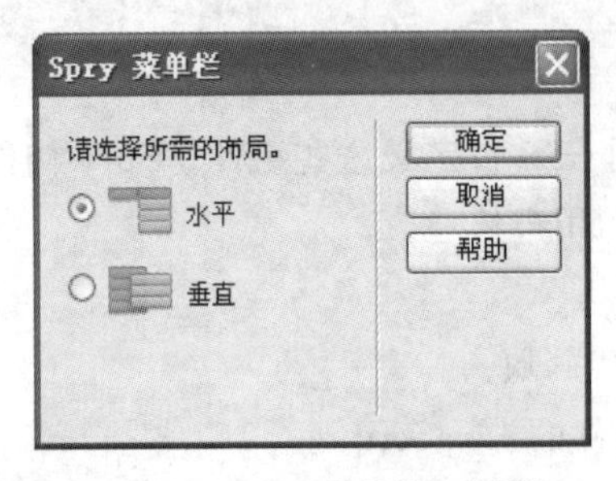

图12-2 “Spry菜单栏”对话框

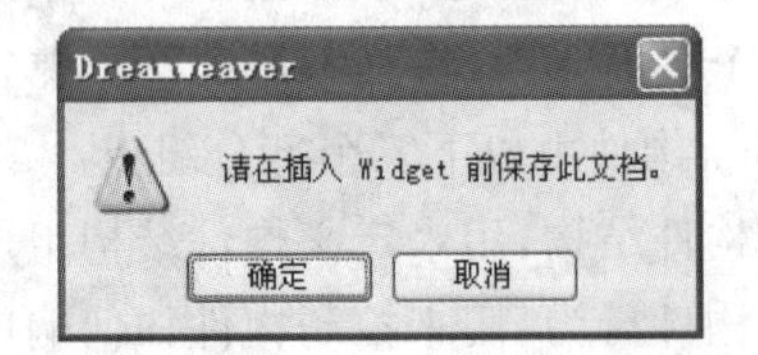

图12-3 Dreamweaver提示保存文档

Dreamweaver允许插入垂直构件和水平构件两种菜单栏构件。选择水平布局的菜单栏，并单击“确定”按钮，生成如图12-4所示的水平布局的菜单。

图12-4 水平菜单栏

2. 添加主菜单项

Dreamweaver默认插入四个主菜单项(项目1至项目4)。如果要添加新的主菜单项，操作方法如下。

(1) 步骤1 在“设计”视图中单击Spry菜单栏的蓝色区域，选中Spry菜单栏构件。在“属性”面板中出现如图12-5所示的界面。

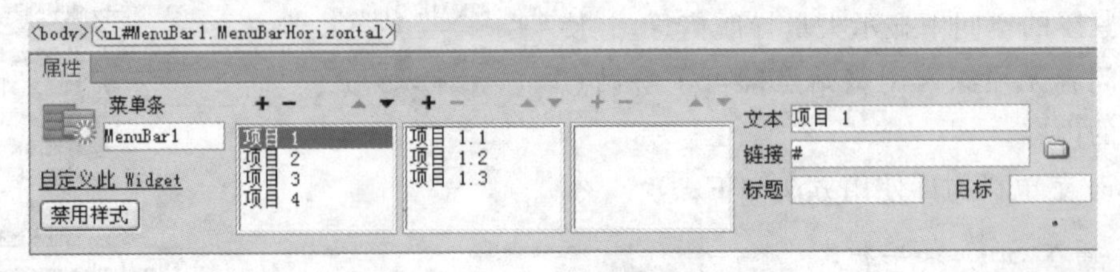

图12-5 “属性”面板

提示

在“设计”视图的窗口中如果没有出现“属性”面板，可以在Dreamweaver的主菜单中，选择“窗口”→“属性”命令，打开“属性”面板。

(2) 步骤 2 单击第一列上方的“添加菜单项”按钮+,则添加一项新菜单“无标题项目”,如图 12-6 所示。

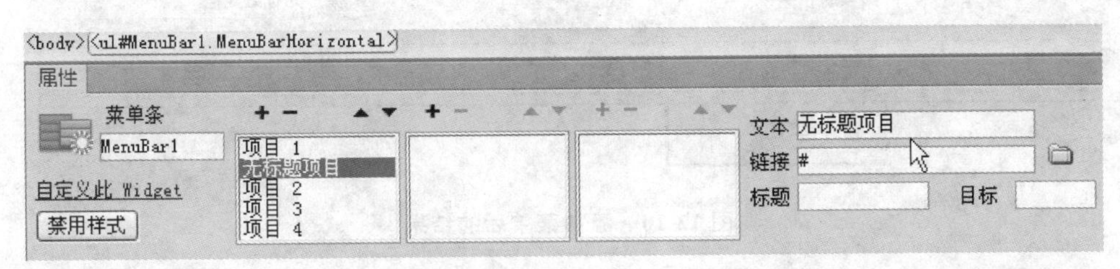

图 12-6 添加一项新菜单

(3) 步骤 3 更改“属性”面板“文本”右边文本框中的默认文本“无标题项目”为“新主菜单”,并按回车键,以重命名菜单项,如图 12-7 所示。

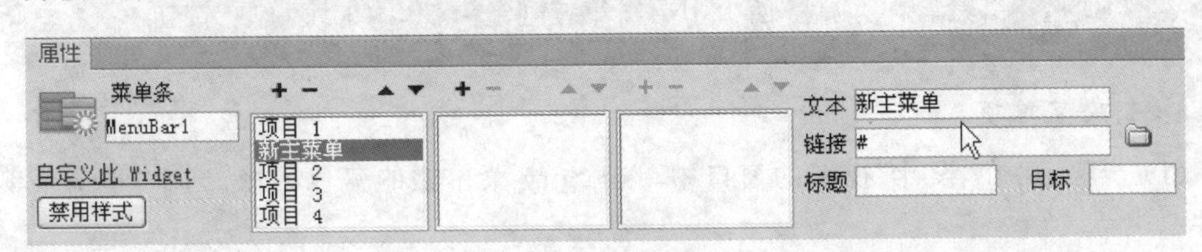

图 12-7 重命名菜单项

3. 添加子菜单项

(1) 步骤 1 在“属性”面板中,选择要向其中添加子菜单的主菜单项的名称,如“新主菜单”。

(2) 步骤 2 单击第二列上方的“添加菜单项”按钮+,添加子菜单“无标题项目”,如图 12-8 所示。

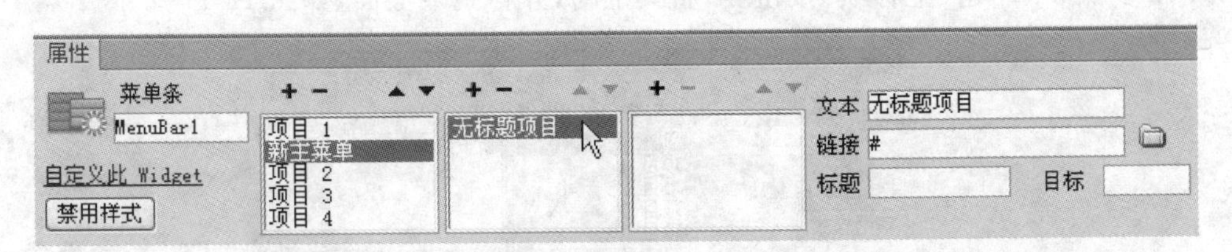

图 12-8 添加子菜单项

(3) 步骤 3 更改“属性”面板“文本”右边的文本框中的默认文本“无标题项目”为“新子菜单”,并按回车键,以重命名菜单项,如图 12-9 所示。

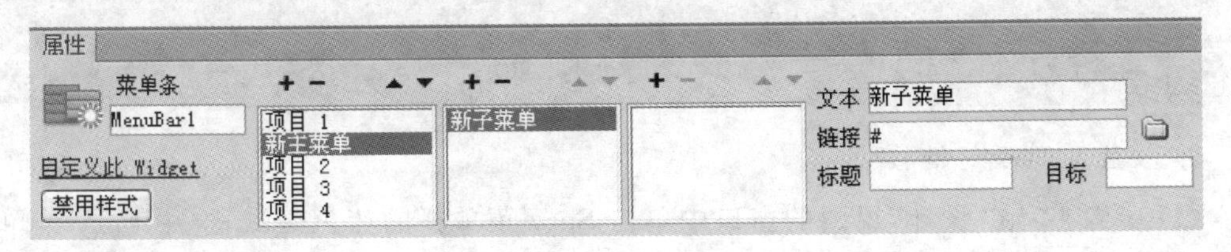

图 12-9 重命名子菜单项

添加菜单后的结果如图 12-10 所示。

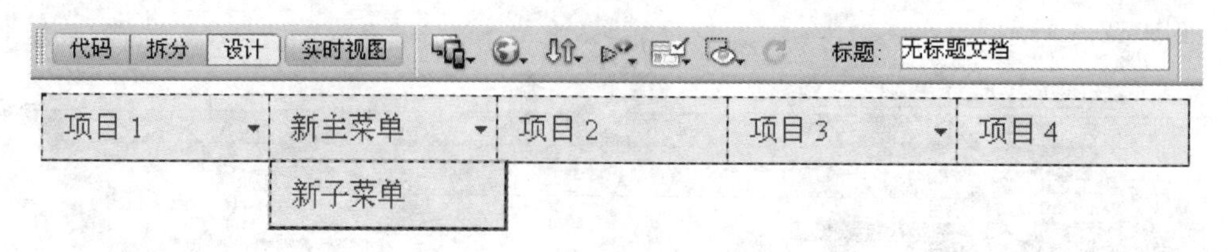

图 12-10 添加菜单后的结果

提示

若要向子菜单中添加子菜单，请在第二列中选择要向其中添加另一个子菜单项的子菜单项的名称，然后在"属性"面板中单击第三列上方的"添加菜单项"按钮+。

4. 删除菜单项

(1) 步骤 1 在"设计"视图的窗口中单击 Spry 菜单栏的蓝色区域，选中 Spry 菜单栏构件。

(2) 步骤 2 在"属性"面板中，选择要删除的主菜单项或子菜单项的名称，然后单击该菜单所在列上方的"删除菜单项"按钮−，即可删除选择的菜单项。

5. 更改菜单项的顺序

(1) 步骤 1 在"设计"视图的窗口中单击 Spry 菜单栏的蓝色区域，选中 Spry 菜单栏构件。

(2) 步骤 2 在"属性"面板中，选择要对其重新排序的菜单项的名称，如"新主菜单"。

(3) 步骤 3 单击"上移项"按钮▲，将其上移，并移到最上面，如图 12-11 所示。

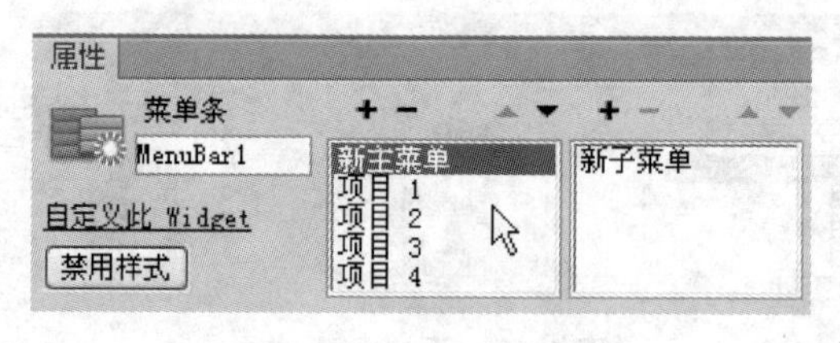

图 12-11 更改菜单顺序

提示

"下移项"按钮▼，可以向下移动菜单项。

6. 设置菜单项超链接

(1) 步骤 1 在"设计"视图的窗口中单击 Spry 菜单栏的蓝色区域，选中 Spry 菜单栏构件。

(2) 步骤 2　在“属性”面板中，选择要设置超链接的菜单项的名称，如“新子菜单”。

(3) 步骤 3　在“链接”右边的文本框中键入链接地址，如“http://www.whbaiduyy.com”，或者单击文件夹图标以浏览到相应的文件，如图 12-12 所示。

图 12-12　设置菜单项超链接

提示

在“目标”框中可以设置超链接的目标，如“_blank”，表示在新浏览器窗口中打开所链接的页面；在“标题”文本框中可以键入工具提示的文本。

7. 保存文档并在浏览器中预览

保存文档时，出现如图 12-13 所示的提示，这些文件是 Dreamweaver 自动生成的，它们是构件正常运行所必需的。在浏览器中预览效果如图 12-14 所示。

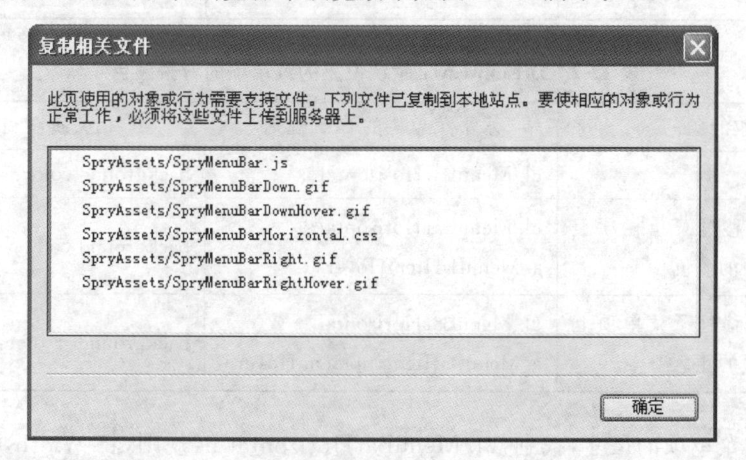

图 12-13　复制文件提示

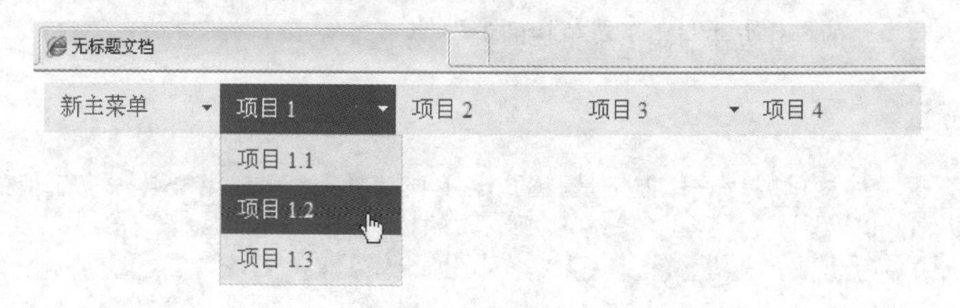

图 12-14　预览效果

提示

这个菜单是 Dreamweaver 默认设置的效果，CSS 样式代码保存在外部样式表文件“SpryMenuBarHorizontal. css”中，读者若有兴趣，可以通过 CSS 设置菜单的外观效果，若要更改菜单项的文本样式，使用表 12-1 来查找相应的 CSS 规则，然后更改默认值；若要更改菜单项的背景颜色，使用表 12-2 来查找相应的 CSS 规则，然后更改默认值。当设置了背景图像时，背景图像会覆盖背景颜色，使设置的背景颜色不能显示。

表 12-1　Dreamweaver 默认设置的菜单项的文本样式

要更改的样式	水平菜单栏的 CSS 规则	相关属性和默认值
默认文本	ul. MenuBarHorizontal a	color：#333； text-decoration：none；
当鼠标指针移过菜单栏项上方时，文本的颜色	ul. MenuBarHorizontal a. MenuBarItemHover	color：# FFF；
当鼠标指针移过子菜单项上方时，子菜单项文本的颜色	ul. MenuBarHorizontal a. MenuBarItemSubmenuHover	color：# FFF；

表 12-2　Dreamweaver 默认设置的菜单项的背景颜色

要更改的颜色	水平菜单栏的 CSS 规则	相关属性和默认值
默认背景	ul. MenuBarHorizontal a	background-color：#EEE；
当鼠标指针移过菜单栏项上方时，菜单栏项的颜色	ul. MenuBarHorizontal a. MenuBarItemHover	background-color：#33C；
当鼠标指针移过子菜单项上方时，子菜单项的颜色	ul. MenuBarHorizontal a. MenuBarItemSubmenuHover	background－color：#33C；

若要更改菜单项的尺寸，找到“ul. MenuBarHorizontal li”规则，将 Width 属性更改为所需的宽度。

垂直菜单栏的操作方法与水平菜单栏的类似。

提示

查找 CSS 规则的另一种方法是，选择菜单项构件，然后在“CSS 样式”面板的“当前”模式中进行查找。

12.2.3 操作实例——Spry选项卡式面板

Spry选项卡式面板构件是一组面板，用来将内容存储到紧凑空间中。站点访问者可通过单击他们要访问的面板上的选项卡来隐藏或显示存储在选项卡式面板中的内容。当访问者单击不同的选项卡时，构件的面板会相应地打开。在选项卡式面板构件中，每次只有一个内容面板处于打开状态。

1. 插入选项卡式面板

(1) 步骤1 新建一个HTML文档，并保存该文档为"12.2.3.html"。

(2) 步骤2 从菜单中选择"插入"→"Spry"→"Spry选项卡式面板"命令，插入的Spry选项卡式面板，如图12-15所示。

图12-15 插入的Spry选项卡式面板

2. 将面板添加到选项卡式面板

Dreamweaver默认插入两个选项卡式面板，如果要添加新的面板，操作方法如下。

(1) 步骤1 在"设计"视图的窗口中单击Spry选项卡式面板的蓝色区域，选中Spry选项卡式面板构件。在"属性"面板中出现如图12-16所示的界面。

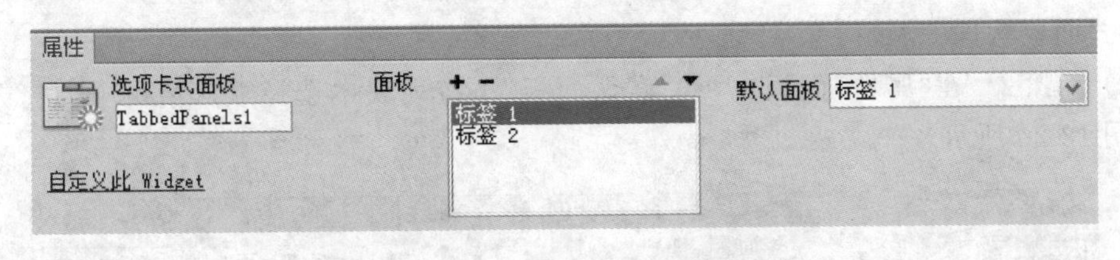

图12-16 Spry选项卡式面板的属性

(2) 步骤2 在"属性"面板中单击"面板"右边的"添加面板"按钮+，增加一个新的面板"标签3"，如图12-17所示。

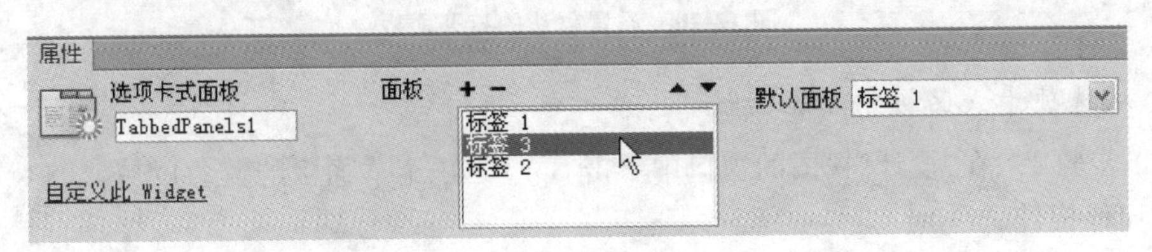

图12-17 添加面板"标签3"

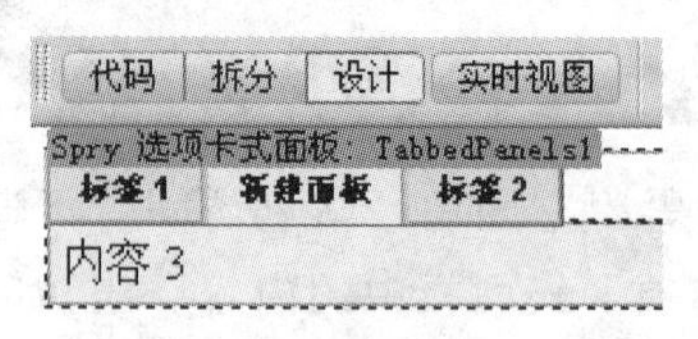

图 12-18 修改面板的标签

3. 修改选项卡式面板的标签

在"设计"视图中,单击选项卡式面板的标签"标签 3",将"标签 3"改为"新建面板",如图 12-18 所示。

4. 更改面板的顺序

(1) 步骤 1 在"设计"视图的窗口中,单击 Spry 选项卡式面板的蓝色区域,选中 Spry 选项卡式面板构件。

(2) 步骤 2 在"属性"面板中,选择要更改顺序的面板名称,如"新建面板"。

(3) 步骤 3 单击"在列表中向上移动面板"按钮▲,将其移到最上面,如图 12-19 所示。

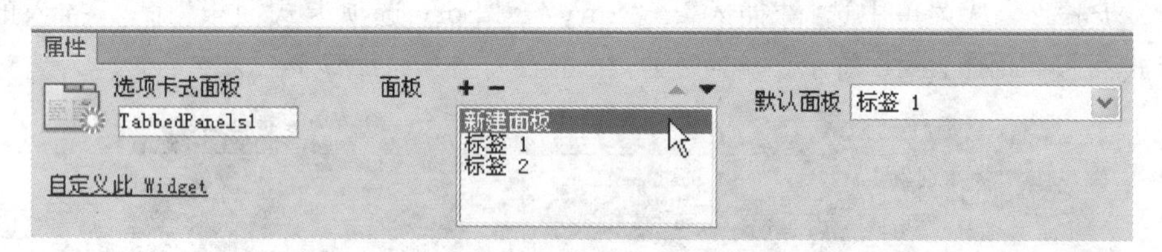

图 12-19 更改面板的顺序

提示

单击"在列表中向下移动面板"按钮▼,可将其向下移动。在"属性"面板中,"面板"右侧的标签列表顺序,即面板在页面中的排列顺序。

5. 设置默认的打开面板

(1) 步骤 1 在"设计"视图的窗口中,单击 Spry 选项卡式面板的蓝色区域,选中 Spry 选项卡式面板构件。

(2) 步骤 2 在"属性"面板中,从"默认面板"下拉列表中选择默认情况下要打开的面板,如图 12-20 所示。

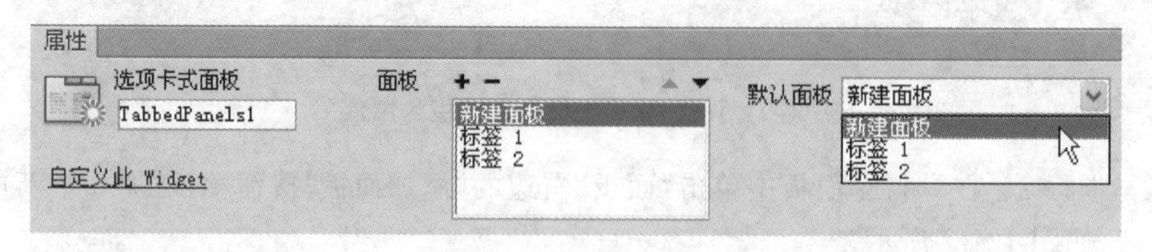

图 12-20 设置默认的打开面板

6. 从选项卡式面板中删除面板

(1) 步骤 1 在"设计"视图的窗口中单击 Spry 选项卡式面板的蓝色区域,选中 Spry 选项卡式面板构件。

(2) 步骤 2 选择要删除的面板的名称,然后单击"删除面板"按钮▬。

7. 更改选项卡式面板中的内容

（1）步骤1　在“设计”视图的窗口中单击Spry选项卡式面板的相应标签，如“新建面板”标签。

（2）步骤2　更改选项卡式面板中的内容。将“内容3”换成“这是面板中要显示的内容”，如图12-21所示。

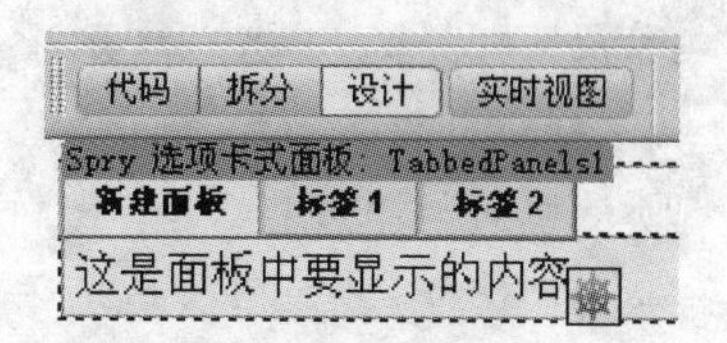

图12-21　更改面板中的内容

8. 限制选项卡式面板的宽度

在默认情况下，选项卡式面板构件会展开以填充可用空间。但是，可以通过设置折叠式容器“width”属性来限制选项卡式面板构件的宽度。

（1）步骤1　打开“SpryTabbedPanels.css”文件查找“.TabbedPanels”CSS规则。此规则可为选项卡式面板构件的主容器元素定义属性。

（2）步骤2　向该规则中添加一个“width”属性和值，例如“width：300px;”。

9. 保存文档并在浏览器里预览

保存文档时，出现如图12-22所示的提示，这些代码是Dreamweaver自动生成的。在浏览器里预览效果如图12-23所示。

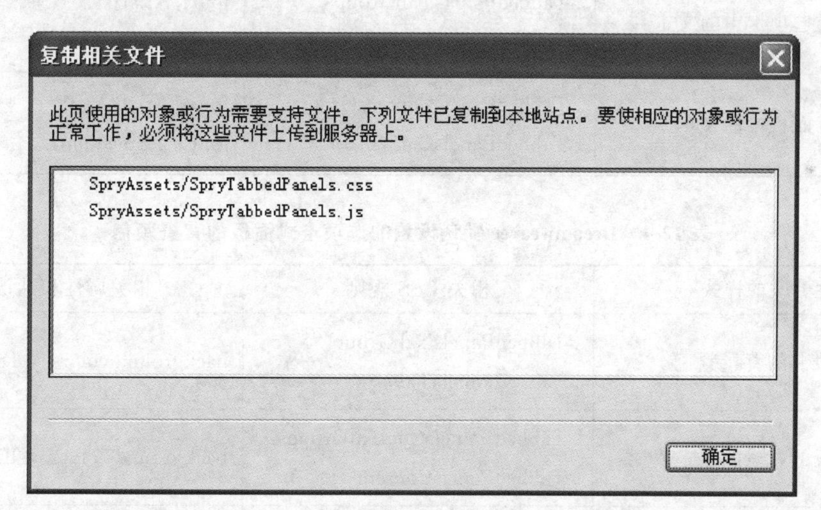

图12-22　复制文件提示

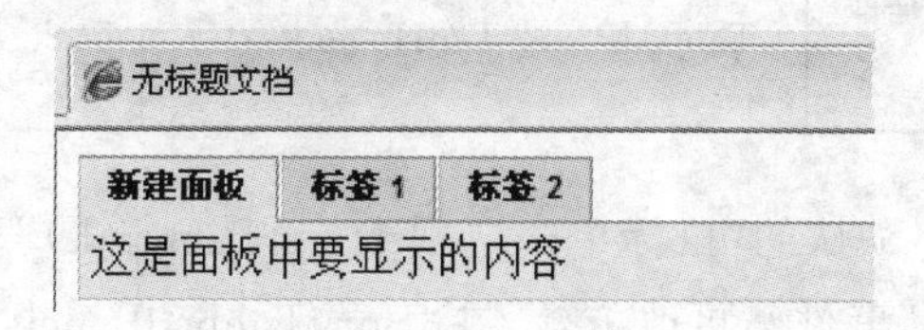

图12-23　选项卡式面板显示效果

提示

这个选项卡式面板是 Dreamweaver 默认设置的效果，CSS 样式代码保存在外部样式表文件“SpryTabbedPanels. css”中，读者若有兴趣，可以通过 CSS 设置面板的外观效果，若要更改选项卡式面板文本的样式，使用表 12-3 来查找相应的 CSS 规则，然后更改默认值；若要更改选项卡式面板的背景颜色，使用表 12-4 来查找相应的 CSS 规则，然后更改默认值；若要更改选项卡式面板的宽度，查找“. TabbedPanels”CSS 规则，向该规则中添加一个“width”属性和值，例如“width：300px；”。

表 12-3 Dreamweaver 默认设置的选项卡式面板的文本样式

要更改的样式	相关 CSS 规则	相关属性和默认值
整个构件中的文本	. TabbedPanels	font：Arial；font-size：medium；
仅限面板选项卡中的文本	. TabbedPanelsTabGroup . TabbedPanelsTab	font：Arial； font-size：medium
仅限内容面板中的文本	. TabbedPanelsContentGroup . TabbedPanelsContent	font：Arial； font-size：medium；

表 12-4 Dreamweaver 默认设置的选项卡式面板的背景颜色

要更改的样式	相关 CSS 规则	相关属性和默认值
面板选项卡的背景颜色	. TabbedPanelsTabGroup . TabbedPanelsTab	background-color：＃DDD；
内容面板的背景颜色	. Tabbed PanelsContentGroup . TabbedPanelsContent	background-color：＃EEE；
选定选项卡的背景颜色	. TabbedPanelsTabSelected	background-color：＃EEE；
当鼠标指针移过面板选项卡上方时，选项卡的背景颜色	. TabbedPanelsTabHover	background-color：＃CCC；

切换选项卡效果是将默认的“鼠标单击选项卡(onTabClick)”事件更改为“鼠标指向选项卡(onTabMouseOver)”事件。更改方法：在“SpryTabbedPanels. js”文件中，查找并定位到“onTabClick”，将“Spry. Widget. TabbedPanels. prototype. onTabClick =”中的“onTabClick”换成“onTabMouseOver”，并将“Spry. Widget. TabbedPanels. prototype. onTabMouseOver =”中的“onTabMouseOver”换成“onTabClick”，保存文件。

12.2.4 操作实例——Spry 折叠式

Spry 折叠式构件是一组可折叠的面板，可以将大量内容存储在一个紧凑的空间中。站点访问者可通过单击该面板上的选项卡来隐藏或显示存储在折叠构件中的内容。当访问者单击不同的选项卡时，折叠构件的面板会相应地展开或收缩。在折叠构件中，每次只能有一个内容面板处于打开且可见的状态。

1. 插入 Spry 折叠式

(1) 步骤 1 新建一个 HTML 文档，并保存该文档为“12.2.4.html”。

(2) 步骤 2 从菜单中选择“插入”→“Spry”→“Spry 折叠式”命令，插入的 Spry 折叠式，如图 12-24 所示。

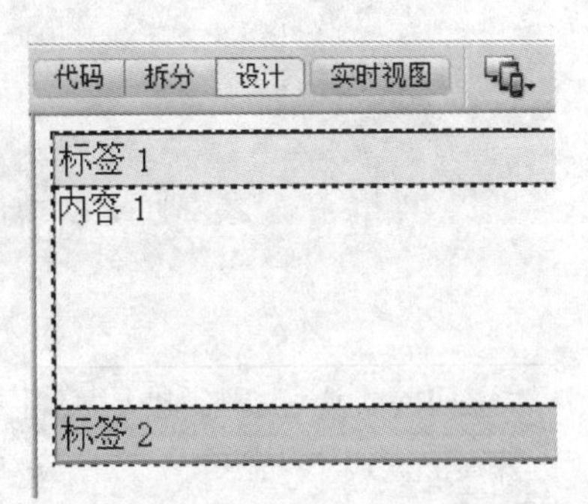

图 12-24 插入的 Spry 折叠式

2. 将面板添加到折叠构件

Dreamweaver 默认插入两个 Spry 折叠式面板，如果要添加新的面板，操作方法如下。

(1) 步骤 1 在“设计”视图的窗口中单击 Spry 折叠式的蓝色区域，选中 Spry 折叠式构件。在“属性”面板中出现如图 12-25 所示的界面。

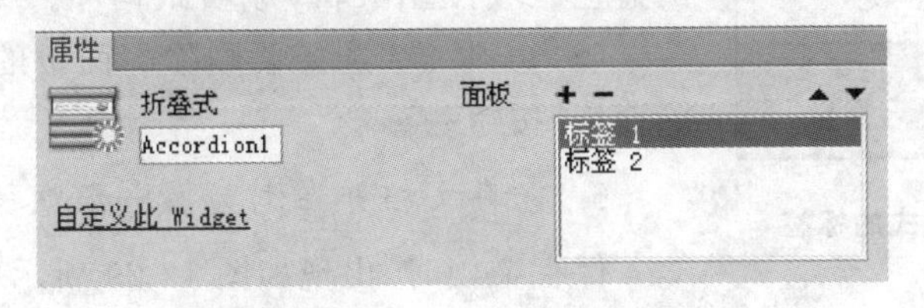

图 12-25 Spry 折叠式构件的属性

(2) 步骤 2 在“属性”面板中单击“面板”右边的“添加面板”按钮+，增加一个面板“标签 3”，如图 12-26 所示。

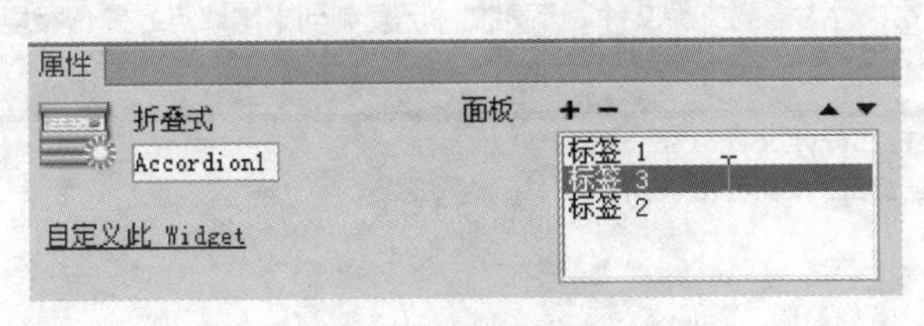

图 12-26 增加一个面板“标签 3”

3. 更改面板的顺序

(1) 步骤 1 在“设计”视图的窗口中单击 Spry 折叠式的蓝色区域，选中 Spry 折叠式构件。然后单击面板的名称，如“标签 3”，以便在“属性”面板的“面板”列表中对其进行编辑。

(2) 步骤 2 单击“在列表中向上移动面板”按钮▲，将其上移，并移到最上面，如图 12-27 所示。

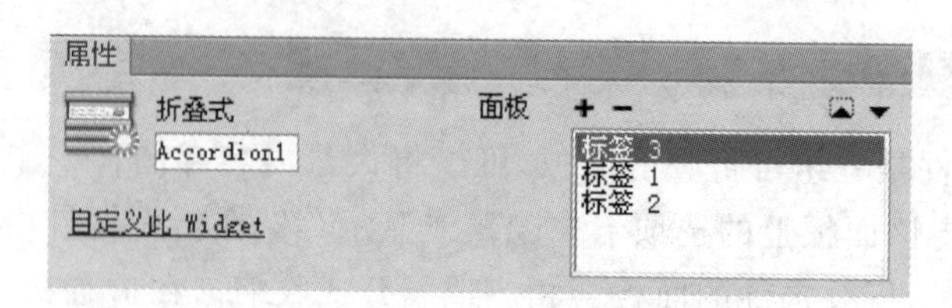

图 12-27　更改折叠式面板的顺序

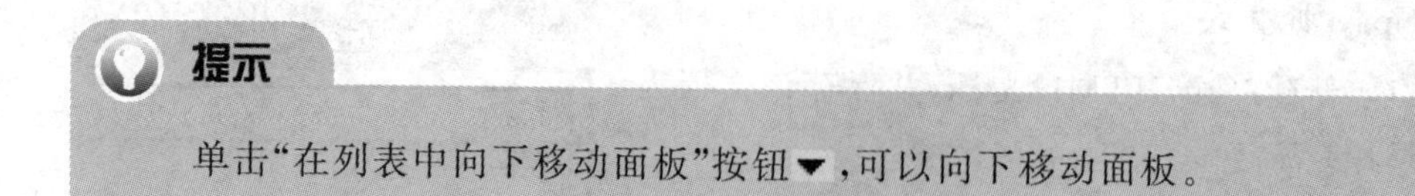

提示

单击“在列表中向下移动面板”按钮▼，可以向下移动面板。

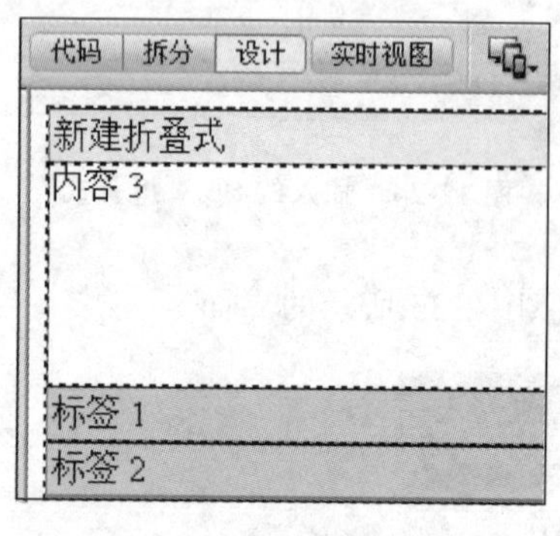

图 12-28　修改折叠式的标签

4. 修改折叠式的标签

在“设计”视图中，单击折叠式的标签“标签 3”，将“标签 3”改为“新建折叠式”，如图12-28 所示。

5. 从折叠式构件中删除面板

(1) 步骤 1　在“设计”视图的窗口中单击 Spry 折叠式的蓝色区域，选中 Spry 折叠式构件。

(2) 步骤 2　选择要删除的面板的名称，然后单击“删除面板”按钮▬。

6. 保存文档并在浏览器中预览

保存文档时，出现如图 12-29 所示的提示，这些代码是 Dreamweaver 自动生成。在浏览器中预览效果如图 12-30 所示。

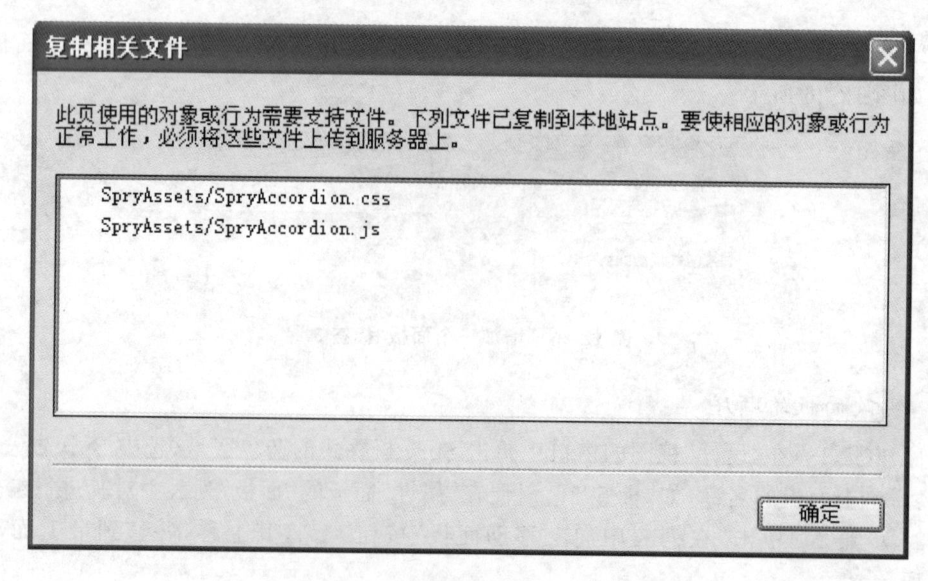

图 12-29　复制相关文件提示

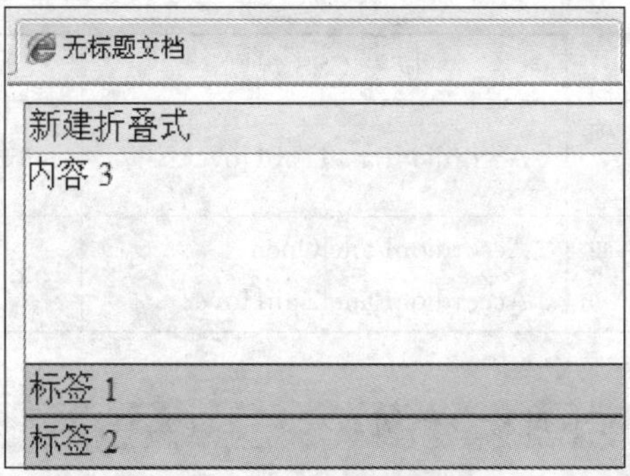

图 12-30　Spry 折叠式构件显示效果

提示

这个折叠式构件是 Dreamweaver 默认设置的效果，CSS 样式代码保存在外部样式表文件“SpryAccordion. css”中，读者若有兴趣，可以通过 CSS 设置折叠式构件的外观效果，若要更改折叠式构件的文本样式，请使用表 12-5 来查找相应的 CSS 规则，然后更改默认值；若要更改折叠式构件的背景颜色，请使用表 12-6 来查找相应的 CSS 规则，然后更改默认值。若要限制折叠式构件的宽度，可查找“. Accordion”规则，向该规则中添加一个“width”属性和值，例如“width：300px；”。

表 12-5　Dreamweaver 默认设置的折叠式构件的文本样式

要更改的样式	相关 CSS 规则	相关属性和默认值
整个构件中的文本(包括选项卡和内容面板)	. Accordion . AccordionPanel	font：Arial； font-size：medium
仅限折叠式面板选项卡中的文本	. AccordionPanelTab	font：Arial； font-size：medium
仅限折叠式内容面板中的文本	. AccordionPanelContent	font：Arial； font-size：medium；

表 12-6　Dreamweaver 默认设置的折叠式构件的背景颜色

要更改的颜色	相关 CSS 规则	相关属性和默认值
折叠式面板选项卡的背景颜色	. AccordionPanelTab	background-color：＃CCC；
折叠式内容面板的背景颜色	. AccordionPanelContent	background-color：＃CCC；
已打开的折叠式面板的背景颜色	. AccordionPanelOpen . AccordionPanelTab	background-color：＃EEE；

续表

要更改的颜色	相关 CSS 规则	相关属性和默认值
鼠标悬停在其上的面板选项卡的背景颜色	.AccordionPanelTabHover	color：#555；
鼠标悬停在其上的已打开面板选项卡的背景颜色	.AccordionPanelOpen .AccordionPanelTabHover	color：#555；

12.2.5　操作实例——Spry 可折叠面板

可折叠面板构件是一个面板，可将内容存储到紧凑的空间中。用户单击构件的选项卡即可隐藏或显示存储在可折叠面板中的内容。

1. 插入可折叠面板

(1) 步骤 1　新建一个 HTML 文档，并保存该文档为“12.2.5.html”。

(2) 步骤 2　从菜单中选择“插入”→“Spry”→“Spry 可折叠面板”命令，插入的 Spry 可折叠面板，如图 12-31 所示。

2. 在“设计”视图中打开或关闭可折叠面板

(1) 步骤 1　在“设计”视图的窗口中单击 Spry 可折叠面板的蓝色区域，选中 Spry 可折叠面板构件。

(2) 步骤 2　在“属性”面板中，从“显示”右边的下拉列表中选择“打开”，以打开 Spry 可折叠面板；选择“已关闭”来关闭 Spry 可折叠面板，如图 12-32 所示。

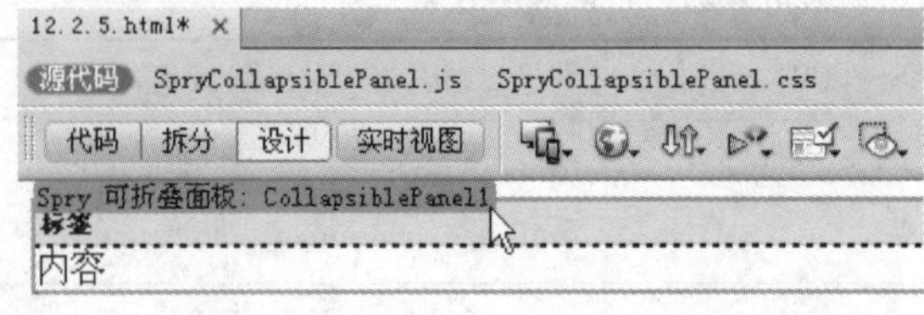

图 12-31　插入的 Spry 可折叠面板

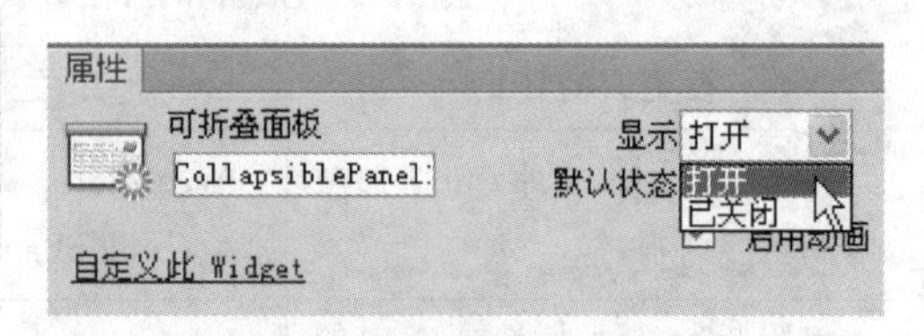

图 12-32　打开或关闭可折叠面板

3. 设置可折叠面板的默认状态

(1) 步骤 1　在“设计”视图的窗口中单击 Spry 可折叠面板的蓝色区域，选中 Spry 可折叠面板构件。

(2) 步骤 2　在“属性”面板中，从“默认状态”右边的下拉列表中选择“打开”，或“已关闭”，如图 12-33 所示。

4. 启用或禁用可折叠面板的动画

默认情况下，如果启用某个可折叠面板构件的动画，站点访问者单击该面板的选项卡时，该面板将缓缓地平滑打开和关闭。如果禁用动画，则可折叠面板会迅速打开和关闭。

(1) 步骤 1　在“设计”视图的窗口中单击 Spry 可折叠面板的蓝色区域，选中 Spry 可折叠面板构件。

(2) 步骤 2　在“属性”面板中，勾选“启用动画”复选项，以启用动画；取消勾选“启用动画”复选项，以禁用动画，如图 12-34 所示。

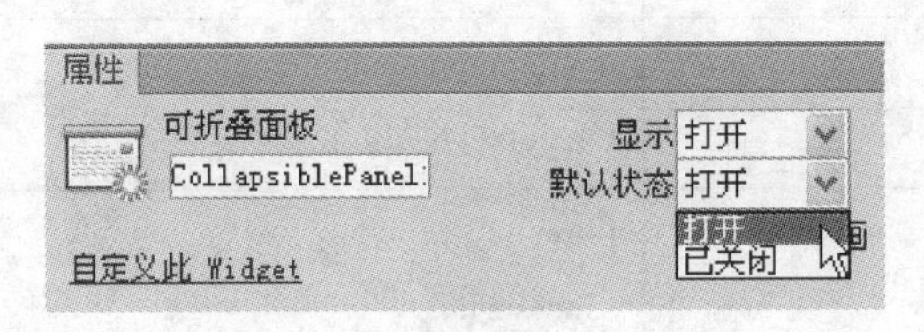

图 12-33　设置默认状态

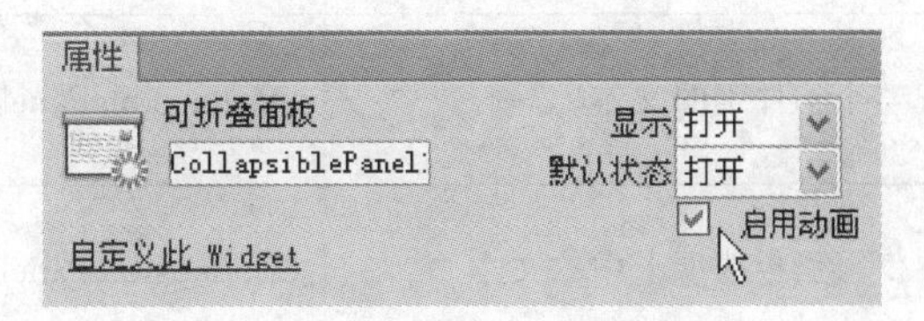

图 12-34　启用或禁用可折叠面板的动画

5. 保存文档并在浏览器中预览

保存文档时，出现如图 12-35 所示的提示，这些代码是 Dreamweaver 自动生成。在浏览器中预览效果如图 12-36 和图 12-37 所示。

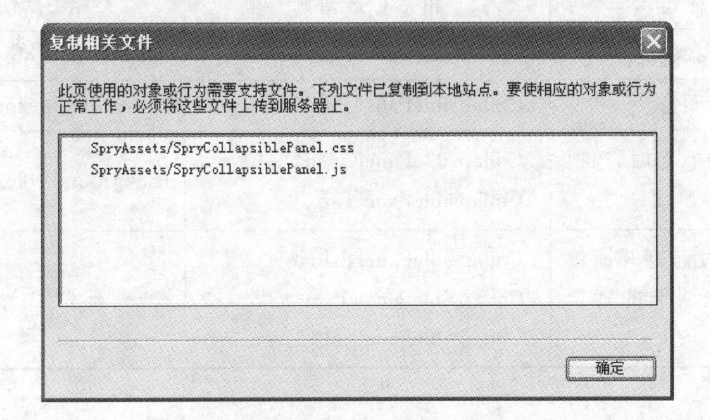

图 12-35　复制相关文件提示

图 12-36　打开的 Spry 可折叠面板

图 12-37　已关闭的 Spry 可折叠面板

提示

这个 Spry 可折叠面板是 Dreamweaver 默认设置的效果，CSS 样式代码保存在外部样式表文件“SpryCollapsiblePanel. css”中，读者若有兴趣，可以通过 CSS 设置可折叠面板构件的外观效果，若要更改可折叠面板构件的文本样式，请使用表 12-7 来查找相应的 CSS 规则，然后更改默认值；若要更改可折叠面板构件的背景颜色，请使用表 12-8 来查找相应的 CSS 规则，然后更改默认值；若要限制可折叠面板构件的宽度，可查找“. CollapsiblePanel”规则，向该规则中添加一个“width”属性和值，例如“width：300px；”。

表 12-7　Dreamweaver 默认设置的可折叠面板构件的文本样式

要更改的样式	相关 CSS 规则	相关属性和默认值
整个构件中的文本	.CollapsiblePanel	font：Arial； font-size：medium
仅限面板选项卡中的文本	.CollapsiblePanelTab	font：bold 0.7em sans-serif；
仅限内容面板中的文本	.CollapsiblePanelContent	font：Arial； font-size：medium；

表 12-8　Dreamweaver 默认设置的可折叠面板构件的背景颜色

要更改的样式	相关 CSS 规则	相关属性和默认值
面板选项卡的背景颜色	.CollapsiblePanelTab	background-color：#DDD；
内容面板的背景颜色	.CollapsiblePanelContent	background-color：#DDD；
当面板处于打开状态时，选项卡的背景颜色	.CollapsiblePanelOpen .CollapsiblePanelTab	background-color：#EEE；
当鼠标指针移过已打开面板选项卡上方时，选项卡的背景颜色	.CollapsiblePanelTabHover、 .CollapsiblePanelOpen .CollapsiblePanelTabHover	color：#CCC；

12.2.6　操作实例——Spry 工具提示

我们在前面学习图像，图像〈img〉标签有 alt 属性，它指定了替代文本，用于当图像无法显示时，代替图像显示在浏览器中的内容。此外，当用户把鼠标指针移到图像上方时，最新的浏览器会在一个文本框中显示描述性文本。它只能显示文本提示内容，而“Spry 工具提示”构件有着相似的功能，但它的应用功能更加强大。

Spry 工具提示的作用为，当用户将鼠标指针悬停在网页中的特定元素上时，Spry 工具提示会显示提示信息；当用户移开鼠标指针时，提示内容会消失。也可以设置工具提示使其显示较长的时间段，以便用户可以与工具提示中的内容交互。

工具提示构件包含以下三个元素。

- 工具提示容器，该元素包含当用户激活工具提示时要显示的消息或内容。
- 激活工具提示的浏览器特定。
- 构造函数脚本，是指示 Spry 创建工具提示功能的 JavaScript。

插入工具提示构件时，Dreamweaver 会使用 Div 标签创建一个工具提示容器，并使用 span 标签环绕“触发器”元素（激活工具提示的浏览器特定）。默认情况下，Dreamweaver 使用这些标签。但对于工具提示和触发器元素的标签，只要它们位于页面正文中，就可以是任何标签。

1. 插入工具提示

(1) 步骤1　新建一个 HTML 文档,保存该文档为“12.2.6.html”,并插入一幅图像,如“car1.jpg”。

(2) 步骤2　单击插入的图像,以选中图像。

(3) 步骤3　从菜单中选择“插入”→“Spry”→“Spry 工具提示”命令。此操作会插入一个工具提示构件和工具提示内容的容器。插入的 Spry 工具提示,如图 12-38 所示。

2. 编辑工具提示构件选项

(1) 步骤1　将默认提示内容“此处为工具提示内容。”删除,插入一幅图像,如“alt.gif”,如图 12-39 所示。

图 12-38　Spry 工具提示

图 12-39　插入提示图像

(2) 步骤2　在“设计”视图的窗口中单击 Spry 工具提示的蓝色区域,选中 Spry 工具提示构件。打开“属性”面板,如图 12-40 所示。

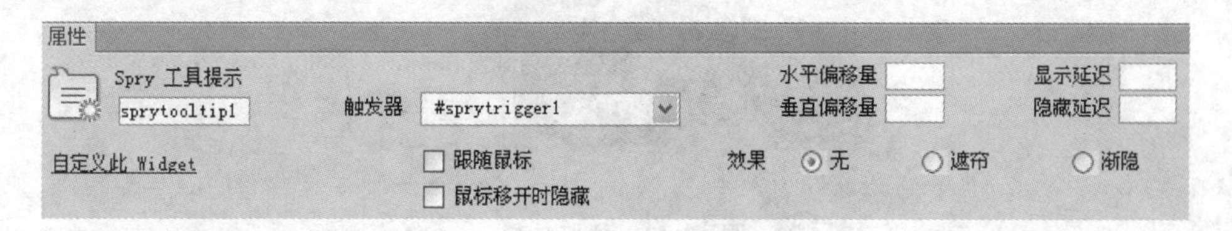

图 12-40　“属性”面板

“属性”面板的各项功能介绍如下。

● “Spry 工具提示”:工具提示容器的名称。该容器包含工具提示的内容。默认情况下,Dreamweaver 将 Div 标签用作容器。

● “触发器”:页面上用于激活工具提示的元素。默认情况下,Dreamweaver 会插入 span 标签内的占位符句子作为触发器,但可以选择页面中具有唯一 ID 的任何元素。

● “跟随鼠标”:勾选该选项后,当鼠标指针悬停在触发器元素上时,工具提示会跟随鼠标指针。

● “鼠标移开时隐藏”:勾选该选项后,只要鼠标指针悬停在工具提示上,工具提示会一直打开。当工具提示中有链接或其他交互式元素时,让工具提示始终处于打开状态将非常有用。如果未选择该选项，则当鼠标指针离开触发器区域时，工具提示元素会关闭。

● “水平偏移量”：计算工具提示与鼠标指针的水平相对位置。偏移量值以像素为单位，默认偏移量为 20 像素。

● “垂直偏移量”：计算工具提示与鼠标的垂直相对位置。偏移量值以像素为单位，默认偏移量为 20 像素。

● “显示延迟”：工具提示进入触发器元素后在显示前的延迟(以毫秒为单位)。默认值为 0。

● “隐藏延迟”：工具提示离开触发器元素后在消失前的延迟(以毫秒为单位)。默认值为 0。

● “效果”：要在工具提示出现时使用的效果类型。“遮帘”就像百叶窗一样，可向上移动和向下移动以显示和隐藏工具提示。渐隐可淡入和淡出工具提示。默认值为 none。

(3) 步骤 3　在“属性”面板中，勾选“跟随鼠标”和“鼠标移开时隐藏”复选项，将“水平偏移量”和“垂直偏移量”设置为 5 像素。将“效果”中的“遮帘”选中，将“隐藏延迟”设置为 2，如图 12-41 所示。

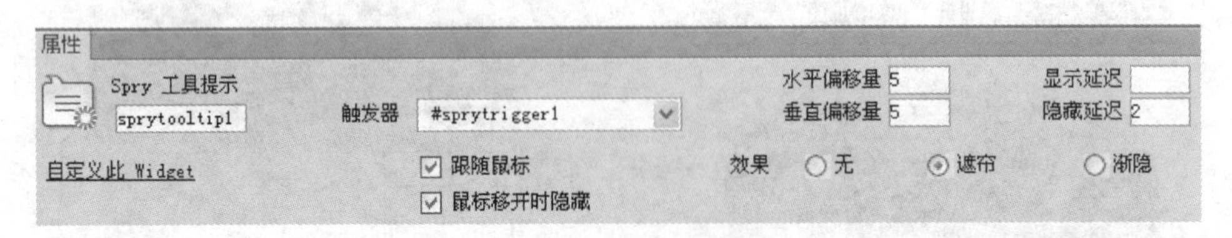

图 12-41　属性设置

(4) 步骤 4　保存文档，在浏览器中预览效果如图 12-42 所示。

图 12-42　预览效果

12.3　Spry 效果

12.3.1　Spry 效果概述

网页特效是应用到 HTML 元素上的视觉增强效果。一个特效可以是高亮显示信息，创建动画，或者在一段时间内视觉修改一个页面元素。特效是简单但优雅的增强站点外观效果和体验的方式。

Spry 效果是利用 Spry 框架为 HTML 元素添加的特殊效果，是视觉增强功能，可以将它们应用于使用 JavaScript 的 HTML 页面上几乎所有的元素。可以将效果直接应用于 HTML 元素，而无须其他自定义标签。

Spry 效果可以修改元素的不透明度、缩放比例、位置和样式属性(如背景颜色)，也可以组合两个或多个属性来创建有趣的视觉效果。

Spry 效果依赖客户端的 JavaScript 函数而不依赖任何服务器端的逻辑或脚本。因此，当用户触发一个特效时，只有应用特效的对象被更新。

在 Dreamweaver CS6 中，通过可视界面，单击相应的菜单或按钮就可以轻松地向页面元素添加视觉过渡，Spry 包括下列效果。

- 显示/渐隐：使元素显示或渐隐。
- 高亮颜色：更改元素的背景颜色。
- 遮帘：模拟百叶窗，向上或向下滚动百叶窗来隐藏或显示元素。
- 滑动：上下移动元素。
- 增大/收缩：使元素变大或变小。
- 晃动：模拟从左向右晃动元素。
- 挤压：使元素从页面的左上角消失。

12.3.2 操作实例——Spry 效果

1. 应用显示/渐隐效果

此效果可用于除 applet、body、iframe、object、tr、tbody 和 th 元素之外的所有 HTML 元素。

(1) 步骤 1　新建一个 HTML 文档，保存该文档为"12.3.1.html"，并插入一幅图像，如"car1.jpg"。单击插入的图像，以选中图像。

(2) 步骤 2　在"行为"面板中，单击"添加行为"按钮+，选择"效果"→"显示/渐隐"命令，如图 12-43 所示。弹出对话框，如图 12-44 所示。

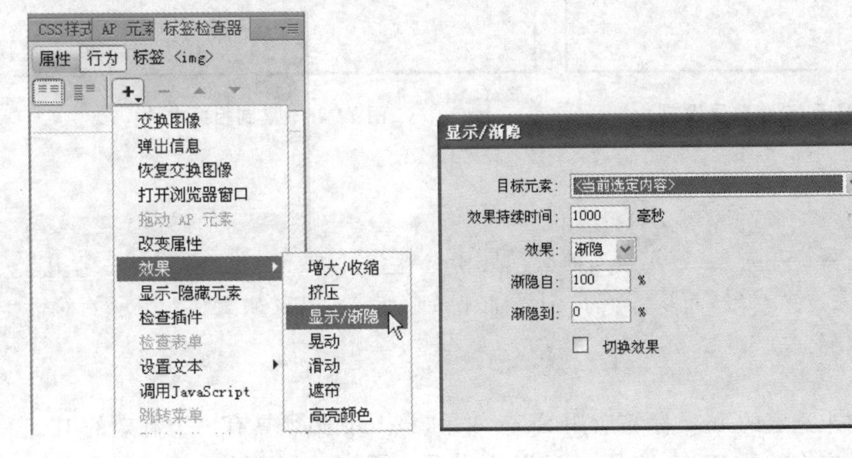

图 12-43　添加效果　　　　图 12-44　"显示/渐隐"对话框

提示

如果“行为”窗口未打开,可选择“窗口”→“行为”命令将其打开。

(3) 步骤 3 “目标元素”,选择“〈当前选定内容〉”。

(4) 步骤 4 在“效果持续时间”框中,定义此效果持续的时间,用毫秒表示。如“1000”,即 1 秒。

(5) 步骤 5 选择要应用的效果:“渐隐”。

(6) 步骤 6 在“渐隐自”框中,定义显示此效果所需的不透明度百分比,如“100%”。

(7) 步骤 7 在“渐隐到”框中,定义要渐隐到的不透明度百分比,如“50%”。

(8) 步骤 8 勾选“切换效果”复选项,如图 12-45 所示。单击“确定”按钮。

提示

如果希望该效果是可逆的(即连续单击即可从“渐隐”转换为“显示”或从“显示”转换为“渐隐”),可勾选“切换效果”复选项。

(9) 步骤 9 保存文档并在浏览器中预览。保存文档时,出现如图 12-46 所示的提示。在浏览器中单击图像,渐隐效果显现。

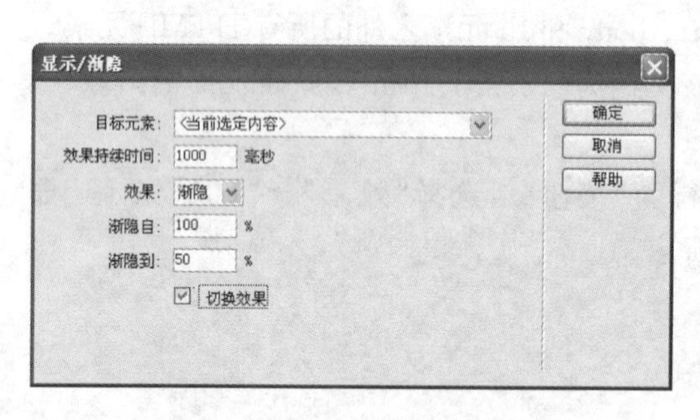

图 12-45 显示/渐隐效果设置

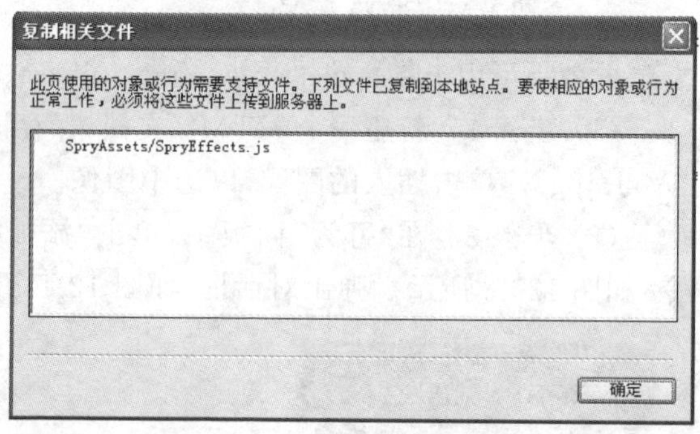

图 12-46 复制相关文件

提示

要对某个元素应用效果,该元素当前必须处于选定状态,或者它必须具有一个 ID。例如,如果当前未选定对象,而从“行为”中添加了渐隐效果,出现如 12-47 所示的对话框,提示“选择目标元素 ID”。

如果要对当前未选定的 img 标签应用 Spry 效果,该 img 必须具有一个有效的 ID 值。如果该元素尚且没有有效的 ID 值,需要向 HTML 代码中添加一个 ID 值。然后,可以从“目标元素”右侧的下拉列表中选择对象的 ID。

当使用效果时，系统会在“代码”视图中将不同的代码行添加到文档中。其中的一行代码用来标识 SpryEffects. js 文件，该文件是包括这些效果所必需的。请不要从代码中删除该行，否则这些效果将不起作用。

2. 应用遮帘效果

此效果仅可用于 address、dd、div、dl、dt、form、h1、h2、h3、h4、h5、h6、p、ol、ul、li、applet、center、dir、menu 和 pre HTML 元素。

(1) 步骤 1　新建一个 HTML 文档，保存该文档为“12. 3. 1-2. html”，并插入一行文字，如“应用遮帘效果”，并设置格式为“标题 1”。单击插入的文字，以选中 h1。

(2) 步骤 2　在“行为”面板中，单击“添加行为”按钮+，选择“效果”→“遮帘”命令。系统弹出“遮帘”对话框，如图 12-48 所示。

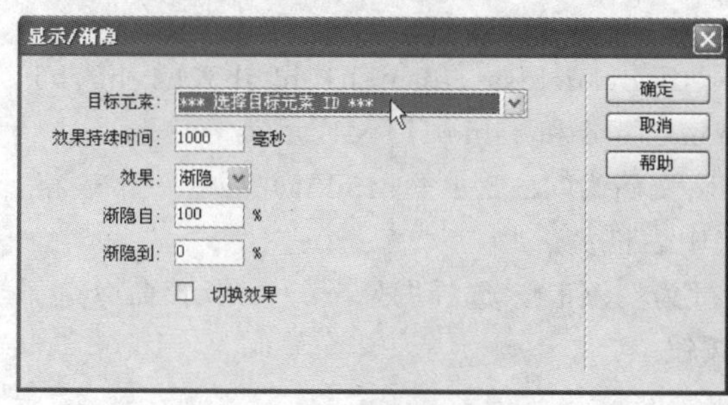

图 12-47　提示“选择目标元素 ID”

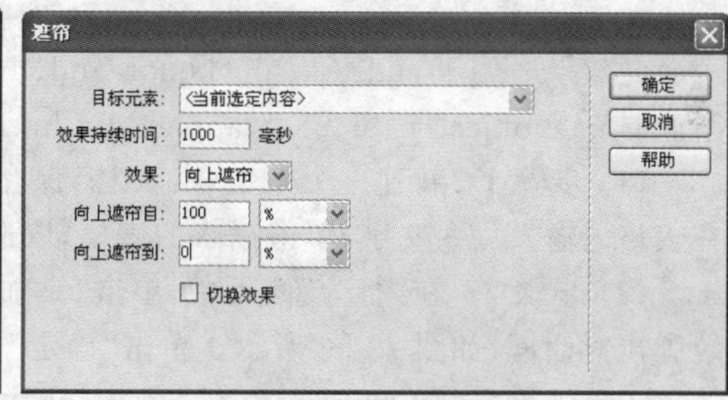

图 12-48　“遮帘”对话框

(3) 步骤 3　目标元素为“〈当前选定内容〉”。

(4) 步骤 4　在“效果持续时间”框中，定义此效果持续的时间，用毫秒表示。如“1000”。

(5) 步骤 5　选择要应用的效果：“向上遮帘”。

(6) 步骤 6　在“向上遮帘自”文本框中，以百分比或像素值定义遮帘的起始滚动点。这些值是从元素的顶部开始计算的，如“100%”。

(7) 步骤 7　在“向上遮帘到”文本中，以百分比或像素值定义遮帘的结束滚动点。这些值是从元素的顶部开始计算的，如“30%”。

(8) 步骤 8　勾选“切换效果”复选项，如图 12-49 所示。单击“确定”按钮。

(9) 步骤 9　保存文档并在浏览器中预览。在浏览器中单击文本，遮帘效果显现。

3. 应用增大/收缩效果

此效果可用于 address、dd、div、dl、dt、form、p、ol、ul、applet、center、dir、menu、img 和 pre HTML 元素。

(1) 步骤 1　新建一个 HTML 文档，保存该文档为“12. 3. 1-3. html”，并插入一幅图像，如“car1. jpg”。单击插入的图像，以选中图像。

(2) 步骤 2　在“行为”面板中，单击“添加行为”按钮+，选择“效果”→“增大/收缩”命令。系统弹出对话框，如图 12-50 所示。

(3) 步骤 3　在图 12-50 所示的对话框中，将“收缩自”设置为 50%。

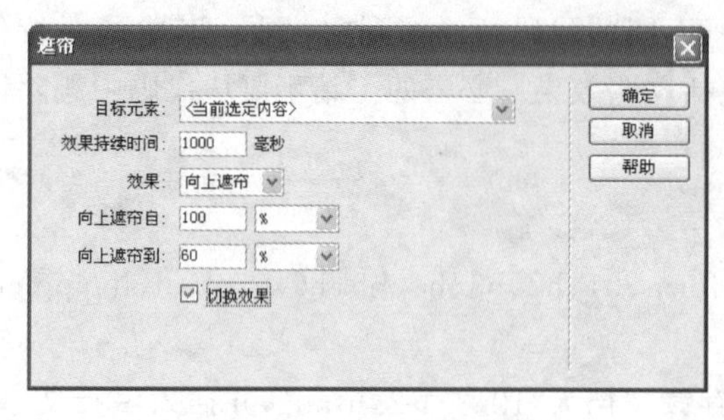

图 12-49 遮帘效果设置

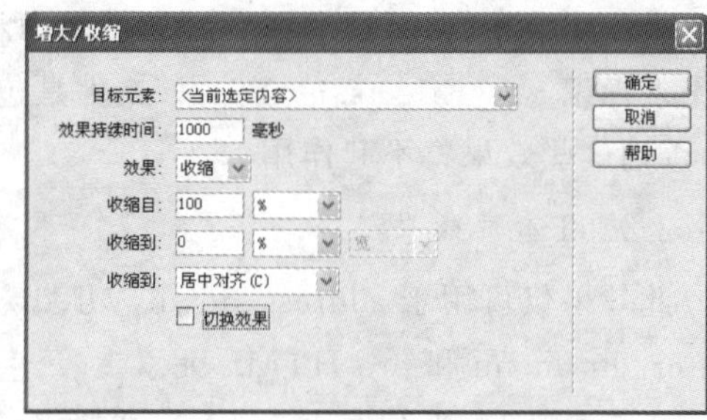

图 12-50 “增大/收缩”效果对话框

(4) 步骤 4 勾选“切换效果”复选项。其他保持默认值，如图 12-51 所示。单击“确定”按钮。

(5) 步骤 5 保存文档并在浏览器中预览。在浏览器中单击图像，收缩效果显现。

4. 应用晃动效果

此效果适用于 address、blockquote、dd、div、dl、dt、fieldset、form、h1、h2、h3、h4、h5、h6、iframe、img、object、p、ol、ul、li、applet、dir、hr、menu、pre 和 table HTML 元素。

(1) 步骤 1 新建一个 HTML 文档，保存该文档为“12.3.1-4.html”，并插入一个表格，在表格内输入一些文字，单击插入的表格，以选中表格。

(2) 步骤 2 在“行为”面板中，单击“添加行为”按钮+，选择“效果”→“晃动”命令。系统弹出对话框，如图 12-52 所示。单击“确定”按钮。

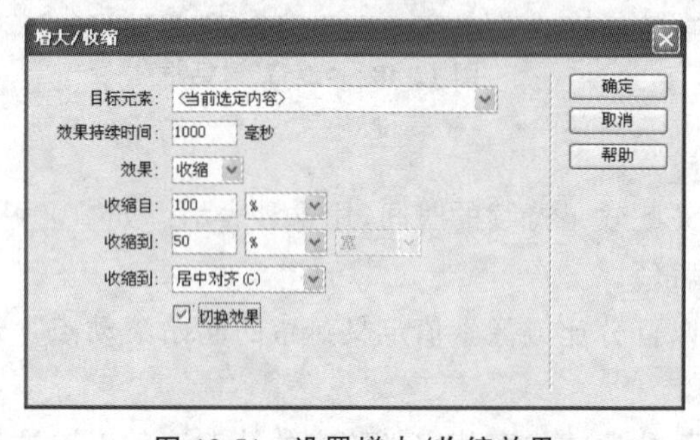

图 12-51 设置增大/收缩效果

图 12-52 “晃动”对话框

(3) 步骤 3 保存文档并在浏览器中预览。在浏览器中单击表格，晃动效果显现。

5. 添加其他效果

同一个元素可以关联多个效果行为，得到的结果将非常有趣。

(1) 步骤 1 选择要为其应用效果的内容或布局元素。

(2) 步骤 2 在“行为”面板中，单击“添加行为”按钮+，选择需要的效果。

(3) 步骤 3. 设置相关的效果参数。

6. 修改效果的事件

Dreamweaver CS6 中添加的 Spry 效果的默认事件是单击(onClick)，即单击对象时，对象显现 Spry 效果。事件是可以修改的，修改默认事件的方法如下。

(1) 步骤 1 打开“12.3.2-4.html”文件，另存为“12.3.2-5.html”，选择要为其修改效果事件的元素，如“表格”。

(2) 步骤 2　在“行为”面板中，单击行为列表中“onClick”，则出现下拉列表，如图 12-53 和图 12-54 所示。

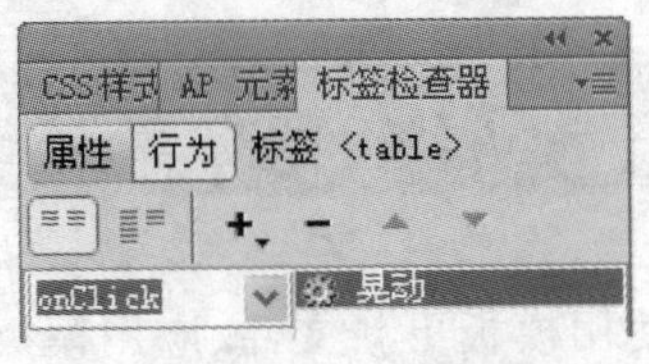

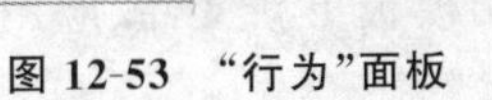

图 12-53　“行为”面板

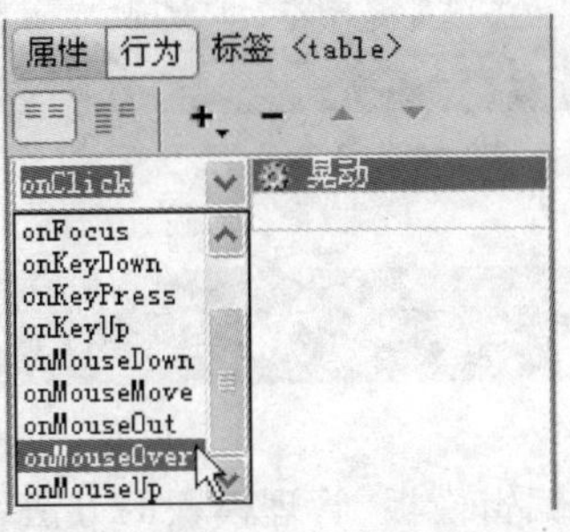

图 12-54　下拉列表

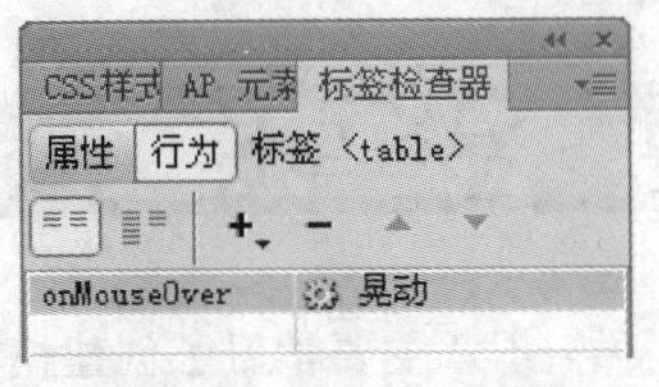

图 12-55　更改行为事件

(3) 步骤 3　打开下拉列表，从中选择“onMouseOver”，如图 12-55 所示。

(4) 步骤 4　保存文档并在浏览器中预览。在浏览器中将鼠标指针移到表格上，晃动效果显现。

7. 删除效果

从元素中删除一个或多个效果行为。

(1) 步骤 1　选择要为其删除效果的对象。

(2) 步骤 2　在“行为”面板中，单击要从行为列表中删除的效果。

(3) 步骤 3　在“行为”面板中单击“删除事件”按钮**—**。

本 章 小 结

本章主要介绍 Spry 框架，以可视方式设计动态用户界面，包括 Spry 菜单栏、Spry 选项卡式面板、Spry 折叠式、Spry 可折叠面板、Spry 工具提示构件，以及 Spry 页面特效(显示/渐隐、遮帘、增大/收缩、晃动)的使用方法。

习 题 12

一、选择题

1. Spry 布局构件不包括(　　)。

A. Spry 菜单栏　　B. Spry 效果

C. Spry 选项卡式面板　　D. Spry 可折叠式面板

2. (　　)事件是单击了特定元素后产生的事件。

A. OnDbClick　　B. OnClick　　C. OnMouseOver　　D. OnLink

3. “Spry 效果”是 Dreamweaver 预先编写好的(　　)脚本程序，通过在网页中执行这段代码就可以完成相应的任务。

A. VBScript　　B. C＋＋　　C. JavaScript　　D. S

二、实践题

1. 利用 Spry 效果，制作网页显示/渐隐效果。

2. 在网页中设计一个选项卡面板，更改切换选项卡面板事件，将默认的“鼠标单击选项卡(onTabClick)”事件更改为“鼠标指向选项卡(onTabMouseOver)”事件。

第13章 模板和库

学习目标

本章主要学习了创建模板、编辑模板、管理模板的方法，如使用模板更新文件、应用模板制作网页；库的概念以及创建和应用库项目的方法。

本章重点

● 创建模板；● 编辑模板；● 管理模板；● 应用模板制作网页；● 创建和应用库项目。

在创建一批具有共同格式的网页之前，可以先建立一个模板，通过模板生成其他网页，若要修改基于模板的网页时只要更改模板即可。对于需要在多个网页中使用的网页元素，可以先建立一个库项目，当网页需要使用该元素时可直接从库中调用，若要修改这些元素时，只需修改库项目。利用模板和库建立网页，可以使创建网页与维护网站更方便、快捷。

13.1 模　板

在 Dreamweaver 中，如果设计的一种比较好的布局，页面看上去很美观，那么可以把它生成相应的模板文件保存下来，然后当需要的时候直接套用该模板，可迅速生成风格一致的页面。

13.1.1 创建模板

可以从现存的 HTML 文档中创建模板，然后修改以符合需要；也可以从一个空白的 HTML 文档开始创建模板。Dreamweaver 将模板保存在站点根目录的 Templates 文件夹中，模板文件扩展名为.dwt。如果该文件夹并不存在，那么当保存新模板时 Dreamweaver 将自动创建一个。下面学习建立创建模板的方法。

(1)步骤 1　选择“文件”→“新建”命令，弹出“新建文档”对话框，在左侧选择“空模板”，在“模板类型”栏中选择“HTML 模板”，然后在“布局”栏中选择“〈无〉”选项，单击“创建”按钮，如图 13-1 所示。

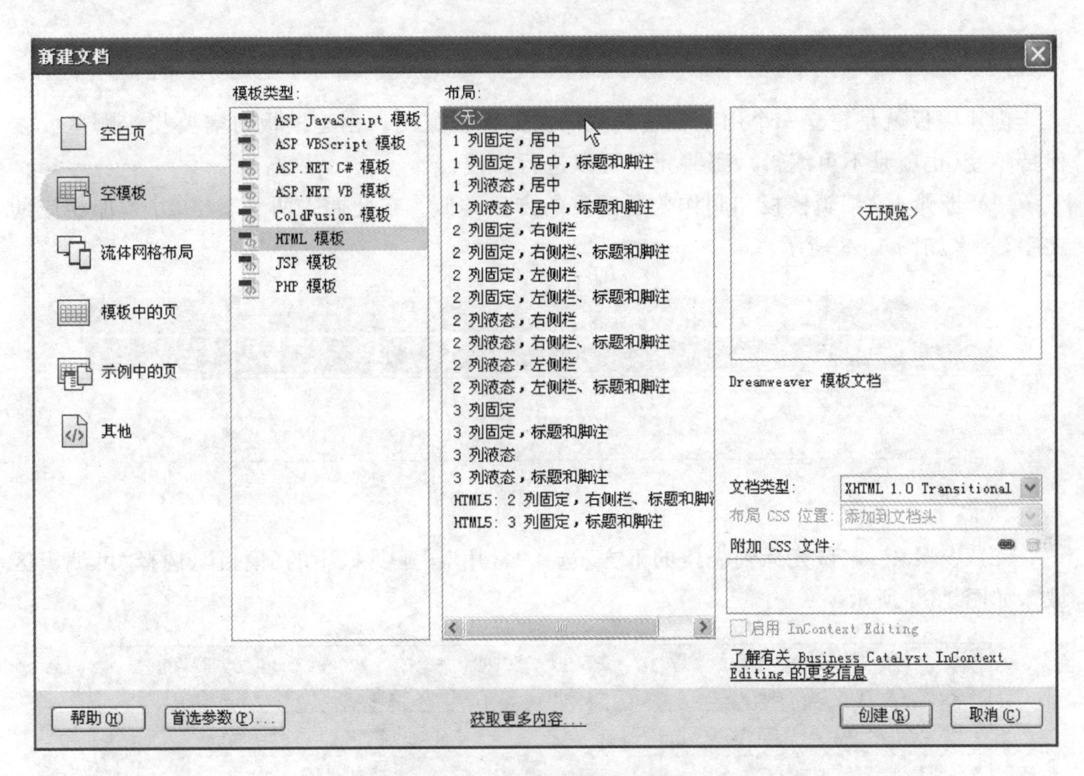

图 13-1 “新建文档”对话框

(2) 步骤 2 选择“文件”→“保存”命令，弹出“另存模板”对话框，在对话框文本框中设置模板名称为“my_Template”，然后单击“保存”按钮，如图 13-2 所示。

提示

Dreamweaver 中模板的默认存放位置是站点根目录下的 Template 文件夹。

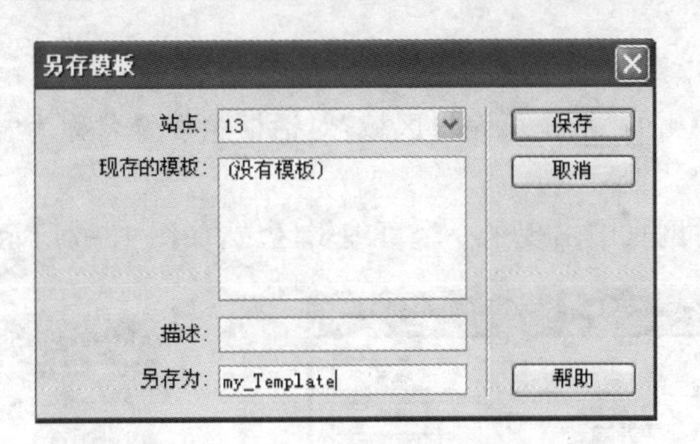

图 13-2 “另存模板”对话框

13.1.2 编辑模板

创建模板就是建立一个用于创建其他网页的样板文档。创建模板时需要指定哪些元素保持不变(也就是不可编辑),哪些元素可以进行修改。

(1) 步骤1　编辑模板和制作普通网页的方法类似。在此插入两个表格,并添加相应的文字,效果如图13-3所示。

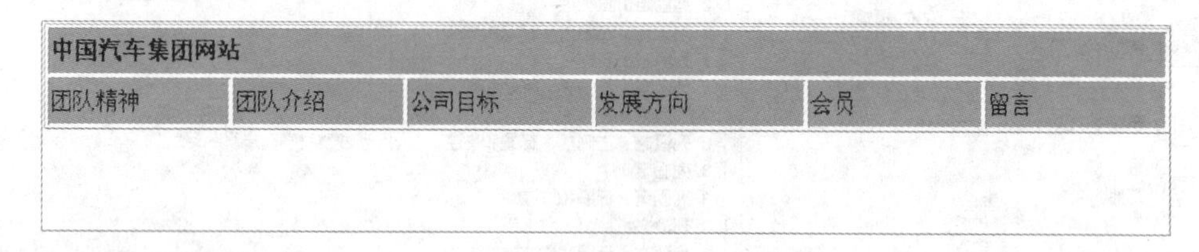

图 13-3　编辑模板

(2) 步骤2　定位光标到表格的下方,选择"常用"子工具栏中的"模板",选择"可编辑区域",如图13-4所示。

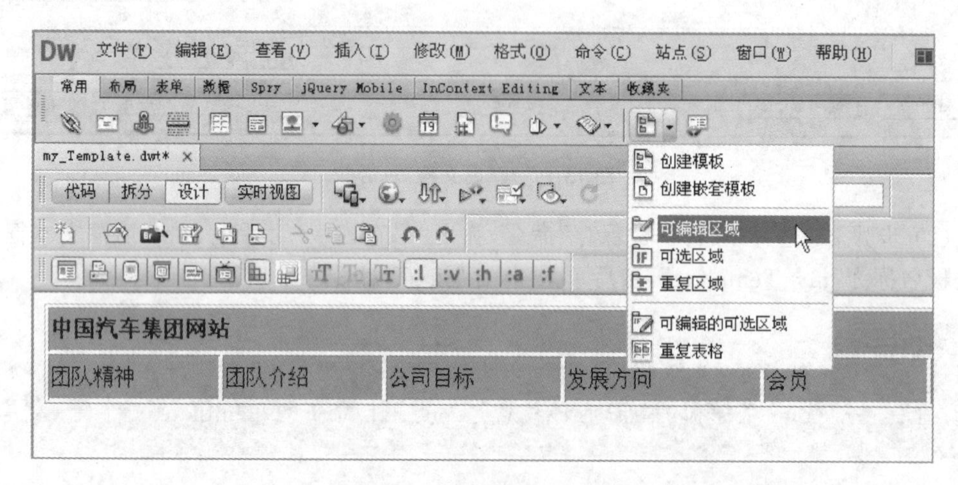

图 13-4　创建可编辑区域

(3) 步骤3　在弹出的"新建可编辑区域"对话框中设置名称为"myEditRegion",然后单击"确定"按钮,如图13-5所示。

(4) 步骤4　这时网页中出现了一个可编辑区域,如图13-6所示。

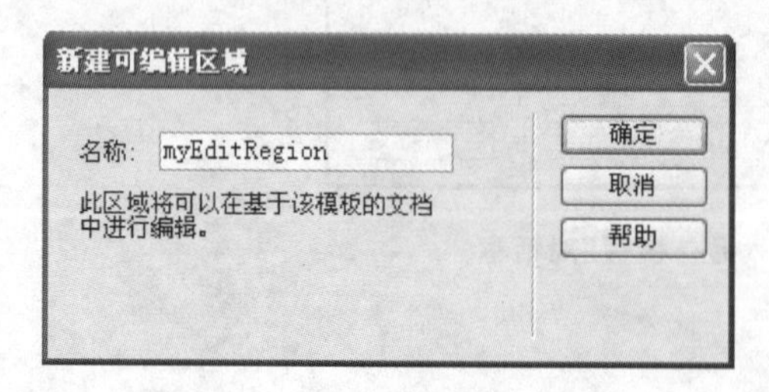

图 13-5　"新建可编辑区域"对话框

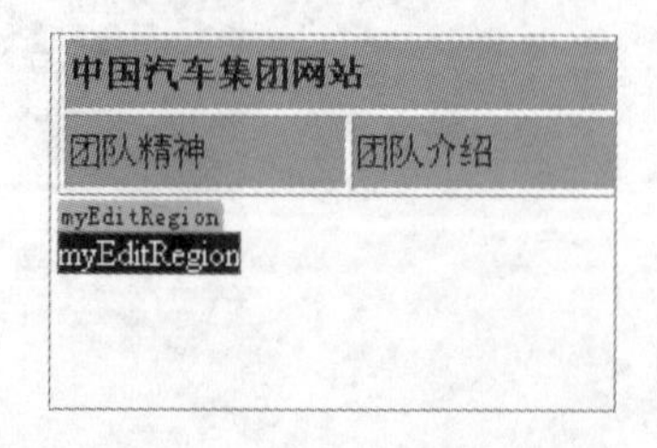

图 13-6　创建的可编辑区域

13.1.3 管理模板

1. 使用模板

(1) 步骤 1　在面板组中展开“资源”面板，单击“模板”按钮，从面板的模板列表中选择“my_Template”，然后右击，在弹出的快捷菜单中选择“从模板新建”命令，如图 13-7 所示。

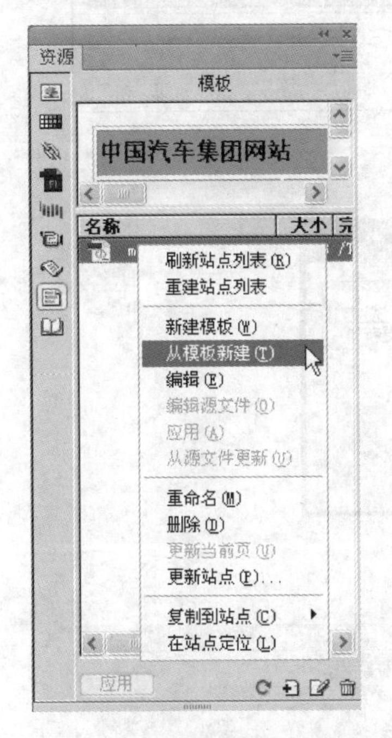

图 13-7　“从模板新建”命令

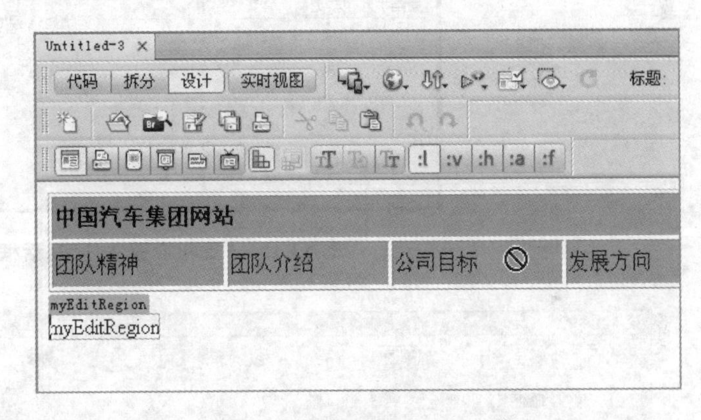

图 13-8　根据模板建立新文件

(2) 步骤 2　在这个新建的文件中可以发现，当把鼠标指针移动到模板的导航栏上是，鼠标指针会提示无法编辑，只有下面“myEditRegion”中的内容才可以编辑，如图 13-8 所示。

2. 更新文件

模板创建后，用户利用模板生成了网页文件。在网页文件的编辑过程中可能会有一些不合适的地方，比如：链接有错误、网页布局中单元格对齐方式不合理、图像不能正常显示等，而对于锁定区域，是无法在网页编辑状态进行修改的，因此需要对模板进行修改。

(1) 步骤 1　在“资源”面板中选择“my_Template”，然后右击，在弹出的快捷菜单中选择“编辑”命令，打开模板，在该模板的导航栏中将“会员”栏目删除，并将空白列和“留言”合并，如图 13-9 所示。

(2) 步骤 2　右击，选择“另存为”命令，此时弹出“更新模板文件”对话框，询问是否对要基于此模板更新所有文件，单击“更新”按钮，如图 13-10 所示。更新完成后，若再次打开“13.1.1.html”，会看到该文件已与模板同步更新，如图 13-11 所示。

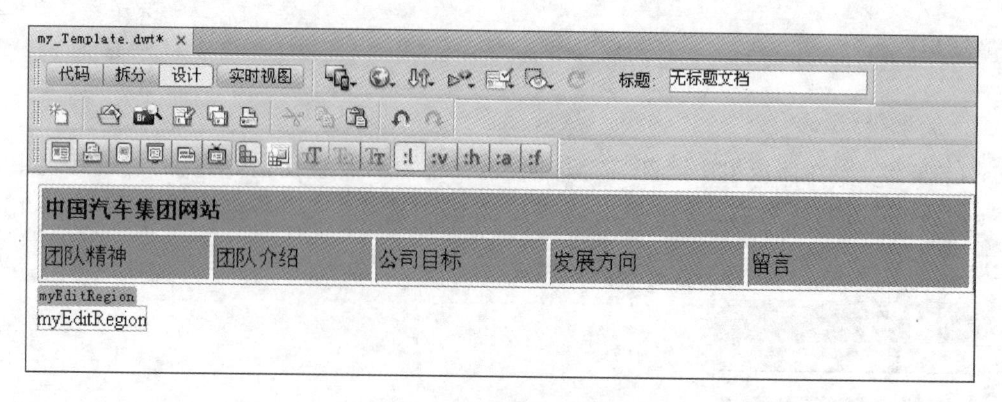

图 13-9　修改模板的内容

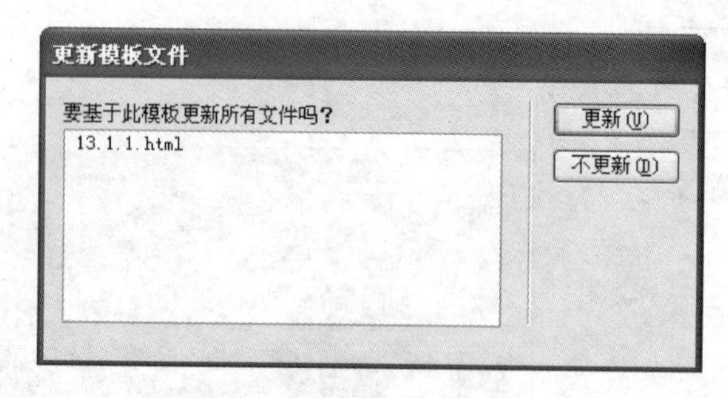

图 13-10　“更新模板文件”对话框

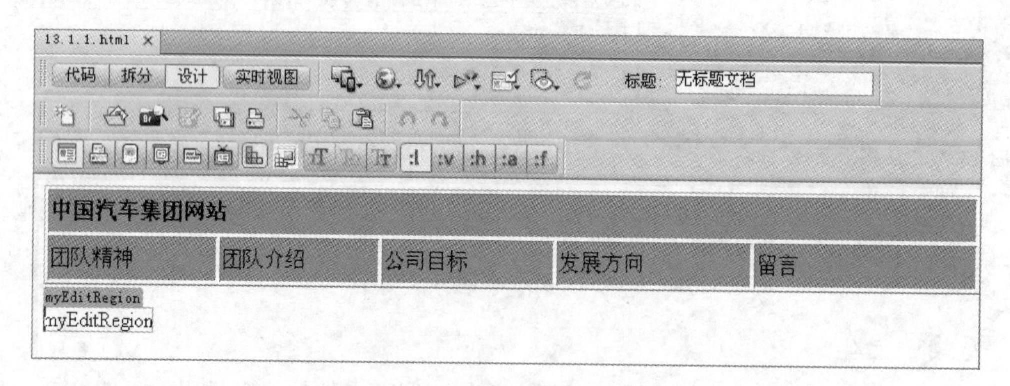

图 13-11　与模板同步更新的文件

一旦模板被应用到多个网页文档中，对此模板的修改则会更新全部与其相关联的文档。这种使用模板更新文件的方法大大节省了用户的时间，尤其是涉及大量的改动时极为有效。

13.1.4　操作实例——应用模板制作网页

(1) 步骤 1　事先准备好一个网页“13.1.4.html”，如图 13-12 所示。

(2) 步骤 2　选择“常用”工具栏中的“模板”，选择“创建模板”，如图 13-13 所示。

图 13-12 事先准备好的网页

图 13-13 通过网页创建模板

(3) 步骤 3 弹出“另存模板”对话框，取名为“my_Template1”，单击“保存”按钮，则自动在 Templates 文件下生成模板文件“my_Template1. dwt”。

(4) 步骤 4 修改模板文件“my_Template1. dwt”，并对其创建可编辑区域“my_EditRegion1”，如图 13-14 所示。

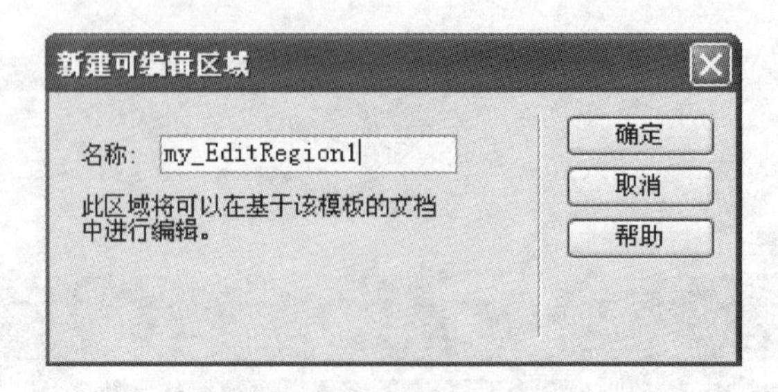

图 13-14 创建可编辑区域

(5) 步骤 5 单击“确定”按钮，模板修改及可编辑区域创建完成，如图 13-15 所示，保存模板。

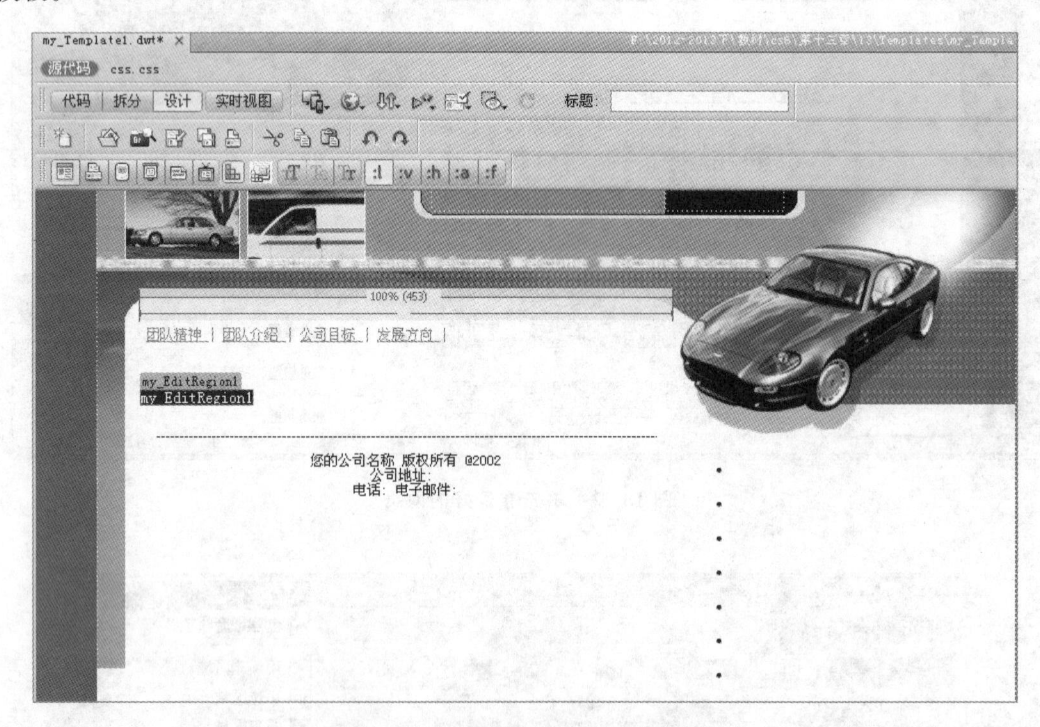

图 13-15 修改模板及创建可编辑区域

(6) 步骤 6 新建网页“13.1.4_result.html”，选择“修改”→“模板”→“应用模板到页”命令，如图 13-16 所示。

(3) 步骤 7 系统弹出“选择模板”对话框，如图 13-17 所示，单击“选定”按钮，模板应用到网页中，如图 3-18 所示。

(8) 步骤 8 在可编辑区域，对网页进行修改，创建一个 2 行 2 列的表，分别在每列中，插入 4 张汽车图片“car001.jpg”、“car002.jpg”、“car003.jpg”、“car004.jpg”，图片大小设置为 230px×130px，每个单元格的大小也设置为 230px×130px。设置好后，效果如图 13-19 所示。

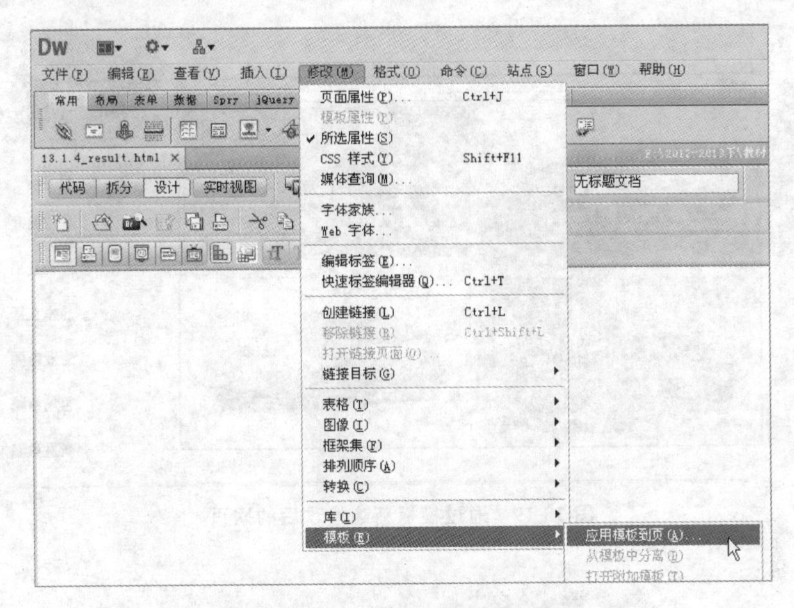

图 13-16 “应用模板到页”命令

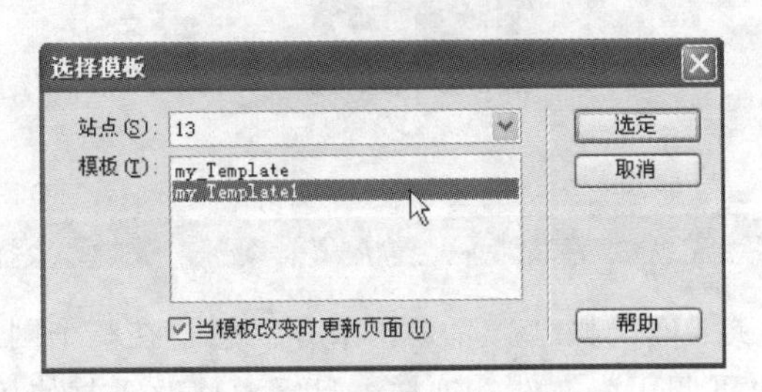

图 13-17 “选择模板”对话框

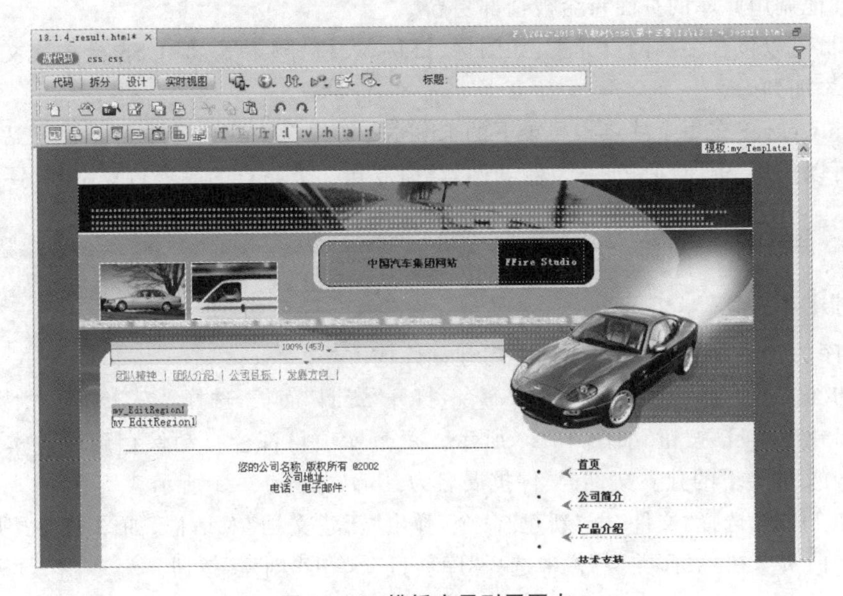

图 13-18 模板应用到网页中

图 13-19　通过模板新建修改后的网页

13.2 库

13.2.1　库的概念

Dreamweaver 中提供了库的概念。库是用来存储想要在整个网站上经常重复使用或更新的网页元素，其他网页可调用库文件。这样一旦需要修改重复使用的部分，只需要修改库文件，而其他调用此库的页面将会被全部更新。

库项目可以包含多种网页元素，如图像、链接、表格、脚本等，但 CSS 样式表文件不能作为库项目添加到库。

Dreamweaver 在每个站点根目录下的 Library 文件夹中存放库项目。每个站点都有自己的库，可以使用"资源"面板的"复制到站点"命令将一个站点的库项目复制到另一个站点。

13.2.2　创建和应用库项目

1. 创建库项目

创建库的常用方法有三种，下面学习建立库的方法。

(1) 步骤 1　选择"窗口"→"资源"命令，打开"资源"面板，选择"库"📖，单击"资源"面板下方的"新建库项目"按钮，如图 13-20 所示。每个库项目都会自动保存到站点本地根目录下 Library 文件夹下的独立文件(文件扩展名为.lbi)，如图 13-21 所示。

(2) 步骤 2　选择"文件"→"新建"命令，弹出"新建文档"对话框，如图 13-22 所示，在左侧选择"空白页"，在"页面类型"栏中选择"库项目"，单击"创建"按钮。

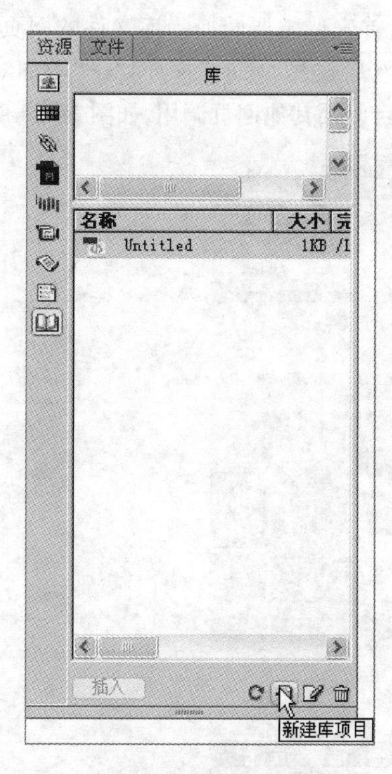

图 13-20 新建库文件

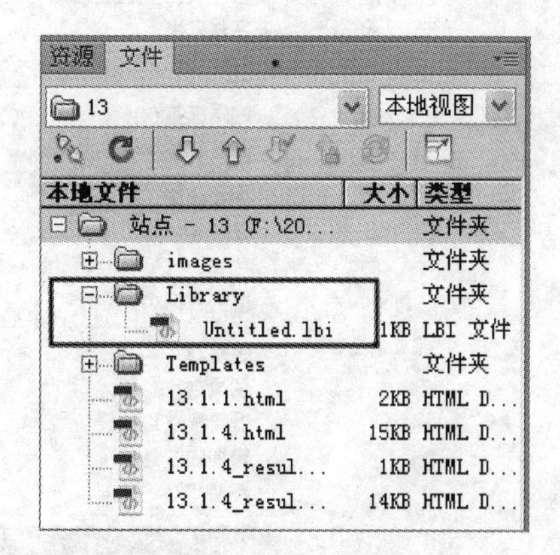

图 13-21 库文件保存路径

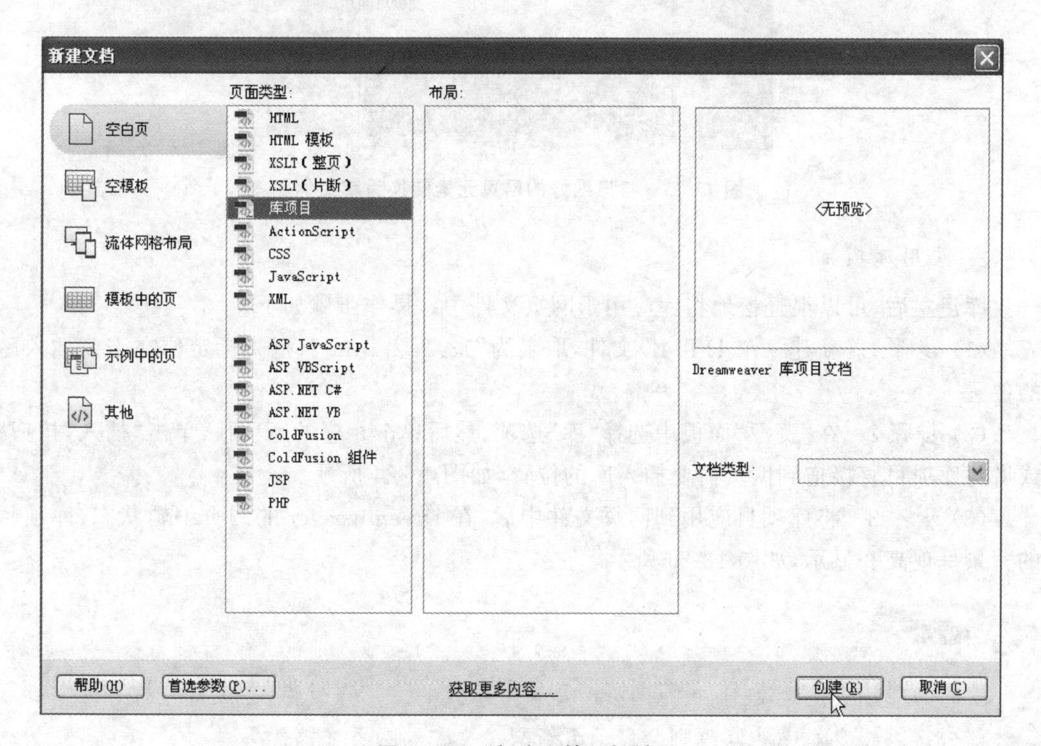

图 13-22 “新建文档”对话框

(3) 步骤 3　将已编好的网页元素转换为库文件，首先选中要转换为库文件的网页元素，“13.1.4_result.html”网页中的红色汽车为选中状态，然后选择“修改”→“库”→“增加对象到库”命令，当前选中的网页元素就会成为一个新的库项目以供其他网页调用，如图 13-23 所示。

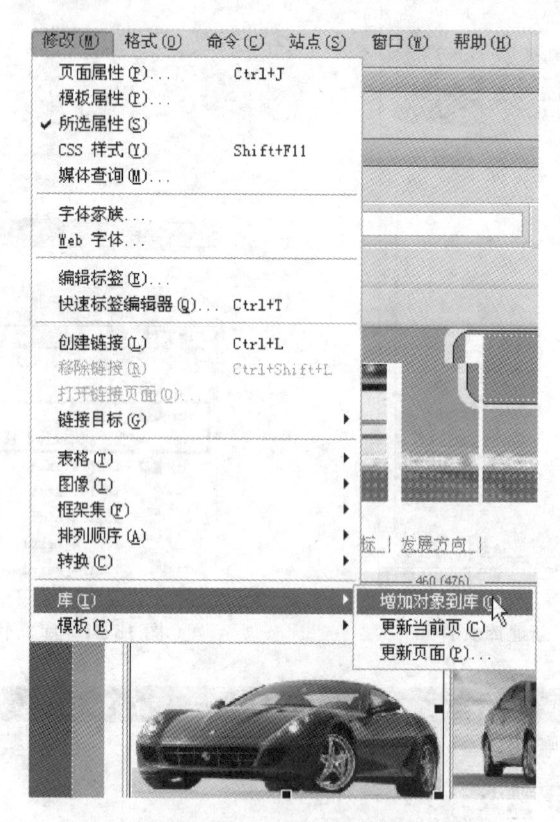

图 13-23　将已编好的网页元素转换为库文件

2. 应用库项目

库建立后，可以很轻松地将库应用于网页文件中。操作步骤如下。

(1) 步骤 1　新建一个 HTML 文件，取名为“13.2.2.html”，把光标定位在需要插入库的位置。

(2) 步骤 2　在“资源”面板中选择“库”选项，然后单击相应的库项目，单击“插入”按钮，或者将库项目直接拖到网页需要插入库的位置，如图 13-24 所示。

(3) 步骤 3　将库项目应用到网页文件中后，在 Dreamweaver 的网页编辑状态，库项目的背景呈现高亮显示，如图 13-25 所示。

提示

库被应用到网页文档中，在网页中是无法修改的。要修改库，必须首先打开库文件才能进行编辑。对库的修改则会自动更新与之关联的网页文档。

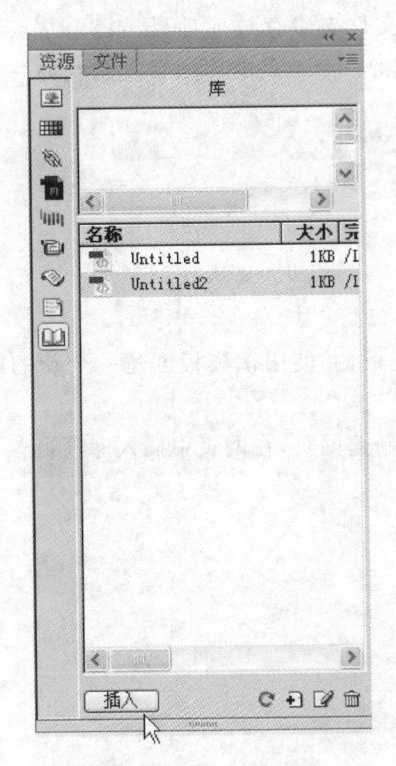

图 13-24 “资源”面板

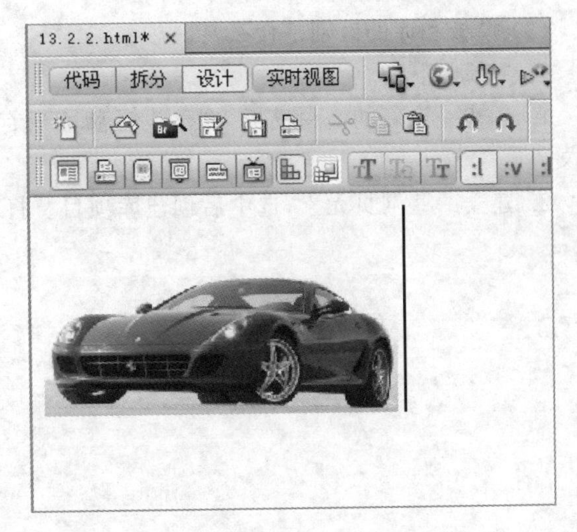

图 13-25 库文件应用到网页中

本章小结

在创建一批具有共同格式的网页之前，可以先建立一个模板，通过模板生成其他网页，若要修改基于模板的网页时只要更改该模板即可。

可以从现存的 HTML 文档中创建模板，然后修改以符合需要；也可以从一个空白的 HTML 文档开始创建模板。Dreamweaver 将模板保存在站点根目录的 Templates 文件夹中，模板文件扩展名为.dwt。

创建模板就是建立一个用于创建其他网页的样板文档。创建模板时需要指定哪些元素保持不变(也就是不可编辑)，哪些元素可以进行修改，也就是创建可编辑区域。

管理模板可以使用模板也可以更新模板文件。

本章用实例操作实现了应用模板制作网页。

最后介绍了库的概念及创建和应用库项目。

习题 13

一、填空题

1. 利用________和________建立网页，可以使创建网页与维护网站更方便、快捷。

2. Dreamweaver 将模板保存在站点根目录的________文件夹中，模板文件扩展名为________。

3. Dreamweaver 在每个站点根目录下的________文件夹中存放库项目。每个站点都有自己的库，可以使用“资源”面板的“复制到站点”命令将一个站点的库项目复制到另一个站点。

二、简答题

(1) 什么是模板？在 Dreamweaver 中如何使用模板？

(2) 如何将库项目从源文件中分离？

(3) 模板和库的区别是什么？

三、实训题

1. 创建一个新的空白模板，自己设计版面后存为模板，并使用该模板创建一个新的网页文件。

2. 建立一些网页元素，选中后创建库项目。打开或新建网页，在网页中插入库项目。

第14章 表 单

学习目标

本章主要学习表单对象和表单控件对象，常用的Spry验证对象的创建及其属性的设置。

本章重点

● 表单页面的基本作用；● 表单对象；● 表单控件对象的创建及其属性的设置。

表单的功能主要是进行数据采集。例如，网页中提供给访问者填写信息的区域，可以收集客户端信息，使网页更加具有交互性的功能。当访问者在Web浏览器中显示的Web表单中输入信息，然后单击“提交”按钮时，这些信息将被发送到服务器，服务器中的服务器端脚本或应用程序会对这些信息进行处理，处理后，向用户(或客户端)发回所处理的信息或基于该表单内容执行某些其他操作，通过这种方式进行响应。

14.1 表单的基础知识

14.1.1 认识表单

1. 表单的概念

表单是网页访问者与站点进行信息传递、互动交流的工具，它一般被设置在一个HTML文档中，以窗体的形式存在于页面中。访问者通过填写相关信息后提交，表单内容会从客户端的浏览器提交到服务器，经过服务器上的ASP或JSP等程序处理，再将处理后的信息返回到访问者的浏览器上。一般的网站都有表单的应用，常见的如搜索栏、注册信息、登录、论坛和订单等。

2. 表单的组成

表单由三个基本组成部分。

● 表单标签：表单用〈form〉〈/form〉标记来创建，在〈form〉〈/form〉标记之间的部分都属于表单的内容。表单标签包含了处理表单数据所用服务器程序的 URL 以及数据提交到服务器的方法。〈form〉标记具有 name、action、method 和 target 等属性。

● 表单域：表单里的控件。包含了文本框、密码框、隐藏域、多行文本框、复选框、单选框、选择(列表/菜单)和文件上传框等控件。

● 表单按钮：用于将表单数据传送到服务器上或者取消输入(将表单域初始化)，还可以用表单按钮来控制其他定义了处理脚本的工作。表单按钮包括提交按钮、复位按钮和一般按钮。

表单常用属性说明如下。

● name　用于设定表单的名称，可用于程序的调用。

● Action　用于指定接收用户提交信息并进行处理的程序名，例如〈form　action＝"URL"〉。如果该属性为空值，则当前文档的 URL 将被使用，当提交表单时，服务器将执行该程序。

● Method　用于定义处理程序从表单中获得信息的方式，共有两种方法，即 POST 方法和 GET 方法。其中，GET 方法传递的数据量比较少，可以把传递的信息显示在网址后面；而 POST 方法传送的信息比较多，而且不会把传递的信息显示在网址后面，提高了安全性。

● Target：用于指定目标窗口或框架。

14.1.2　创建表单

创建表单的方法如下。

(1) 步骤 1　在 HTML 文档中将光标移动到需要添加表单的位置上，选择"插入"→"表单"→"表单"命令，如图 14-1 所示。或者在"插入"面板中选择"表单"项，单击"表单"图标，如图 14-2 所示。在文档窗口中就创建了表单，它是一个由红色虚线围成的框，如图 14-3 所示。

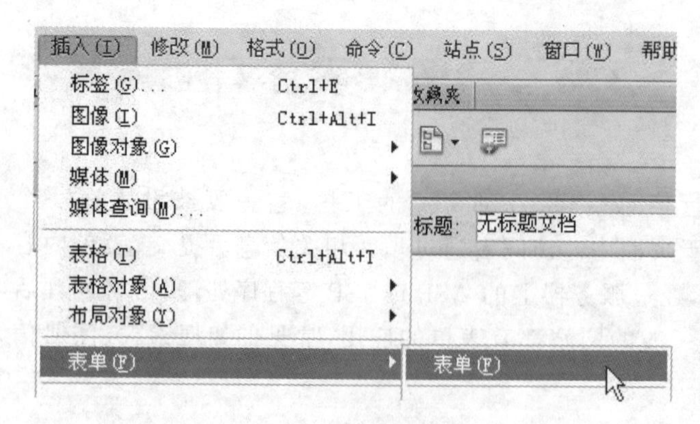

图 14-1　插入表单菜单

图 14-2　插入表单按钮

提示

单击“窗口”菜单,选择“插入”项,即可打开“插入”面板。

图 14-3 表单

提示

如果看不到红色虚线框,则选择“查看”→“可视化助理”命令,在弹出的子菜单中选择“不可见元素”项。

(2) 步骤 2 切换到“代码”视图。插入表单标签以后,在“代码”视图中可以查看源代码,如图 14-4 所示。

```
<form id="form1" name="form1" method="post" action="">
</form>
```

图 14-4 表单代码

(3) 步骤 3 在文档中单击表单红色框线选取表单,在编辑窗口的下面出现表单属性面板,如图 14-5 所示。

图 14-5 表单属性

提示

如果属性面板没有打开,选择“窗口”→“属性”命令,即可打开属性面板。

(4) 步骤 4 在“表单 ID”文本框中输入一个唯一的名称来标识表单,如:form1。

(5) 步骤 5 在“动作”文本框中指定将要处理表单信息的脚本或者应用程序的 URL。可以直接输入,也可以通过单击文本框旁边的“文件夹”图标来获得。

(6) 步骤 6 在“目标”下拉菜单中选择返回数据的窗口的打开方式,选择“_blank”。其各项的功能介绍如下。

- _blank:在一个新窗口中打开链接文档。

● new:在一个新窗口中打开链接文档。

● _parent:在包含这个链接的父框架窗口中打开链接文档。

● _self:在包含这个链接的框架窗口中打开链接文档。

● _top:在整个浏览器窗口中打开链接文档。

(7) 步骤7　在"方法"下拉菜单中选择要处理表单数据的方式,选择"POST"方法。其各项的功能介绍如下。

● POST:将表单数据封装在消息主体中发送。

● GET:将提交的表单数据追加在URL后面发送给服务器。

(8) 步骤8　在"编码类型"下拉菜单中选择表单数据,在被发送到服务器之前加密编码。

14.2 表单对象

在Dreamweaver CS6中,表单输入类型称为表单对象。可以在网页中插入表单并创建各种表单对象。

在"表单"插入栏中,常见表单对象的作用如下。

●"表单"按钮:用于在文档中插入一个表单。访问者要提交给服务器的数据信息必须放在表单里,数据才能被正确地处理。

●"文本域"按钮:用于在表单中插入文本域。文本域可接受任何类型的字母数字项,输入的文本可以显示为单行、多行或者显示为星号(以避免旁观者看到这些文本)。

●"文本区域"按钮:用于在表单中插入一个多行文本域。

●"按钮"按钮:在单击时执行操作。可以为按钮添加自定义名称或标签,或者使用预定义的"提交"或"重置"标签。使用"按钮"按钮可将表单数据提交到服务器,或者重置表单。

●"复选框"按钮:用于在表单中插入复选框。允许在一组选项中选择多个选项。用户可以选择任意多个适用的选项。在实际应用中多个复选框可以共用一个名称,也可以共用一个Name属性值,实现多项选择的功能。

●"单选按钮"按钮:用于在表单中插入单选按钮。单选按钮代表互相排斥的选择,选择一组中的某个按钮,则会同时取消选择该组中的其他按钮。例如,性别选择等。

●"选择(列表/菜单)"按钮:用于在表单中插入列表或菜单。"列表"选项在滚动列表中显示选项值,并允许用户在列表中选择多个选项。"菜单"选项在弹出式菜单中显示选项值,而且只允许用户选择一个选项。例如,最高学历的选择。

●"文件域"按钮:用于在文档中插入空白文本域和"浏览"按钮。用户使用文件域可以浏览硬盘上的文件,并将这些文件作为表单数据上传。

●"图像域"按钮:用于在表单中插入一幅图像。可以使用图像域替换"提交"按钮,以生成图像化按钮。

● “隐藏域”按钮:用于在文档中插入一个可以存储用户数据的域。使用隐藏域可以实现浏览器同服务器在后台隐藏的交换信息,例如,本次输入的用户名密码或其他参数,当下次访问站点时能够使用输入的这些信息。

● “单选按钮组”按钮:用于插入共享同一名称的单选按钮的集合。

● “复选框组”按钮:用于在表单中插入多个复选框。多个复选框共用一个名称,即共用一个 Name 属性值,实现多项选择的功能。使用比“复选框”方便。

● “跳转菜单”按钮:用于在文档中插入一个导航条或者弹出式菜单。跳转菜单可以使用户为链接文档插入一个菜单。

● “字段集”按钮:表单对象逻辑组的容器标签。

● “标签”按钮:用于在表单中插入一个标签,如用于“单选按钮”、“复选框”等。由于不用标签按钮也可以实现相同的功能,所以该按钮不常用。

● “Spry 验证文本域”按钮:该域用于在站点访问者输入文本时显示文本的状态(有效或无效)。例如,可以向访问者键入电子邮件地址的表单中添加验证文本域控件。如果访问者无法在电子邮件地址中键入“@”符号和句点,验证文本域会返回一条消息,声明用户输入的信息无效。

● “Spry 验证文本区域”按钮:Spry 验证文本区域是一个文本区域控件,该区域在用户输入几个文本句子时显示文本的状态(有效或无效)。如果文本区域是必填域,而用户没有输入任何文本,该控件将返回一条消息,声明必须输入值。

● “Spry 验证密码”按钮:Spry 验证密码控件是一个密码文本域,可用于强制执行密码规则(如字符的数目和类型)。该控件根据用户的输入提供警告或错误消息。

● “Spry 验证单选按钮组”按钮:验证单选按钮组控件是一组单选按钮,可支持对所选内容进行验证。该控件可强制从组中选择一个单选按钮。

● “Spry 验证选择”按钮:Spry 验证选择控件是一个下拉菜单,该菜单在用户进行选择时会显示控件的状态(有效或无效)。例如,插入一个包含状态列表的验证选择控件,这些状态按不同的部分组合并用水平线分隔。如果用户意外选择了某条分界线(而不是某个状态),验证选择控件会向用户返回一条消息,声明选择无效。

14.2.1 插入文本域表单对象

文本域是非常重要的表单对象,可以输入相关信息,例如用户名、密码等。在 Dreamweaver CS6 中,文本域可以通过使用“文本域”来创建。文本域包括了“单行”、“多行”和“密码”3 种类型,以适应不同情况下的需要。

1. 插入单行文本域

(1) 步骤 1 将光标定位在表单框线内,选择“插入”→“表单”→“文本域”命令,如图 14-6 所示。

(2) 步骤 2 单击“文本域”图标后,弹出“输入标签辅助功能属性”对话框,如图 14-7 所示。

(3) 步骤 3 在“输入标签辅助功能属性”对话框中,在“ID”文本框中输入:“uname”,在“标签”文本框中输入:“用户名”,如图 14-8 所示。

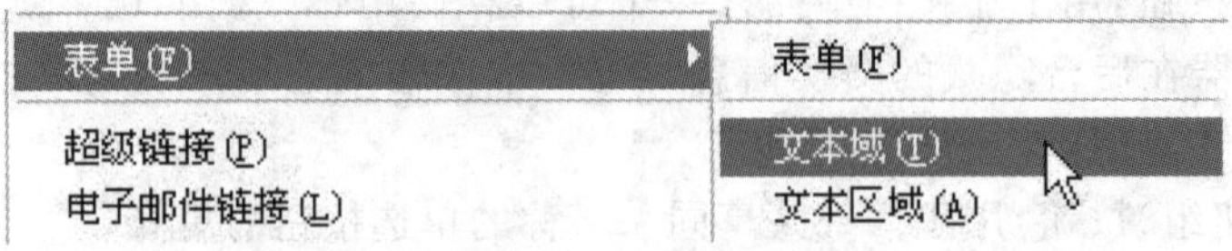

图 14-6　文本域

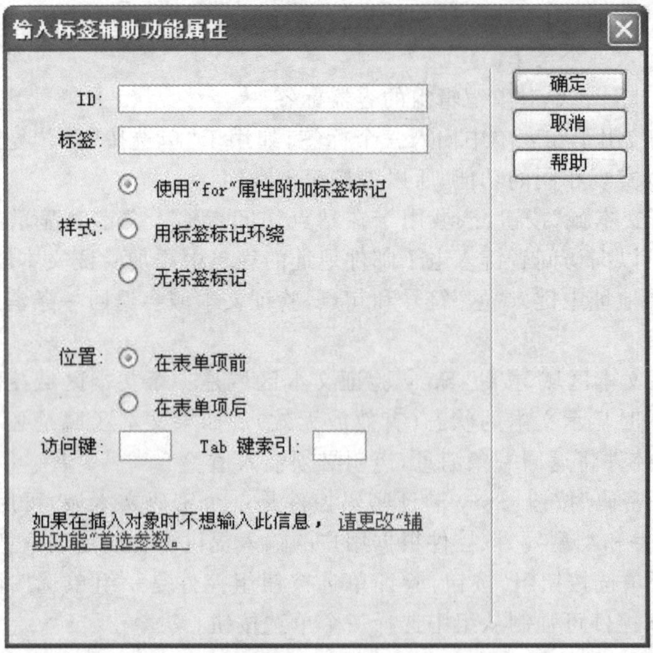

图 14-7　输入标签辅助功能属性

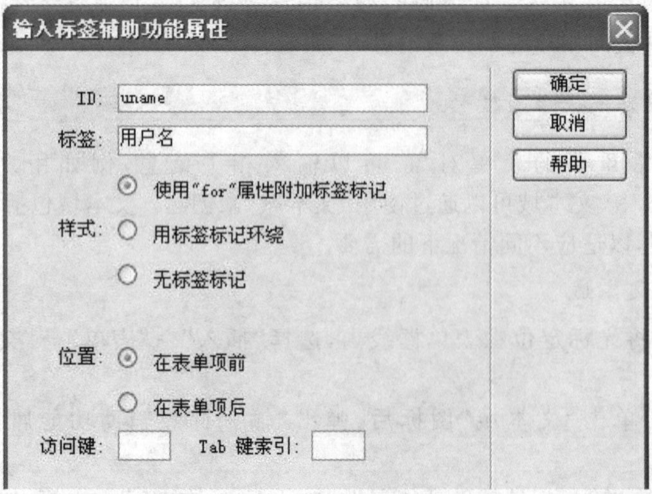

图 14-8　输入标签辅助功能属性

在“输入标签辅助功能属性”对话框中，各选项的功能介绍如下。

● “ID”：指定了〈input〉元素的名称和ID号。名称和ID号是一致的。

● “标签”：表单控件的提示信息。

● “样式”：说明“标签”内容的使用方式，分为以下三种情况。

➤ 使用“for”属性附加标签标记。

➤ 用标签标记环绕。

➤ 无标签标记。

● “位置”：说明“标签”内容所处的位置，分为以下两种情况。

➤ 在表单项前。提示信息都是在表单项前面。

➤ 在表单项后。提示信息都是在表单项后面

● “访问键”：accesskey 属性。

● “Tab 键索引”：tabindex 属性。

（4）步骤4　在“输入标签辅助功能属性”对话框中，单击“确定”按钮，文本域就插入到文档中了，如图14-9所示。

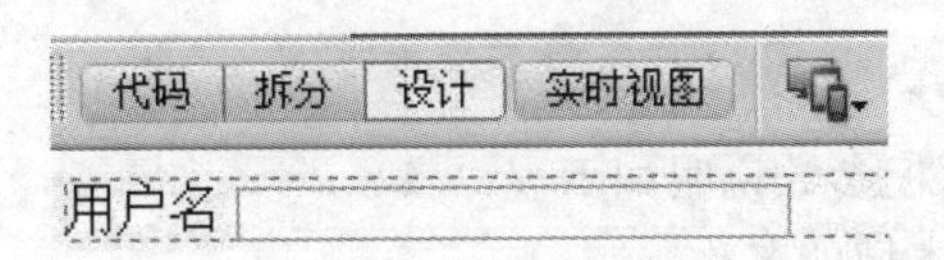

图14-9　文本域

（5）步骤5　切换到“代码”视图，可看到如图14-10所示的代码。

```
<form id="form1" name="form1" method="post" action="">
  <label for="uname">用户名
    <input type="text" name="textfield" id="textfield" />
  </label>
</form>
```

图14-10　“代码”视图中的文本域代码

（6）步骤4　选中插入的单行文本域，打开“属性”面板，如图14-11所示。

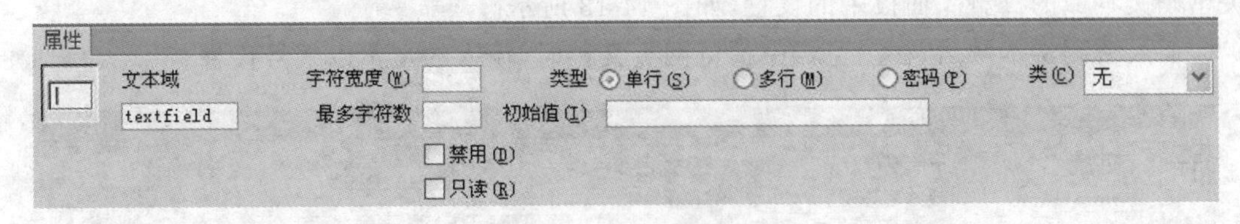

图14-11　属性面板

在文本字段“属性”面板中主要参数选项的具体作用如下。

● “文本域”文本框：可以输入文本域的名称。

● “字符宽度”文本框：可以输入文本域中允许显示的字符数目。

● “最多字符数”文本框：用于输入文本域中允许输入的最大字符数目，这个值将定义文本域的大小限制，并用于验证表单。

●“初始值”文本框:用于输入文本域中默认状态下显示的文本。

●“类”下拉列表框:指定用于该表单的 CSS 样式。

2. 插入多行文本域

(1) 步骤 1　在插入单行文本域后,选中“属性”面板中的“多行”单选按钮,即可插入多行文本域。

插入多行文本域后,可以在“属性”面板的“字符宽度”文本框中输入文本框字符宽度大小数值;在“行数”文本框中可以输入多行文本框行数,在“初始值”文本框中可以输入文本框初始文本内容。

(2) 步骤 2　选中插入的“多行文本域”,打开“多行文本域”属性面板,如图 14-12 所示。

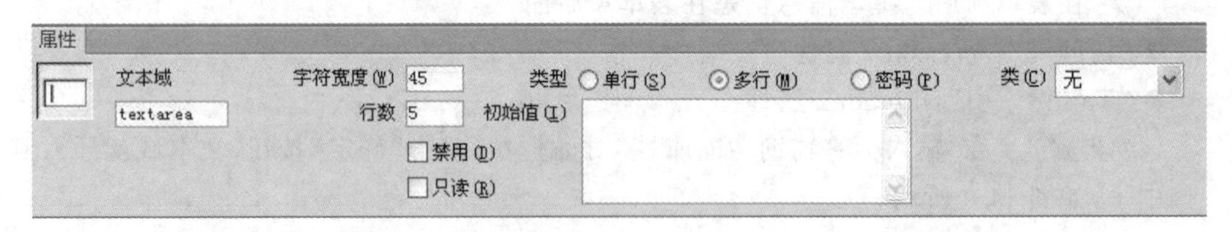

图 14-12　“多行文本域”属性面板

“多行文本域”属性面板参数说明如下。

●“文本域”:输入文本域的名称。

●“字符宽度”:输入一个数值指定文本域长度。

●“行数”:输入一个数值指定文本域的行数。

●“禁用”:文本域不可用,disabled 属性。

●“只读”:文本域中不能输入内容,readonly 属性。

●“类型”选择“多行”:多行文本输入区。

●“初始值”:如果需要显示默认提示文本,可在文本框中输入文本。

3. 插入密码文本域

在插入单行文本域后,选中“属性”面板中的“密码”单选按钮,即可插入密码文本域。有关密码文本域的“属性”面板中的设置,如图 14-13 所示。

插入密码文本域后,在浏览器中预览网页文档时,输入的文本以 * 号代替。

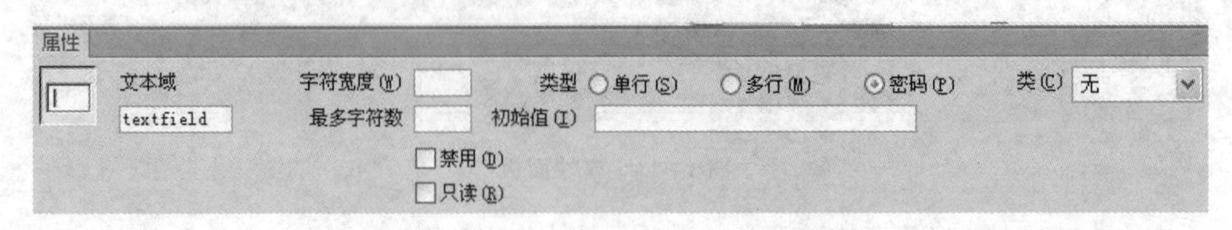

图 14-13　“密码文本域”属性面板

14.2.2　插入隐藏域

(1) 步骤 1　将光标定义在表单框线内,选择“插入”→“表单”→“隐藏域”命令,如图

14-14所示。或者在“插入”面板中选择“表单”项，单击“隐藏域”图标。

（2）步骤 2　单击“隐藏域”图标后，隐藏域标志符号出现在文档的“设计”视图中，如图 14-15 所示。

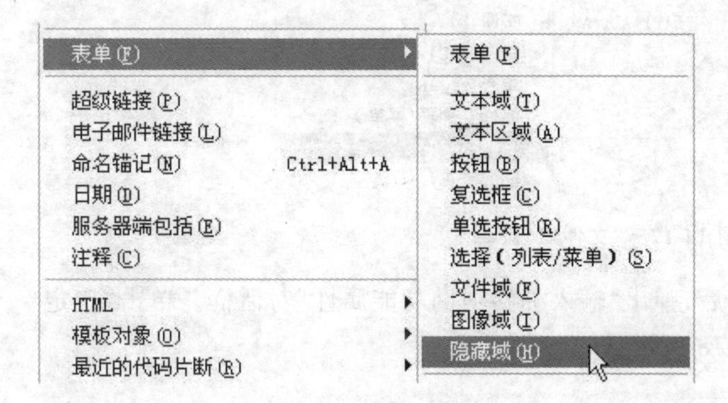

图 14-14　“隐藏域”菜单

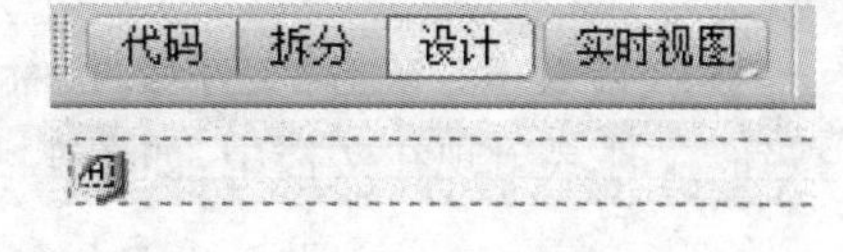

图 14-15　隐藏域

提示

如果已经插入隐藏域却看不见该标记，可选择“查看”→“可视化助理”→“不可见元素”命令。

（3）步骤 3　在“代码”视图中可以查看源代码如下。

```
<input type="hidden" name="hiddenField" id="hiddenField" />
```

（4）步骤 4　单击隐藏域标记符号，出现“隐藏域”属性面板，如图 14-16 所示。

图 14-16　“隐藏域”属性面板

“隐藏域”属性面板相关参数说明如下。

- 隐藏区域：为该隐藏域对象输入一个唯一名称。
- 值：输入为该域所指定的值。

14.2.3　插入文件域

文件域可在文档中创建一个文件上传域。

（1）步骤 1　在文档中插入表单。

（2）步骤 2　在“属性”面板中将“方法”项选择为 POST。

（3）步骤 3　在“编码类型”下拉列表中选择“multipart/form-data”。

（4）步骤 4　将光标定位在表单框线内，选择“插入”→“表单”→“文件域”命令，如图 14-17 所示。或者在“插入”面板中选择“表单”项，单击“文件域”图标。

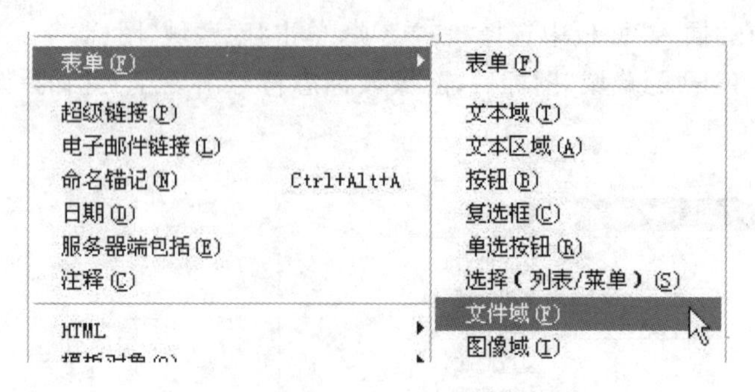

图 14-17 “文件域”菜单

(5) 步骤 5　单击“文件域”图标后,弹出“输入标签辅助功能属性”对话框。单击“确定”按钮,文件域出现在文档中,如图 14-18 所示。

图 14-18 文件域

(6) 步骤 6　单击“文件域”,打开“文件域”属性面板。如图 14-19 所示。

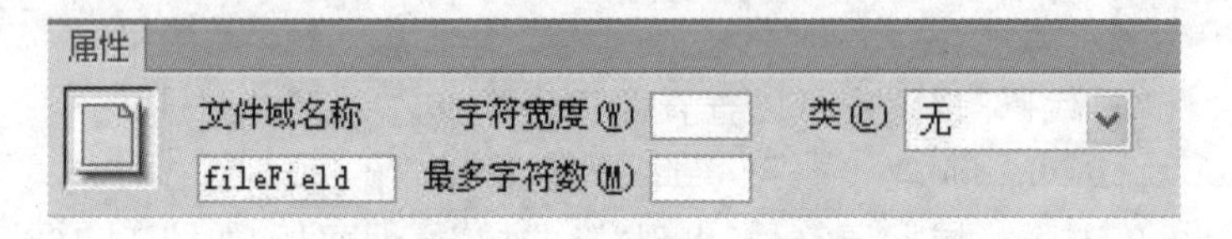

图 14-19 “文件域”属性面板

“文件域”属性面板主要参数选项的具体作用如下。

● “文件域名称”文本框:用于输入文件域的名称。

● 字符宽度:输入一个数值。在页面上显示字符的宽度,size 属性。

● “最多字符数”文本框:用于输入文件域的文本框中允许输入的最大字符数,一般比字符宽度大。maxlength 属性。

● “类”下拉列表框:用于指定用于该表单的 CSS 样式。

(7) 步骤 7　保存文件,在浏览器中预览网页。单击“浏览”按钮,打开“选择要加载文件”对话框,选择要上传的文件,单击“打开”按钮,选择的文件和路径就加载到文件域中。

14.2.4　插入按钮

按钮表单对象主要用于控制对表单的操作。按钮表单对象包括按钮、单选按钮、单选按钮组、复选框和复选框组。在预览网页文档时,当输入完表单数据后,可以单击表单按钮,提交给服务器处理;如果对输入的数据不满意,需要重新设置时,可以单击表单“重置”按钮,重新输入;还可以通过表单按钮来完成其他任务。复选框和单选按钮是预定义选择对象的表单对象。可以在一组复选框中选择多个选项;单选按钮也可以组成一个组使用,提供互相排斥的选项值，在单选按钮组内只能选择一个选项。

1. 表单按钮

表单按钮是标准的浏览器默认的按钮样式，它包含需要显示的文本，它包括“提交”和“重置”按钮。

选择“插入”→“表单”→“按钮”命令，打开“输入标签辅助功能属性”对话框，单击“确定”按钮，即可在文档中创建一个表单按钮。

插入的按钮表单对象，默认的是“提交”按钮，可以在“属性”面板中修改。

2. 插入按钮

(1) 步骤 1 将光标定位在表单框线内，选择“插入”→“表单”→“按钮”命令，如图 14-20 所示。或者在“插入”面板中选择“表单”项，单击“按钮”图标。

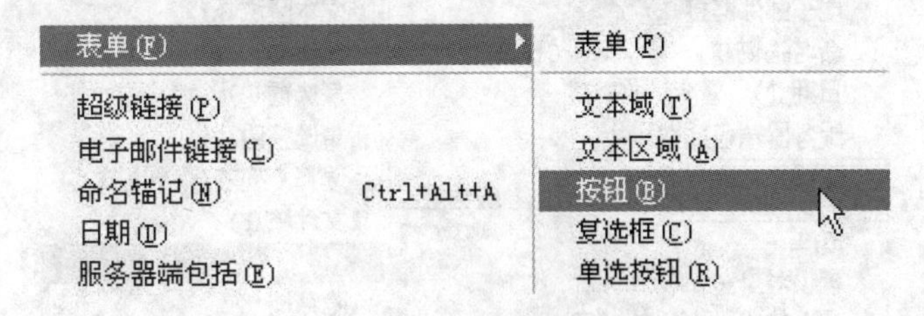

图 14-20 “按钮”菜单

(2) 步骤 2 单击“按钮”图标后，弹出“输入标签辅助功能属性”对话框。

(3) 步骤 3 单击“确定”按钮，表单按钮出现在文档中，如图 14-21 所示。

图 14-21 “按钮”表单控件

(4) 步骤 4 在文档中单击“按钮”表单控件，打开“按钮”属性面板，如图 14-22 所示。

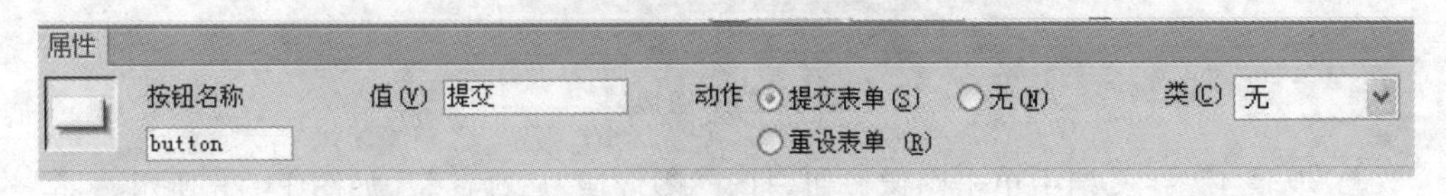

图 14-22 “按钮”属性面板

在表单按钮“属性”面板中，主要参数选项具体作用如下。

● “按钮名称”文本框：用于输入按钮的名称。

● “值”文本框：用于输入需要显示在按钮上的文本。

● “动作”选项区域：用于选择按钮的行为，即按钮的类型，包含 3 个选项。其中，“提交表单”单选按钮用于将当前按钮设置为一个提交类型的按钮，单击该按钮，可以将表单内容提交给服务器进行处理；“重设表单”单选按钮用于将当前按钮设置为一个复位类型的按钮，单击该按钮,可以将表单中的所有内容都恢复为默认的初始值;"无"单选按钮用于不对当前按钮设置行为,可以将按钮同一个脚本或应用程序相关联,单击按钮时,自动执行相应的脚本或程序。

● "类"下拉列表框:用于指定该按钮的CSS样式。

14.2.5 插入图像域

(1) 步骤1 单击鼠标,将光标定位在表单框线内,选择"插入"→"表单"→"图像域"命令,如图14-23所示。或者在"插入"面板中选择"表单"项,单击"图像域"图标。

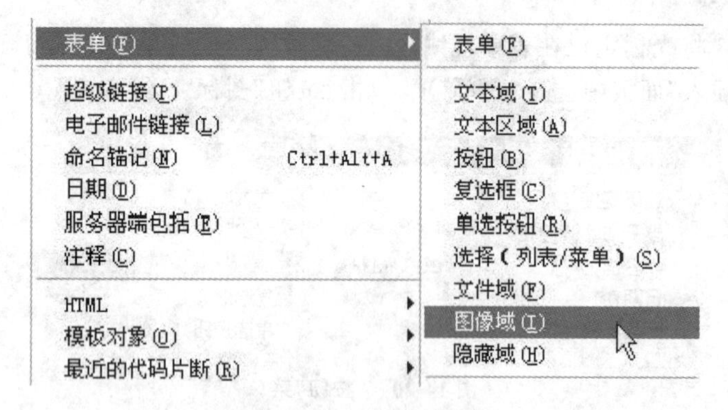

图14-23 "图像域"菜单

(2) 步骤2 单击"图像域"图标后,弹出"选择图像源文件"对话框,选择一个图像文件,单击"确定"按钮。

(3) 步骤3 弹出"输入标签辅助功能属性"对话框,在对话框中设置完成后,单击"确定"按钮,图像出现在文档中,如图14-24所示。

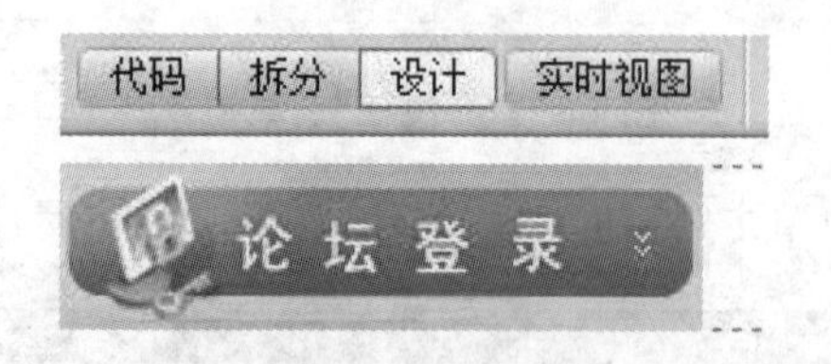

图14-24 图像域

(4) 步骤4 在文档中单击图像按钮,打开"图像域"属性面板,如图14-25所示。

图14-25 "图像按钮"属性面板

"图像按钮"属性面板相关参数说明如下。

● "图像区域":输入图像域的名称。name属性。

● “源文件”：在文本框中输入图像文件的地址，或者单击“文件夹”图标选择图像文件。src 属性。

● “替换”：设置图像的说明文字，当鼠标放在图像上时显示这些文字。alt 属性。

● “对齐”：选择图像在文档中的对齐方式。align 属性。

● “编辑图像”：启动外部编辑器编辑图像。

提示

当用户在浏览器中单击图像域时，就会提交表单。

14.2.6 插入单选按钮

单选按钮提供相互排斥的选项值，在单选按钮组内只能选择一个选项。

选择“插入”→“表单”→“单选按钮”命令，即可在文档中创建一个单选按钮。

(1) 步骤1　单击鼠标，将光标定位在表单框线内，选择“插入”→“表单”→“单选按钮”命令，如图 14-26 所示。或者在“插入”面板中选择“表单”项，单击“单选按钮”图标。

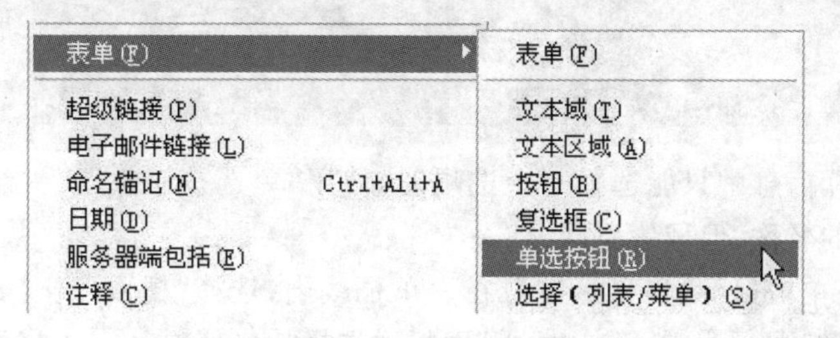

图 14-26　“单选按钮”菜单

(2) 步骤2　单击“单选按钮”图标后，弹出“输入标签辅助功能属性”对话框，在对话框中设置完成后，单击“确定”按钮，单选按钮出现在文档中，如图 14-27 所示。

图 14-27　单选按钮

(3) 步骤3　在文档中单击“单选按钮”表单控件，打开“单选按钮”属性面板，如图 14-28 所示。

图 14-28　“单选按钮”属性面板

在单选按钮的“属性”面板中主要参数选项的具体作用如下。

●“单选按钮”文本框:用于输入单选按钮的名称。系统会自动将同一个段落或同一个表格中的所有名称相同的按钮定义为一个组,在这个组中访问者只能选中其中的一个。

●“选定值”文本框:用于输入单选按钮选中后控件的值,该值可以被提交到服务器上,以便应用程序处理。

●“初始状态”选项区域:用于设置单选按钮在文档中的初始选中状态,包括“已勾选”和“未选中”两项。

●“类”下拉列表框:用于指定该单选按钮的CSS样式。

单个单选按钮是没有任何意义的,前面提到单选按钮提供的是相互排斥的选项值,这个功能是通过按钮的名称来实现的。在同一个段落或同一个表格中的单选按钮,网页会将名称相同的按钮定义为一个组,在这一个组中,访问者只能选中其中的一个。

提示

如果需要添加其他的单选按钮到组中,可以单击原来的单选按钮,然后在按Ctrl键的同时拖曳到新位置,松开鼠标后,即可添加一个新的单选按钮,最后为新的单选按钮修改“选定值”文本框中的值。

14.2.7 插入单选按钮组

当在一组选择信息中只能选择一个选项时,使用“单选按钮组”。一组中的所有单选按钮都必须有同样的名称,但域值不同。

(1) 步骤1 单击鼠标,将光标定位在表单框线内,选择“插入”→“表单”→“单选按钮组”命令,如图14-29所示。或者在“插入”面板中选择“表单”项,单击“单选按钮组”图标。

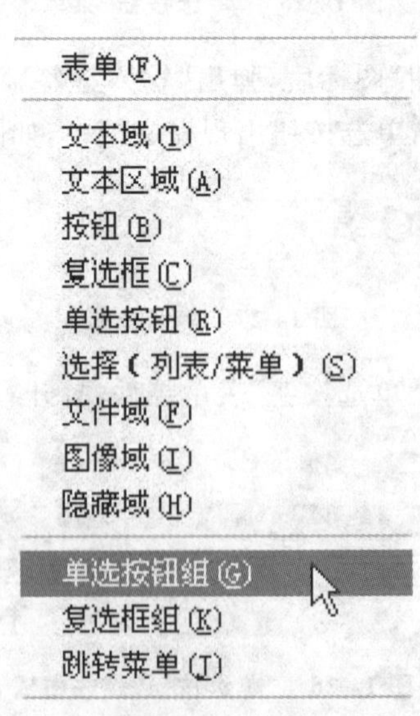

图14-29 “单选按钮组”菜单

(2) 步骤 2　出现“单选按钮组”对话框，如图 14-30 所示。

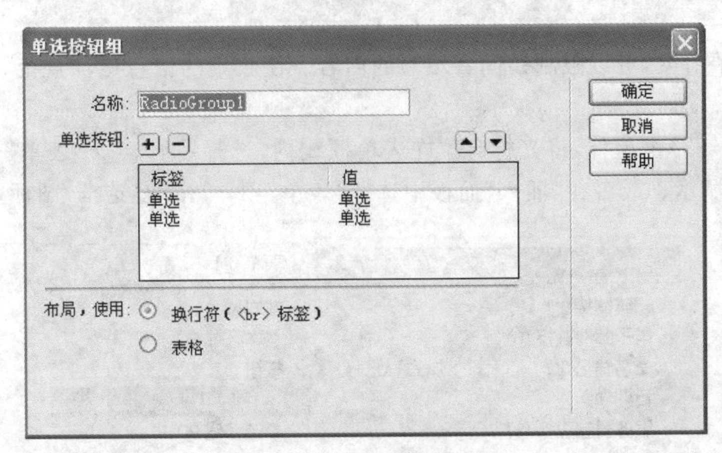

图 14-30　“单选按钮组”对话框

“单选按钮组”对话框相关参数说明如下。

● “名称”：输入一个名称。name 属性。

● “单选按钮”：“＋”表示增加一个单选按钮，“－”表示删除一个单选按钮。单击向上、向下按钮对单选按钮排序。

● “标签”：单击标签下面的“单选”，可以输入一个新名称。例如，输入“Form Control Label”，表示表单控件标签。

● “值”：单击值下面的“单选”，可以输入一个新值。value 属性。

● “布局，使用”：选择以哪一种方式对单选按钮布局。

(3) 步骤 3　设置完成后，单击“确定”按钮，退出“单选按钮组”对话框，在文档中就会插入一组单选按钮，如图 14-31 所示。

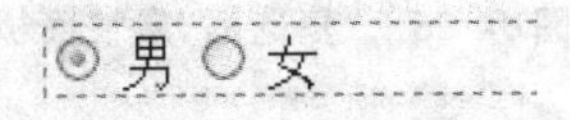

图 14-31　单选按钮组

(4) 步骤 4　单击“单选按钮组”中的任一个单选按钮，出现属性面板，如图 14-32 所示。

图 14-32

“单选按钮”是以组的方式工作的，并且提供的是互相排斥的选择，所以一组单选按钮中只能选取一个选项。

14.2.8 插入复选框

复选框表单对象，可以限制访问者填写的内容。使收集的信息更加规范，更有利于信息的统计。

（1）步骤1　单击鼠标，将光标定位在表单框线内，选择“插入”→“表单”→“复选框”命令，如图14-33所示。或者在“插入”面板中选择“表单”项，单击“复选框”图标。

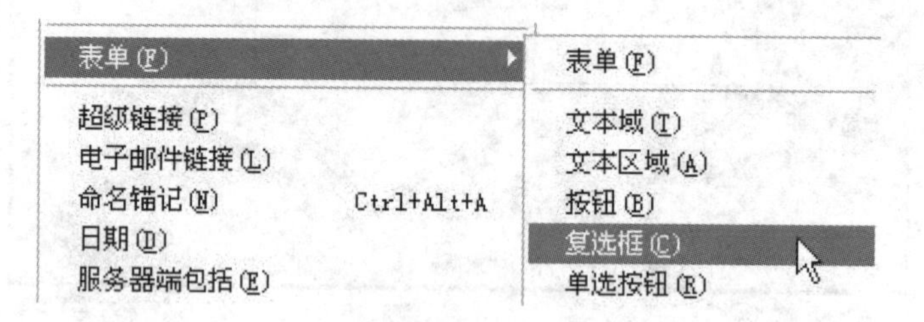

图14-33“复选框”菜单

（2）步骤2　单击“复选框”图标后，弹出“输入标签辅助功能属性”对话框，在对话框中设置后，单击“确定”按钮，“复选框”出现在文档中，如图14-34所示。

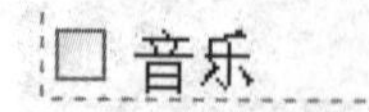

图14-34　复选框

（3）步骤3　在文档中单击“复选框”表单控件，打开“复选框”属性面板，如图14-35所示。

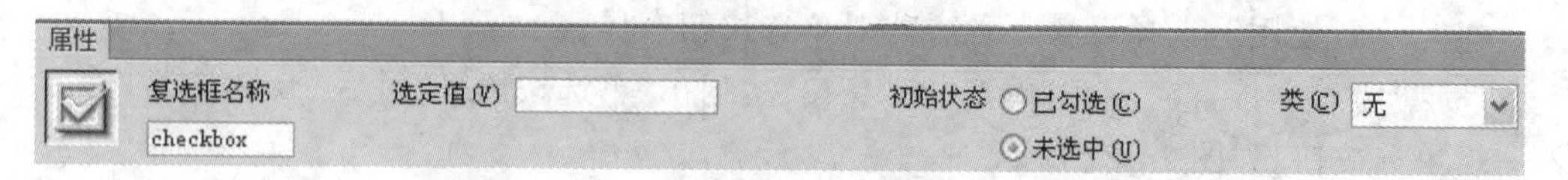

图14-35　“复选框”属性面板

在复选框“属性”面板中主要参数选项的具体作用如下。

- “复选框名称”文本框：用于输入复选框的名称。
- “选定值”文本框：用于输入复选框选中后控件的值，该值可以被提交到服务器上，以便应用程序处理。
- “初始状态”选项区域：用于设置复选框在文档中的初始选中状态，包括“已勾选”（checked属性）和“未选中”两个选项。
- “类”下拉列表框：用于指定该复选框的CSS样式。

提示

使用“复选框”可以对单个选项在“打开”和“关闭”之间切换，每个复选框选项都是独立操作的。

14.2.9 插入复选框组

(1) 步骤 1 将光标定位在表单框线内，选择“插入”→“表单”→“复选框组”命令，如图 14-36 所示。或者在“插入”面板中选择“表单”项，单击“复选框组”图标。

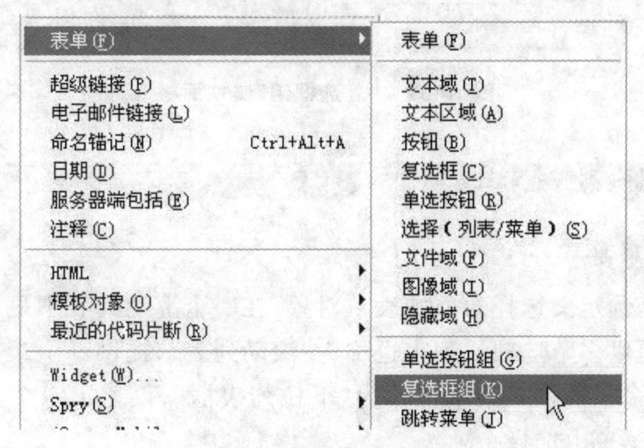

图 14-36 “复选框组”菜单

(2) 步骤 2 出现“复选框组”对话框，如图 14-37 所示。

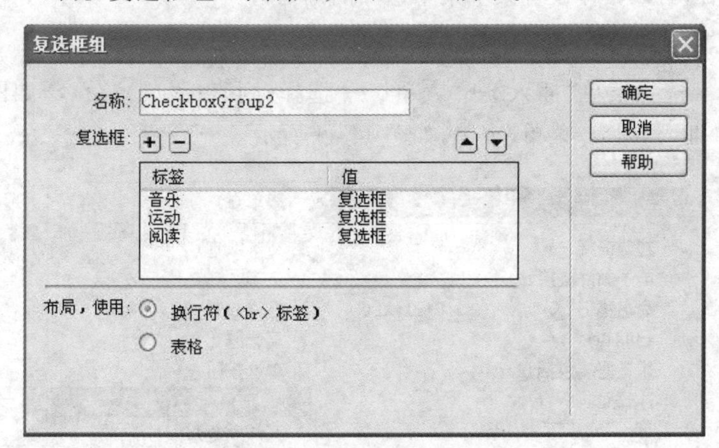

图 14-37 “复选框组”对话框

在“复选框组”对话框中主要参数选项的具体作用如下。

- “名称”文本框：输入指定复选框组的名称。
- “复选框”列表框：显示的是该复选框组中所有的按钮，左边列为按钮的“标签”，右边是按钮的“值”，相当于复选框“属性”面板中的“选定值”。“+”表示增加一个复选框，“－”表示删除一个复选框。单击向上、向下按钮可对复选框进行排序。
- “布局，使用”选项区域用于指定复选框间的组织方式，有“换行符”和“表格”两种选择。

(3) 步骤 3 在对话框中设置后，单击“确定”按钮，“复选框”出现在文档中，如图 14-38 所示。

个人爱好：
□ 音乐
□ 运动
□ 阅读

图 14-38 复选框

(4) 步骤 4　在文档中单击“复选框组”表单控件，打开“复选框组”属性面板，如图 14-39 所示。

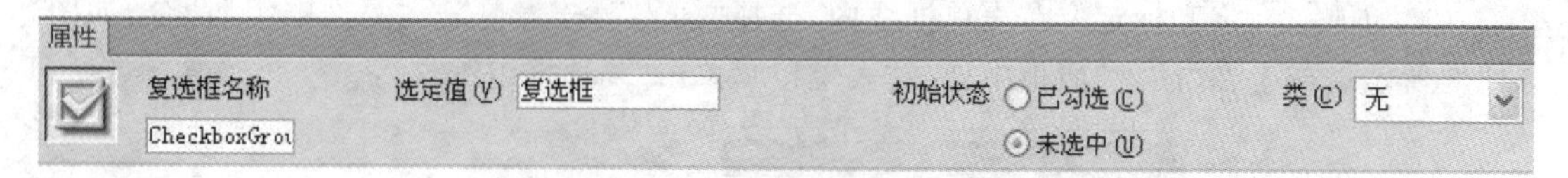

图 14-39　“复选框组”属性面板

14.2.10　插入选择(列表/菜单)

1. 选择(列表/菜单)

列表和菜单也是预定义选择对象的表单对象，在一个滚动列表中显示选项值，使用它可以在有限的空间内提供多个选项。列表也称为“滚动列表”，提供一个滚动条，允许访问者浏览多个选项，并进行多重选择。菜单也称为“下拉列表框”，仅显示一个选项，该项也是活动选项，访问者只能从菜单中选择一项。

菜单与文本域不同，在文本域中用户可以随心所欲地键入任何信息，甚至包括无效的数据，对于菜单而言，可以具体设置某个菜单返回的确切值。

2. 插入列表

(1) 步骤 1　选择菜单“插入”→“表单”→“选择(列表/菜单)”命令，如图 14-40 所示。可在网页文档中插入“列表/菜单”表单，如图 14-41 所示。

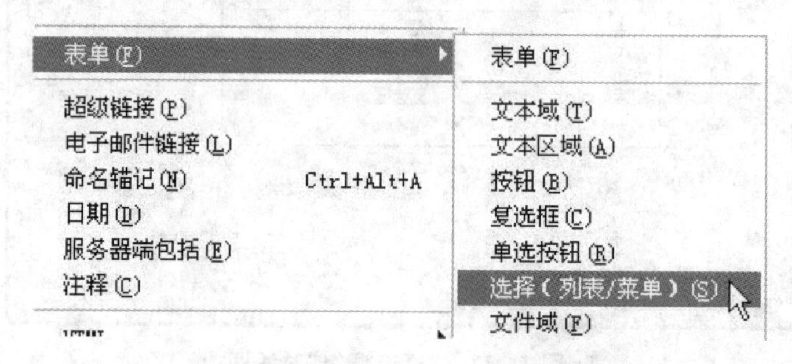

图 14-40　“选择(列表/菜单)”菜单

图 14-41　选择(列表/菜单)

插入“选择(列表/菜单)”后，在默认情况下是没有菜单项或列表项的，此时可以在“属性”面板中添加列表/菜单项。

(2) 步骤 2　选中一个“选择(列表/菜单)”，打开“选择”的属性面板，如图 14-42 所示。

在“选择”属性面板中主要参数选项的具体作用如下。

● “列表/菜单”文本框：输入“列表/菜单”的名称。

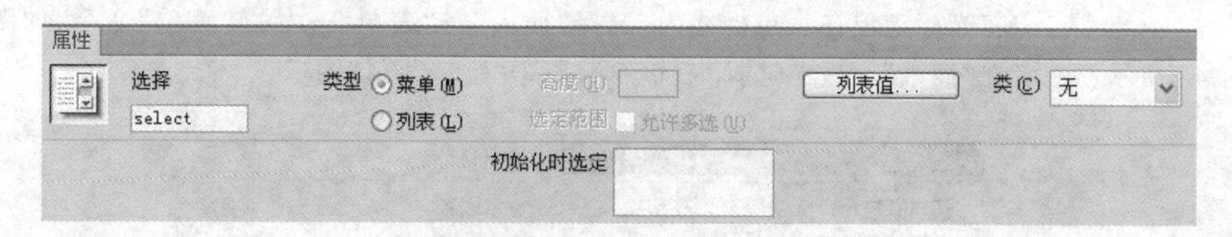

图 14-42 “选择”的属性面板

● “类型”选项区域：选择“列表/菜单”的显示方式，包括“菜单”和“列表”两项。

● “高度”文本框：输入列表框的高度，单位为字符。该项只有当选中了“列表”单选按钮后才可用。

● “选定范围”复选框：设置列表中是否允许一次选中多个选项。该项只有当选中了“列表”单选按钮后才可用。

● “初始化时选定”列表框：设置列表或菜单初始值。

● “列表值”按钮：单击后打开“列表值”对话框。

● “类”下拉列表框：指定该列表和菜单的 CSS 样式。

(3) 步骤 3　在图 14-42 中单击“列表值”，弹出“列表值”对话框，如图 14-43 所示。

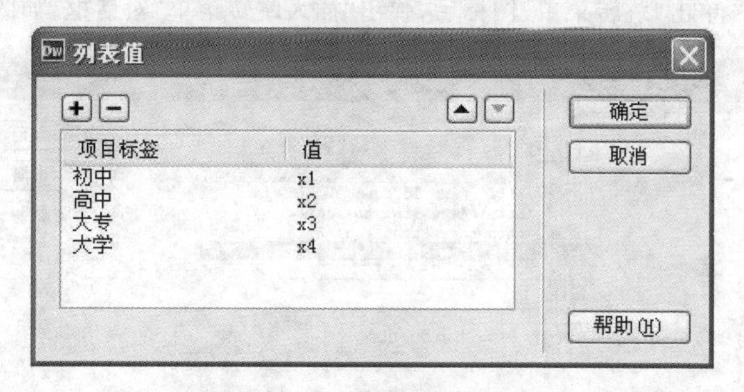

图 14-43 “列表值”对话框

“列表值”对话框中，左边列为列表和菜单的项目标签，也就是显示在列表中的名称；右边是该项的值，也就是该项要传送到服务器的值。在“值”列表中输入选取该项目时要发送给服务器的文本或数据。如果还要添加其他项目，单击“+”按钮，如果选择某一项，单击“－”按钮，即可删除那一项。单击向上、向下按钮对项目进行排序。

列表的效果图，如图 14-44 所示。

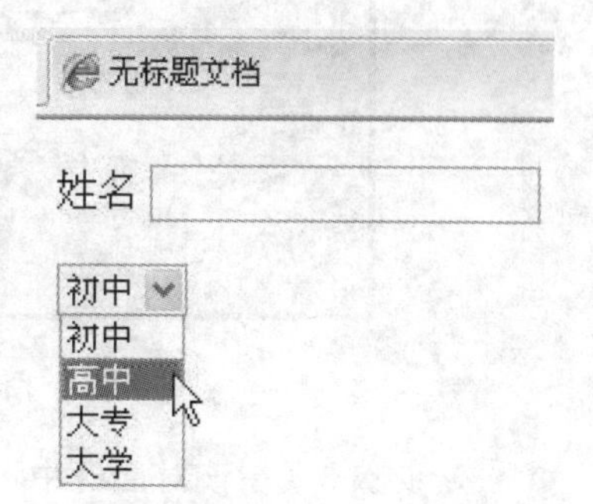

图 14-44 列表

12.2.11 插入跳转菜单

跳转菜单，可导航的列表或弹出菜单，使用它可以插入一个菜单，其中的每个选项都链接到某个文档或文件。

(1) 步骤 1　将光标定位在表单框线内,选择"插入"→"表单"→"跳转菜单"命令,如图 14-45 所示。或者在"插入"面板中选择"表单"项,单击"跳转菜单"图标。

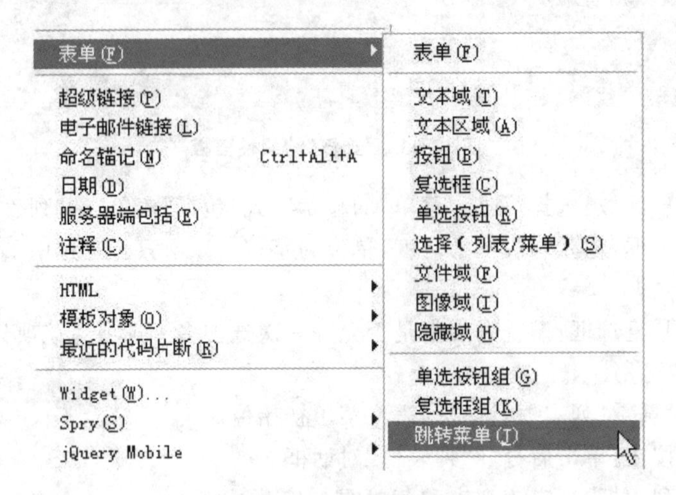

图 14-45　"跳转菜单"菜单

(2) 步骤 2　单击"跳转菜单"图标后,弹出"插入跳转菜单"对话框,如图 14-46 所示。

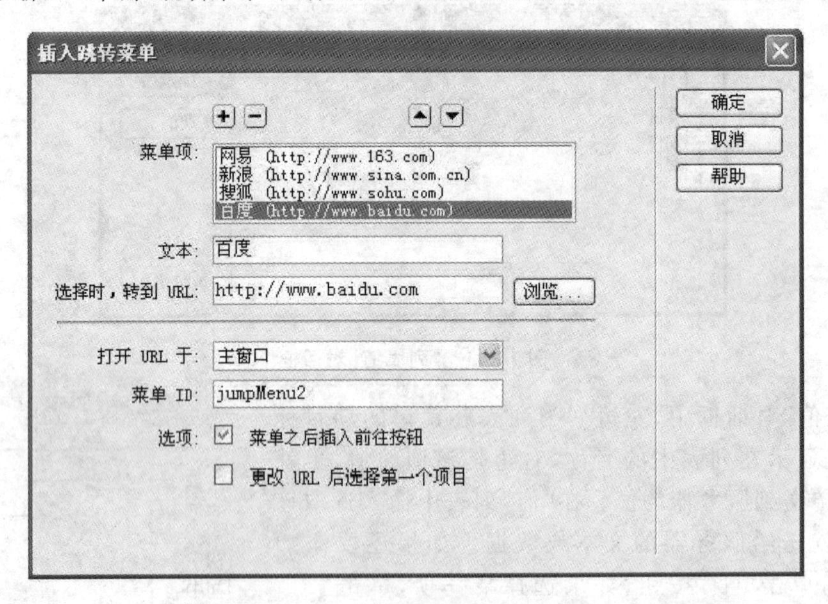

图 14-46　"插入跳转菜单"对话框

(3) 步骤 3　在该对话框中可以进行下列操作。

- 单击"+"按钮,增加菜单项。
- 单击"-"按钮,删除菜单项。
- 单击向上、向下按钮,改变菜单项在列表中的位置。
- "文本":在该文本框中可修改菜单项的名称。
- "选择时,转到 URL":输入该菜单项要跳转到的 URL 地址,或者单击"浏览"按钮,从磁盘上选择要链接的网页或对象。

●“打开 URL 于”:用于选择目标文档要打开的位置。如果是框架页面,则会出现框架窗口。

●“菜单 ID”:输入菜单项的 ID 名称,用于程序代码中。

●“选项:菜单之后插入前往按钮”:选择此项,在菜单后面插入“前往”按钮。在浏览器中单击该按钮,可以跳转到相应的页面。

●“更改 URL 后选择第一个项目”:选择此项,当跳转到指定的 URL 以后,仍然默认选择第一项。

(4) 步骤 4　设置完成后,单击“确定”按钮退出“插入跳转菜单”对话框,在表单中插入了跳转菜单,如图 14-47 所示。

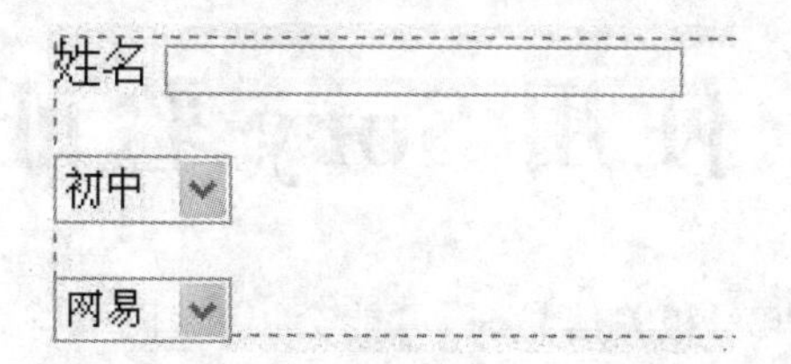

图 14-47　“跳转菜单”表单控件(带“前往”按钮)

(5) 步骤 5　在文档中单击“跳转菜单”表单控件,打开“跳转菜单”属性面板,如图 14-48 所示。

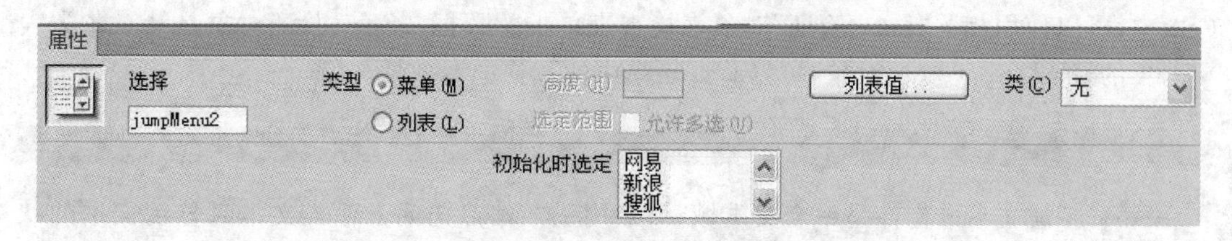

图 14-48　“跳转菜单”属性面板

可以看到该面板实际上就是“选择”属性面板,通过设置“选择”属性面板的方法即可编辑该跳转菜单。

(6) 步骤 6　打开“按钮”属性面板,如图 14-49 所示。

图 14-49　“按钮”属性面板

在按钮“属性”面板上,可以设置按钮的各种属性。

(7) 步骤 7　在浏览器中单击“跳转菜单”(带“前往”按钮)里的选项,再单击“前往”按钮,可以跳转到相应的页面。

如果在图 14-46 所示的“插入跳转菜单”对话框中不勾选“选项之菜单之后插入前往按

钮”,则生成的跳转菜单如图 14-50 所示。不带“前往”按钮跳转菜单,通过选择菜单里的选项可直接跳转相应的链接。

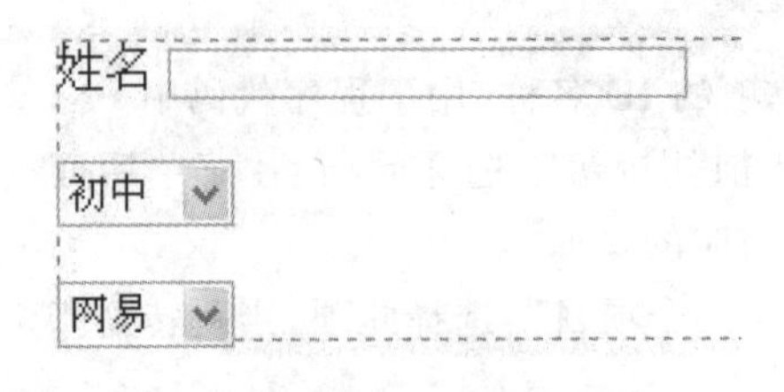

图 14-50 跳转菜单(不带“前往”按钮)

14.3 使用 Spry 验证表单对象

在包含表单的页面中填写相关信息时,可能会出错,而不符合数据格式的要求,如填写邮箱时,而数据不符合邮箱格式,当用户把这种数据提交到服务器时,服务器要数据格式进行检测,当不符合要求的,服务器会反馈给用户出错的信息。表单验证,就是提交数据到服务器之前,对数据进行验证,是否符合要求规则。

以前主要通过编程人员编写脚本代码来对数据在客户端进行验证,而在 Dreamweaver CS6 中,可以使用相关“Spry 验证”对象来检查表单中的数据。Spry 验证对象是针对各类表单对象的,插入 Spry 验证对象,可以验证表单中的数据的有效性。

14.3.1 Spry 验证文本域

Spry 验证文本域构件是一个文本域,该域用于在站点访问者输入文本时显示文本的状态(有效或无效)。例如,可以向访问者键入电子邮件地址的表单中添加验证文本域构件。如果访问者无法在电子邮件地址中键入正确的邮箱格式,验证文本域构件会返回一条消息,声明用户输入的信息无效。

验证文本域控件,具有许多状态(如有效、无效和必需值等)。可以根据所需的验证结果,使用属性检查器来修改这些状态的属性。验证文本域控件可以在不同的时间点进行验证,例如当访问者在控件外部单击时、键入内容时或尝试提交表单时。

1. Spry 验证文本域

(1) 步骤 1 将光标定位在表单框线内,选择“插入”→“表单”→“Spry 验证文本域”命令,弹出“输入标签辅助功能属性”对话框,如图 14-51 所示。

(2) 步骤 2 在“输入标签辅助功能属性”对话框中,设置 ID 为“txt1”,设置标签为“用户名”,单击“确定”按钮,即可添加 Spry 验证文本域,如图 14-52 所示。

(3) 步骤 3 选中插入的 Spry 验证文本域,打开“Spry 验证文本域”属性面板,如图 14-53 所示。

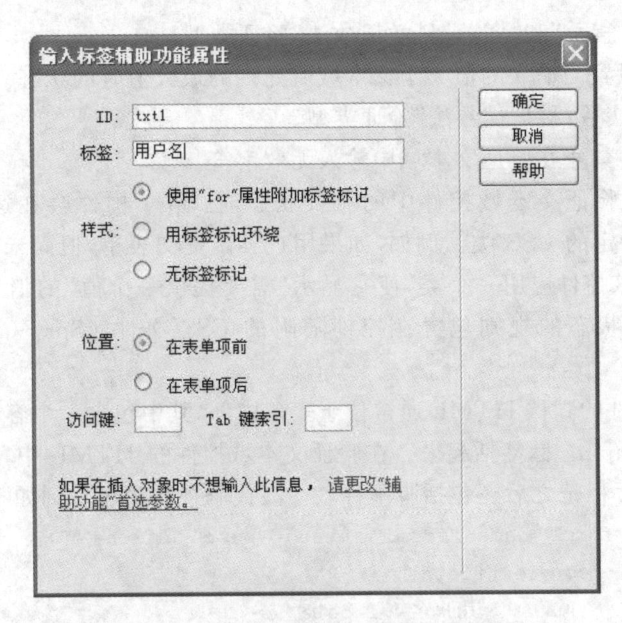

图 14-51 输入标签辅助功能属性

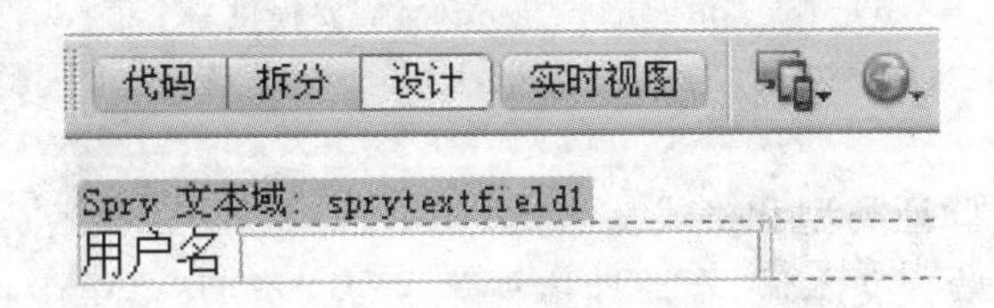

图 14-52 Spry 验证文本域

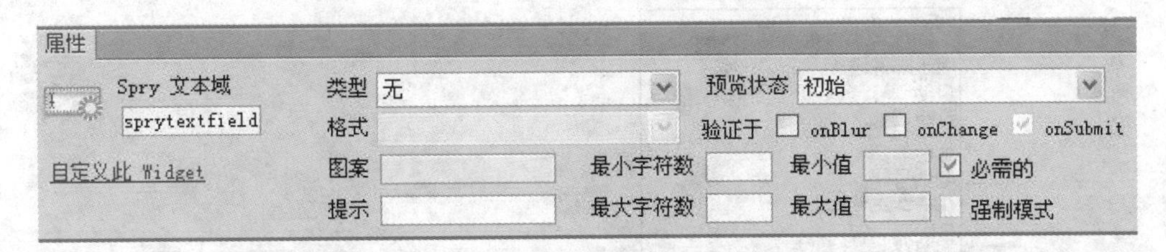

图 14-53 “Spry 验证文本域”属性面板

“Spry 验证文本域”属性面板中主要参数选项的具体作用如下。

- “Spry 文本域”：可以在文本框中输入验证文本域名称。
- “类型”：可以在下拉列表中选择该文本域的验证类型。
- “预览状态”：可以在下拉列表中选择预览状态。
- “验证于”：可以选中相应的复选框，设置验证发生的事件。
- “最小字符数”：可以在文本框中输入该文本域所输入最少字符数数值。
- “最大字符数”：可以在文本框中输入该文本域所输入最多字符数数值。
- “最小值”：设置当输入的字符数多于文本域所允许的最大字符数时的状态。仅适用于“整数”、“时间”、“货币”和“实数/科学记数法”验证类型。

● “最大值”：设置当输入的值大于文本域所允许的最大值时的状态。仅适用于“整数”、“时间”、“货币”和“实数/科学记数法”验证类型。

● “强制模式”：禁止在验证文本域中输入无效字符。

每当用户进入验证文本域控件中的一种状态时，Spry 构件会在运行时向该控件的 HTML 容器应用特定的 CSS 类。例如，如果用户尝试提交表单，但尚未在必填文本域中输入文本，Spry 会向该控件应用一个类，使它显示“需要提供一个值”的消息。用来控制错误消息的样式和显示状态的规则包含在控件随附的 CSS 文件（SpryValidationTextField.css）中。

验证文本域控件的默认 HTML 通常位于表单内部，其中包含一个容器〈span〉标签，该标签将文本域的〈input〉标签括起来。在验证文本域控件的 HTML 中，在文档头和验证文本域控件的 HTML 标记之后还包括脚本标签。在代码视图中可看到如下代码。

```
<form id="form1" name="form1" method="post" action= "">
  <span id="sprytextfield1">
  <label for="txt1"> 用户名</label>
  <input type="text" name="txt1" id="txt1" />
  <span class="textfieldRequiredMsg"> 需要提供一个值。</span>
<span class="textfieldInvalidFormatMsg"> 格式无效。</span> </span>
</form>
```

（4）步骤 4　指定验证类型和格式。

选中插入的 Spry 验证文本域，在属性检查器中，从“类型”菜单中选择一个验证类型，如图 14-54 所示。

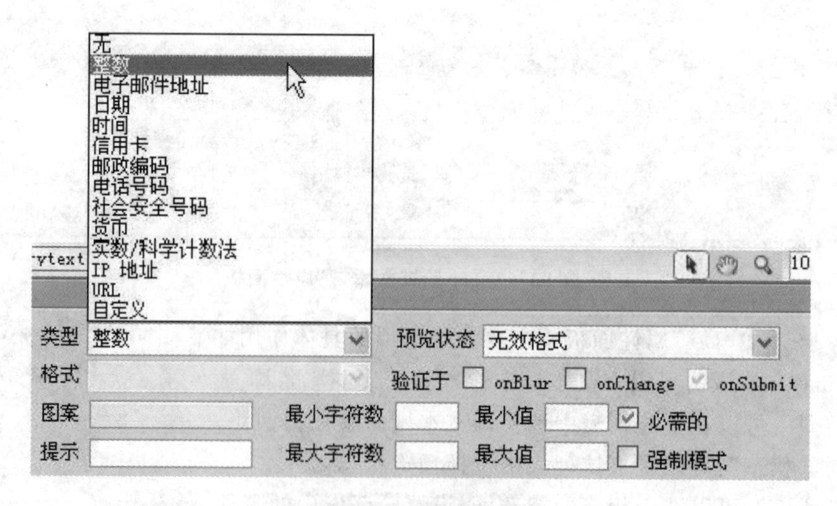

图 14-54　类型列表

大多数验证类型都会使文本域要求采用标准格式。例如，如果向文本域应用整数验证类型，那么，除非用户在该文本域中输入数字，否则，该文本域控件将无法通过验证。

表 14-1 显示可通过属性检查器使用的验证类型和格式。

表 14-1 验证类型和格式

验证类型	格　式
无	无需特殊格式
整数	文本域仅接受数字
电子邮件地址	文本域接受包含@和句点(.)的电子邮件地址，而且@和句点的前面和后面都必须至少有一个字母
日期	格式可变，可以从属性检查器的“格式”弹出菜单中进行选择
时间	格式可变，可以从属性检查器的“格式”弹出菜单中进行选择(“tt”表示 am/pm 格式，“t”表示 a/p 格式)
信用卡	格式可变，可以从属性检查器的“格式”弹出菜单中进行选择。可以选取接受所有信用卡，或者指定某种特殊类型的信用卡(MasterCard、Visa，等)。文本域不接受包含空格的信用卡号，例如，4321 3456 4567 4567
邮政编码	格式可变，可以从属性检查器的“格式”弹出菜单中进行选择
电话号码	文本域接受美国和加拿大格式(即(000) 000－0000)或自定义格式的电话号码。如果选择自定义格式，请在“模式”文本框中输入格式，例如，000.00(00)
社会安全号码	文本域接受 000－00－0000 格式的社会安全号码。如果要使用其他格式，请选择“自定义”作为验证类型，然后指定模式。模式验证机制只接受 ASCII 字符
货币	文本域接受 1,000;000.00 或 1.000.000;00 格式的货币
实数/科学记数法	验证各种数字：数字(如 1)、浮点值(如 12.123)、以科学计数法表示的浮点值(如 1.212e＋12、1.221e－12，其中 e 用作 10 的幂)
IP 地址	格式可变，可以从属性检查器的“格式”弹出菜单中进行选择
URL	文本域接受 http://xxx.xxx.xxx 或 ftp://xxx.xxx.xxx 格式的 URL
自定义	可用于指定自定义验证类型和格式。在属性检查器中输入格式模式(并根据需要输入提示)。模式验证机制只接受 ASCII 字符

(5) 步骤 5　指定验证发生的时间。可以设置验证发生的时间，包括站点访问者在控件外部单击时、键入内容时或尝试提交表单时。

在“文档”窗口中选择一个验证文本域控件。

在属性检查器中，选择用来指示希望验证何时发生的选项。可以选择所有选项，也可以仅选择“提交”。

- “模糊”：当用户在文本域的外部单击时验证，即验证文本域失去焦点。
- “更改”：当用户更改文本域中的文本时验证。
- “提交”：在用户尝试提交表单时进行验证。提交选项是默认选中的，无法取消选择。

(6) 步骤 6　指定最小字符数和最大字符数。

在属性检查器中的"最小字符数"或"最大字符数"框中输入一个数字。例如,如果在"最小字符数"框中输入 3,那么,只有当用户输入三个或更多个字符时,该控件才通过验证。

(7) 步骤 7　指定最小值和最大值。

在属性检查器中的"最小值"或"最大值"框中输入一个数字。例如,如果在"最小值"框中输入 3,那么,只有当用户在文本域中输入 3 或者更大的值(4、5、6 等)时,该控件才会通过验证。

(8) 步骤 8　在"设计"视图中显示控件状态。在"文档"窗口中选择一个验证文本域控件。在属性检查器中,从"预览状态"弹出菜单中选择要查看的状态,如图 14-55 所示,相关参数如表 14-2 所示。

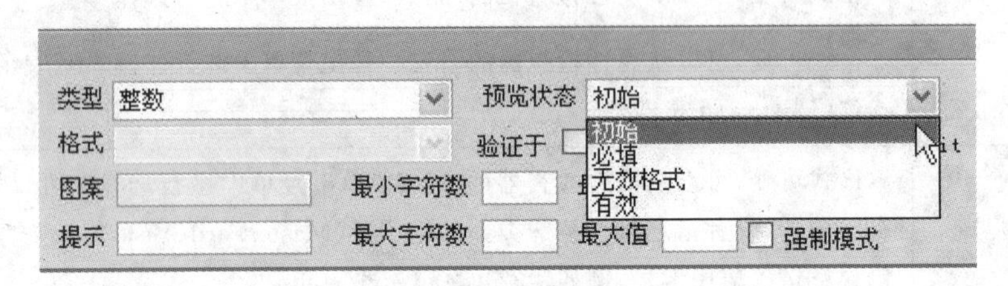

图 14-55　预览状态选项

表 14-2　预览状态选项

预览状态	"设计"视图中显示控件状态
初始	控件不显示提示信息,控件本身的背景显示为白色
必填	控件显示提示信息:"需要提供一个值",控件本身的背景显示为:#FF9F9F
无效格式	控件显示提示信息:"无效格式",控件本身的背景显示为:#FF9F9F
有效	控件不显示提示信息,控件本身的背景显示为:#B8F5B1

例如,如果要查看处于"必填"状态的控件,请选择"必填"。

(9) 步骤 9　设置文本域的提示。由于文本域有很多不同格式,因此,提示用户需要输入哪种格式会比较有帮助。例如,验证类型设置为"电话号码"的文本域将只接受 (000) 000－0000 形式的电话号码。可以输入这些示例号码作为提示,以便用户在浏览器中加载页面时,文本域中将显示正确的格式。具体操作方法如下。

在"文档"窗口中选择一个验证文本域的控件。在属性检查器中的"提示"文本框中输入提示,如(000) 000－0000(见图 14-56)。

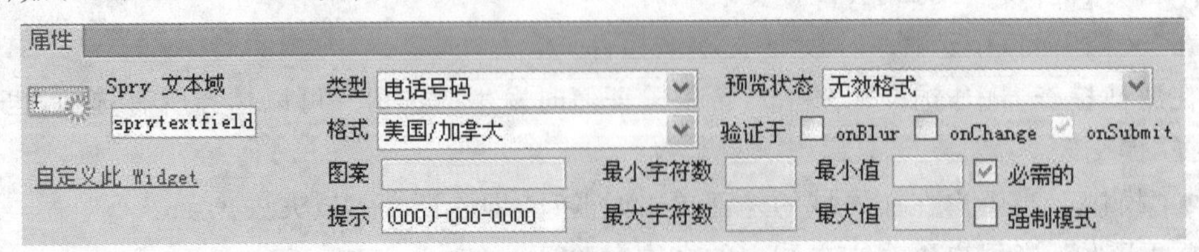

图 14-56　设置电话号码提示

设计视图如图 14-57 所示。

图 14-57 验证文本域

在浏览器中，在如图 14-58 所示的文本域中，当光标位于验证文本域中，提示信息消失，当光标离开验证文本域时，提示信息又显示出来，如果验证文本域中输入了字符，则当光标离开验证文本域时，也不会显示提示信息。这样，可以很好地提示用户按格式输入信息。

图 14-58 浏览器中的验证文本域

(10) 步骤 10 禁止无效字符。可以禁止用户在验证文本域控件中输入无效字符。例如，如果对具有“整数”验证类型的控件集选择此选项，那么，当用户尝试键入字母时，文本域中将不接受任何字母。

在“文档”窗口中选择一个验证文本域控件。在属性检查器中，选择“强制模式”选项，如图 14-59 所示。

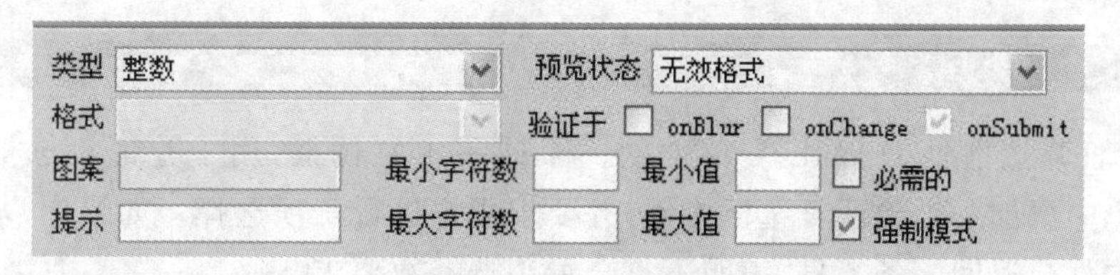

图 14-59 禁止无效字符

14.3.2 Spry 验证密码

Spry 验证密码用于密码类型文本域。

(1) 步骤 1 选择“插入”→“表单”→“Spry 验证密码”命令，即可添加 Spry 验证密码，如图 14-60、图 14-61 所示。

图 14-60 插入 Spry 验证密码菜单

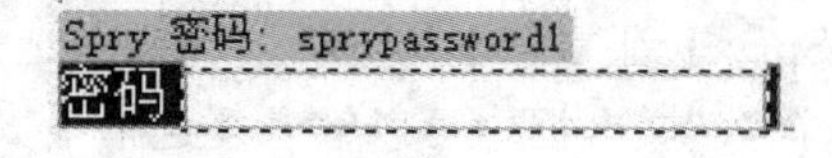

图 14-61 插入的 Spry 验证密码

(2) 步骤 2　在“文档”窗口中，选择 Spry 验证密码控件，打开属性检查器，如图 14-62 所示。

属性
Spry 密码　sprypassword1　自定义此 Widget
必填　最小字符数　最大字符数　预览状态 必填　验证时间 onBlur onChange onSubmit
最小字母数　最小数字数　最小大写字母数　最小特殊字符数
最大字母数　最大数字数　最大大写字母数　最大特殊字符数

图 14-62　Spry 验证密码控件属性检查器

在 Spry 验证密码的“属性”面板中，主要参数选项的具体作用如下。

- “必填”：该项需要提供一个值。
- “最小字符数”：设置密码文本域输入的最小字符数。
- “最大字符数”：设置密码文本域输入的最大字符数。
- “最小字母数”：设置密码文本域输入的最小起始字母。
- “最大字母数”：设置密码文本域输入的最大结束字母。
- “验证于”：可以选中相应的复选框，设置验证发生的事件。
- Spry 验证密码的“属性”面板中“最小数字数”、“最大数字数”、“最小大写字母数”、“最大大写字母数”、“最小特殊字符数”和“最大特殊字符数”都是用于设置密码文本域输入的不同类型范围。

14.3.3　Spry 验证复选框

Spry 验证复选框是 HTML 表单中的一个或一组复选框，用于验证复选框的有效性。例如，向表单中添加一个验证复选框构件，并要求用户进行三项选择。如果用户没有进行三项选择，该构件会返回一条消息，声明不符合最小选择数要求。

选中网页文档中的某个复选框，选择“插入”→“表单”→“Spry 验证复选框”命令，即可添加 Spry 验证文本域。

选中插入的 Spry 验证复选框，打开“属性”面板，如图 14-63 所示。

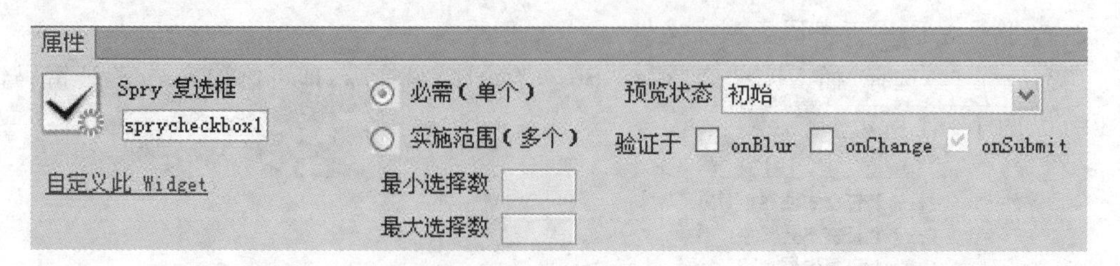

图 14-63　“Spry 验证复选框”属性

在 Spry 验证复选框的“属性”面板中选中“实施范围”单选按钮，然后在“最小选择数”和“最大选择数”文本框中可以输入复选框最大和最小选中数。

14.4 操作实例——设计注册表单

前面习主要介绍了在网页文档中插入各类表单对象的方法，插入表单后，根据不同的表单对象，插入 Spry 验证构件验证表单。下面以注册表单为例，学习表单设计与表单数据验证。

14.4.1 制作注册表单

新建一个网页文档，插入表单对象，制作注册表单页面。

（1）步骤 1　插入一个 1 行 1 列的表格（此表格用来限定表单的宽度），表格属性设置为如图 14-64 所示的参数。

图 14-64　表格属性

（2）步骤 2　将光标定在表格内，插入表单，如图 14-65 所示。

图 14-65　插入的表单

（3）步骤 3　将光标定在表单内，插入一个 8 行 2 列的表格，并将第 1 行和第 8 行的两列合并，如图 14-66 所示，表格属性设置为如图 14-67 所示的参数。

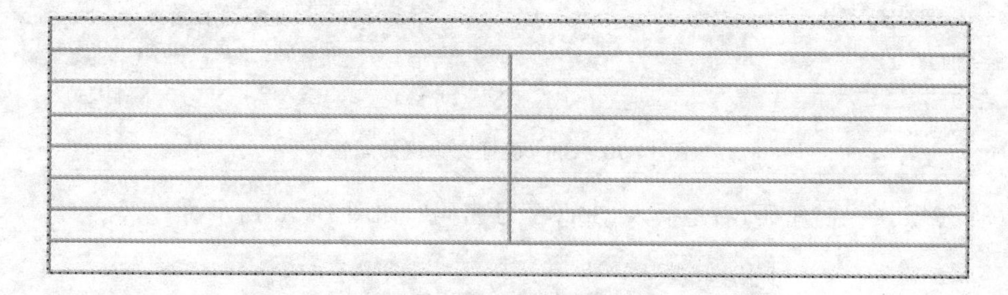

图 14-66　8 行 2 列的表格

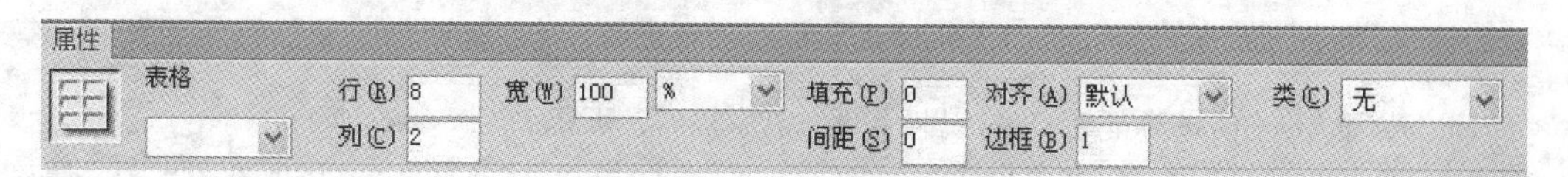

图 14-67　表格属性

(4) 步骤 4　调整表格的栏宽,设置背景颜色,第一行背景颜色为"＃008ACC",其他行的背景颜色为"＃85bb85",并输入相应的文字,插入性别单选按钮和表单的提交与复位按钮,调整对齐方式,如图 14-68 所示。

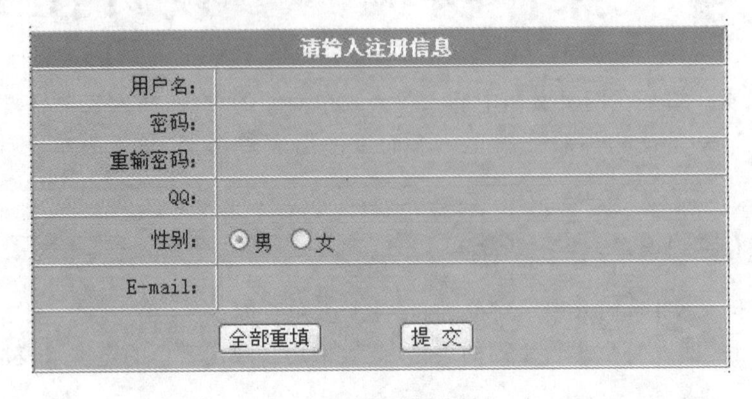

图 14-68　表格

14.4.2　添加 Spry 验证构件

(1) 步骤 1　在"用户名"右边插入"Spry 验证文本域",如图 14-69 所示。

图 14-69　插入的 Spry 验证文本域

(2) 步骤 2　Spry 验证文本域的属性设置如图 14-70 所示。

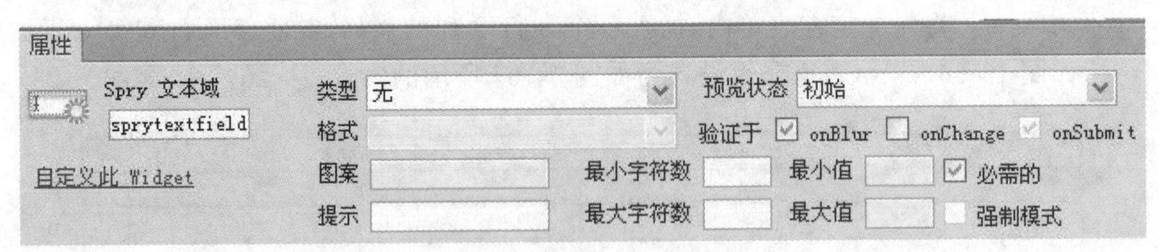

图 14-70　Spry 验证文本域的属性

(3) 步骤 3　在"密码"右边插入"Spry 验证密码",如图 14-71 所示。

图 14-71　Spry 验证密码

(4) 步骤 4　Spry 验证密码的属性设置如图 14-72 所示。

(5) 步骤 5　在"重输密码"右边插入"Spry 验证确认",并将其 ID 设置为"pl",如图 14-73 所示。

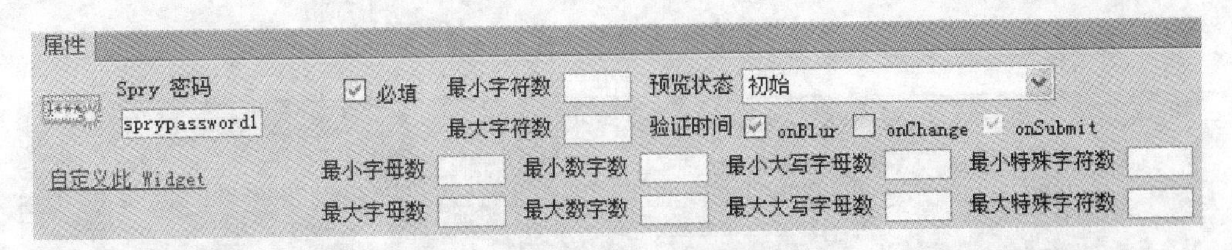

图 14-72　Spry 验证密码的属性

图 14-73　Spry 验证确认

(6) 步骤 6　Spry 验证确认的属性设置如图 14-74 所示,其中的验证参照对象中的"p1"是指密码文本域,即验证两次输入的密码是否一致。

图 14-74　Spry 验证确认的属性

(7) 步骤 7　在"QQ"右边插入"Spry 验证文本域",如图 14-75 所示。

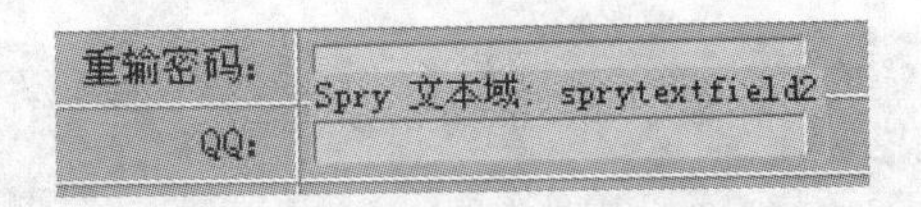

图 14-75　Spry 验证文本域

(8) 步骤 8　Spry 验证文本域的属性设置如图 14-76 所示。

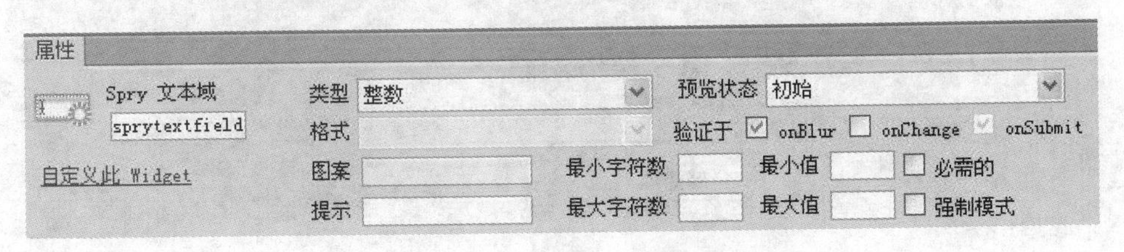

图 14-76　Spry 验证文本域的属性

(9) 步骤 9　在"E-mail"右边插入 Spry 验证文本域,如图 14-77 所示。

图 14-77　Spry 验证文本域

(10) 步骤 10　Spry 验证文本域的属性设置如图 14-78 所示。

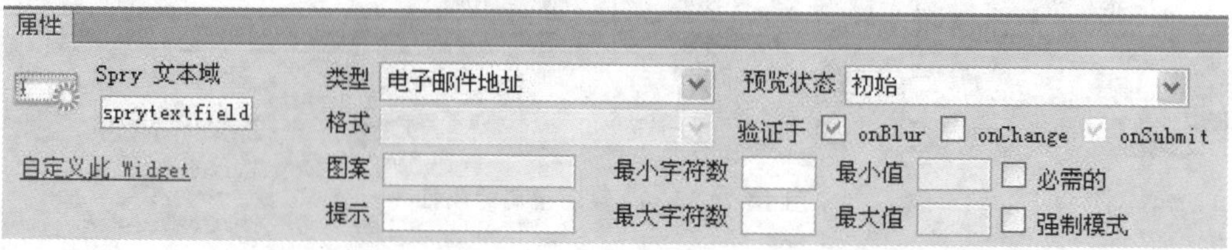

属性

Spry 文本域　sprytextfield　自定义此 Widget

类型 电子邮件地址　预览状态 初始

格式　验证于 onBlur onChange onSubmit

图案　最小字符数　最小值　必需的

提示　最大字符数　最大值　强制模式

图 14-78　Spry 验证文本域的属性

完成上述操作后,生成的界面如图 14-79 所示。

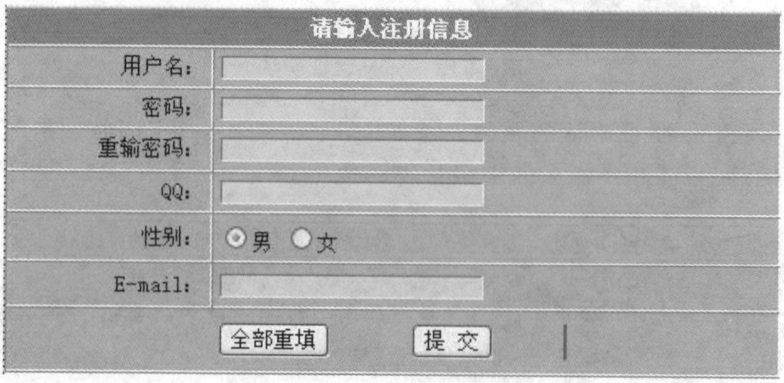

请输入注册信息

用户名:

密码:

重输密码:

QQ:

性别: 男 女

E-mail:

全部重填　提 交

图 14-79　完成后的表单

(11) 步骤 11　保存文档,按下 F12 键,在浏览器中预览网页,如图 14-80 所示。

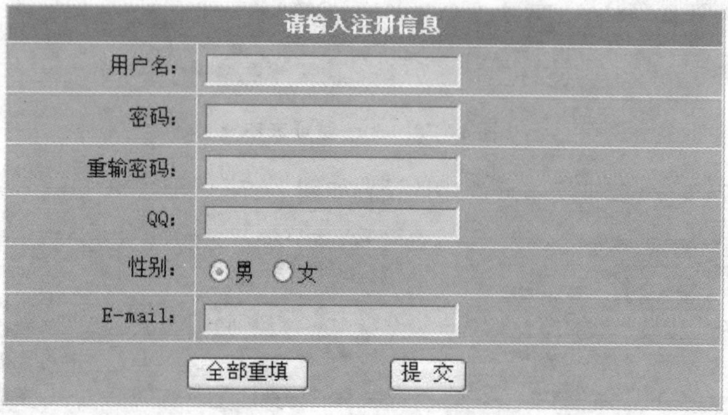

请输入注册信息

用户名:

密码:

重输密码:

QQ:

性别: 男 女

E-mail:

全部重填　提 交

图 14-80　浏览器中预览效果

(12) 步骤 12　在浏览器中,在“QQ”文本框中输入包含字母的信息,在“E-mail”文本框中输入一个错误的邮箱格式,在表单中的空白处,单击鼠标,结果如图 14-81 所示。

(13) 步骤 13　单击“全部重填”按钮,输入正确的格式,在表单中的空白处,单击鼠标,结果如图 14-82 所示。

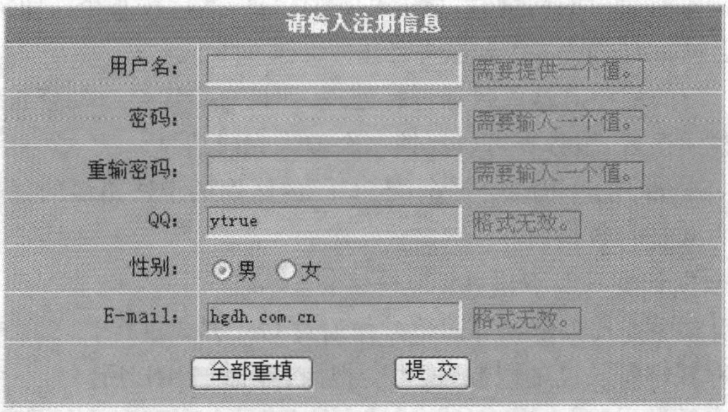

图 14-81　表单验证失败

图 14-82　表单验证成功

本章小结

本章主要介绍了表单和表单属性的设置、表单控件对象和属性的设置，并通过实例介绍了常用的 Spry 验证构件的创建及其各个属性的设置的方法。

习题 14

一、选择题

1. 下面关于设置文本域的属性说法错误的是(　　)。

A. 单行文本域只能输入单行的文本

B. 可以直接设置单行文本域的高度

C. 通过设置可以控制输入单行域的最长字符数

D. 密码域的主要特点是不在表单中显示具体输入内容，而是用 * 来替代显示

2. 下面对表单的工作过程说法错误的是(　　)。

A. 访问者在浏览有表单的网页时，填上必需的信息，然后按某个按钮提交

B. 这些信息通过 Internet 传送到服务器上

C. 服务器上专门的程序对这些数据进行处理，如果有错误会自动修正错误

D. 当数据完整无误后，服务器可以反馈一个输入完成信息

3. 在 Dreamweaver 中，下面关于 Post 与 Get 的区别的说法错误的是（　　）。

A. 一般 Get 方式是将数据附在 URL 后发送

B. Get 方式，数据长度一般不超过 100 个字符

C. 一般搜索引擎中查找关键词等简单操作通过 Get 方式进行

D. Post 则不存在字符长度的限制，但也会把内容附到 URL 后

4. 在 Dreamweaver 中插入单行文本域时，下面不是文本域形式的是（　　）。

A. 单行域　　B. 密码域　　C. 多行域　　D. 限制行域

5. 下面关于制作跳转菜单的说法错误的是（　　）。

A. 利用跳转菜单可以使用很小的网页空间来做更多的链接

B. 在设置跳转菜单属性时，可以调整各链接的顺序

C. 在插入跳转菜单时，可以选择是否加上 Go 按钮

D. 默认是有 Go 按钮

6. 在 Dreamweaver 中，表单是以（　　）形式表现的。

A. 外框线条　　B. 红色虚线

C. 黑色虚线　　D. 没有特别的表现形式

二、操作题

1. 创建一个含有跳转菜单的文档，效果如图 14-83 所示。

2. 在文档中创建一个表单页面，效果如图 14-84 所示。

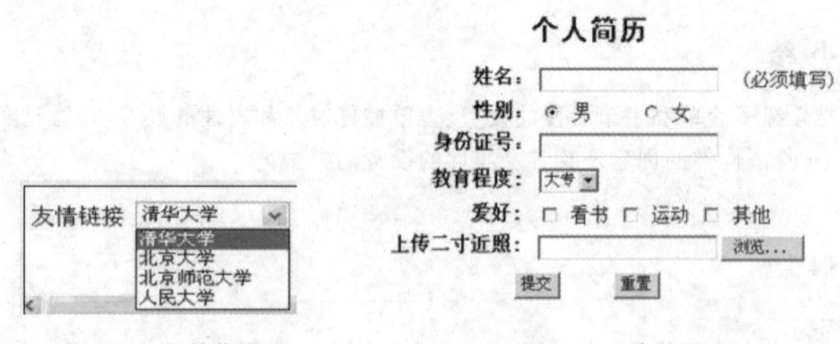

图 14-83　跳转菜单　　图 14-84　表单页面

3. 仿照书中“14.4 制作注册表单”部分的步骤，制作一个注册表单，并用 Spry 验证表单数据。

4. 打开网址为 http://www.whbaiduyy.com 的网页，参照右下角的留言表单，设计留言表单，要求进行表单数据验证（该实例是通过 JavaScript ＋ CSS 实现的，读者可以用 Spry 控件来验证）。

第15章　网站开发与发布

学习目标

本章主要学习网站开发流程，网站测试与发布以及Web服务器的配置方法。

本章重点

● 网站开发流程；● 网站测试与发布；● Web服务器的配置。

15.1 网站开发流程

网站是一种借助于网络的通信工具，人们可以通过网站来发布自己的信息，或者利用网站来提供相关的服务。人们可以通过浏览器来访问网站，获取自己需要的信息或者享受网络提供的服务。

在网页设计的学习中，需要了解网站建设的一般流程。

15.1.1　确定网站主题

在开发网站之前，首先要根据需求分析、确定网站的主要功能，对网站进行定位。网站的主题是指一个网站在建设中需要完成的任务和想要实现的设计思想。例如，一个新闻类的网站需要有着功能强大的新闻发布功能，个人网站可以很好地展示个人风采和相关资料。网站主题是一个网站的设计理念。

15.1.2　网站整体规划

在设计网站前需要对网站进行整体规划和设计，写好网站项目设计书，在以后的制作中按照这些规划和设计进行。主要从网站内容、版面设计和网页色彩搭配等几个方面进行网站的整体规划。

1. 网站内容

在开发网站前，需要根据浏览的对象和网站的主题，突出主题、构思网站的内容。例如个人网站，可以有个人文章、个人活动、生活照片、才艺展示、个人作品、联系方式等内容。企业网站的主要内容是突出企业的产品、服务和联系信息等。

2. 版面设计

版面设计往往决定一个网站的档次,网站需要有美观大方的版面。可以根据页面内容、客户的喜好等设计出较好的页面效果。如果是个人网站,可以根据个人的特长和才艺等内容制作出夸张的美术作品式的网站。

整个网站应该使用统一的风格,包括字体颜色和大小、背景颜色和背景图像、导航栏、版权信息等。

3. 网页色彩搭配

网页设计中最敏感和最重要的就是色彩的搭配了,色彩影响整个网页的观感和层次感,进而影响网页的整体效果。

1) 网页配色的基本原则

在网页设计中选择色彩时,除了要考虑网站自身特点、行业特点及企业形象外,更重要的是要遵循艺术的规律和基本审美观,这样才能设计出高水平的、符合大众欣赏眼光的网站。

2) 色彩搭配的合理性

色彩的选择主要根据网站的主题来确定,什么样的主题用什么样的色彩。在网页配色中是非常有讲究的,每种色彩都有自己的含义,并且给人丰富的感受和联想。例如:

- 蓝色通常代表天空、清爽、科技。
- 红色通常代表热情、奔放、喜悦、庄严。
- 绿色通常代表植物、生命、生机。
- 白色通常代表纯洁、简单、洁净。
- 紫色通常代表浪漫、富贵。

3) 色彩的鲜明性

网页设计中应该包含具有视觉冲击力的区域,这种区域往往用色鲜明,且处于打开网页的第一屏内,很容易抓住浏览者的眼球并给浏览者留下深刻的印象,一般被称为“视觉焦点区”。视觉焦点区采用色彩鲜明的网站可以让浏览者很容易记住,并带来第二次访问。

4) 色彩的独特性

网页所用色彩必须要有自己独特的风格,这样才能给浏览者留下深刻的印象。

5) 网页配色的方法

对比色彩的搭配:一般来说,色彩的三原色(红、黄、蓝)最能体现色彩间的差异。色彩的强烈对比具有视觉诱惑力。对比色可以突出重点、产生强烈的视觉效果。通过合理使用对比色,能够使网站特色鲜明、重点突出。设计时,通常以一种颜色为主色调,其对比色作为点缀,以起到画龙点睛的作用。

冷色色彩的搭配:使用绿色、蓝色及紫色等色彩的搭配。这种色彩搭配可为网页营造出宁静、清凉和高雅的氛围。冷色色彩与白色搭配一般会获得较好的视觉效果。

暖色色彩的搭配:使用红色、橙色、黄色等色彩的搭配。这种色调的运用可为网页营造出稳定、和谐及热情的氛围。

邻近色彩的搭配：邻近色是指在色环上相邻的颜色，如绿色和蓝色、红色和黄色。采用邻近色搭配可以避免网页色彩杂乱，易于达到页面和谐统一的效果。

文字颜色与网页背景色形成反差：网页中文字的颜色与网页的背景色对比要突出，形成强烈的视觉反差。若底色深，则文字颜色浅；反之，底色浅，则文字颜色深。这样才能让浏览者浏览文字内容时感到视觉清晰，不会产生阅读疲劳感。

15.1.3 收集资料与素材

网站的设计需要相关的资料和素材，只有丰富的内容才可以丰富网站的版面。个人网站可以整理个人的作品、照片等资料。企业网站需要整理企业的文件、广告、产品、活动等相关资料。整理好资料后需要对资料进行筛选和编辑。

可以使用以下方法来收集网站资料与素材。

● 图像：可以使用相机拍摄相关照片，对已有的照片可以使用扫描仪输入到计算机中。一些常见图像可以在网站上搜索或下载。

● 文档：收集和整理现有的文件、广告、电子表格等内容。纸质文件需要输入到计算机中形成电子文档。文字类的资料需要进行整理和分析。

媒体内容：收集和整理现有的录音、视频等资料。这些资料可以作为网站的多媒体内容。

还有一些素材是需要自己设计和制作的，如网站的 LOGO、Banner 等。

15.1.4 设计网页

完成网站的页面构思和资料整理后，即可用 Dreamweaver 设计网站的页面。

由于一个网站不可能就是由一个页面组成，它有许多子页面，为了能使这些页面有效地链接起来，用户最好能给这些页面起一些有代表性的而且简洁易记的网页名称。这有助于以后方便管理网页，并且，当向搜索引擎提交网页时更容易被别人索引到。

提示

● 在站点文件夹里建立相应的子文件夹，以分类存放各类文件，且文件夹名字不要使用中文，英文名字也不要太长。

● 当给网页命名时，最好使用自己常用的或符合页面内容的小写英文字母。

● 所有图像、文件都必须放在已建立的站点的相应文件夹中，以便在制作网页时，可以避免浏览器运行时找不到文件。

● 将首页的文件名设置为“index. htm”。

● 新建网页文件后，应先保存到站点，再添加图像等内容。

● 网页中少用特殊字体。

● 给图像添加注释文字。

15.1.5 网站测试

在将站点上传到服务器之前，应在本地对其进行测试。

1. 检查页面链接

在 Dreamweaver 中使用“链接检查器”面板可以对站点中的链接进行测试。在 Dreamweaver 中打开要检查的网页文档。

(1) 步骤 1　选择“文件”→“检查页”→“链接”菜单，打开“链接检查器”面板。

(2) 步骤 2　单击“链接检查器”面板左侧的“检查链接”按钮，在弹出的下拉菜单中选择“检查整个当前本地站点的链接”命令，如图 15-1 所示。

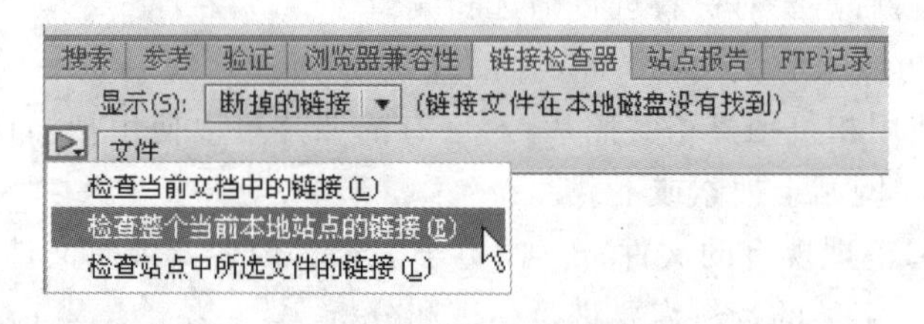

图 15-1　“检查整个当前本地站点的链接”命令

Dreamweaver 会对当前本地站点的所有链接进行自动测试，对当前本地站点的无效链接就会在“结果”面板组中的“断掉的链接”项目下列出，如图 15-2 所示。

搜索 | 参考 | 验证 | 浏览器兼容性 | 链接检查器 | 站点报告 | FTP记录 | 服务器调试

显示(S): 断掉的链接 (链接文件在本地磁盘没有找到)

文件	断掉的链接
/footer1.asp	ly_frm.js
/footer1.asp	images/qq_n01.gif
/footer1.asp	images/qq_v01.gif
/frm_roll_footer.asp	ly_frm.js
/header.asp	DWConfiguration/ActiveContent/IncludeFiles/AC_RunActiveContent.js
/Admin/top.asp	style/Admin_STYLE.CSS

总共 704 个，266 个HTML，454 个孤立文件。 总共 1370 个链接，1226 个正确，53 个断掉，91 个外部链接

图 15-2　断掉的链接

对于断掉的链接，如果是文件不存在，则可通过其右边的按钮来重新选择文件；如果是多余的链接，则可以删除该链接。

2. 检查浏览器兼容性

检查浏览器兼容性即检查 CSS 是否对各种浏览器均兼容。其实，检查网页的浏览器兼容性的最好方法是安装各种浏览器来浏览网页，看看显示的效果是否好。Dreamweaver 中“检查浏览器兼容性”可帮助我们测试兼容性。

(1) 步骤 1　打开要检查浏览器兼容性的文件，选择“文件”→“检查页”→“浏览器兼容性”命令，打开“浏览器兼容性”面板。

(2) 步骤 2　单击“浏览器兼容性”面板左侧的“浏览器兼容性”按钮，在弹出的下拉菜

单中选择“检查浏览器兼容性”命令，如图 15-3 所示。检查结果如图 15-4 所示。

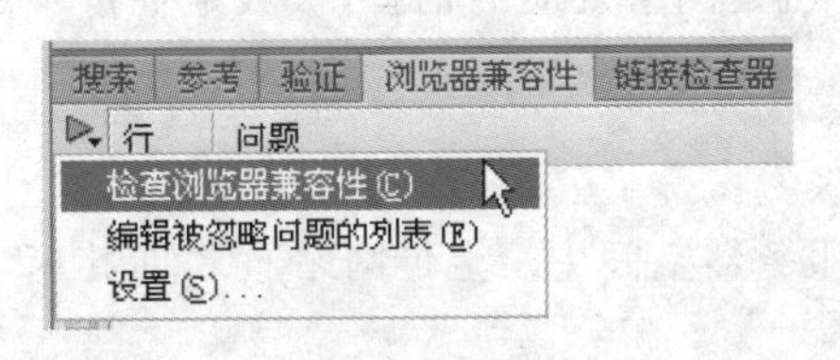

图 15-3 “检查浏览器兼容性”命令

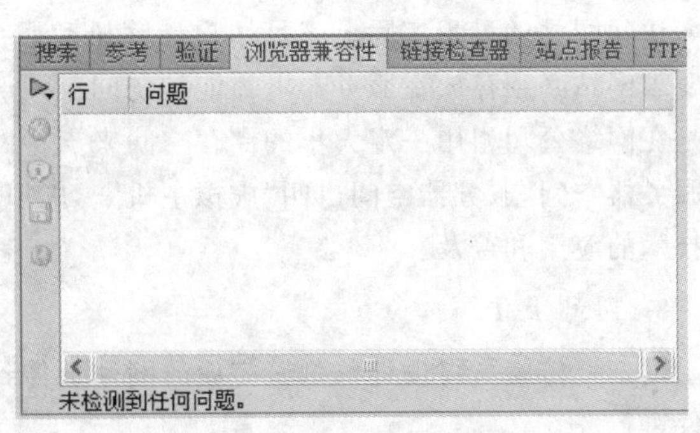

图 15-4 浏览器兼容性检查结果

15.1.6 网站发布

网站通过测试后，基本上完成了网站的编辑工作，要想让其他用户访问设计好的网站，就需要将站点发布到 Internet 中。

将站点发布到 Internet 中需要三个部分的支持：网站域名、服务器空间、网页。

1. 注册域名

要发布网站，首先要为网站申请一个域名，方便浏览者记忆，并用于访问网站。

域名是由国际域名管理组织或国内的相关机构统一管理的。在百度中搜索“域名注册”，可搜索到很多网络公司代理域名注册业务，各个提供商的申请步骤不完全相同，但基本流程是一致的。可以直接在这些网络公司注册一个域名。

域名的注册遵循先申请先注册的原则，同时每一个域名的注册都是唯一的、不可重复。因此，在网络上，域名是一种相对有限的资源。

域名对企业开展电子商务具有重要的作用，它被誉为网络时代的“环球商标”，一个好的域名会大大增加企业在互联网上的知名度。因此，企业如何选取好的域名就显得十分重要。

1）域名选取的原则

- 域名应该简明易记，便于输入。
- 域名要有一定的内涵和意义。

2）常用的域名选取技巧

- 用企业名称的汉语拼音作为域名。
- 用企业名称相应的英文名称作为域名。
- 用企业名称的缩写作为域名。
- 用汉语拼音的谐音形式作为域名。
- 在企业名称前后加上与网络相关的前缀或后缀作为域名。
- 以中英文结合的形式作为域名。

2. 申请网站空间

域名注册成功后，还需要在网络上申请一个服务器空间，用于存储网站文件以供浏览者访问,并且需要将服务器空间的IP地址与域名绑定,以方便浏览者记忆和访问。

访问网站的过程实际上就是用户计算机和服务器进行数据连接和数据传递的过程,这就要求网站必须存放在服务器上才能被访问。一般的网站,不需要使用一个独立的服务器,而是在网络公司租用一定大小的储存空间来支持网站的运行。这个租用的网站存储空间就是服务器空间,服务器空间也叫"虚拟主机"。虚拟主机是网络发展的福音,极大地促进了网络技术的应用和普及。

3. 网站上传

网站上传就是将设计与测试完成的网站上传到服务器空间中。上传网站通常使用FTP软件进行。

成功申请服务器空间后,需要将网站全部文件上传到服务器空间,即可完成网站发布工作,浏览者就可以通过域名进行访问了。

15.1.7 网站的推广

网站上传到服务器以后,即可被全世界范围内的人自由浏览,但短时间内并不会有很多人访问这个网站。新做好的网站,并没有多少人知道或接受,为了提高网站的知名度,就需要对网站进行一定的推广。网站的推广通常有自由推广和付费推广两种方式。

1. 自由推广

有很多办法可以免费地推广网站,让更多的人知道这个网站,提高网站的点击率。

- 与相关的站点交换友情链接,借助于友情链接可以给自己的网站带来一些流量。
- 可以在自己的名片、产品、相关广告上印上自己网站的网址,借助于这些媒介让人知道这个网站。
- 在论坛、博客、留言板上发帖或留言,推广自己的网站。
- 把自己的网站添加到各种搜索引擎,让网友可以在搜索引擎中搜索到自己的网站。
- 对网站的标题、关键字等内容进行优化,让自己的网站在搜索引擎中有更好的搜索结果。

2. 付费推广

自由推广在短期内的效果不是很明显,对于企业类网站,可以采用付费的方式推广自己的网站。付费推广针对性较好,在较短的时间内即可有较好的广告收益。

15.1.8 后期更新与维护

网站发布以后,全世界的用户即可通过网站的域名访问这个网站,但陈旧的版面和长期不变的内容并不能给用户带来吸引力。完成后的网站可能存在着一些不足,这就需要经常对网站的内容进行更新和维护。

对于个人网站,需要更新网站上相关的个人资料,发布个人文章、各种社会活动等内容。对于企业网站,需要更新企业新闻、最新产品、企业商业信息等内容。

更新网站内容时,需要对网站的内容进行筛选和排序,需要及时地删除质量不高或过期的内容，让网站中最重要的内容放在网站的首页和最容易被浏览到的版面。

对于网站运行中出现的程序方面的问题，需要分析出错的原因，找出程序中隐藏的缺陷和错误，并进行改正。

15.2 操作实例——局域网发布网站

在 Internet 上发布网站，需要注册域名，申请服务器空间，这些大多都是收费的。不过我们可以在某局域网内发布我们的网站。在局域网内发布网站，需要安装 IIS 来支持。

15.2.1 安装 IIS

IIS(Internet Information Services，互联网信息服务)是由微软公司提供的基于运行 Microsoft Windows 的互联网基本服务。

下面以 Windows XP 为例，介绍 IIS 的安装方法。

(1) 步骤 1 从“开始”菜单(见图 15-5)打开“控制面板”，如图 15-6 所示。

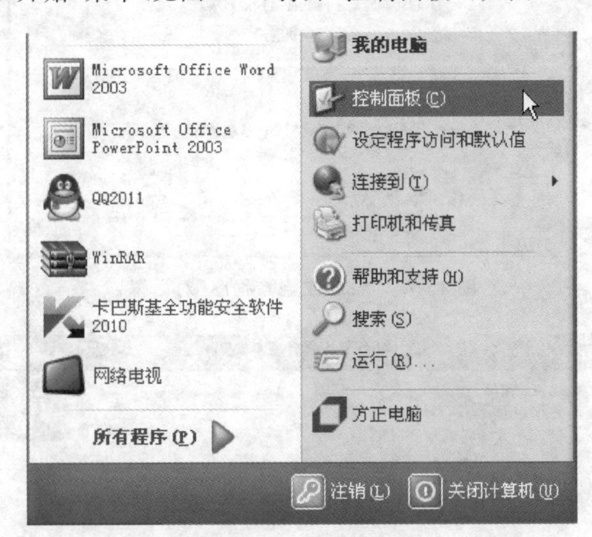

图 15-5 “开始”菜单

(2) 步骤 2 在控制面板中双击“添加/删除程序”图标，打开“添加/删除程序”对话框，如图 15-7 所示。

(3) 步骤 3 在弹出的“添加或删除程序”对话框中，单击“添加/删除 Windows 组件”，打开“Windows 组件向导”对话框，如图 15-8 所示，并可以看到“Internet 信息服务(IIS)”项并未选中，说明该计算机并没有安装 IIS。

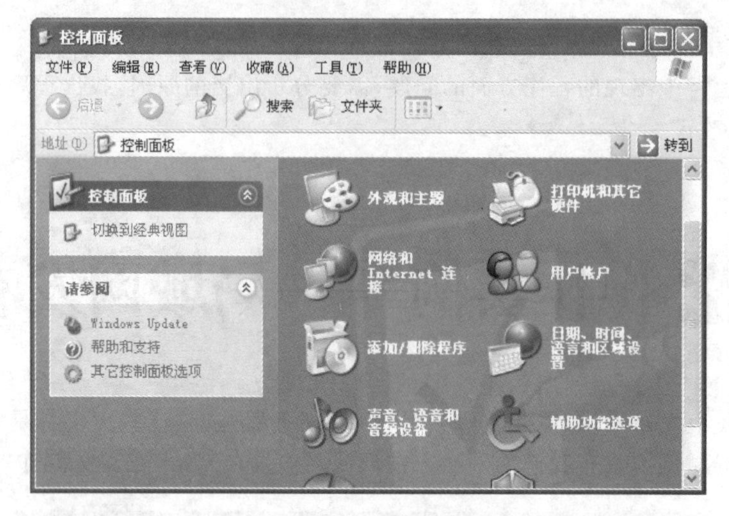

图 15-6 控制面板

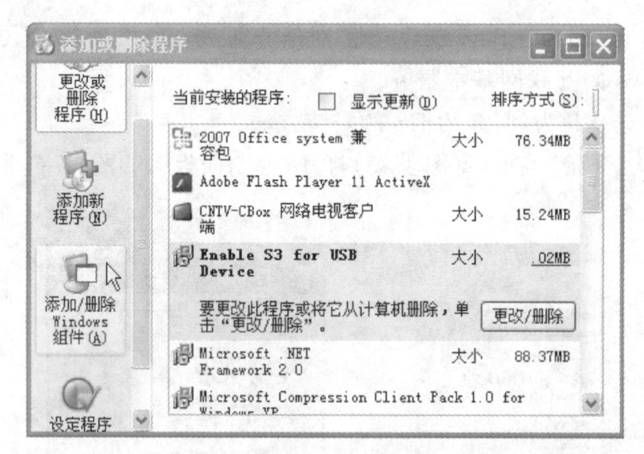

图 15-7 "添加或删除程序"对话框

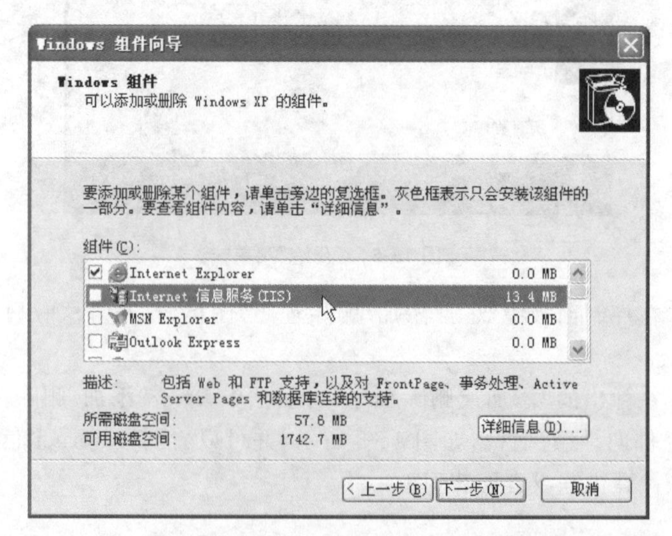

图 15-8 "Windows 组件向导"对话框

(4) 步骤 4　勾选“Internet 信息服务(IIS)”项,并单击“下一步”按钮,开始安装 IIS。复制文件开始后,将弹出“所需文件”对话框,如图 15-9 所示。

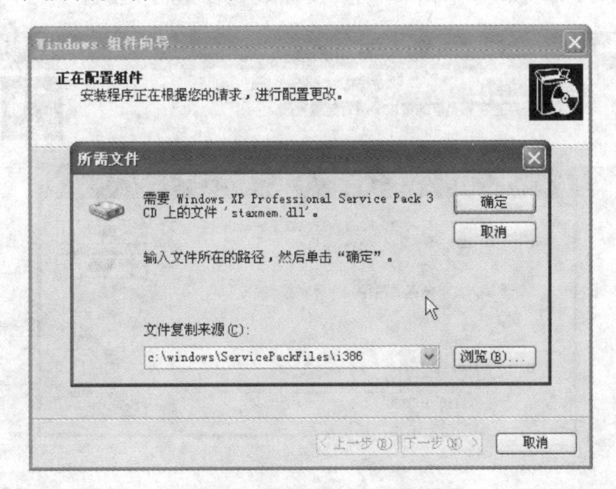

图 15-9　“所需文件”对话框

将 Windows XP 安装光盘放入光驱后,单击“确定”按钮就可以了。待所有的文件复制完,IIS 也就安装完毕了。

如果计算机没有配置光驱时,则可用 IIS 5.1 完整安装包(适用 XP)来代替 Windows XP 安装光盘。将“IIS 5.1 完整安装包”解压到 D 盘根目录下。

提示

IIS 5.1 完整安装包(适用 XP)可到“http://www.whbaiduyy.com/wecan/index.html”下载,也可以通过百度搜索下载。

(5) 步骤 5　单击如图 15-9 中的“浏览”按钮,定位到 D 盘的 IIS 5.1 安装文件夹,如图 15-10 所示。

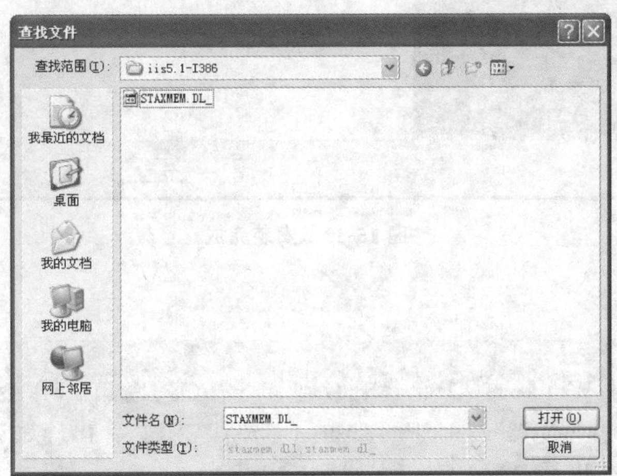

图 15-10　查找文件

（6）步骤 6　选择所需的文件，单击“打开”按钮。文件的复制来源就定位到指定的 IIS 安装文件夹，如图 15-11 所示，再单击“确定”按钮，开始复制文件。

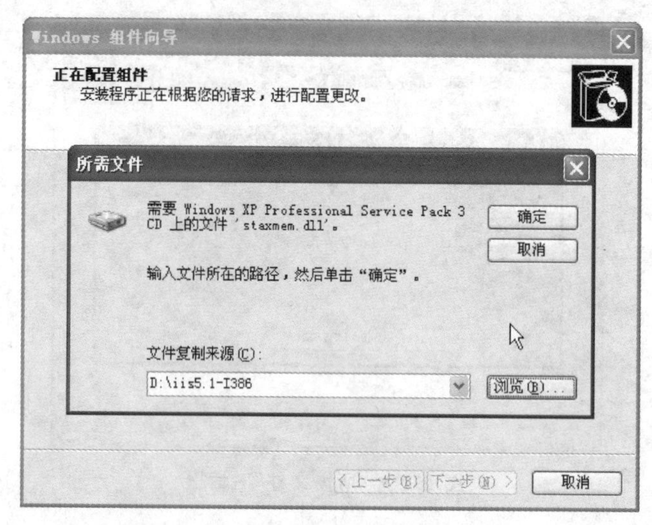

图 15-11　定位到指定的 IIS 安装文件夹

在文件复制过程中，可能需要多次定位到 IIS 安装文件夹中指定的文件，此时只需要重新单击“浏览”按钮进行定位，再单击“确定”按钮，直到安装完成，如图 15-12 所示。

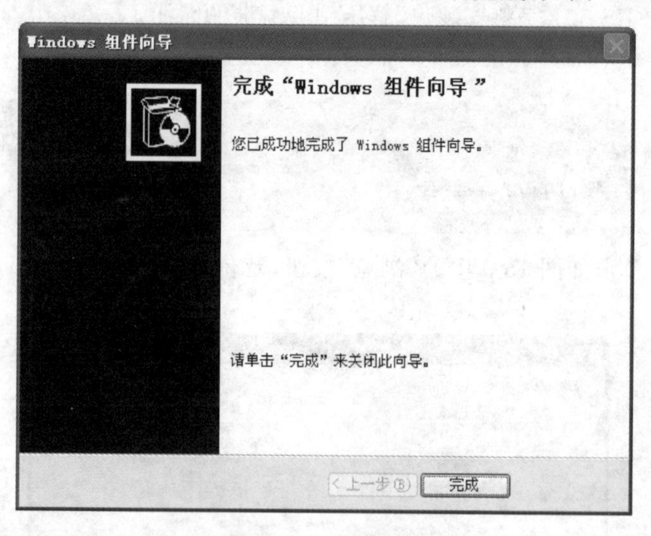

图 15-12　安装完成

如果计算机的 Windows XP 已经升级到 SP3，安装 IIS 5.1 时，会提示 IIS 5.1 提供的文件版本无法识别，如图 15-13 所示。单击“取消”按钮，弹出确认对话框，如图 15-14 所示。单击“是”按钮。继续复制文件，直到安装完成。

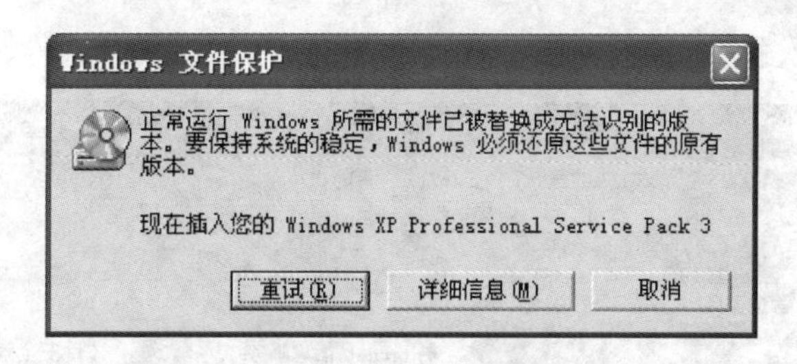

图 15-13 Windows 文件保护提示(一)

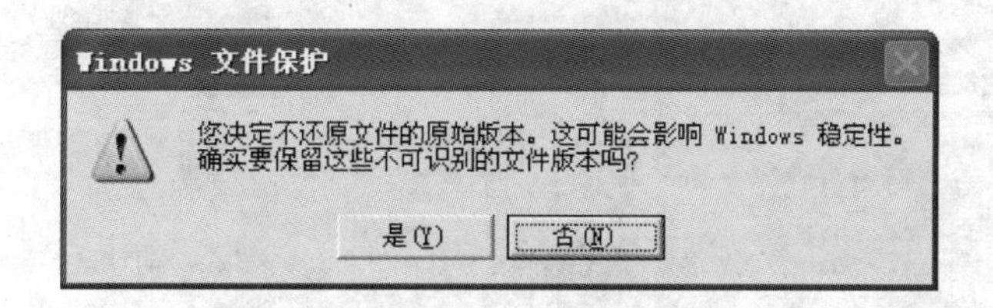

图 15-14 Windows 文件保护提示(二)

(7) 步骤 7 IIS 安装完成后，测试一下。在浏览器中输入“http://localhost”，或者“http://127.0.0.1”，并按回车键。

可以看到“欢迎使用 Windows XP Server Internet 服务”的页面，如图 15-15 所示，表明 IIS 已安装成功。

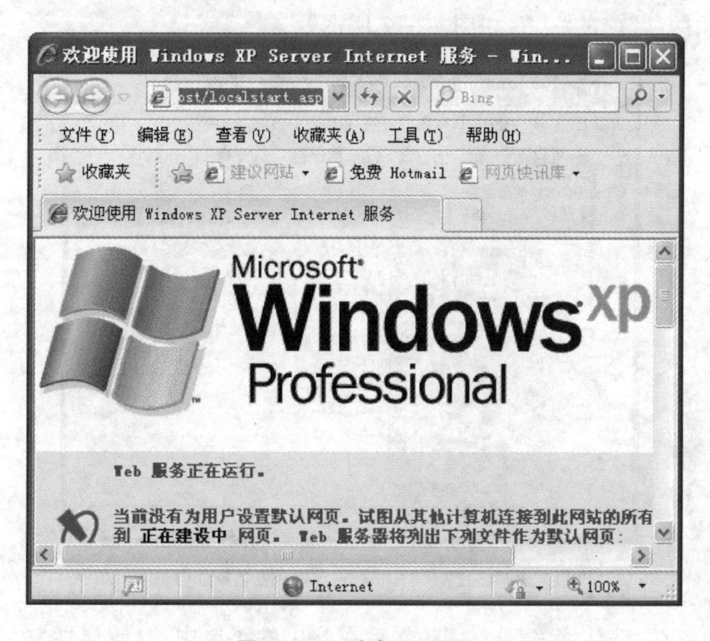

图 15-15 测试 IIS 页面

15.2.2 配置 Web 服务器

IIS 安装成功后，需要配置 Web 服务器。

(1) 步骤 1　依次打开“控制面板”→“性能和维护”→“管理工具”，如图 15-16 所示。

图 15-16　“管理工具”窗口

(2) 步骤 2　双击“Internet 信息服务”图标，就可以看到安装的 IIS 服务器了，依次单击“本地计算机”、“网站”前的“+”，如图 15-17 所示。

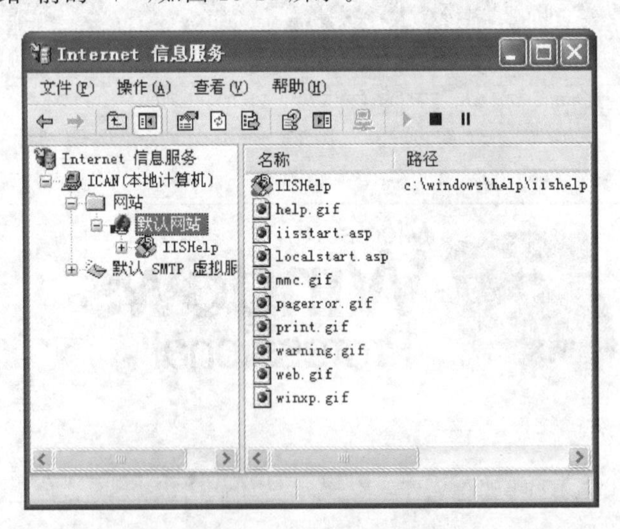

图 15-17　“Internet 信息服务”窗口

(3) 步骤 3　在“默认网站”上右击，然后在弹出的菜单中选择“属性”命令，弹出“默认网站　属性”对话框，如图 15-18 所示。

(4) 步骤 4　在图 15-18 所示的对话框的“网站”选项卡中，从“IP 地址”右边的下拉式列表框中选择一个 IP 地址(下拉式列表框中列出的是本机已配置的 IP 地址)，如“192.168.0.9”，如图 15-19 所示。

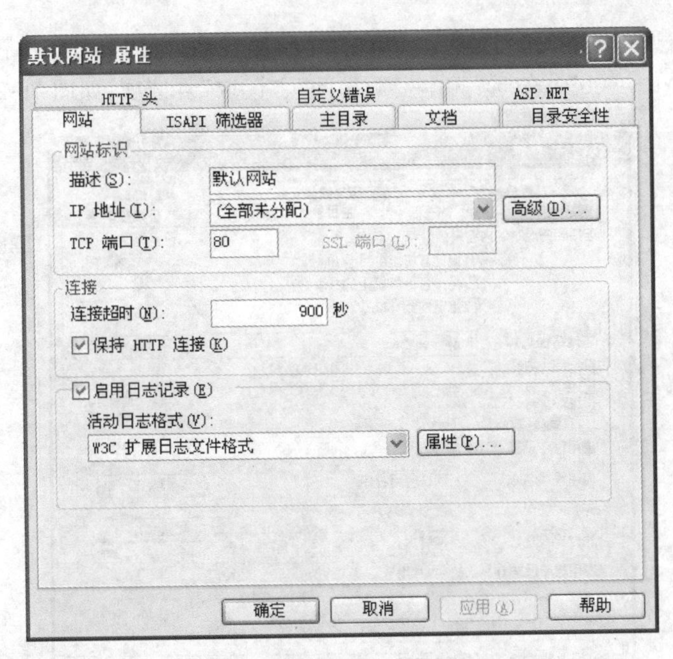

图 15-18 “默认网站 属性”对话框

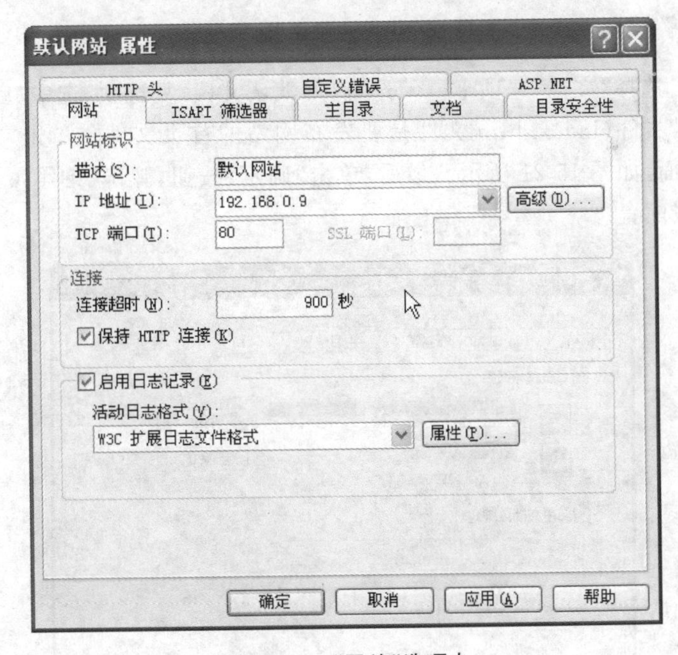

图 15-19 “网站”选项卡

提示

设置好 IP 地址后，记下该 IP 地址，后面要用到该 IP 地址。

（5）步骤 5　选择“主目录”选项卡。单击“本地路径”右边的“浏览”按钮，选择网站所在的根目录，如“D:\myweb”。勾选“脚本资源访问”、“读取”复选项，如图 15-20 所示。

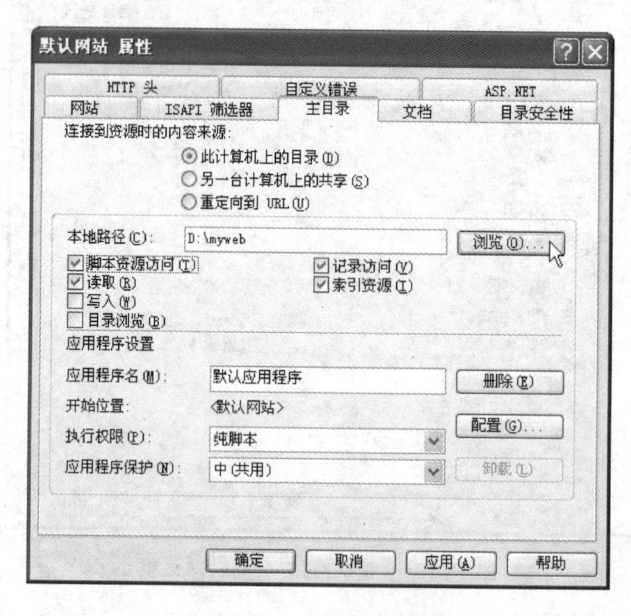

图 15-20　“主目录”选项卡

（6）步骤 6　选择“文档”选项卡。勾选“启用默认文档”复选项，选中“启用默认文档”下面的“index.htm”文件(index.htm 文件是要发布网站的首页文件)，单击左边的向上箭头，将其移动到最上面，如图 15-21 所示。最后，单击“确定”按钮，弹出“继承覆盖”对话框，单击“确定”按钮，完成配置。

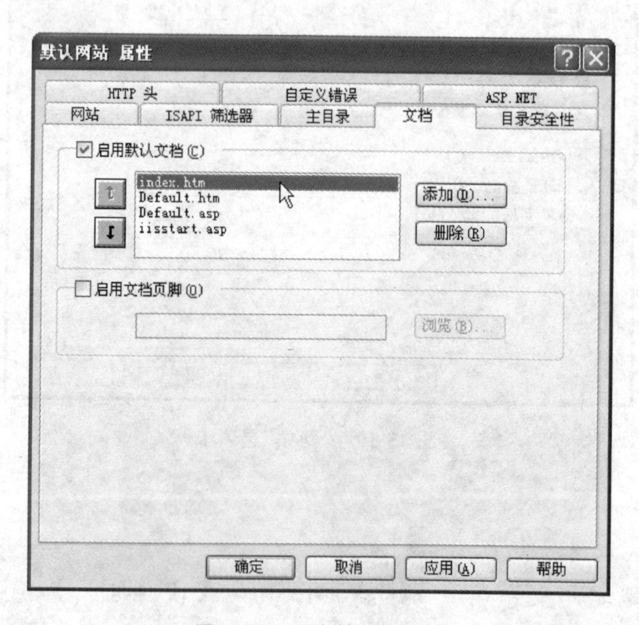

图 15-21　“文档”选项卡

Web 服务器配置完成，在局域网中，打开浏览器，在地址栏中输入“http://192.168.0.9”（这就是步骤 4 中设置的 IP 地址，即 Web 服务器的 IP 地址），按回车键，刚配置的网站就会呈现在眼前。

本章小结

本章讲解了网站开发流程，Web 服务器的配置，学习了这些知识就可以对网站的开发步骤有一个大致的了解，了解 Web 服务器的配置方法，可以在局域网内发布网站。

习题 15

一、选择题

1. 下列 Web 服务器上的目录权限级别中，最安全的权限级别是（　　）。

A. 读取　　B. 执行　　C. 脚本　　D. 写入

2. 通常作为网站首页的文件名是（　　）。

A. index1. asp　　B. index. htm　　C. untitled. htm　　D. wuxue. ht

二、简答题

网页发布包括哪几方面的工作？

三、操作题

在 Windows XP 操作系统下构建 Web 服务器环境，并将自己的网站 IP 地址告诉其他同学，让他们访问你的网站。

附　录

附录A　Dreamweaver CS6 的 CSS 定义详解

Adobe Dreamweaver CS6 中文版，在“CSS 规则定义”对话框的“分类”列表框中，共有类型、背景、区块、方框、边框、列表、定位、扩展和过渡九大类。根据 CSS 样式表的用途和要求，分别设置不同类型的参数。

目前的 Dreamweaver CS6 中文版，在“CSS 规则定义”对话框的设置规则部分有些是英文（见图 A-1 至图 A-9），为了方便学习，本文将通过中英文对照的方式，详细介绍 CSS 规则定义相关参数。

九大类主要功能如下。

（1）“类型”属性主要用来定义文字的字体、大小、样式、颜色、文本修饰等属性。

（2）“背景”属性主要用来定义背景颜色或背景图像，以及背景图像的属性设置。

（3）“区块”属性主要用来定义间距和对齐方式。

（4）“方框”属性主要用来定义元素在页面上的位置，以及应用填充和边距设置时将设置应用于元素的各个边。

（5）“边框”属性用来定义元素周围的边框的宽度、颜色和样式等属性。

（6）“列表”属性主要用来定义列表的项目符号、位置等属性。

（7）“定位”属性主要用来定义层的大小、位置、可见性、溢出方式、剪辑等属性。

（8）“扩展”属性主要用来定义包括过滤器、分页和光标选项。

（9）“过渡”属性主要通过在指定的时间段内逐步更改 CSS 属性值来创建简单的动画。

下面对九大类主要功能做详细介绍。

1. 类型（见图 A-1）

1）Font-family 字体名称

按优先顺序排列，以逗号隔开。

2）Font-size（xx-small | x-small | small | medium | large | x-large | xx-large | larger | smaller | length）字号

- xx-small：（最小）绝对字体尺寸。根据对象字体进行调整。
- x-small：（较小）绝对字体尺寸。根据对象字体进行调整。
- small：（小）绝对字体尺寸。根据对象字体进行调整。
- medium：（正常）默认值。绝对字体尺寸。根据对象字体进行调整。
- large：（大）绝对字体尺寸。根据对象字体进行调整。

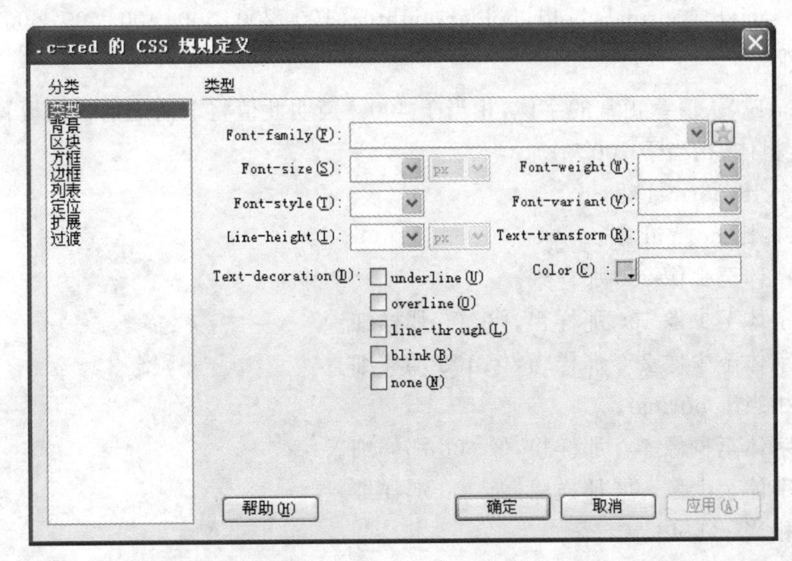

(a)

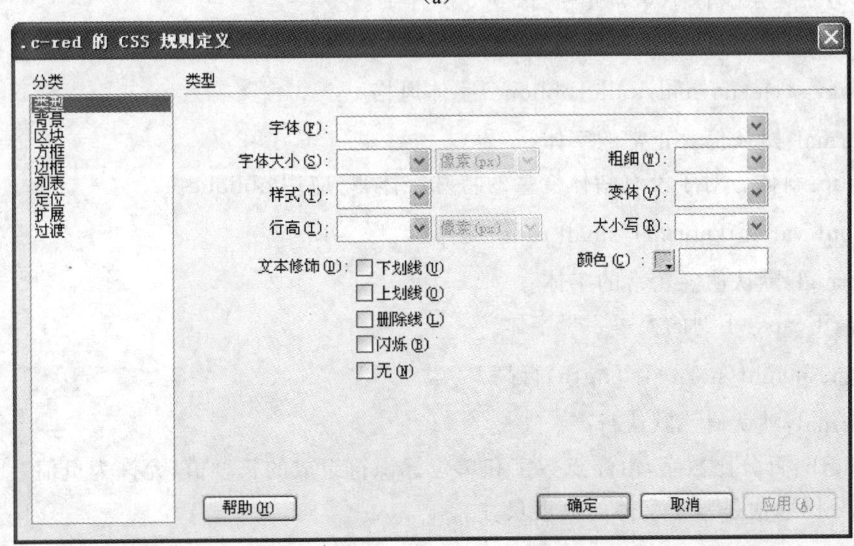

(b)

图 A-1　CSS 类型定义

● x-large:(较大)绝对字体尺寸。根据对象字体进行调整。

● xx-large:(最大)绝对字体尺寸。根据对象字体进行调整。

● larger:相对字体尺寸。相对于父对象中字体尺寸进行相对增大。使用成比例的 em 单位计算。

● smaller:相对字体尺寸。相对于父对象中字体尺寸进行相对减小。使用成比例的 em 单位计算。

● length:百分数,由浮点数字和单位标识符组成的长度值,不可为负值。其百分比取值是基于父对象中字体的尺寸。

3）Font-weight(normal | bold | bolder | lighter | 100 | 200 | 300 | 400 | 500 | 600 | 700 | 800 | 900)字体粗细

- normal：默认值。正常的字体，相当于 400。声明此值将取消之前任何设置。
- bold：粗体，相当于 700。
- bolder：比 normal 粗。
- lighter：比 normal 细。
- 100：字体至少像 200 那样细。
- 200：字体至少像 100 那样粗，像 300 那样细。
- 300：字体至少像 200 那样粗，像 400 那样细。
- 400：相当于 normal。
- 500：字体至少像 400 那样粗，像 600 那样细。
- 600：字体至少像 500 那样粗，像 700 那样细。
- 700：相当于 bold。
- 800：字体至少像 700 那样粗，像 900 那样细。
- 900：字体至少像 800 那样粗。

4）Font-style(normal | italic | oblique)字体风格

- normal：默认值。正常的字体。
- italic：斜体。对于没有斜体变量的特殊字体，将应用 oblique。

5）Font-variant(normal | small-caps)变体

- normal：默认值。正常的字体。
- small-caps：小型的大写字母字体。

6）Line-height(normal | length)行高

- normal：默认值。默认行高。
- length：百分比数字，由浮点数字和单位标识符组成的长度值，允许为负值。其百分比取值是基于字体的高度尺寸。

7）Text-transform(none | capitalize | uppercase | lowercase)大小写设定

- none：默认值。无转换发生。
- capitalize：将每个单词的第一个字母转换成大写，其余无转换发生。
- uppercase：转换成大写。
- lowercase：转换成小写。

8）Text-decoration(none | underline | blink | overline | line-through)文字修饰

- none：默认值。无装饰。
- blink：闪烁。
- underline：下划线。
- line-through：贯穿线。

● overline：上画线。

有 href 特性的 a，默认值为 underline，del 默认值是 line-through。

9）Color（color 语法取值）字体颜色

color：指定颜色。

2. 背景（见图 A-2）

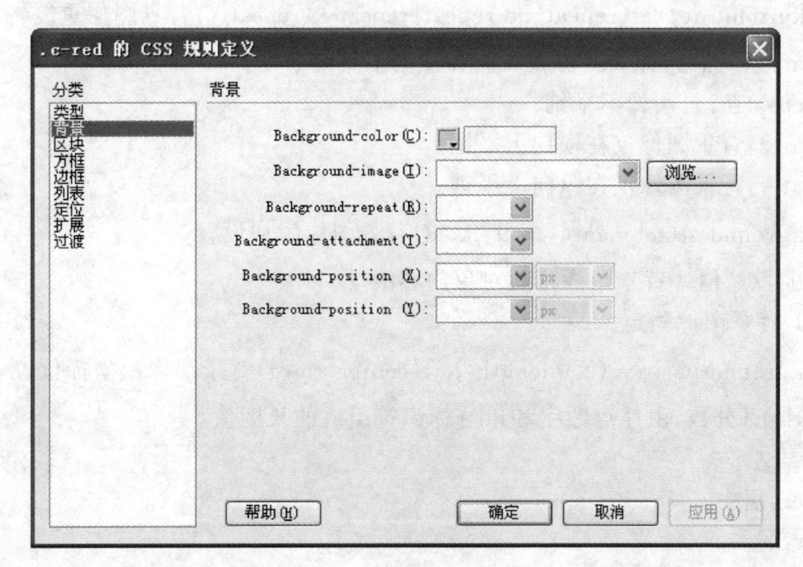

（a）

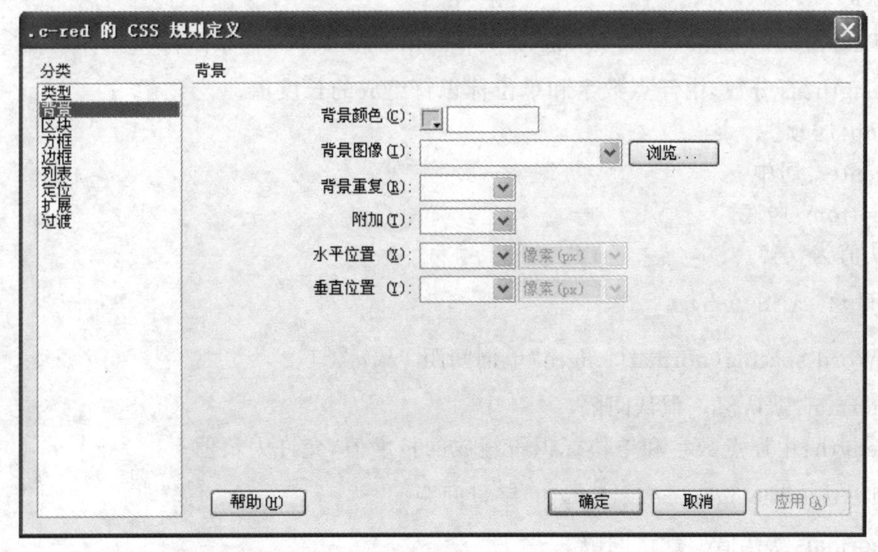

（b）

图 A-2　CSS 背景定义

1）Background-color（transparent | color）背景颜色

● transparent：默认值。背景色透明。

● color：指定颜色。当背景颜色与背景图像（background-image）都设定时，背景图片将覆盖于背景颜色之上。

2）Background-image[none|URL(RUL)]背景图像

● none：默认值。无背景图像。

● URL(URL)：使用绝对或相对 URL 地址指定背景图像。

3）Background-repeat（repeat|no-repeat|repeat-x|repeat-y）背景图像重复

● repeat：默认值。背景图像在纵向和横向上平铺。

● no-repeat：背景图像不平铺。

● repeat-x：背景图像仅在横向上平铺。

● repeat-y：背景图像仅在纵向上平铺。

4）Background-attachment（scroll|fixed）背景图像附加设置

● scroll：默认值。背景图像是随对象内容滚动。

● fixed：背景图像固定。

5）Background-position（X）（length|left|center|right）背景图像横坐标位置

● length：百分数，由浮点数字和单位标识符组成的长度值。

● left：居左。

● center：居中。

● right：居右。

默认值为：0%。

6）Background-position（Y）（length|top|center|bottom）背景图像纵坐标位置

● length：百分数，由浮点数字和单位标识符组成的长度值。

● top：居顶。

● center：居中。

● bottom：居底。

默认值为：0%。

3. 区块（见图 A-3）

1）Word-spacing（normal|length）单词间距

● normal：默认值。默认间隔。

● length：由浮点数字和单位标识符组成的长度值，允许为负值。

2）Letter-spacing（normal|length）字母间距

● normal：默认值。默认间隔。

● length：由浮点数字和单位标识符组成的长度值，允许为负值。

3）Vertical-align（baseline|sub|super|top|text-top|middle|bottom|text-bottom|length）垂直对齐

● baseline：默认值。将支持 valign 特性的对象的内容与基线对齐。

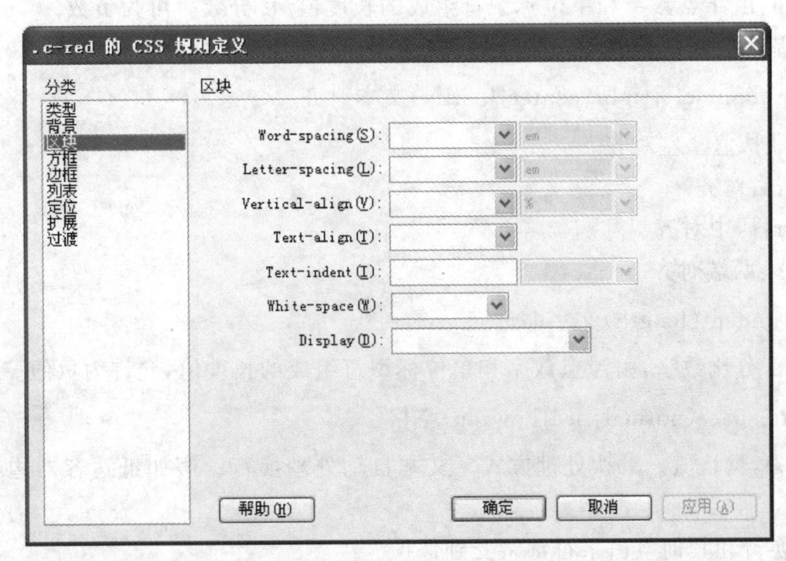

(a)

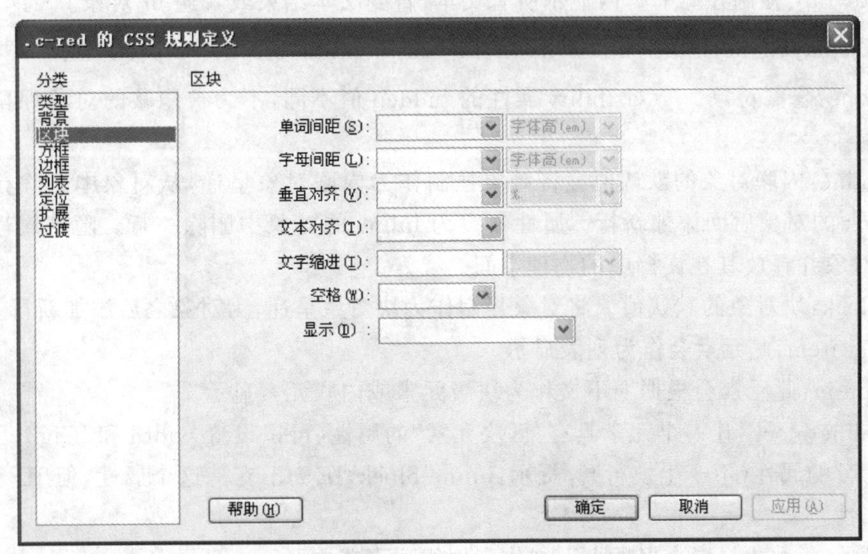

(b)

图 A-3　CSS 区块定义

- sub:垂直对齐文本的下标。
- super:垂直对齐文本的上标。
- top:将支持 valign 特性的对象的内容对象上对齐。
- text-top:将支持 valign 特性的对象的文本与对象上对齐。
- middle:将支持 valign 特性的对象的内容与对象中部对齐。
- bottom:将支持 valign 特性的对象的内容与对象底端对齐。
- text-bottom:将支持 valign 特性的对象的文本与对象上对齐。

● length:由浮点数字和单位标识符组成的长度值/百分数。可为负数。

定义由基线算起的偏移量。基线对于数值来说为0,对于百分数来说就是0%。

4) Text-align(left|right|center|justify)文本对齐

● left:默认值。左对齐。

● right:右对齐。

● center:居中对齐。

● justify:两端对齐。

5) Text-indent(length)文字缩进

length:百分比数字,由浮点数字和单位标识符组成的长度值,允许为负值。

6) White-space(normal|pre|nowrap)空格

● normal:默认值。默认处理方式。文本自动处理换行。假如抵达容器边界内容会转到下一行。

● pre:换行和其他空白字符都将受到保护。

● nowrap:强制在同一行内显示所有文本,直到文本结束或者遇 br 对象。

7) Display(none|inline|block|list-item|run-in|inline-block|compact)显示

● none:隐藏对象。与 visibility 属性的 hidden 值不同,不为被隐藏的对象保留其物理空间。

● inline:内联对象的默认值。将对象强制作为内联对象呈递,从对象中删除行属性值设为 block 的对象后面添加新行。属性值设为 inline 的对象中删除一行。隐藏属性值设为 none 的对象并释放其在文档中的物理空间。

● block:块对象的默认值。将对象强制作为块对象呈递,为对象之后添加新行。

● list-item:此元素会作为列表显示。

● run-in:此元素会根据上下文作为块级元素或内联元素显示。

● inline-block:让一个元素具有"区块元素"的属性(可以设置 width 和 height),又具有"内联元素"的属性(不产生换行)。提示:inline-block,IE 6 不支持这个属性,但 IE 8 开始支持这个属性。

● Compact:此元素会根据上下文作为块级元素或内联元素显示。

4. 方框(见图 A-4)

1) Width(auto|length)宽度

● auto:默认值。无特殊定位,根据 HTML 定位规则分配。

● length:值/百分数。值由浮点数字和单位标识符组成的长度;百分数是基于父对象的宽度。不可为负数。

2) Height(auto|length)高度

● auto:默认值。无特殊定位,根据 HTML 定位规则分配。

● length:值/百分数。值由浮点数字和单位标识符组成的长度;百分数是基于父对象

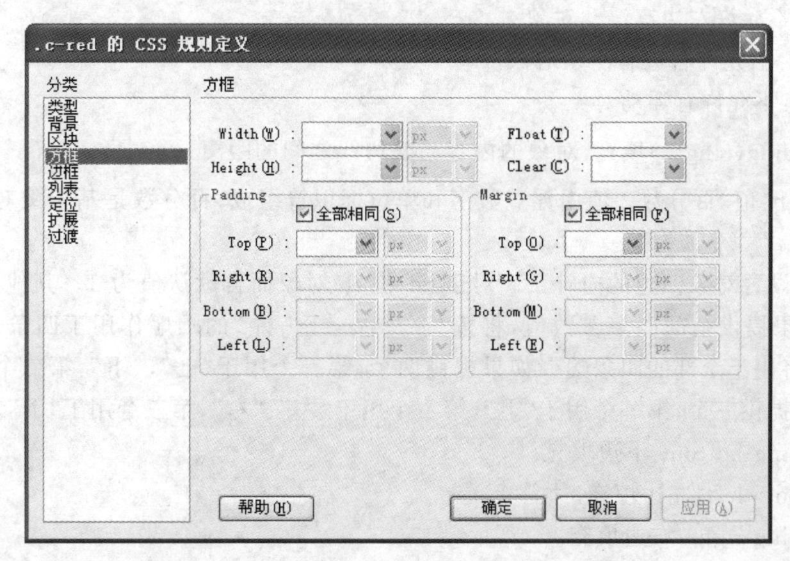

(a)

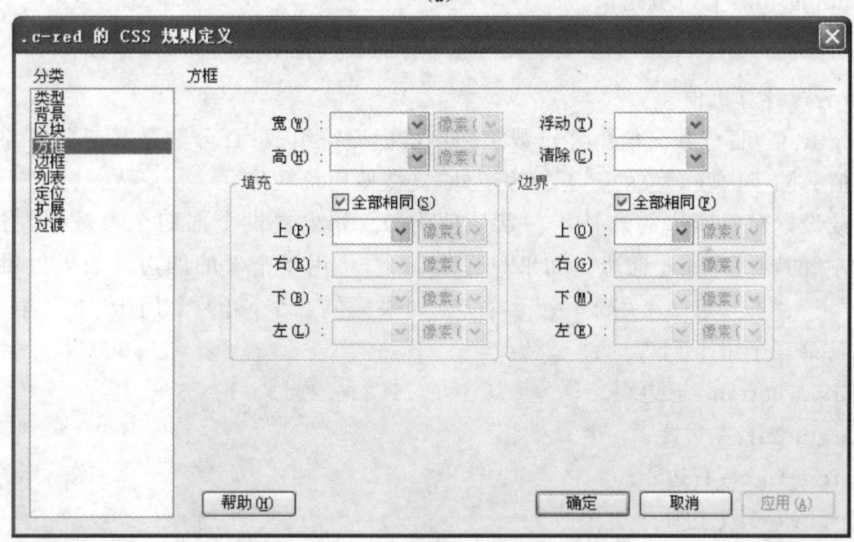

(b)

图 A-4　CSS 方框定义

的高度,不可为负数。

3) Float(none|left|right)浮动

● none:默认值。对象不浮动。

● left:文本流向对象的右边。

● right:文本流向对象的左边。

4) Clear(none|left|right|both)清除

● none:默认值。允许两边都可以有浮动对象。

● left：不允许左边有浮动对象。

● right：不允许右边有浮动对象。

● both：不允许有浮动对象。

5）Padding(length)填充（对象的内容与其边线之间的距离）

● length：值/百分数。值由浮点数字和单位标识符组成；百分数是基于父对象的宽度，不允许负值。

检索或设置对象四边的内补丁。对于 td 和 th 对象而言默认值为 1。其他对象的默认值为 0。如果提供全部四个参数值，将按“上—右—下—左”的顺序作用于四条边。如果只提供一个，将用于全部的四条边。如果提供两个，第一个用于“上”、“下”，第二个用于“左”、“右”。如果提供三个，第一个用于“上”，第二个用于“左”、“右”，第三个用于“下”。

● padding-bottom：下边填充。

● padding-left：左边填充。

● padding-right：右边填充。

● padding-top：上边填充。

6）margin(auto|length)边界（对象的边界与网页其他对象之间的距离）

● auto：取计算机值。

● length：值/百分数。值由浮点数字和单位标识符组成；百分数是基于父对象的高度，不允许负值。除了内联对象的上下外补丁外，支持使用负数值。

检索或设置对象四边的外补丁。默认值为 0。如果提供全部四个参数值，将按“上—右—下—左”的顺序作用于四边。如果只提供一个，将用于全部的四边。如果提供两个，第一个用于“上”、“下”，第二个用于“左”、“右”。如果提供三个，第一个用于“上”，第二个用于“左”、“右”，第三个用于“下”。

● margin-bottom：下边距。

● margin-left：左边距。

● margin-right：右边距。

● margin-top：上边距。

5. 边框（见图 A-5）

1）Style(none|dotted|dashed|solid|double|groove|ridge|inset|outset)设置对象边框的样式

● none：默认值。无边框。不受任何指定的 Width 值影响。

● dotted：点线。

● dashed：虚线。

● solid：实线。

● double：双线。两条单线与其间隔的和等于指定的 Width 值。

● groove：根据 Color 的值画 3D 凹槽。

● ridge：根据 Color 的值画 3D 凸槽。

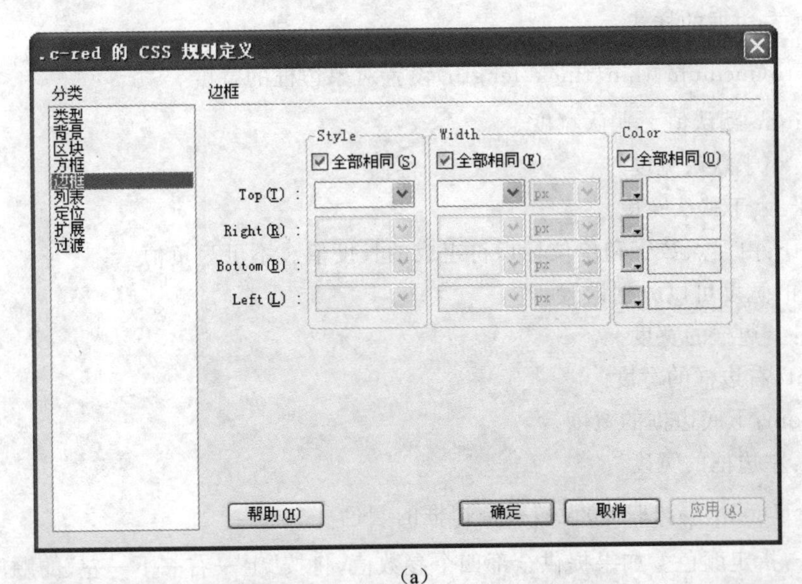

(a)

(b)

图 A-5 CSS 边框定义

- inset：根据 Color 的值画 3D 凹边。
- outset：根据 Color 的值画 3D 凸边。

如果提供全部四个参数值，将按“上—右—下—左”的顺序作用于四个边框。如果只提供一个，将用于全部的四条边。如果提供两个，第一个用于“上”、“下”，第二个用于“左”、“右”。如果提供三个，第一个用于“上”，第二个用于“左”、“右”，第三个用于“下”。

- Top：上边框的样式。
- Right：右边框的样式。
- Bottom：底边框的样式。

● Left：左边框的样式。

2）Width(medium|thin|thick|length)设置对象边框的宽度

● medium：默认值。默认宽度。

● thin：小于默认宽度。

● thick：大于默认宽度。

● length：由浮点数字和单位标识符组成的长度值。不可为负值。

四条边的宽度可以分别设置。

● Top：上边框的宽度。

● Right：右边框的宽度。

● Bottom：下底边框的宽度。

● Left：左边框的宽度。

3）Color(color 语法取值)设置对象边框的颜色

● color：指定颜色。如果提供全部四个参数值，将按"上—右—下—左"的顺序作用于四个边框。如果只提供一个，将用于全部的四条边。如果提供两个，第一个用于"上"、"下"，第二个用于"左"、"右"。如果提供三个，第一个用于"上"，第二个用于"左"、"右"，第三个用于"下"。上边框的样式设置为 none 或者设置为 0 时，本属性将失去作用。

四条边的颜色可以分别设置。

● Top：上边框的颜色。

● Right：右边框的颜色。

● Bottom：底边框的颜色。

● Left：左边框的颜色。

6. 列表(见图 A-6)

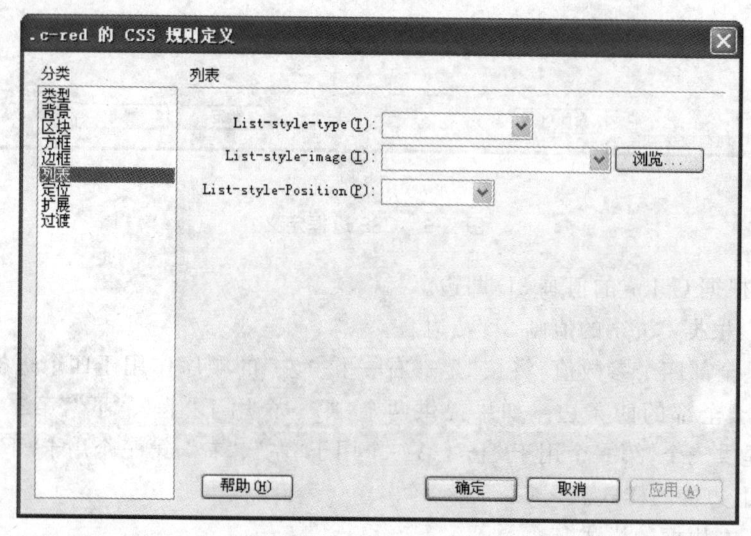

(a)

图 A-6　CSS 列表定义

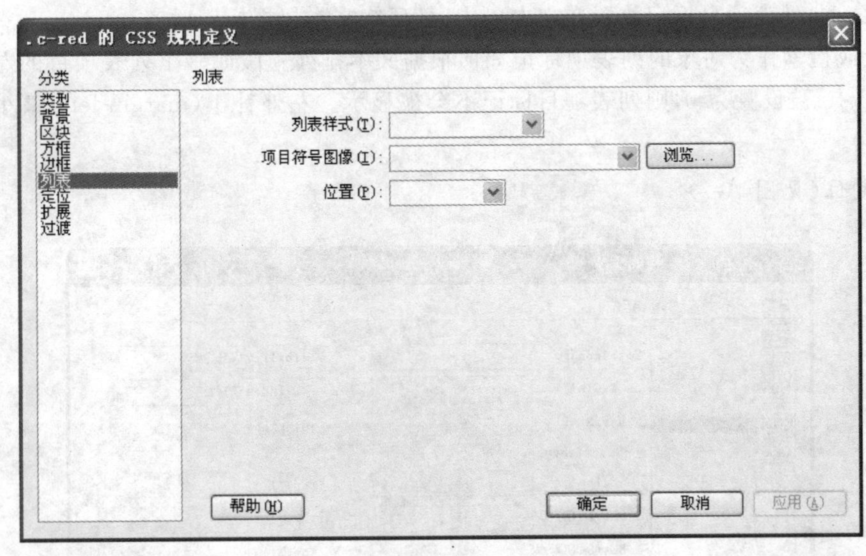

(b)

续图 A-6

1）List-style-type(disc|circle|square|decimal|lower-roman|upper-roman|lower-alpha|upper-alpha|none)设置或检索对象的列表项所使用的预设标记

- disc：默认值。实心圆。
- circle：空心圆。
- square：实心方块。
- decimal：阿拉伯数字。
- lower-roman：小写罗马数字。
- upper-roman：大写罗马数字。
- lower-alpha：小写英文字母。
- upper-alpha：大写英文字母。
- none：不使用项目符号。

当 List-style-image 属性值为 none 或指定 URL 地址的图片不能被显示时，此属性将发生作用。假如一个列表项目的左外补丁(margin-left)被设置为 0，则列表项目标记不会被显示。左外补丁(margin-left)最小可以被设置为 30。

2）List-style-image[none|URL(URL)]设置或检索作为对象的列表项标记的图像

- none：默认值。不指定图像。
- URL(URL)：使用绝对或相对 URL 地址指定图像。

当此属性值为 none 或指定 URL 地址的图片不能被显示时，List-style-type 属性将发生作用。

3）List-style-position(outside|inside)列表项目标记的位置

- outside：默认值。列表项目标记放置在文本以外，并且环绕文本不根据标记对齐。

● inside：列表项目标记放置在文本以内，且环绕文本根据标记对齐。

设置或检索作为对象的列表项标记如何根据文本排列。假如一个列表项目的左外补丁(margin-left)被设置为 0，则列表项目标记不会被显示。左外补丁(margin-left)最小可以被设置为 30。

7. 定位(见图 A-7)

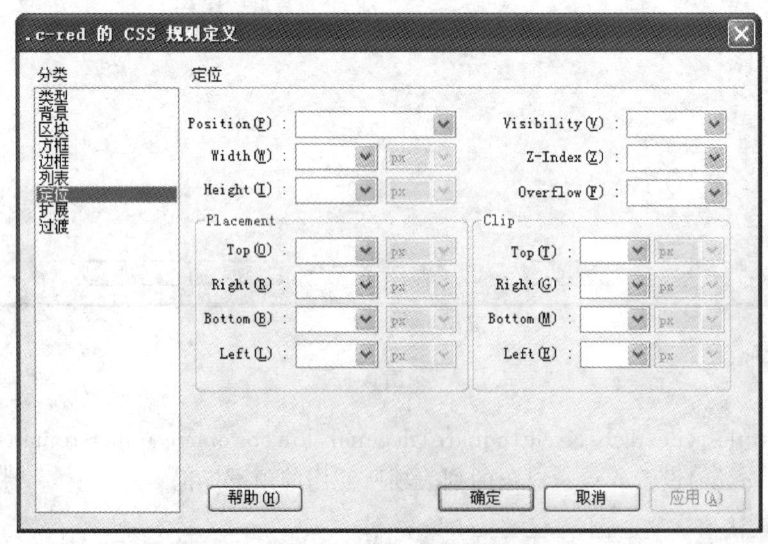

(a)

(b)

图 A-7　CSS 定位定义

1) Position(static|absolute|fixed|relative)对象的定位方式

● static：默认值。无特殊定位，对象遵循 HTML 定位规则。

● absolute:绝对定位。设置此属性值为 absolute 会将对象拖离出正常的文档流绝对定位而不考虑它周围内容的布局。假如其他具有不同 Z-index 属性的对象已经占据了给定的位置,它们之间不会相互影响,而会在同一位置层叠。此时对象不具有外补丁(margin),但仍有内补丁(padding)和边框(border)。要激活对象的绝对(absolute)定位,必须指定 Left、Right、Top、Bottom 属性中的至少一个,并且设置此属性值为 absolute。否则上述属性会使用它们的默认值 auto,这将导致对象遵从正常的 HTML 布局规则,在前一个对象之后立即被呈递。

● fixed:固定。对象定位遵从绝对(absolute)方式,但是要遵守一些规范。

● relative:相对定位。设置此属性值为 relative 会保持对象在正常的 HTML 流中,但是它的位置可以根据它的前一个对象进行偏移。在相对(relative)定位对象之后的文本或对象占有它们自己的空间而不会覆盖被定位对象的自然空间。与此不同的,在绝对(absolute)定位对象之后的文本或对象在被定位对象被拖离正常文档流之前会占有它的自然空间。放置绝对(absolute)定位对象在可视区域之外会导致滚动条出现。而放置相对(relative)定位对象在可视区域之外,滚动条不会出现。内容的尺寸会根据布局确定对象的尺寸。例如,设置一个 Div 对象的 height 和 position 属性,则 Div 对象的内容将决定它的宽度(width)。对于其他对象而言是可读写的。

2) Visibility(inherit|visible|collapse|hidden)设置或检索是否显示对象

● inherit:默认值。继承父对象的可见性。

● visible:对象可视。

● collapse:未支持。主要用来隐藏表格的行或列。隐藏的行或列能够被其他内容使用。对于表格外的其他对象,其作用等同于 hidden。

● hidden:对象隐藏。与 Display 属性不同,此属性为隐藏的对象保留其占据的物理空间。

3) Z-index(auto|number)检索或设置对象的层叠顺序

● auto:默认值。遵从其父对象的定位。

● number:无单位的整数值。可为负数。

较大 number 值的对象会覆盖在较小 number 值的对象之上。如两个绝对定位对象的此属性具有同样的 number 值,那么将依据它们在 HTML 文档中声明的顺序层叠。对于未指定此属性的绝对定位对象,此属性的 number 值为正数的对象会在其之上,而 number 值为负数的对象在其之下。设置参数为 null 可以移除此属性。此属性仅仅作用于 Position 属性值为 relative 或 absolute 的对象。

4) Overflow(visible|auto|hidden|scroll)检索或设置当对象的内容超过其指定高度及宽度时如何管理内容

● visible:默认值。不剪切内容也不添加滚动条。

● auto:必需时对象内容才会被裁切或显示滚动条。

● hidden:不显示超过对象尺寸的内容。

● scroll：总是显示滚动条。

5) Clip[auto|rect(number number number number)]检索或设置对象的可视区域

● auto：默认值。对象无剪切。

● rect(number number number number)：依据“上—右—下—左”的顺序提供给对象。左上角为(0,0)坐标计算的四个偏移数值，其中任何一个数值都可用 auto 替换，即此边不剪切。

可视区域外的部分是透明的。此属性定义了绝对(absolute)定位对象可视区域的尺寸。必须将 Position 属性的值设为 absolute，此属性方可使用。

8. 扩展(见图 A-8)

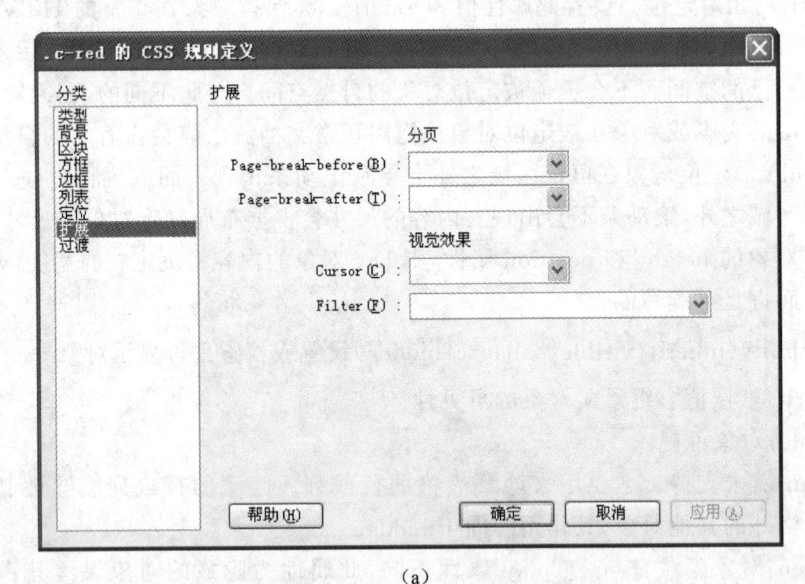

(a)

(b)

图 A-8　CSS 扩展定义

1）page-break-before(auto|always|avoid|left|right|null)设置对象前出现的页分割符

● auto：假如需要在对象之前插入页分割符。

● always：始终在对象之前插入页分割符。

● avoid：未支持。避免在对象之前插入页分割符。

● left：未支持。在对象之前插入页分割符直到它到达一个空白的左页边。

● right：未支持。在对象之前插入页分割符直到它到达一个空白的右页边。

● null：空白字符串。取消页分割符设置。

假如在浏览器已显示的对象上此属性和 page-break-after 属性的值之间发生冲突，则导致最大数目分页的值被使用。页分隔符不允许出现在定位对象内部。

此属性在打印文档时发生作用。

2）Page-break-after(auto|always|avoid|left|right|null)设置对象后出现的页分割符

● auto：假如需要在对象之后插入页分割符。

● always：始终在对象之后插入页分割符。

● avoid：未支持。避免在对象后面插入页分割符。

● left：未支持。在对象后面插入页分割符直到它到达一个空白的左页边。

● right：未支持。在对象后面插入页分割符直到它到达一个空白的右页边。

● null：空白字符串。取消页分割符设置。

假如在浏览器已显示的对象上此属性和 Page-break-before 属性的值之间发生冲突，则导致最大数目分页的值被使用。页分隔符不允许出现在定位对象内部。

此属性在打印文档时发生作用。

3）Cursor[auto|all-scroll|col-resize| crosshair|default|hand|move|help|no-drop|not-allowed|pointer|progress|row-resize|text|vertical-text|wait|*-resize|URL(URL)]设置或检索在对象上移动的鼠标指针采用的光标形状

● auto：默认值。浏览器根据当前情况自动确定鼠标光标类型。

● all-scroll：有上、下、左、右四个箭头，中间有一个圆点的光标。用于标示页面可以向上、下、左、右任何方向滚动。

● col-resize：有左、右两个箭头，中间由竖线分隔开的光标。用于标示项目或标题栏可以被水平改变尺寸。

● crosshair：简单的十字线光标。

● default：客户端平台的默认光标。通常是一个箭头。

● hand：竖起一只手指的手形光标。

● move：十字箭头光标。用于标示对象可被移动。

● help：带有问号标记的箭头。用于标示有帮助信息存在。

● no-drop：带有一个被斜线贯穿的圆圈的手形光标。用于标示被拖起的对象不允许在光标的当前位置被放下。

● not-allowed：禁止标记(一个被斜线贯穿的圆圈)光标。用于标示请求的操作不允许被执行。

● pointer：和 hand 一样。竖起一只手指的手形光标。

● progress：带有沙漏标记的箭头光标。用于标示一个进程正在后台运行。

● row-resize：有上、下两个箭头，中间由横线分隔开的光标。用于标示项目或标题栏可以被垂直改变尺寸。

● text：用于标示可编辑的水平文本的光标。通常是大写字母 I 的形状。

● vertical-text：用于标示可编辑的垂直文本的光标。通常是大写字母 I 旋转 90°的形状。

● wait：用于标示程序忙，用户需要等待的光标。通常是沙漏或手表的形状。

● *-resize：用于标示对象可被改变尺寸方向的箭头光标。有 w-resize|s-resize|n-resize|e-resize|ne-resize|sw-resize|se-resize|nw-resize。

● URL(URL)：用户自定义光标。使用绝对或相对 URL 地址指定光标文件(后缀为.cur 或者.ani)。

此属性的值可以是多个，其间用逗号分隔。假如第一个值不可以被客户端系统理解或所指定的光标无法找到及显示，则第二个值将被尝试使用。依此类推。假如全部值都不可用的话，则此属性不会发生作用。光标不会被改变。

4) Filter 设置或检索对象所应用的滤镜或滤镜集合

filter：要使用的滤镜效果。多个滤镜之间用空格隔开。

下面我们来讲解每个滤镜的效果和参数。

(1) Alpha：设置透明度。

Alpha(Opacity=?，FinishOpacity=?，Style=?，StartX=?，StartY=?，FinishX=?，FinishY=?)

● Opacity：透明度级别，范围是 0～100，0 代表完全透明，100 代表完全不透明。

● FinishOpacity：设置渐变的透明效果时，用来指定结束时的透明度，范围也是 0～100。

● Style：设置渐变透明的样式，值为 0 代表统一形状、1 代表线形、2 代表放射状、3 代表长方形。

● StartX 和 StartY：代表渐变透明效果的开始 X 和 Y 的坐标。

● FinishX 和 FinishY：代表渐变透明效果结束 X 和 Y 的坐标。

(2) BlendTrans：图像之间的淡入和淡出的效果。

BlendTrans(Duration=?)

● Duration：淡入或淡出的时间。

注意

这个滤镜要配合 JS 建立图像序列，才能做出图像间效果。

(3) Blur：建立模糊效果。

Blur(Add=?，Direction=?，Strength=?)

● Add：是否单方向模糊，此参数是一个布尔值，true(非 0)或 false(0)。

● Direction：设置模糊的方向，其中 0°代表垂直向上，然后每 45°为一个单位，它的默认值是 270°，即向左。

● Strength：代表模糊的像素值。值只能使用整数来指定，它代表有多少像素的宽度将受到模糊影响。默认是 5 像素。

(4) Chroma：把指定的颜色设置为透明。

Chroma(Color＝?)

● Color：是指要设置为透明的颜色。可以用来屏蔽某种颜色。

(5) DropShadow：建立阴影效果。

DropShadow(Color＝?，OffX＝?，OffY＝?，Positive＝?)

● Color：指定阴影的颜色。

● OffX：指定阴影相对于元素在水平方向偏移量，取整数值。

● OffY：指定阴影相对于元素在垂直方向偏移量，取整数值。

如果设置为正整数，代表 X 轴的右方向和 Y 轴的向下方向。设置为负整数则相反。

● Positive：是一个布尔值，值为 true(非 0)时，表示为任何非透明像素建立可见的投影；false(0)，表示为透明的像素部分建立可见的投影。

(6) FlipH：将元素水平反转。

(7) FlipV：将元素垂直反转。

(8) Glow：建立外发光效果。

Glow(Color＝?，Strength＝?)

● Color：是指定发光的颜色。

● Strength：光的强度，可以是 1～255 之间的任何整数，数字越大，发光的范围就越大。

(9) Gray：去掉图像的色彩，显示为黑白图像。

(10)Invert：反转图像的颜色，产生类似底片的效果。

(11) Light：放置光源的效果，可以用来模拟光源在物体上的投影效果。

(12) Mask：建立透明遮罩。

Mask(Color＝?)

● Color：设置底色，让对象遮住底色的部分透明。

(13) RevealTrans：建立切换效果。

RevealTrans(Duration＝?，Transition＝?)

● Duration：是切换时间，以秒为单位。

● Transtition：是切换方式，取值范围为 0～23。

注意

如果设置页面间的切换效果，可以在＜head＞区加上一行代码：＜Meta http－equiv＝Page－enter content＝revealTrans(Transition＝?,Duration＝?) ＞。用在页面里的元素，需要配合 JS 使用。

(14) Shadow:建立另一种阴影效果。

Shadow(Color=?, Direction=?)

● Color:是指阴影的颜色。

● Direction:是设置投影的方向,0°代表垂直向上,然后每45°为一个单位。它的默认值是270°,即向左。

(15) Wave:波纹效果。

Wave(Add=?, Freq=?, LightStrength=?, Phase=?, Strength=?)

● Add:值为True,代表把对象按照波纹样式打乱;值为False,代表不打乱。

● Freq:生成波纹的频率,也就是指定在对象上共需要产生多少个完整的波纹。

● LightStrength:设置波浪效果的光照强度,从0到100。0表示最弱,100表示最强。

● Phase:波浪的起始相角。从0到100的百分数值。例如:25相当于90°(360×25%=90)。

● Strength:设置波浪摇摆的幅度。

(16) Xray:显现图片的轮廓,X光片效果。

9. 过渡(见图A-9)

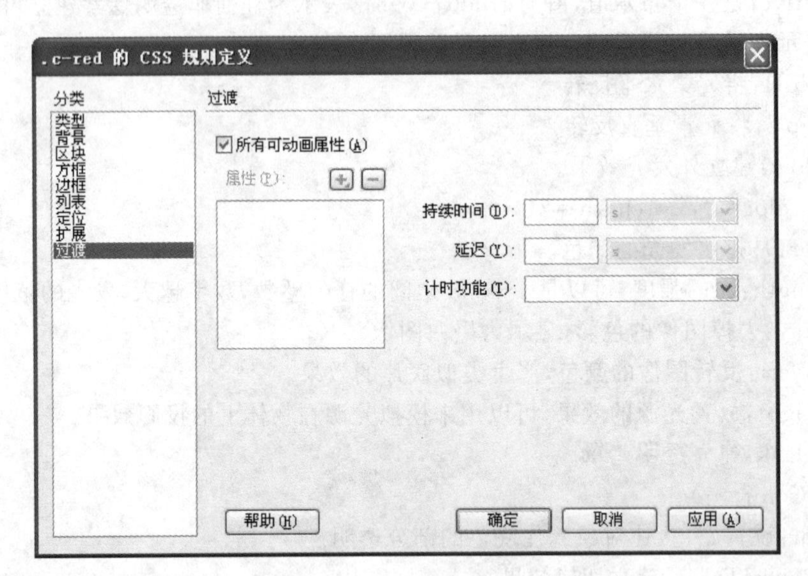

图 A-9 CSS 过渡定义

1) 可设置过渡的属性列表

表A-1为可设置过滤属性列表。

表 A-1 可设置过渡属性列表

CSS 属性	改变的对象
background-color	色彩
background-image	只是渐变

续表

CSS 属性	改变的对象
background-position	百分比，长度
border-bottom-color	色彩
border-bottom-width	长度
border-color	色彩
border-left-color	色彩
border-left-width	长度
border-right-color	色彩
border-right-width	长度
border-spacing	长度
border-top-color	色彩
border-top-width	长度
border-width	长度
bottom	百分比，长度
color	色彩
crop	百分比
font-size	百分比，长度
font-weight	数字
grid- *	数量
height	百分比，长度
left	百分比，长度
letter-spacing	长度
line-height	百分比，长度，数字
margin-bottom	长度
margin-left	长度
margin-right	长度
margin-top	长度
max-height	百分比，长度
max-width	百分比，长度
min-height	百分比，长度
min-width	百分比，长度

续表

CSS 属性	改变的对象
opacity	数字
outline-color	色彩
outline-offset	整数
outline-width	长度
padding-bottom	长度
padding-left	长度
padding-right	长度
padding-top	长度
right	百分比,长度
text-indent	百分比,长度
text-shadow	阴影
top	百分比,长度
vertical-align	百分比,长度,关键词
visibility	可见性
width	百分比,长度
word-spacing	百分比,长度
z-index	正整数
zoom	数字

2）所有可动画属性

所有可动画属性:表示表 A-1 所列出的属性。

3）持续时间

持续时间:动画执行的时间,以秒为单位。

4）延迟

延迟:在动作和变换开始之间等待的时间,通常用秒来表示。

5）计时功能

计时功能:动画执行的计算方式。

- cubic-bezier(x1, y1, x2, y2):特定的 cubic-bezier 曲线。(x1, y1, x2, y2)四个值特定于曲线上点 $P1$ 和点 $P2$。所有值需在[0, 1]区域内,否则无效。
- ease:逐渐慢下来,函数等同于 cubic-bezier 曲线(0.25, 0.1, 0.25, 1.0)。
- linear:线性过渡,函数等同于 cubic-bezier 曲线(0.0, 0.0, 1.0, 1.0)。

- ease-in：由慢到快，函数等同于 cubic-bezier 曲线(0.42，0，1.0，1.0)。
- ease-out：由快到慢，函数等同于 cubic-bezier 曲线(0，0，0.58，1.0)。
- ease-in-out：由慢到快再到慢，函数等同于 cubic-bezier 曲线(0.42，0，0.58，1.0)

提示

"过渡"属性，最早是由 Webkit 内核浏览器提出来的，Mozilla Firefox 和 Opera 都是最近版本才支持这个属性，而大众型浏览器 IE 7、IE 8、IE 9 都不支持。为了适应不同的浏览器，在 CSS 代码中，需要加上相应的前缀。

- Firefox 需要前缀：-moz-。
- Chrome 和 Safari 需要前缀：-webkit-。
- Opera 需要前缀：-o-。

附录B　部分习题参考答案

习题1

一、选择题

1.B　2.C　3.B　4.C　5.C　6.B　7.D　8.B　9.C　10.B

二、填空题

1.World Wide Web　全球互联网　2.静态　动态　3.站点　4.＜Head＞＜/Head＞头　＜Body＞＜/Body＞正文　5.＜html＞　＜/html＞

习题2

一、选择题

1.A　2.C　3.C　4.C　5.A

二、填空题

1.站点　新建站点　2.插入　标签　3.URL浏览器　颜色选择器　字体列表

习题3

一、填空题

1.通过键盘输入　2.＜p＞＜/p＞　＜br/＞　3.＜ul＞＜/ul＞　＜li＞＜/li＞

习题4

一、填空题

1.JPEG图像　PNG图像　GIF图像　2.同一目录下　同一目录下　路径

习题5

一、选择题

1.C　2.ABCD　3.ABC　4.A　5.A

二、填空题

1.＜table＞＜/table＞　＜tr＞＜/tr＞　＜td＞　＜/td＞　2.制作效率　表格外观　3.在一个表格中插入另外一个表格　4.bordercolor　5.像素　百分比

习题6

一、填空题

1.链接载体(源端点)　链接目标(目标端点)　2.绝对路径　文档相对路径　根相对路径　3._blank　new　_parent

习题 7

一、选择题

1. A　2. AD　3. D　4. D　5. ABCD

二、填空题

1. 嵌入式　2. SWF、插件　3. HIDDEN　4. LOOP　5. Wmode

习题 8

一、选择题

1. C　2. A　3. A　4. B　5. A　6. C　7. D　8. B　9. B　10. D　11. D　12. B

二、填空题

1. border-left　2. background-color　3. color：＃666；　4. link　5. .

三、简答题

1. 类选择器和 ID 选择器主要区别：

(1) 在 CSS 文件里书写时，ID 加前缀"＃"；类选择器用"."

(2) ID 一个页面只可以使用一次；类选择器可以多次引用。

(3) ID 是一个标签，用于区分不同的结构和内容；类选择器是一个样式，可以套在任何结构和内容上。

2. 要点：

(1) 在标记符中直接嵌套样式信息，例如，p＜style＝"color：red"＞红色显示的段落文本＜/p＞；优点是可以单独指定特定部分的样式，缺点是不利于维护。

(2) 在 style 标记符中指定样式信息，例如

＜style＞

p{color：red}

＜/style＞

优点是能对单独网页进行很好的格式控制和维护，缺点是不利于多个网页的维护。

(3) 链接外部样式表中的样式信息，例如，在当前网页目录中包括以下 mycss. css 文件：p{color：red}。然后在网页中用以下代码＜LINKrel＝"stylesheet"type＝"text/css" href＝"mycss. css"＞。

优点是利于维护多个网页，缺点是不利于控制单独页面中的个别部分。

习题 9

一、填空题

1. 布局　2. 属性　3. 嵌入式

习题 10

一、选择题

1. D　2. B　3. C　4. D　5. C

二、填空题

1. 行为

2. 在“行为”中选择“打开浏览器窗口”，在“事件”中选择“onLoad”

3. 选择对象　　添加动作　设置事件

4. <script></script>

5. shift＋F4

习题 11

一、选择题

1. D　2. A　3. B　4. D　5. B　6. D　7. C　8. A

二、填空题

1. xhtml　2. div 是块元素，span 是行内或内联元素　3. margin　padding　4. xhtml 或 xml　css　5. 188px

三、实践题

1. CSS 参考代码如下。

```
<styletype="text/css">
<!--
body{text-align:center;}
#left{
    float:left;
    height:200px;
    width:300px;
    background-color:#96F;
}
#middle{
    float:left;
    height:200px;
    width:300px;
    background-color:#CCC;
}
#right{
    background-color:#FCC;
    float:left;
    height:200px;
    width:300px;
}
#content{
    height:200px;
```

```
    width:900px;
    margin:0auto;
}
-->
</style>
```

HTML 参考代码如下。

```
<body>
<divid=content>
<divid="left"> 此处显示  id"left"的内容</div>
<divid="middle"> 此处显示  id"middle"的内容</div>
<divid="right"> 此处显示  id"right"的内容</div>
</div>
</body>
```

习题 12

一、选择题

1. B 2. B 3. C

习题 13

一、填空题

1. 模板 库 2. Templates .dwt 3. Library

习题 14

1. B 2. C 3. D 4. D 5. D 6. B

习题 15

一、选择题

1. A 2. B

二、简答题

1. 申请域名 2. 申请主页空间 3. 本地网站的测试 4. 网页的上传 5. 网站的宣传

FOREWORD 参考文献

[1] 张国勇,邹蕾.完全掌握:Dreamweaver CS6 白金手册[M].北京:清华大学出版社,2013.

[2] 王晓鹏,缪亮.Dreamweaver 中文版基础与实例教程[M].北京:电子工业出版社,2012.

[3] 胡崧,吴晓炜,李胜林.Dreamweaver CS6 中文版从入门到精通[M].北京:中国青年出版社,2013.

[4] 宋宝贵,李少勇.中文版 Dreamweaver CS6 入门与提高[M].北京:兵器工业出版社,2012.

[5] 数字艺术教育研究室.中文版 Dreamweaver CS6 基础培训教程[M].北京:人民邮电出版社,2012.

[6] 胡仁喜,杨雪静.Dreamweaver CS6 中文版标准实例教程[M].北京:机械工业出版社,2013.